气流染色实用技术

刘江坚　编著

中国纺织出版社

内 容 提 要

本书详细论述了气流染色的基本原理、设备结构特点及染色工艺。内容包括气流染色的工艺条件、适用范围、染色工艺设计和过程控制;还对气流染色加工中经常出现的问题进行了分析,并提出了解决方法。本书从实际应用出发,对影响染色的各种因素及规律进行系统分析,给出工艺和设备的控制方法,在染色工艺与设备功能的结合方面作出了较为详细的阐述,为气流染色的新工艺提供了开发思路。

本书可供从事染色工艺、设备管理、设备设计和制造技术人员、技术工人及纺织院校染整专业师生参考。

图书在版编目(CIP)数据

气流染色实用技术/刘江坚编著.—北京:中国纺织出版社,2014.5

ISBN 978-7-5180-0499-7

Ⅰ.①气… Ⅱ.①刘… Ⅲ.①气流纺纱—染色(纺织品)
Ⅳ.①TS104.7 ②TS193.59

中国版本图书馆 CIP 数据核字(2014)第 046613 号

策划编辑:秦丹红 张晓蕾 责任编辑:张晓蕾
责任校对:寇晨晨 责任设计:何 建 责任印制:何 艳

中国纺织出版社出版发行
地址:北京市朝阳区百子湾东里 A407 号楼 邮政编码:100124
销售电话:010—87155894 传真:010—87155801
http://www.c-textilep.com
E-mail:faxing@c-textilep.com
官方微博 http://weibo.com/2119887771
三河市宏盛印务有限责任公司印刷 各地新华书店经销
2014 年 5 月第 1 版第 1 次印刷
开本:787×1092 1/16 印张:15.75
字数:326 千字 定价:55.00 元

前言

气流染色是一种织物间歇式染色方式。它改变了传统溢喷染色以循环染液牵引织物循环的方式,而是以循环空气牵引织物作循环运动。气流在牵引织物循环的过程中,通过特殊的染液喷嘴将染液形成细雾状,完成染料对织物的上染。染液与织物的强烈交换条件,保证了织物的均匀上染。与传统的溢喷染色相比,由于省去了牵引织物循环的那一部分染液,所以染色浴比非常低。染色浴比的降低,不仅降低了水、蒸汽、染化料和污水的排放,而且对活性染料来说,提高了直接性,降低了对促染剂(如元明粉和食盐)的依存性,同时也降低了碱的用量。在目前的节能减排形势下,具有非常重要的现实意义。

为了更好地了解和掌握气流染色这一新技术,能够设计出满足实际使用要求的染色设备和染色工艺,本书详细介绍了气流染色所依据的染色基本原理、气流染色机的结构特征、主要用途、工艺条件、工艺设计以及气流染色的常见问题。对工艺条件和染料对被染织物上染过程的影响因素进行系统分析,列举一些气流染色常规工艺和特殊工艺,尤其是对气流染色机的潜在功能提出了开发思路。通过设备结构性能和控制功能与染色工艺的有机结合,可为进一步提高气流染色机的使用性能和染色工艺设计提供帮助。

本书是在作者从事二十多年染色机设计和研发实践,以及十多年气流染色机研发的经验的基础上编写而成的。由于气流染色是一项较新的染色方法,染色工艺还不十分普及,并且还有许多潜在功能没有开发出来。所以还要依靠广大染色工作者,尤其是染色工艺人员在今后相当一段时间内,进行探索、发现和总结。

鉴于本人的专业水平有限,难免存在许多不足之处,望各位同行提出宝贵意见。同时在这里也向参考文献的作者表示感谢。

编著者

2014 年 1 月

目录

第一章　气流染色的基本概况

随着能源和环保问题的日益突出，以及纺织品日趋高档化的发展，解决溢喷染色能耗高、污染大、织物加工附加值低等问题，已成为当今间歇式染色技术所必须研究和解决的主要课题。而在这个研究过程中，具有代表性的就是气流染色技术，并且得到了广泛应用。它是采用空气动力学原理，将传统液流喷射染色中带动织物循环的水以高速气流来替代，并完成染料对织物上染和扩散的过程。在整个染色过程中，水仅仅是作为染料的溶剂和织物浸湿的溶胀剂。因此，所需要的浴比非常低。浴比的降低意味着加热所需的热量、冷却时所需的间接冷却水用量、染化料的消耗以及排污的减少。气流染色技术的应用，为织物的低浴比染色提供了保证，充分体现了高效、节能和环保的特点，在创造经济价值的同时，也带来了更大的社会效益。

除此之外，气流染色机的一些特殊结构和功能，可在满足染色工艺条件的同时，对一些织物进行特殊处理或风格整理。例如，再生纤维素纤维（Lyocell）织物的二次原纤化处理，能够使织物表面产生像桃皮绒般的效果，给人一种赏心悦目的感觉。又如，对棉织物进行生物酶抛光处理，经处理后织物表面具有光滑细腻的手感，具有较高的附加值。如果设备再配置一些辅助装置，还可对织物进行柔软和松式烘干处理，充分体现一机多用的特点。

气流染色技术的核心内容是：空气动力学原理的应用和实现染色过程的设备结构和控制。对此，人们经过了二十多年的研究和实验，并对存在的问题进行不断的完善和改进。已从当初只适应少数几个织物品种，发展到今天能够适于大部分常规织物的染色加工，特别是一些新型纤维织物，如超细纤维、弹力纤维的加工，具有传统溢喷染色所不具备的特点。但是，由于染化料、工艺和设备目前还缺乏统一协调的研发过程，加之少数应用较好的企业出于自身商业利益的考虑，不愿意拿出成功或更好的气流染色工艺进行交流，以至于还有相当一部分企业想使用，但又缺乏经验而观望或放弃。显然，这不仅阻碍了气流染色技术的应用和推广，同时也影响到了气流染色技术更多潜在功能的开发和应用。因此，了解和掌握气流染色技术，在生产应用、染色新工艺的开发中都将起到非常重要的作用。

第一节　气流染色的发展过程及趋势

一、气流染色的研发背景及发展阶段

气流染色起源于20世纪90年代初期，当时主要是针对超细纤维织物的染色而开发的。由于超细纤维的比表面积（纤维单位体积的表面积）较大，毛细纤维孔道多，染色时的上染率快，在上染的初始阶段若对上染速率控制不当，就容易造成上染不均匀。因此在染色过程中，要求被染织物与染液应有足够快的交换频率，才能够满足织物匀染性。而传统的溢喷染色机因设备结构

性能的限制，不易满足这种要求。为此，有人想到了以气流牵引织物循环，既可加快织物的循环速度，又可减少对织物的损伤。而染液通过另外一套循环系统，由特殊喷嘴喷出，与被染织物进行交换，完成染料对织物纤维的上染。气流染色可使染液与被染织物获得较高的交换频率，并且对织物不会产生损伤，故对超细纤维织物具有很好的匀染性。

气流染色由于采用空气牵引织物循环，省去了传统溢喷染色用于牵引织物循环的那一部分染液，所以染色浴比可以大大下降，这对于后来开发低浴比染色带来了启发。气流染色的低浴比工艺条件对染化料、工艺以及设备控制功能等比传统溢喷染色的要求更高。气流染色在过去二十多年的发展过程中，基本上是处于工艺探索和设备改进阶段，曾经也出现过许多不尽如人意之处。但是，通过近几年大量的工艺实验以及设备的不断改进，在织物的绳状染色中获得了很大成功，并且还取得许多传统溢喷染色所达不到的染色效果。

早期的气流染色机存在许多技术上的问题，对织物的使用范围较窄。在20世纪90年代初也出现过各种形式的气流染色机，由于缺乏染色工艺的协调配合，一些形式的气流染色机逐步退出了人们的视野，最后仅剩下以德国特恩（THEN）和第斯（Thies）为代表的气流染色机。德国特恩气流染色机是采用气流雾化原理，而第斯采用的是气压渗透原理。两种形式各有其特点，具体内容在后面章节中介绍。

从近十年的应用情况看，德国特恩气流染色机的应用较为成功，在市场获得广泛好评，并且占有近90%的市场份额。为此，目前绝大部分染色机设备制造商都是参照该机型的原理和结构而设计的。但由于许多制造商仅凭一些感性认识和测绘仿制，而缺乏与此配套的染色工艺，在厂家使用时效果并不十分理想。

我国是在20世纪90年代中期开始跟踪气流染色技术。由于缺乏基础理论研究和实验条件，主要是消化吸收当时的国外技术，所以，只能是限于设备形式上的实验，而缺乏具体染色工艺的支撑，基本是处于一个认识过程。在后来的十年中，一方面是国外这项技术并非真正成熟，也是处于实验和改进阶段；另一方面国内印染企业开始逐步认识到能耗和排污的影响，希望能够找到新的低浴比染色机来替代传统的高浴比染色机。因此，为国内气流染色技术的发展提供了条件。

二、气流染色的技术现状及存在的问题

气流染色经历了二十多年的不断改进和发展，现已进入工业化生产，但始终没有像溢喷染色那样普及。这其中既有设备价格的因素，也有设备结构性能（真正使用好的设备不多）和工艺适用性的原因，但关键还是国内许多印染厂对环保以及提升织物染色品质的意识不强。据了解，国内使用气流染色的厂家都是比较有实力的，并且主要是用来加工高档织物。由于使用厂家考虑到竞争的对手，不愿将自己的使用经验对外交流；同时近年来也确实有一些技术不成熟的气流染色机充斥市场，给部分印染厂造成了损失，甚至产生了误导。因此，对于不了解和没有使用过气流染色设备的人们来说，难免还存在一定的疑虑和误解，以至于气流染色还没有得到大规模的使用。为了真正了解气流染色，这里有必要对气流染色的技术状态以及存在的问题进行分析和讨论。技术状态主要涉及设备和工艺两方面，存在的问题主要是指对织物的加工质量的影响。

1. 气流染色设备　气流染色作为一种新型织物间歇式染色技术，在过去相当长的一段时间里，基本被欧洲极少数制造商所垄断，技术保密性较强；同时该项技术本身还存在一些技术问题没有得到很好的解决，加之设备的价格较高，只有少数一些印染厂在使用。因此，无论是在设备的技术发展程度上，还是染色工艺上，真正掌握的人相对较少。从目前设备的技术状态看，主要表现在以下几个方面。

(1)设备的结构性能。目前，气流染色设备主要是以卧式圆筒型出现，也有少数管式形式。这主要是考虑到槽体内没有染浴，无法推动织物向前运行，而采用圆弧形储布槽，可以让织物在自重作用下通过光滑的聚四氟乙烯棒向前滑行(或转鼓偏心转动带动织物向前运行)。结构形式与采用的原理方式有关，但无论采用哪种方式，首先必须是满足织物的匀染性。

在采用正确工作原理的基础上，结构形式以及控制方式必须满足诸如：输送织物的风量大小，染液的循环频率，染液的雾化效果或气压的渗透能力，以及染色工艺过程各参数匹配的要求。设备的结构形式如果不具备(或者不完全具备)满足这些条件的配置，或者说，具备了这些配置，但不一定能够达到所需要的参数，那么，也是很难满足染色工艺的要求。从实际的应用情况看，主要还是以采用气流雾化方式居多。

(2)风机的功率消耗。当初气流染色机的研发处于适用范围的考虑，风机的额定功率设计得比较大。而事实上在实际的使用过程中，并非对所有的织物品种都采用满负荷运行。通过风机电机的交流变频控制，可根据不同的织物品种和克重大小，选用不同的风速。由于目前大部分设备制造商还没有足够的试验数据或验证过程，还无法根据具体织物的品种和克重，通过自动程序给出相应的风机参数。所以，大多数情况下还是由使用者进行现场调节，并积累出经验参数，再输入到计算机程序中。但事实上，可以将常用的织物品种经试验后的参数，编写程序，特别是赋予一个动态控制。这就需要染色工艺、设备机械和程序控制三者的协调配合。一些先进的气流染色机，已经在这方面进行了应用尝试，并取得较好的效果。

对于如何降低气流染色机风机的额定功率，能够在一般或者常规织物染色的情况下更加省电，近年来一直有人进行这方面的研究和试验，并取得了一些成效。从气流染色的原理来看，采用气流雾化式染色，主要是强调染液的雾化效果。应用也表明，染液的雾化效果越好(即染液的颗粒越细)，则越容易达到匀染效果。与此同时，气流染色机风机所消耗的功率也较小。其原因是，采用气流雾化式染色，雾化后的染液在喷嘴夹层内要受到气流的强烈作用，气流需要消耗很大一部分能量，将所谓的雾化染液通过环缝送入到拉法尔管内，与织物接触并牵引织物循环。因此，染液的雾化程度也就决定了气流能量消耗的大小。显然，颗粒越细的染液因质量轻，不需要太大的风量即可带动。

通过进一步雾化染液来达到降低风能耗，不仅可以大幅度减小风机功率，而且也有利于匀染。但是对设备而言，需要通径更小的染液喷嘴才能够满足这种雾化效果，而染液喷嘴的通径本来就是最容易发生堵塞的地方，变小后就更容易堵塞。因此，在实际应用中，因染液喷嘴堵塞对产品质量和生产效率的影响成为了主要矛盾。要解决这个问题，只有从设备的过滤系统采取措施，但目前还没有很好的过滤结构能够达到所需的效果。

(3)设备的可靠性。任何自动化程度较高的设备，对控制和执行元器件往往有较高的可靠性要求，而可靠性又与设备的制造成本有着密切的关系。气流染色机的可靠性，既涉及主要关键件的制造精度问题，也与控制配套件的质量密切相关。设备的风机运转寿命、与织物接触的缸体内部表面粗糙度、高温下织物堆积在储布槽内的状态、比例升温和加料的控制精度等，都直接影响到染色过程的进行。无论哪个环节出问题，都会影响到整个染色过程。特别是高速循环风机的轴承、密封和传动皮带，不仅与所选择配套件的质量有关，而且还与安装质量有关。因此，气流染色机比溢喷染色机的可靠性要求更高。

（4）设备的性价比。正因为气流染色机的可靠性要求比较高，提高了设备的制造和配套件的采购成本，所以，与传统的溢喷染色机相比，同样容量的气流染色机在销售价格上差距较大。但这也往往成为用户选择气流染色机时的关注焦点，以致气流染色机在市场占有率远不及普通溢喷染色机。这种状况只有通过气流染色机的应用推广，以及染色工艺水平的不断提高来加以解决。近几年的应用表明，一些管理较好和加工高档织物的印染厂，使用气流染色加工方法后，不仅达到了显著的节能减排效果，而且还大大提高了染色的一次成功率。实际上是提高了产品质量，降低了加工成本（特别是能耗和排污费用），提高了企业经济效益。这本身就是先进技术装备产生的效益。所以，印染厂在技术改造中对印染设备的选择，应该更加注重设备的性价比，不能单纯看价格。

2. 染色工艺的适用性 相对传统的溢喷染色而言，气流染色技术出现的时间较晚，并且由于少数使用气流染色机的厂家对染色工艺技术具有严格的保密性，所以气流染色工艺的开发和应用推广还存在一定问题。从近几年气流染色的应用情况来看，真正为适于气流染色工艺条件而开发的染色工艺很少，有些厂家索性套用传统的溢喷染色工艺，导致出现了一些染色质量问题，使气流染色机的使用厂家反而怀疑气流染色的适用性。由于气流染色的工艺条件发生了变化，传统的溢喷染色工艺，包括染料的适用性，都是针对当时的工艺条件而开发的，所以必须从染化料特性、工艺设计进行改进，才能满足气流染色的工艺条件。

（1）染料和助剂。众所周知，活性染料的直接性较低，对促染剂（如元明粉和食盐）具有一定依存性，但它会随着染色浴比的降低而提高。此外，织物浸染的染料量配制是以织物重量的百分比计算的。气流染色的低浴比染色条件，一是会提高活性染料的直接性，加快染料对织物的上染速率；二是提高了染液的浓度，也会加快染料对织物的上染率。如果忽略了这两点，那么，没有染液与织物的快速交换作保证，肯定会出现上染不均匀的现象。所以，气流染色应考虑选用直接性低的活性染料，并且要注意染深色时染料的溶解度（因为浴比低，浓度高）。

除此之外，还应考虑开发适于气流染色的助剂。对于有些容易产生褶皱的织物，在浴比较低的情况下，织物在储布槽中的堆积挤压时间过长，会产生褶皱；对于一些合成纤维长丝针织物，由于纤维在纺丝过程中经多次牵伸所残留的内应力在预热后（纤维玻璃化温度以上）会产生收缩，而在绳状湿加工（尤其是第一次遇热）中堆积没有规律，所以容易出现收缩不均匀的现象，染色后给人的感觉像折痕。传统的溢喷染色机由于浴比较大，织物几乎是悬浮在染浴中，织物之间相互挤压小，反而不容易出现这种现象。因此，对气流染色机的低浴比条件，如何避免褶皱的产生，可否研发一种可控制泡沫多少和泡沫生成或破裂时间的助剂，减轻织物之间的相互挤压状况，是值得助剂制造商研究和开发的。

(2)气流染色工艺的开发。新型纤维的出现往往引发了染色新工艺的出现,相对纤维材料和染化料应用而言,染整设备的性能和功能的开发要滞后许多。而这时的染色新工艺开发,往往是在原有的设备性能基础上进行的。这是目前大部分印染厂的工艺开发模式。显然,如果染整设备性能和功能的开发能够及时满足新型纤维发展的要求,并且具有一些潜在功能,那么染色新工艺的开发就如虎添翼。不仅开发的时间短,而且还会举一反三,开发出意想不到的工艺。这样就会变被动为主动,引导市场发展,并且提高企业的竞争力。

气流染色既继承了传统溢喷染色的优点,同时更具有自身的优势。解除传统溢喷染色工艺的束缚,根据气流染色的工艺条件,开发具有其自身特点的染色工艺已成为当前气流染色应用推广的关键。近年来,一些有实力的印染厂,专门成立了气流染色工艺研发小组,进行了大量的工艺试验,取得了很大的收获。其中开发出来的一些新工艺,使织物的风格别具一格,具有很高的附加值,提高了企业产品加工竞争力。

(3)气流染色工艺应用的普及。在气流染色技术发展的过程中,在相当长的一段时间里,染色工艺存在很大的保密性。这里既有商业方面的原因,也有气流染色技术本身的原因。由于使用气流染色机的厂家较少,而且设备价格较高,使用者往往视为自己企业重要染色设备,大多用来加工品质要求较高的产品。许多染色工艺是通过使用厂家自己不断摸索总结出来的,并付出了一定的试验成本费用,所以不愿意轻易向同行透露。而从未接触过气流染色的工艺人员,既没有这方面感性认识,也没有实践经验。有些厂家索性当普通溢喷染色机来使用,结果适用的范围很窄,出现的质量问题也很多,以致对使用气流染色产生了畏惧感,更谈不上工艺的摸索和开发。

对于气流染色本身的问题,主要是设备制造商对该项技术原理的理解程度不够,并且缺乏试验过程的经验积累。他们往往不能在气流染色设备与工艺两者的关系上,对使用者作出详细的解释和说明,以至于使用者不知从何下手。对于使用中所出现的问题,也没有具体解决的办法。

除此之外,目前溢喷染色机在市场占有主导地位,大部分印染厂的工艺人员以及工艺路线,已经习惯于传统溢喷染色工艺。让仅占有少数的气流染色工艺,替代传统溢喷染色工艺,对生产管理和工艺质量控制也存在一定困难。因此,气流染色工艺的应用推广,必须结合生产、设备和工艺管理方面,采用一种新的生产加工模式。显然,只有建立在全新的技术改造和工艺方法的基础上,才能够加快气流染色工艺应用的普及,推动印染加工由资源和规模型转向质量和效益型的发展。

3. 对织物加工质量的影响　任何染色方式对织物都会产生一定影响,人们总是希望尽可能减小对产品质量的负面影响,气流染色也是如此。相对传统溢喷染色而言,气流染色对织物质量产生的影响,主要表现在织物的表面、折痕以及适用性方面。有些通过设备结构性能的不断完善,以及工艺控制的改进,基本得到解决;而有些还处于探索和试验阶段,需要人们更多的尝试,至少目前还不能轻易下结论。

(1)织物的起毛起球现象。织物的起毛现象主要出现在棉针织物,而起球则出现在短纤的涤棉或涤黏混纺针织物中。从理论上来讲,任何短纤维,包括棉、羊毛等天然纤维都会起毛成球,但涤纶短纤的起毛成球现象最为严重。其原因是涤纶的强力和抗挠曲性能高,使得形成的球不容易从纤维上脱落。在织物循环过程中,外部的机械作用将纤维拉伸至织物表面,并在这些区域形成绒毛，然后缠结成球，通过固着纤维与织物表面相连。通常针织物由于暴露的纱线表面积大，比机织物更易起毛、起球，而机织物越紧密越不容易起毛。影响织物起球的因素很多，如果对主要影响因素加以控制，是可以减少起毛的，但在大多数情况下又可能影响织物的其他性能。因此在染色过程中（包括前处理和后处理），要注意减少对织物产生的摩擦以及过度的拉伸。

气流染色中的织物是在高速气流作用下运行的，因织物在进入喷嘴前所带的染浴相对较少，故运行中形成的拉伸力不是很大，但织物进入喷嘴和导布管中时，与管壁形成较大的摩擦（因包覆织物的水较少），严重时会将织物表面擦伤。从设计者的角度来考虑，认为通过气流形成一个气垫，将束状织物包围起来，减少织物表面与喷嘴和导布管内壁之间摩擦力，但事实上一般气流染色是很难做到这一点。

气流染色还有另外一种类似于起毛的现象，主要发生在针织物表面，实际上是纱圈被吹出。这种现象产生的原因主要是气流速度过大所致，只要选择合理的气流风量是可以避免的。从目前的实际使用看，气流染色比液流喷射染色的起毛现象更为普遍，必须结合染色工艺、助剂及设备内壁表面进一步解决，例如在染浴中添加柔软剂、降低布速、针织物开幅及提高与织物接触面粗糙度精度等方法，都可以减少起毛或起球。

（2）纯棉薄型针织物的折痕。气流染色一般布速较快，除了能够保证织物在短时间内达到匀染性外，还能缩短织物在槽体内的停滞时间，避免织物产生折痕。但对于纯棉薄型针织物来说，则要求染色中既要保证织物与染液的充分交换，又不能使织物张力过大（即布速不宜过快）。因为纯棉针织物在 50～80℃ 的温度条件下，会释放纱线在加捻以及织造过程中所形成的内应力，如果外界经向张力过大，那么就容易产生经向折痕。这种折痕一旦产生，染深色时对染液的吸附量就有差异，形成深浅不一的痕迹。要避免或减少这种现象出现，必须通过风量与提布辊线速度的匹配关系来保证，并且在前处理中就要匹配好。在这种情况下，布速不一定开得很快，但要注意织物须充分扩展，不断改变织物束状位置，让暂时性折痕迅速展开。只要经历一次此过程，不使织物产生永久折痕，那么在以后加工过程中就不容易再形成折痕了。

（3）织物品种的适用性。近几年气流染色技术发展较快，并且织物适用的品种范围也在不断扩大。但是，在过去相当长的一段时间里，气流染色机确实存在一些应用上的问题，特别是染色工艺与设备的性能上还没有达到很好的统一。许多印染厂把普通溢喷染色的工艺直接用于气流染色，结果出现了不少问题，就轻易得出气流染色不适于某种织物的结论。然而，事实并非如此。一些工艺技术能力较强的染厂，通过工艺试验不但做出了那些所谓不适于的织物，而且染出的效果还比普通溢喷染色还好。这充分说明了，气流染色技术还没有被我们完全掌握，尤其是还没有摸索出一套完全适于气流染色的工艺。鉴于气流染色的工艺条件发生了较大变化，应该结合染化料、织物特性开发适于气流染色的工艺，而不应完全套用传统的溢喷染色工艺。这也是普及应用气流染色技术的必由之路。

三、气流染色的发展趋势

在气流染色技术的发展，在相当一段时间内主要是针对染色工艺方面的研究和开发。由于染色工艺条件（如浴比、染液浓度、温度变化以及染液与织物的交换状态等）发生了变化，若完全照搬传统的溢喷染色工艺，染色过程肯定会出现一些新的问题。从节能减排的角度考虑，气流染色已达到了以水为介质染色方式的最低浴比，具有显著的节水、节汽和节约染化料的优势。但是对使用者来说，更多的是关心如何保证产品的加工品质，以及织物品种适用范围的扩大。为此，目前气流染色技术的发展趋势主要体现在以下几个方面：

1. 潜在功能的开发 染整设备新功能开发是技术创新和满足新工艺的一项重要工作，对气流染色机来说尤为重要。气流染色机的许多功能是在具体应用中而发掘的，有些是为了事先预想的目标去试验或探索的，而更多的是在无意中发现的。以这种观点来看，气流染色目前的功能已经远远超过了当初研发者的预料。随着气流染色机的普及应用，还会有更多功能会被发现。只要染色工艺人员本着科学永无止境的态度，在不久的未来一定会发掘出更多的潜在功能。这其中还包括设备和工艺的结合。工艺提出设想，设备增加功能具体实现；反之，设备提供新的控制功能，引发新工艺的开发或应用。

2. 突出综合性能 能耗和污染已严重阻碍了印染行业的发展。随着水资源的日益枯竭和环境污染的加剧，各项节能减排措施在染色工艺、设备、染化料等方面，都在进一步得到体现。气流染色在充分体现小浴比的基础上，重点突出染色“一次成功率”、高效、节能环保等综合性能，这也将成为未来气流技术发展的标志。染色“一次成功率”提高了，就会减少修色或返工的次数，也就减少了能耗和排放，并且提高了生产效率。因此，节能环保与染色的“一次成功率”有密切的关系。目前间歇式溢喷染色的“一次成功率”不高，也是造成能耗和排放大的一个重要因素。相比之下，气流染色在自身能耗和排放小的基础上，具有更高的染色“一次成功率”。

3. 工艺的重现性 在间歇式染色中，目前存在的最大问题就是染色工艺的重现性。其中影响的因素有：织物、染化料、染色工艺、操作、染色设备和管理等，但除了染色设备之外，其他的影响因素可以通过严格和规范的管理来减少或避免。气流染色设备如何保证染色工艺的重现性，始终是设备制造商长期以来着重研究的课题。气流染色工艺的重现性，首先是建立在设备结构性能对染色过程适应性的基础上，然后是染色过程的重现性和可靠性。气流染色机采用在线控制技术，对时间、温度、pH 值、染液循环、织物运行状态等参数进行在线检测和动态控制，可有效提高染色工艺的重现性，染色一次成功率可达 97% 以上。

4. 适应多组分、新型纤维织物染色 随着人们对纺织品性能要求的不断提高，单一纤维已不能完全满足多项功能的需求，而多组分纤维可发挥出各种纤维的优点，具有更多功能的特点。因此，在未来的面料发展中，多组分纤维将会得到更为广泛的应用。与此同时，它对染色加工的要求也更高了。其中同类染料在同浴中对各组分纤维的分配、不同类染料的沾色等问题，涉及染料的选择和染色工艺的设计，必须通过新的染色工艺控制染色过程。为此，气流染色机的功能又是开发新染色工艺的硬件支撑，需要开发相适应的新功能和控制系统。

此外，不断出现的新型纤维，也极大地丰富了纺织品的品种和性能要求，必须采用与此对应的染色新工艺来满足染色加工。许多新的染色工艺需要设备相应的功能来实现，要求设备不断增加新功能。由于新型纤维具有不同的染色性能，上染速率存在较大差异，所以对温度、浴比、织物与染液交换状态、pH 值等工艺条件都有较高要求。气流染色技术的发展，也必须以满足这些功能为前提不断进行完善和拓展。

5. 设备风机功率的降低 与普通溢流或溢喷染色机相比，气流染色机具有显著的节水、节约蒸汽和助剂的优点，且排污量较低。但是风机的功率消耗却很大，增加了染色加工成本。因此，如何降低气流染色机的风机功率消耗，已成为设备制造商研发的主要课题。据了解，有采用每管独立风机设计的气流染色机，因简化了风机管道，提高了风机效率，在一定程度上降低了风机功率。还有制造商将雾化喷嘴进行改进，降低了风机的风量消耗，从而降低了风机功率，但是又引发了一些其他问题。从目前气流染色机的结构形式来看，采用气流和液流分流的形式，对降低风机功率会产生更大效果，已有设备厂家进行这方面的研究，并已取得了一定的成效。

6. 实现中控、在线检测及现场总线控制 在未来的印染加工行业中，除了能耗和环保要求外，加工质量和人工成本将是企业发展的瓶颈口。要解决这一问题的根本办法，就是提高加工设备的自动化程度和检测控制，这对间歇式的气流染色显得尤为重要。气流染色机采用中控，可以减少各种人为影响因素。对各机台进行集中管理和控制，并与化验室和配料系统通过企业资源计划（ERP）管理系统，对整个生产过程进行监控，可使整个生产过程的质量得到有效控制。这样既可有效保证产品质量，又可提高生产效率和减少劳动力成本。

采用在线检测对染浴的温度、浓度、pH 值、流量、布速和时间等进行控制，对顺利实现染色过程具有十分重要的意义。与其他间歇式染色机一样，研究气流染色机现场控制网络适用的现场总线标准及现场设备，开发网络拓扑结构和集成方式，可真正实现气流染色机的智能现场分散控制和集中管理。对气流染色机的研究，还在于开发出基于现场控制网络平台上的间歇式染色过程的实时控制方式，并对织物染色及前处理工艺过程的多参数进行控制。此外，建立气流染色机现场控制网络和多参数染色工艺控制系统，使其控制系统能够与国际通用的染色测色、配色、配料、化验、仿样和染色企业信息管理层等联网，可以更好地保证产品加工质量，提高经济效益。

第二节　气流染色的特点和适用范围

一、气流染色的特点

就织物染色的状态而言，松式绳状染色要比平幅状染色的手感好。这主要是织物在绳状染色过程中，在储布槽（或称为染槽）内处于松弛状态，当提升并通过喷嘴和导布管时，又处于张紧状态，每一个循环中都有一次这样的一紧一松过程，实际上是对织物不断产生一个伸缩和互相揉搓的过程。织物在气流染色过程中，也是呈绳状运行，并且气流的作用比较柔和，松紧交变的频率比较高，可赋予织物更好的手感。除此之外，气流染色的低浴、低张力、高温排放和染色的“一次成功率”较高等特点都是传统溢喷染色所不具备的。

1. 染色浴比低 气流染色改变了传统溢流、喷射和溢喷染色以染液牵引织物循环的方式，而是采用循环空气牵引织物进行循环运动。除了织物吸附的染液外，循环染液只有传统溢喷染色机的五分之二。与传统溢喷染色相比，省去了近 60% 的用水量，并降低了蒸汽和染化料的消耗，减少了排污。此外，气流染色的低浴比工艺条件，提高了染液浓度，对活性染料来说，提高了直接性，即提高了染料对纤维的上染率。对于一些上染速率较快的纤维，低浴比与织物具有足够的交换频率，可保证织物纤维获得均匀上染。

气流染色的低浴比只需满足织物的最低带液量，以及最少的染液循环即可。织物与染液是主要在喷嘴中进行交换，以保证织物循环一周，其纤维表面染液的扩散和动力边界层所需的染液量。织物离开导布管落入储布槽后，与自由循环染液是处于分离状态。当织物从储布槽中再次提升时，所含带的染液量较少(主要是结合水)，即使在较高的提升速度下，也不会对织物产生过大的拉伸张力。值得一提的是，织物在离开导布管时，实际上还有一个气流扩展作用。这对织物不断改变折叠位置(主要是在储布槽中)，避免产生永久性折痕。因此，气流染色低浴比条件不仅可以保证织物获得均匀上染，还可减少织物折痕的产生。这也是传统溢喷染色在低浴比条件下无法做到的。

2. 织物张力低　在织物松式绳状染色过程中，织物运行被牵引的张力过大会使其(特别是针织物)产生纬斜或幅宽变窄，甚至产生经向折皱，严重影响织物的外观和尺寸的稳定性。为了避免这些现象的产生，对一般液流喷射染色机的喷射力以及织物运行速度都有一定限制。相比之下，气流染色由于储布槽内不存放染液，织物在运行的整个过程中，不带有过多的染液，重量相对较轻，即使在较高的运行速度条件下，也不会对织物产生过大的张力。同时，织物的运行主要由气流牵引，与液流相比，气流对织物的作用比较柔和，不会出现强拉硬扯现象。气流染色对织物的低张力作用，为提高织物的运行速度，减小弹力织物的张力提供了有利条件。

3. 高效短流程　提高染色加工效率的有效手段是缩短染色工艺时间。而要完成织物上染的三个过程(即吸附、扩散、固着)，除了固色时间外，吸附、扩散过程的时间长短，都与染液和被染物的相对运动，以及对上染和解吸平衡状态的打破程度有关。如果平衡状态维持的时间长，那么，染料的上染率低，达不到所要求的色光。就必须通过延长时间，增加打破这种动态平衡的概率来提高上染率。这样不仅会降低生产效率，同时还会引起染料(如活性染料)在水中大量水解，造成染料的浪费和织物色牢度的下降。因此，为了改变这种状态，只有提高染液与被染物的交换频率，也就是通过提高布速和加快染液循环频率。在液流染色中提高布速，会增加织物的张力；而要加快染液循环频率，就必须降低浴比或者增加主循环泵流量。液流染色(主要是指溢喷染色)中的浴比过小，织物在槽体内运行就有困难，并容易产生折痕；而主循环泵流量的增加则必然带来更大功率的消耗，生产成本过高。显然，溢喷染色在诸多因素的影响下，提高生产效率是非常有限的。

相比之下，气流染色的生产效率比较高，其原因取决于两方面因素。一是织物的运行速度比较高(最高可达700m/min，溢喷染色在400m/min左右)，并且织物所受的张力较小(因为织物含带较少的水)。织物在气流的牵引下，会产生不断的抖动和扩展，充分与气流中染液接触。第二个方面是省去了牵引织物运行的那部分水，浴比大幅度降低，即使采用流量较小的主循环泵(确切地讲是供染液循环的泵)，也能获得较高的染液循环频率。气流染色正因为具备这种条件，才能够使织物在较短的时间内均匀上染，缩短了整个染色过程的时间。

此外，结合现代染色工艺中的一浴法，通过染料和助剂的正确筛选，采用前处理和染色一浴法、多组分纤维织物一浴法等先进工艺，气流染色机将会发挥出更大优势。事实上，有不少印染厂已经开始在使用，并获得了良好的经济效益。

4. 节能环保　完成染色工艺过程必须消耗大量的能源。水和蒸汽是主要能耗，它的耗量大小不仅关系到生产成本的高低，而且更重要的是影响日趋枯竭的地球资源以及人类赖以生存的环境。气流染色由于浴比很低[一般为1:(3～4)]，所以不仅染色工艺中需要的水非常少，而且在升温或保温过程中消耗的蒸汽也非常小。与传统溢喷染色所完全不同的是，气流染色可以在固色保温过程完成之后，直接进行高温排放(因为织物是由气流带动，没有水仍然可以运行)。通过这个功能，可以省去缓慢的降温过程以及降温所需的冷却水。对涤纶来说，还可以在高温条件下直接排除所产生的低聚物，缩短水洗时间及耗水量，提高织物色牢度。

印染对环保的影响已成为制约印染工业发展的最大问题。而对于有水染色来说，主要考虑到的问题就是尽可能降低浴比，减少排放量以及降低废水中所含电解质的浓度。浴比大容易使某些染料和助剂产生水解，这部分水解的染化料不仅会造成浪费，而且更重要的是对环境带来污染。虽然可以通过一定的污水处理设施来加以处理，但毕竟还是要付出昂贵的成本代价。因此，解决环保问题必须从设备、工艺以及染化料几个方面同时着手，其中设备的浴比就是一个最关键的问题。气流染色的核心技术就是能够保证织物在低浴比条件下实现染色工艺，达到染色所要求的各项指标，当然这也就意味着最低排污的要求。

5. 连续式水洗　在传统的间歇式溢喷染色机中，一般是采用分缸间歇式或者加溢流式水洗，需要消耗大量的水，并且要占到整个染色用水的80%。尤其是涤纶织物在高温条件所产生的低聚物不能采用高温排放，只能通过还原清洗和大量的水才能够去除。传统水洗过程很大程度是通过新鲜水不断稀释污物，而浴比低往往浓度较高，要稀释到高浴比相同浓度的污浴，则需要更多的水。因此，按照传统的水洗工艺，低浴比染色后的水洗可能要消耗更多的水。要解决这个矛盾，必须改变水洗方式，提高水洗效率，降低耗水量。气流染色采用了连续式水洗技术，充分体现了高效节能的特点。

连续式水洗是洗液清浊分流、连续进水和排放的一种方式。织物通过喷嘴时总是与新鲜水交换，而交换后的污水与织物分离，并直接排放。由于污水不参与再次循环，织物每次接触到的都是新鲜水，所以总是保持较高的水洗浓度梯度，加快了污物脱离织物。为了保证足够的水洗量，一般是将主循环的旁通切断，将水量全部集中在喷嘴中。整个水洗过程采用了受控，根据织物中污物的分布和存在状态，对水流量和温度进行不同组合分配，以最少的耗水量和时间，达到最佳的净洗效果。

6. 织物风格更优　实际应用表明，采用气流染色方式所加工出来的织物，不仅色牢度较好，而且对织物伴随着一种物理整理效果。织物在松式绳状加工过程中，有一个周期性的自由、松弛和回缩的机会，气流对织物会产生一定的拍打作用，因而织物的手感丰满。针织物的染色效果更优于其他染色方式，不仅对织物产生的张力小，而且织物在染色过程中具有一定的揉搓效果，使得织物产生一种飘逸感。

利用气流染色的原理，进一步拓展其使用功能，可以对织物进行特殊风格整理，这是气流染色所具有的新特点。例如，被誉为21世纪绿色环保型的再生纤维素纤维——Lyocell纤维(商品名为天丝)就是通过气流对织物的作用，经过两次原纤化后，生成如同桃皮绒般的布面效果。令视觉和手感效果非常好，具有较高的附加值。

此外，气流染色机还可以在原有基础上增加一些辅助装置，如空气加热器、撞击栅栏等，对织物进行柔软整理、松式绳状烘干以及彩虹染色。因此，从某种意义上来说，气流染色已不是单一的染色概念了，而是染色加整理的全新概念。

7. 堵布打结少　堵布打结在溢流或喷射染色中时常发生，在浴比较大的染色过程中更是如此。其主要原因是储布槽内染液的流动或湍流，造成织物之间的相互乱串，形成套结。一旦发生了堵布打结，就要影响织物的正常运行，严重时必须停机快速降温至 80℃以下，进行人工处理。如果是在织物的上色较快的温度范围内，由于堵布打结而停机降温，必然会造成织物的色花或折痕。为此，对传统的溢流或喷射染色机进行了不断改进，如增加摆布装置，适当降低浴比等措施，在一定程度有所改善，但还是不能完全避免堵布打结的产生。

相比之下，气流染色较好地解决了这个问题。它除了设置摆布装置外，更重要的是其槽体内不存放染浴，织物是依靠自重作用，沿着非常光滑的表面（衬有聚四氟乙烯管）向前滑行，或者通过转鼓偏重带动向前。在这个过程中织物之间几乎没有相对位移，比较有规律地横向折叠。因此，很少发生堵布打结现象。

8. 高温排放　聚酯类纤维在 130℃的染色条件下，会分解出一种低聚物，而在 100℃以下又会重新附在纤维上，影响织物的色牢度，同时还有部分黏附在设备内壁上。所以，对普通的溢流或喷射染色机来说，只有通过后面的还原清洗来去除低聚物。但气流染色机却可以在一定的安全保护措施下进行高温排液，将低聚物在高温下迅速排掉。因为气流染色机在没有染液的情况下仍然可以循环，不用担心织物的起皱问题。相反，在压力迅速释放下，织物所含带的高温水也随即汽化，使得织物局部折皱可展开。

考虑到安全问题，气流染色机的高温排放通常采用两种方法：一是在高温排液口处安装一个冷水交换器，通过冷水间接热交换，将废液温度降至 85℃以下再排放；二是设置一个容积不小于 $1m^3$ 的地下封闭缓冲槽，仅在顶部留一个排气孔，高温排液连在缓冲槽上，使高温废液先经过缓冲，降低温度后再流入排液总管。

9. 湿加工“一次成功率”高　实践证明，气流染色机在织物的前处理、染色等湿加工的一次成功率往往高于传统的溢喷染色机。有实验数据表明，一台技术上成熟的气流染色机的一次成功率在 97% 以上。这对织物的品质控制和节能减排来说，无疑是具有重大现实意义。在传统的染色加工中，人们常常是只注意设备的浴比和一些能耗指标，而忽略了设备对加工过程的一次成功率。返工所造成的能耗、物耗和人工成本，已成为目前印染厂加工成本持高不下的主要原因。从这种意义上来讲，气流染色机具有很明显的优势。

二、气流染色的适用范围

就染色方法而言，气流染色仍属于浸染的范畴。与传统的溢流或喷射染色相比，织物与染液的相对循环运动，温度对上染率的控制等方面，气流染色更具有优势。因为在气流染色过程中，被染织物与染液的交换（在喷嘴中接触）频率和剧烈程度较高，且染液温度分布的均匀性也比较好。这对高瞬染（上染率对时间曲线的起始斜率）染料在染色过程的最初阶段，可以尽快达到纤维总体上染的均匀性，起到非常重要的作用；同时对那些比表面积较大的新合成纤维织物来说，也可获得非常好的匀染效果。因此,气流染色的适用范围基本涵盖了目前绝大部分常规纤维织物品种,尤其是对新型纤维的染色,更具有优势。

1. 适用的织物品种 在过去相当长的一段时间内,气流染色在满足织物和染色工艺的适用性上始终随着气流染色技术不断改进和完善而同步进行。早期的气流染色机主要是用于超细纤维织物染色,利用气流能够牵引织物的快速循环,并对织物的损伤小的特点,解决超细纤维织物上染快、不易达到匀染的问题。随着节能减排和纺织品的品种增多,人们更重要的是看到了气流染色的低浴比特性,将其用于常规及一些新型纤维织物的染色,并获得了成功。许多织物经气流染色后,得到的品质及风格更优于传统溢喷染色。

应用表明,气流染色不仅可适于常规织物,而且更适于一些新型纤维织物的染色,如超细纤维、Lycoell 纤维、莫代尔(Modal)纤维,另外,还特别适合于高织高密织物、弹力针织物(氨纶含量为5% ~10%)的湿加工。染料对其中许多纤维的上染速率较快,要求织物与染液具有较快的交换频率,否则容易造成上染不均匀。对于弹力针织物主要是张力带来的影响,普通溢喷染色只有通过降低织物循环速度来减小张力,最终导致织物容量的减少。一些比表面积较大的超细纤维织物,染料对纤维的上染速率很快,除了要求织物与染液具有较快的交换频率外,还要求控制织物每一个循环中的染料上染量。气流染色可以提供较快的织物与染液的交换频率,同时还可控制染料的上染量,更容易保证匀染性。

2. 适用的加工工艺 在纺织品的染整加工中,如织物的退浆、煮练、漂白、丝光、碱减量、染色和水洗等以水为介质的加工,统称为湿加工。同样是湿加工,气流染色与传统溢喷染色所不同的是工艺条件发生了变化,而其中最重要的是浴比降低。这对染色和前处理工艺,涉及染化料的选择,织物与液体的交换状态,以及温度和加料的控制。此外,由于气流染色机是通过气流牵引织物循环,可以在无水状态下进行织物循环,所以气流染色机还可用于织物干态或半干状态下的物理整理和特殊染色,如织物的机械柔软整理和彩虹染色等。

(1)染色工艺。气流染色与传统溢流或喷射染色的不同点,主要是体现在工艺条件上,如染色浴比、织物与染液的交换方式、染液的循环状态等。因此,它涉及染料的选择、助剂的用量和工艺曲线的设定等方面。尽管在相当一段时间内,许多使用者采用传统溢喷染色工艺也能做出一些合格产品,但也出现了不少问题,并将这些问题一味地归咎于气流染色机的性能。随着气流染色技术的不断成熟,人们也总结出了一些专门适于气流染色的染料、助剂和染色工艺,从而将气流染色工艺与设备有机地结合起来,有效地发挥出了气流染色的优势。

此外,快速染色是提高生产效率的有效方法,但对设备要求较高。快速升温、快速染液循环是实现快速染色工艺的基本要求。气流染色的浴比很低,可以实现染液的快速循环和快速升温,另外,织物也可以快速循环,所以,只要选择适于快速染色的染料和工艺控制,不用担心织物的匀染性问题。

(2)织物前处理工艺。用气流染色机进行织物的退、煮、漂前处理,可利用织物在储布槽中的布水分离状态,形成一个类似于汽蒸过程,不仅可以提高织物纤维的膨润性,还可加强助剂对纤维的渗透性和反应性。当织物经过喷嘴与液体进行交换时,可迅速将溶解和剥离的杂质与纤维进行分离。织物实际上经历了汽蒸—热浴—汽蒸—热浴的重复过程,相当于一个高效短流程的前处理。应用表明，气流染色机进行前处理，织物可获得良好的品质，且时间短，“一次成功率”高。为了充分利用气流染色机这一优点，有不少使用厂家划分出部分气流染色机专门用来进行织物的前处理，获得了显著的经济效益。

（3）织物整理工艺。利用气流的拍打作用对纺织品进行风格整理，是气流柔软机的主要功能，而气流染色机在工作原理上与气流柔软机十分相近。采用气流染色机进行织物风格整理，不仅可改善织物的服用性，同时还可以获得许多布面风格效果，极大地丰富了纺织品的使用内涵。在这些整理功能中，如柔软、摇粒、缩绒和预缩整理的使用价值最为显著，并且应用也比较普遍。气流整理过程可以少用或者不用化学助剂即可实现，对人体和环境都不会产生大的危害。因此，这种整理工艺既可提高纺织品的附加值，又可减少污染，有利于纺织品后加工向环保方向发展。

织物经风格整理后可以提高其内在的品质，并可获得有别于普通织物的感观效果，是织物后加工的一道重要工序。新型纺织纤维的许多特性就是通过不同的整理过程后而表现出来的，即使是同一品种的织物，采用不同的整理方法也可获得不同效果。有些织物经过一定的特殊整理，可以保留原有的优良特性，克服或改善原来存在的缺陷。所以，织物的风格整理是一种集中体现纺织品综合性能的加工手段。

（4）彩虹染色工艺。纺织品的颜色是千变万化的，它极大地丰富了人们的物质生活。利用气流染色的现有功能，可以对轻薄纱类织物进行彩虹染色，可产生一种朦胧的彩虹视觉效果。这种染色工艺实际上是让不同颜色的染料在不同的时间内上染织物，并且有意识不让染料在织物上进行移染，产生人为均匀分布的彩虹般颜色。

3. 高温与常温染色　按最高工艺温度来分，气流染色机可分为高温型和常温型两种。工艺温度高于水的标准沸点，到最高工艺温度为135℃的气流染色机称为高温高压气流染色机，最高工艺温度为98℃的气流染色机称为常温常压气流染色机。从实际应用的角度来考虑，除了分散染料染色必须采用130℃的高温条件外，其余染料均可在常温条件下染色。但是，气流染色机具有前处理功能，而目前我国印染行业大部分企业都是在染色机中进行前处理。所以，对有间歇式染色机的厂家来说，必须考虑间歇式染色机的前处理效率。

由于采用气流染色机进行前处理（后文译述）具有显著的优势，而织物前处理中的煮漂温度在105～110℃的条件下进行，不仅效果好而且效率高。因此，织物的前处理采用高温型气流染色机具有明显的经济效益。据近年来的市场调查和了解，目前有许多使用气流染色机的厂家，有意识安排部分气流染色机专门用于前处理加工，不仅质量稳定，效率高，而且节能。从这种意义上来讲，高温型气流染色机应该占据主流。当然，考虑到设备的采购价格，适当配置一些常温气流染色机仅作为染色使用也可以。

参考文献

［1］刘江坚. 气流染色与气流染色机［J］. 印染，2001（09）：13～14.

［2］刘江坚. 气流染色技术现状与发展［J］. 印染，2008（18）：6～10.

第二章　气流染色的工作原理及染色形式

从染色理论上讲，气流染色仍属于浸染法的范畴。与液流喷射染色相比，在织物与染液的相对循环运动，温度对上染率的控制等方面，气流染色更具有优势。因为在气流染色中，织物与染液的交换（在喷嘴中接触）频率及剧烈程度较高，且染液温度分布的均匀性也比较好。这对于那些瞬染（上染率与时间曲线的起始斜率）高的染料，在染色过程的最初阶段，可以尽快达到纤维总体上染的均匀性；同时，对一些比表面积较大的新合纤织物，也可得到非常好的匀染性。气流染色的这种上染过程，表现出了相应的基本特征。本章就气流染色的工作原理及染色过程做一介绍。

第一节　气流染色的工作原理及形式

一、气流染色的工作原理

就染色方式而言，气流染色中染料对被染物的上染过程属于浸染。被染织物与染液在喷嘴中经过一定交换次数，完成染料对织物纤维的吸附、扩散和固着过程。气流染色与传统溢流或溢喷染色最大的不同点是：气流染色是以循环空气牵引被染织物作循环运动，而染液不承担牵引织物循环运动的作用，只作为携带染料及热能的媒介，为染料上染织物纤维提供均匀的分配条件。因此，气流染色省去了牵引织物循环的那一部分染液，从而降低了染色浴比。此外，气流牵引织物通过喷嘴和导布管后，由于气流的自由射流作用比较大，使绳状织物可以获得较好的纬向扩展，织物在储布槽中堆积所形成的折痕可以得到充分展开。所以，气流染色可以最大限度地减少织物折痕的产生。

由此可见，气流染色并非是染色原理的改变，而只是牵引织物循环方式的改变，并且是以气流作为牵引织物循环的主要动力源。染液对被染织物的上染过程，仍然是要通过两者进行周期性的交换才能够完成。一切满足上染条件的控制参数，如温度、浴比、加料、染液与织物的相对运动及交换程度，在气流染色过程同样作为工艺条件需要得到有效控制。当然，染色浴比的降低，会在一定程度上改变染色条件，在上染过程中更多的是起到了积极作用。

二、气流染色的形式

气流染色的形式主要是从染液与气流循环的相对关系来区分的，没有确切的定义。从气流染色的概念出现后，出现了各种形式，主要是体现在染液与气流对织物的作用形式不同，但以空气牵引织物作循环运动，却是它们的共同特点；而染液在气流染色中，对织物的牵引作用已经不存在了。从这种意义上来讲，染液对被染织物的作用，仅仅是提供染料向被染织物纤维上染的介质,所以,气流染色仍然属于浸染方式,只是染色条件与传统溢喷染色相比发生了变化。鉴于这种情况,这里仅从染液与气流对织物的作用形式来对气流染色作区分。目前主要分为气流雾化式和气压渗透式两种。

1. 气流雾化染色　该形式的原创技术是德国特恩(THEN)公司。其结构示意图如图2-1所示。它的原理是染液通过特殊的雾化喷嘴,形成雾状染液喷入染液与气流混合室;经混合后的气液两相流体(相当于夹带染液的气流),再通过拉法尔管喉部环形缝隙喷出,与被染织物接触,并牵引其运行。夹带染液的气流在牵引织物运行的同时,并为染料上染织物纤维提供机会。相对传统溢喷染色喷嘴而言,气流对织物纤维的接触面积大,渗透力强,可尽快打破织物纤维表面与内部的动态平衡,并且减薄扩散和动力边界层厚度,及时提供新鲜染液,为纤维的匀染提供了条件。由于染液不担负牵引织物循环的作用,所以可以有效地控制织物在每一个循环过程中上染量,有利于对颜色深浅和上染速率的控制。

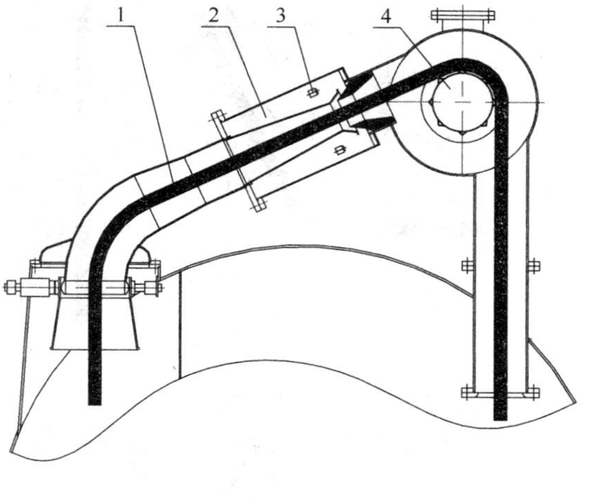

图2-1　气流雾化式喷嘴结构示意图

1—织物　2—染液与气流混合室

3—染液雾化喷嘴　4—提布辊

需要说明的是,喷嘴中的染液是弥散在气流中的,其浓度和温度对织物纤维的分布较为均匀。对于浴比低、染液浓度高的气流染色来讲,被染织物与染液的这种交换方式,即可保证染料对织物纤维的均匀上染,同时气流对织物有一定的扩展和抖动作用,可减少织物永久性折痕的产生。但是,雾化后染液气流混合后,并由气流带入拉法尔管的过程中,气流要消耗很大一部分能量。为了保证气流具有足够的能量(静压能和动压能之和)牵引织物循环,通常选择额定功率比较大的风机。

由于染液的浴比小、浓度高,必须控制织物循环一周的染料上染量,以保证整个织物的均匀上染,所以总体循环的部分染液要通过旁通直接回到主回液管中。这部分回流染液在保证所需的喷嘴染液同时,更重要的是及时缩短在升温或加料过程中平衡时间。在染色的过程中,回流染液必须始终处于流动状态,只有在水洗过程才关闭。对于回流部分与提供给喷嘴的染液分配比例一般是有要求的,可通过染液通道的流量变化来控制,当然最好是采用比例阀控制。至于分配比例是多少为最好,与织物纤维品种和染料上染特性有关,可通过一定的经验积累,将成功的参数编入程序中去。

2. 气压渗透染色　该项技术是德国第斯(Thies)公司采用的。气压渗透喷嘴如图2-2所示。它的设计原理是:将染液喷嘴和气流喷嘴分成两个独立部分,染液喷嘴在气流喷嘴之前。织物首先经过染液喷嘴,与染液进行交换,多余的染液通过一个旁通直接回到主回液管。交换后的织物经过提布辊进入气流喷嘴,气流在牵引织物循环的同时,对已吸附在织物上的染

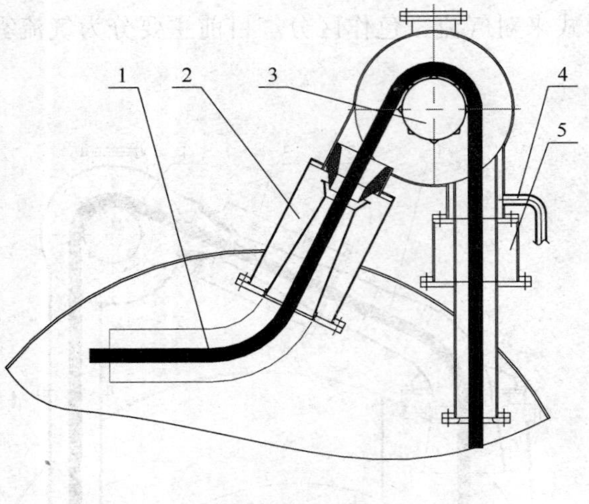

图 2-2　气压渗透式喷嘴结构示意图
1—织物　2—气流喷嘴　3—提布辊
4—旁通染液回流　5—染液喷嘴

液加以气压渗透，加快染料对纤维上染。该形式的染液也不起牵引织物循环的作用，实际上相当一个软流喷嘴，对织物的作用非常缓和。由于染液喷嘴是被染织物进行交换的地方，仅需要满足染料对织物的上染条件，而不考虑牵引织物循环的染液，所以需要的染液量也很小，可以达到减少浴比的目的。

相对气流雾化式而言，气压渗透式的气流喷嘴，只承担纯粹的气流牵引织物的作用，不对染液产生消耗，所以风机的额定功率可以取得相对低一些。与此同时，染液与织物的交换状态与溢喷染色更接近。

从近十年的应用情况来看，气流雾化式染色形式占主流，并经过不断改进以及工艺的开发，获得了良好的使用效果；气压渗透式染色形式，从染色工艺条件来看，更接近于小浴比溢喷染色形式。德国第斯(Thies)公司在小浴比溢喷染色技术上，进行了较为深入的研究，许多技术已经延伸到气流染色机中，甚至具有气流染色和溢喷染色两种功能。

考虑到目前市场上的应用情况，本书主要以介绍气流雾化染色形式为主，而对气压渗透染色的不同点也作一简单介绍。

第二节　气流的产生与作用

无论是气流雾化染色，还是气压渗透染色，在染色过程中，气流都是通过高压循环风机产生空气动压能，再转变成气流的静压能，在气流喷嘴中形成高速气流牵引织物运行。除此之外，气流雾化染色的染液是通过染液喷嘴的细化，喷入气流中形成气液两相流体与织物进行交换，完成染料对织物的上染。空气与水液体均属于流体，但在流动过程中的变化状态有很大不同。因此，有必要对气流的一些基本特性进行了解，以达到控制气流的目的。

一、气流的形成与特点

气流是由高压风机产生的，并通过一套风管系统进行封闭循环。循环气流的风压与风速存在一定的关系，并且随着空气温度的变化而发生变化，对织物的循环状态会产生一定的影响。

1. 高速气流的形成　首先是通过高压风机将机械能转换为空气压力能(包括动压能和静压能两部分)，然后经过主风管将空气的动压能转换为空气的静压能，再分配到每个气流喷嘴中。根据拉法尔原理设计的气流喷嘴，气流经喉部环缝隙而加快流速，并形成具有较高动压能的环形气流,以牵引织物沿流动方向运行。当气流通过导布管后,气流突然四周扩散,动压能急剧衰减,布速减慢落入储布槽。在实际使用过程中,主缸内腔、风机、风管和气流喷嘴组成了一个封闭系统,无论是在常温下还是在高温下,均可形成相对稳定的气流循环,以满足织物的循环周期。

2. 风压与风速的关系 通过循环风机作用产生了气流,在一定的风机转速下,气流的压力与速度(或者风压与风量)具有一定的对应关系。当过流截面一定时,风速与风量成正比,即风量大,风速也大。而风压与风量的变化相反,即风压增大而风量变小,这符合伯努利能量守恒规律。在实际气流输送过程中,当高度差不大时,可忽略重力势能的影响,克服管网系统阻力主要还是依靠静压能。根据伯努利方程,气流静压能与动压能是可以相互转换的,但总压是不变的,即符合能量守恒规律。

当风量一定时,改变气流过流截面积,就会改变风速,即过流截面积小,则风速大;而风速大,则风压就小。所以利用拉法尔管原理,采用渐缩管和渐扩管可以产生高速气流牵引织物运行。对于气流雾化式染色来说,气流在牵引织物运行的过程中,同时还为被染织物与染液提供交换条件。

3. 气流随温度变化的规律 与所有流体一样,空气在流动的过程中也会产生内部之间的相对摩擦阻力。根据牛顿流体运动规律,这种阻力是通过黏度系数来表述,即动力黏度系数或运动黏度系数。试验表明,流体的黏度系数随温度变化而变。对液体水来说,其黏度系数随温度的升高而变小,而空气则相反。由于存在这种变化规律,所以水和气流的黏度系数随温度变化,会改变牵引织物的运行速度,而两者正好相反。在实际运行过程中,我们会发现虽然在常温下织物的运行速度一定,但在高温条件下,溢喷染色机的织物运行速度会减慢下来,而气流染色机的织物运行速度则会升上去。

二、染液在气流中的状态

气流雾化染色中的染液是通过一套独立循环系统,经喷雾喷嘴形成雾化的液滴,再喷射到气流与染液混合室内;然后形成带液气流(实际上是气流夹带着细化染液)经气流喷嘴喷出,与被染织物接触,完成染料对织物纤维的上染。与传统的溢喷染色不同,带有染液的气流对被染织物纤维表面具有较大的渗透力,更有利于减薄被染织物纤维表面染液扩散或动力边界层的厚度,使得新鲜染液容易向纤维表面扩散。由于雾化后的染液弥散在气流中,与织物纤维的接触表面较大,所以更容易达到匀染效果;同时气流对织物有一种扩展效果,也扩大了染液与织物的接触面积,可保证上染速率较快的织物获得均匀上染。对于气压渗透式染色而言,虽然染液是独立与织物进行交换的,但已经吸附染液的织物经过气流喷嘴时,气流会对织物纤维表面的染液产生一定的渗透作用。实际上也是对纤维表面染液再次分配,进一步提高了染液在织物上分布的均匀性。

1. 染液的雾化 在气流雾化染色过程中,染液经过一套喷雾喷嘴,形成雾状染液并喷洒在气流中。弥散在气流中的染液,随气流一起通过拉法尔管喉部环缝隙喷入,与被染织物进行交换。染液的雾化程度与流体压力和雾化喷嘴口径的大小有关。流体压力取决于染液循环泵的扬程,一般较高。而雾化喷嘴口径相对较小,以便染液的雾化。在压力不变的条件下,喷雾喷嘴口径越小,则染液的雾化颗粒越小,反之则大;当喷雾喷嘴口径一定时,流体压力越大,则染液的雾化颗粒越小,反之则大。显然,染液雾化的颗粒越小,在气流中分散的均匀性就越好,同时雾化染液对气流所造成能量消耗越小,也就意味着风机的消耗功率减小。但是在实际应用中,过小的染液喷嘴通道往往容易造成杂物的堵塞,影响染液喷射量。

对于气压渗透式染色,染液不存在雾化问题。但是,因染液量较少,需要考虑与织物进行交换时的均匀性问题,尤其是在环状方向的分配。如何使较少的染液环状方向不产生偏流,是气压渗透式染色喷嘴的技术核心。

2. 染液在气流中的分布 在气流染色过程中,染液只有在气流喷嘴(即拉法尔管)和导布管中才会与气流相遇,其余时间都是按照各自的循环系统进行循环。经染液喷嘴雾化的染液进入气流后,弥散在强烈的紊流气流中,具有较好的均匀性。无论是受热面积,还是与被染织物纤维的接触面,都比颗粒大的液滴更为均匀。这为气流染色过程中染料向织物纤维提供了较好的上染条件。弥散在气流中的染液随着气流进入拉法尔管内与织物进行接触,其作用的剧烈程度比较高。可以减薄织物纤维表面的动力和扩散边界层厚度,快速打破纤维内部扩散与纤维外部的动平衡,加快染料对纤维的上染速度。由于呈细化的染液在气流的强烈作用下,对织物纤维的接触面以及均匀程度都优于传统的溢喷染液,所以气流染色的上染条件特别适于上染速率较快的超细纤维织物。

3. 气流对染液渗透作用 在气流喷嘴中,气流中无论是否夹带染液,对织物纤维表面上的染液都会产生一定渗透作用。这对加快染料通过动力或扩散边界层,以及减薄边界层的厚度,无疑都是有利的。气流雾化式染色过程中,染液是随同气流一起与织物进行交换的,而气流对已接触到纤维表面的染液同时还起到渗透作用。气压渗透式染色的气流与染液虽然是分开作用的,但当织物进入气流喷嘴后,气流在牵引织物运行和扩展的同时,还对纤维表面的染液可产生较大的渗透作用,加速染料通过纤维表面染液的动力和扩散边界层。从实际应用中得知,无论是哪种形式的气流染色,对织物的匀染性均优于普通溢喷染色,这与气流对织物纤维上染液的渗透作用有关。

三、气流对织物的作用

在气流染色过程中,织物的循环主要依靠气流牵引,提布辊仅起到辅助作用。气流中实际上夹带有弥散在其中的细化染液,而织物在被气流牵引的过程中,伴随着染液与织物的交换。织物从储布槽中被提升,经过提布辊进入喷嘴和导布管,经摆布装置,有序地落入储布槽后部,通常将织物这一运动过程称为动程。织物经历周期性的动程,一方面是完成织物与染液在喷嘴中的交换,不断向纤维表面提供新鲜染料;另一方面,织物在储布槽中的相对静止位置,通过动程不断改变织物之间的相互位置,以避免产生永久性折痕。因此,气流染色中的织物循环是保证匀染和不产生折痕的重要过程。了解和掌握织物在动程中经过喷嘴时的受力和运动状态,可以有效地控制织物的上染过程和运行状态,以达到织物的匀染和保证布面质量的目的。

1. 织物在喷嘴中的受力分析 气流喷嘴的结构实际上是采用了拉法尔原理,即渐缩、直段和渐扩三部分。在直段部分(也称为喉部,气流压强低,流速快)有一环缝隙,气流由缝隙喷出,并形成一定圆锥夹角。若沿轴线剖开,将缝隙喷出的气流 F 分解为两个方向的作用力,即对织物产生纵向作用的 F_1 和产生横向作用的 F_2,如图 2-3 所示。横向作用是对织物的渗透力，用以打破纤维表面扩散和动力边界层的动平衡，不断提供新鲜染液，以保证纤维的染料供给；而纵向作用则为织物的牵引力，控制织物循环速度的快慢。当织物离开喷嘴后进入导布管，主要是气流的纵向作用，对织物也有一定横向紊流作用。织物离开导布管时，高速气流迅速衰减，对织物的作用减小，织物也会随气流的四周扩散，产生一定扩展作用，使束状织物在纬向扩开。这种作用对织物减少折痕的产生有一定效果。

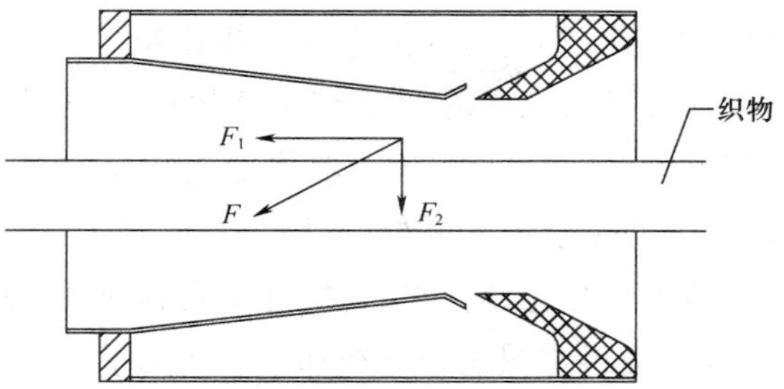

图 2－3　气液混合体喷射分解示意图

2. 织物的运动状况　织物在气流染色动程中都是呈束状（也称为绳状）运行，其中在喷嘴和导布管中受气流作用最为剧烈。与传统溢喷染色机染液喷嘴所不同的是，织物在气流喷嘴中总能够充分扩展。所以，在很大的织物克重范围内，仅用一种通径的喷嘴即可满足染色要求。此外，提布辊的线速度与气流的牵引速度，通过一定速度差调节，使提布辊面的线速度低于气流的牵引织物速度，对织物产生一个气流振动作用。可以消除织物在储布槽堆积所产生折痕，并对织物有一个机械揉搓作用。因此，气流染色机加工出来的织物很少出现折痕现象，并且具有较好的手感。

3. 气流对织物的扩展　无论是气流雾化染色还是气压渗透染色，气流在导布管中对织物总会产生一定的扩展作用。当织物离开导布管后，气流压力突然释放，织物也会在一定程度上向四周扩展，并且速度迅速减缓。气流的这一变化过程，不仅会对织物产生一个拉伸和回缩作用，有利于织物的手感，而且还会改变织物的束状状态，消除纵向折痕。对于一些特别容易产生折痕的轻薄针织物，可以采用圆筒状（不剖幅）加工。织物离开导布管时，气流可将圆筒状织物吹鼓一定程度，扩开拉平织物折痕。但是，应注意在织物段接缝处应留有 10 ~ 15cm 缺口，避免过度气鼓，影响织物运行。

筒状纬编针织物开幅后，套结纱线趋于恢复原状态，容易造成卷边。染色过程中若不打开，就会得色浅。在传统的染整工艺中，预定形之前要剖幅，然后再缝筒放在溢喷染色机中加工，增加了工艺流程。而采用气流染色时，气流对织物的卷边具有一定的扩展作用，纬编针织物可开幅染色，尤其是含有氨纶的纬编针织物，具有明显的加工优势。

四、气流变化对织物的影响

在实际染色过程中，气流的状态会受到温度变化的影响，并且根据织物品种或克重可进行气流大小的调节。气流状态的变化对织物会引起织物循环速度、织物的经向张力、织物纬向扩展状态以及织物表面等变化。织物的经向张力变化对弹力织物会产生影响，织物纬向扩展不佳会使纵向折痕不易消除，风量过大会使一些针织物表面起毛、起球。气流主要是在风量和状态变化过程中对织物产生作用，归纳起来主要是以下两方面的影响：

1. 织物的运行状态 气流染色机的气流循环是在一个密闭容器中进行的,空气温度和水蒸气密度的变化,都会对气流循环产生影响。空气的黏性与水的黏性相反,随着温度的升高而增大。气流染色机在高温(高于常温)状态下,水蒸气密度会增加,风机循环的实际介质是空气加水蒸气,要比常温下的介质(严格地讲也是空气加水蒸气,只不过水蒸气的密度较小)密度大。所以,气流在牵引织物循环的过程中,增加了对织物的牵引力,加快了织物的运行速度。这种织物运行速度的变化,对织物匀染性是有利的,但也同时增加了风机功率的消耗。如果织物是处于保温阶段,染料在织物上已经基本上达到了均匀分布,对循环周期的要求没有上染阶段的高,而过快的织物循环对一些容易起毛或擦伤的织物,会造成织物的损伤。因此,气流在温度的变化过程中,对织物运行状态的影响,需通过合理的风量变化来加以调整。

2. 织物表面形态 气流染色过程中织物的线速度,主要是通过循环风量大小来控制的。一方面要考虑织物循环周期所需的线速度,另一方面还要保持与提布辊线速度的协调。一般是通过循环风机变频调节与提布辊线速度的相互协调来控制。织物线速度的控制首先是满足织物匀染的要求(主要是织物与染液的交换周期),其次是不产生织物折痕或擦伤。从保证匀染性和减少织物折痕的角度来考虑,提高被染织物与染液的交换频率,也就是缩短织物的循环周期,是一种有效控制手段。但是,织物循环速度过快,往往容易使设备与织物接触面对织物表面产生擦伤或极光印。所以就需要根据不同织物的临界速度点,确定织物循环的相应频率。

对于风量和风压的调节控制,在空气温度和风机转速一定的条件下,通过截止阀开度大小控制,阀门开度变小,风量减小,而风压增加,反之则减小。虽然风压是克服管网系统阻力的主要动力源,但过大的风压会对织物表面造成损伤。因此,早期气流染色机采用阀门控制风量,存在的最大问题就是风量与风压的相反变化,不仅容易造成织物表面起毛、针织物套结圈吹出等疵病,还对弹力针织物的弹力产生影响。后来风机采用变频控制,可以在保证风机效率不变的情况下,风量和风压可同时变大或变小,适用织物的品种更广泛。

第三节 气流染色的理论依据

气流染色仍属于织物的浸染过程,即染料对纤维的染色经历吸附、扩散和固着三个基本过程。所以适于浸染的一些基础理论也适于气流染色。与传统溢喷染色相比,气流染色的工艺条件发生了变化,如浴比、织物与染液的交换状态以及温度和浓度分布等,使气流染色与溢喷染色具有不同的上染状态,其中影响最大的是染液的循环状态和交换状态。为此,本节根据染液循环论和领域交换率对气流染色进行分析和讨论,旨在为气流染色工艺设计和参数控制提供帮助。

一、气流染色的染液循环——循环论

与传统溢喷染色所不同的是,在气流染色过程中,染液循环仅仅是提供染料对织物纤维的上染条件,在喷嘴中完成与织物的接触交换,而不牵引织物循环。根据 J. 卡本奈尔(J. Carbonell. Ect)循环论,可通过染液平均每个循环周期中,染料对织物的上染量(经验值)来分析气流染色的匀染能力,并由此来合理地确定匀染的工艺条件。达到匀染的最短时间可用以下表达式:

$$F=\frac{E}{C}=\frac{100}{C\times D}=\frac{100\times B}{A\times D} \tag{2-1}$$

$$E=\frac{100}{D} \tag{2-2}$$

$$C=\frac{A}{B} \tag{2-3}$$

式中：F——最短染色时间，min；

E——完成上染过程所需的循环次数，次；

A——流量，L/min；

B——浴比，L/kg（可视为循环一次的全部染液量，即 L/次）；

C——染浴及织物每分钟平均循环次数，次数/min；

D——平均每次循环的上染率，%/次。

A、B 可根据染色机具体情况自由设定，D 表示染色机的匀染能力，为经验值，可取 5% ~ 10%/次。在实际应用中，将式 2-1、式 2-2 中的流量和浴比进行调整（即提高流量或降低浴比）也可达到匀染效果。

对于分散染料染涤纶，采用控制升温方式来进行上染速度控制时，假设染料在 1℃/min 升温时的上染速率为 V（%/min），则用升温速率 T 进行染色时的平均每分钟的上染量为 $V\times T$，而平均每次循环的上染量为$\frac{V\times T}{C}$，也就是平均每次循环的上染率，即：

$$D=\frac{V\times T}{C} \tag{2-4}$$

利用式 2-4 调整 C，使气流染色机的 D 值控制在 5% ~10%/次，即可获得良好的匀染效果。由式 2-4 得知，对于气流染色的织物循环，可通过织物布环长度和织物线速度求出每分钟循环次数，即：

$$C=\frac{M}{N} \tag{2-5}$$

于是，匀染的升温速度、上染速率及织物循环之间的关系可用下式表示：

$$T=\frac{M\times D}{V\times N} \tag{2-6}$$

式中：N——平均每管织物布环长度，m（可视为织物循环一次的长度，即 m/次）；

M——织物线速度，m/min。

通常，染色速率 V 都视为固定值，而实际中上染速率曲线的速度却随着时间而变化。因此，V 并非一个固定值，应该对上染速率进行数值化。最简单的数值化方法就是测定上染速率曲线的最大倾斜度，作为最大上染速度（V_{max}）使用。由于实际的上染速率小于用此方法测定的最大上染速率，所以存在由合理染色条件分离的问题，不能采用。作为上染速率曲线指数的实际表示方法，一般使用上染速率指数（V_{sig}）和平均上染速率（V_s）。

1. 上染速率指数（V_{sig}） 它表示纤维上染料浓度的微量变化，单位为%/min，可用以下公式计算：

$$V_{sig} = \int V_t \cdot \mathrm{d}C \tag{2-7}$$

式中：C——纤维上的染料浓度，

$\mathrm{d}C$——纤维上的染料浓度的微分变化；

V_t——t 时的瞬间上染速度，$V_t = \mathrm{d}C/\mathrm{d}t$。

在实际应用中，可按图 2－4 采用下面公式计算上染速率指数：

$$V_{sig} = \sum \frac{\Delta C_R}{\Delta t} \times \frac{\Delta C_R}{100} \tag{2-8}$$

式中：C_R——纤维上的染料浓度百分率，上染结束时纤维上的染料浓度 $C_R = 100\%$；

ΔC_R——吸收曲线上一部分直线部分的纤维上的染料浓度百分率。

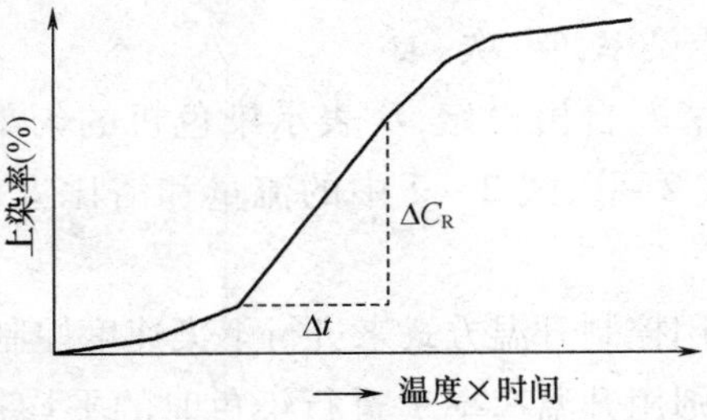

图 2－4　上染速率指数（V_{sig}）的计算方法

2. 平均上染速率（V_s）　分散染料的升温型上染速率曲线的微积分曲线（上染速率的变化曲线）是利用图 2－5 所示的次数分布曲线，采用方差分析法算出平均值 m 和标准偏差 s。微分曲线大体呈正态分布，在 $m \pm s$ 范围，染料的上染率可达到 68.3%。因而，平均上染速率可取 $V_s = 68.3/2s$（%/min）。

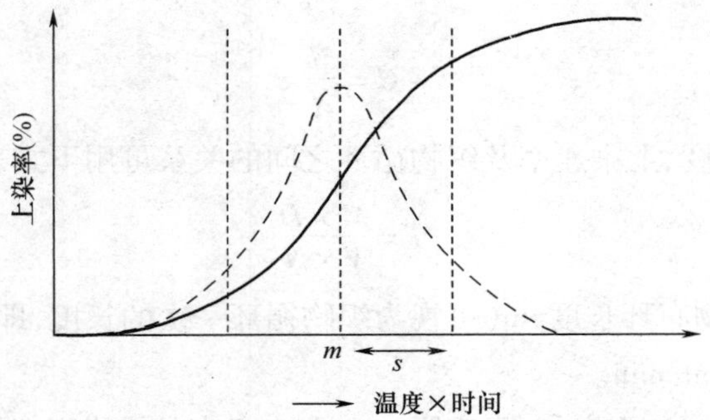

图 2－5　平均上染速率（V_s）

对于分散染料染涤纶，若以 1℃/min 的升温条件下测定的平均上染速率为基础，通过下面算式可算出对应升温条件下的上染速率，即：

$$V_s = T \times V_{s(1)} \tag{2-9}$$

式中：T——升温速率，℃/min；

$V_{s(1)}$——1℃/min 升温条件下的平均上染速率。

3. 平均上染速率与升温条件　实际染色过程中，在固定的升温条件下，并不存在直线型上染的理想状态。不过，即使上染速率曲线不同，只要标准偏差相同，即可获得相同的平均上染速率（V_s），可用标准偏差的直线来替代上染速率曲线。

因此，式 2－6 中的 V 可用 V_s（平均上染速率）或 V_{sig}（上染速率指数）替代，即：

$$T = \frac{M \times D}{V_s \times N} \tag{2-10}$$

上式将平均上染速率与升温条件联系起来，为升温控制的设置提供了方便。

以上是制定气流染色工艺中，升温速率、织物循环速度的理论依据。在具体应用中，再结合织物品种、染料性能以及设备功能进行酌情调整，就可获得织物气流染色的最佳匀染效果。

二、气流染色的染液交换——领域交换论

应用领域交换论可以分析气流染色过程中的染液交换情况，寻找控制匀染的规律和方法。领域交换论中提出了有效领域比（R）和领域交换率（K）两个概念，其表达式如下：

$$R = \frac{P}{Q} \tag{2-11}$$

$$K = \frac{P}{Q} \times \frac{A}{B} = R \times C \tag{2-12}$$

式中：P——有效领域，L（即被染物所占据的染液区域）；

Q——总液量，L；

A——流量，L/min；

B——浴比，L/kg（可视为染液循环一次的全部染液量，即 L/次）；

C——平均每分钟的循环次数，次/min。

根据领域交换论，染色装置的匀染能力与染色装置的有效领域比率有关。匀染 D 值的极限值（D_{crit}）可用以下算式计算：

$$D_{crit} = k \times R \times 100\% \tag{2-13}$$

式中：D_{crit}——平均每一循环的临界上染量（匀染 D 值的最大值，D 小于 D_{crit} 时可获得匀染）%/次；

k——染色机的匀染能力系数，主要随染色机内的匀染度（如温度分布、流量分布和织物的循环状态等）而变化。

对于气流染色，可用织物循环次数来代替染液循环次数，即：

$$C' = \frac{M}{N} \tag{2-14}$$

式中：C'——布的循环次数，次/min；

M——布速，m/min；

N——布环长度，m。

因此，式 2－10 可变换成：

$$T=\frac{k \times R \times M}{V_{s(1)} \times N}=\frac{k \times R \times C'}{V_{s(1)}} \tag{2-15}$$

因式中的 k 值受染色机种类的制约，可取 $k=0.143$，故式 2－15 可表示为：

$$T=\frac{0.143 \times R \times M}{V_{s(1)} \times N}=\frac{0.143 \times R \times C'}{V_{s(1)}} \tag{2-16}$$

根据领域交换论控制匀染的相关参数和相互之间的关系，对气流染色过程中的匀染条件进行分析，可为确定或设计合理的匀染工艺条件提供依据。下面从领域交换论的观点，对气流染色的领域交换情况作一简单介绍。

1. 浸染的匀染性 气流染色仍属于浸染的范畴。要获得良好的匀染效果，必须控制好两个过程：首先，在吸尽阶段应使纤维表面的染料呈阶段性增加，并保持均等分配；其次，使吸附的染料均匀地向纤维内部扩散。要想在短时间内获得匀染效果，就必须通过有效控制这两个过程来实现短时间内染料在纤维内部的均等分配。其中吸尽阶段保证染料在纤维表面得到均等分配，对有效匀染控制起着重要的作用。因此，在染色过程中，必须采用与纤维对染料吸附速度相对应的速度（上染速度），向纤维各部分均匀地提供染料。染色速度快时，最终吸尽也快，则染色时间缩短。不过，染色速度超过染料供给速度时，就会造成分配不均，产生上染不均匀现象。假如可快速提供染料，则可加快染色速度。染料供给是指，染浴中与被染物接触的染液中的染料。它随着染料向纤维内部的转移而不断减少，需通过总体染液中的染料及时补充。由于染色速度取决于染浴的工艺条件（如温度、pH 值、电解质及助剂等），所以可通过调整工艺条件来控制。此外，染料供给可通过染浴的循环状态、流量大小以及织物的循环速度等进行有效控制。因此，通过控制染色速度和染料供给，可保持一个最佳平衡来达到良好的匀染效果。

2. 被染物所占的染浴领域 为了说明染浴领域的概念，这里对两种情况进行分析：

首先，假设染色用的染浴处于静止状态，被染物均匀分布于染浴中，染浴中的染料呈均等分配状态，并且染浴中的染料扩散不受任何阻碍，可自由进行。那么，即使被染物和染料同时处于静止状态，被染物对染料吸附速度（上染速度）也与受染料热扩散左右染浴的染料浓度保持均一平衡。由于染料在染浴中分配均匀，所以被染物可达到均匀的染色效果。对于这种情况，染浴在静止状态时存在单一纤维集合体均匀染色的密度，称为临界密度；而将此时与临界密度相对应的染浴容积称之为染浴的绝对领域。

其次，假如被染物在染浴中的分布状态有变化，并视为有密度的被染物的集合体，在染浴中呈不均匀分布状态（假设此时的染浴条件及染料的热扩散速度与被染物在染浴中完全均匀分布时相同）。当被染物集合体的密度超过规定值时，那么与被染物结合体不同部分所接触到的染浴中的染料就会产生浓度差异，而且染料吸附量也不等。简而言之，将被染物所占染浴的范围称作被染物的所占领域，将被染物所占的染浴领域的最小值称作被染物的最小领域。以静态为基础的考虑方法认为，在采用使染浴循环或使被染物移动的染色方法染色时，有利于匀染的绝对领域是随着被染物中的染液流动的增大而减小。

3. 有效领域与匀染性 在染浴中，实际对染色有效的部分在被染物移动的场合，由于最小领域的位置发生变动，所以在被染物移动增大的同时，就将全体被染物的平均值视为领域。此时的被染物所占的染浴领域称为有效领域。筒子纱、经轴染色只有染液移动，不存在被染物的最小领域的移动，故也不存在有效领域的扩大，被染物的有效领域与纱线或织物的最小领域相同或者变小。当纱线或织物被过度压缩时，纱线或织物的最小领域缩小，染液得不到充分渗透，就会引起染色不匀现象（在实际染色时，为了避免这种现象的产生，可采取提高染色温度或使用匀染剂提高扩散速度等对策来解决）。对于溢流或溢喷染色机，以及气流染色机来说，因被染物是处于相对运动的，有效领域是根据机械条件的设定而变动的。在被染物的领域足够时，就可实现染液的交换。如果在被染物的领域内设定可有效进行机械性染液交换的条件，即可获得匀染效果。此外，如果随着被染物的领域的增加，动态染色的绝对领域会趋于静态，那么，利用被染物的空隙使染液强制性通过的依赖性就会减小，仅依靠平稳的循环或运行染料也能得到均匀分配。

4. 保持平均分配的染浴领域交换率　介绍被染物的有效领域、染浴及被染物移动的概念，目的是为了引出保持染料平均分配的领域交换率的观点。领域交换率指的是，在有效领域内的染液循环或被染物循环时，由新鲜染液交换所产生的染料供给效率。可用下式表示：

$$领域交换率 = 有效领域 \times 循环次数(次/min) \qquad (2-17)$$

5. 气流染色机的领域交换率　对于液相系染色（织物完全浸没在液面下染色）的匀染，根据被染物的种类、状态、染色机内的机械性填充方法的差异等，染浴中由被染物的展开或悬浮游动引起的平均化或扩大化的程度会产生差异。其有效领域的变动因素，随着浴比的降低而减小，并且有效领域的绝对值也变小。尽管如此，如果调整被染物的循环次数，控制领域交换率，也可获得匀染效果。

对于气相系染色（织物在露出液面的状态下染色），必须将气相部的被染物所浸渍的染液作为有效领域。通常，机织物和针织物的带液量在常温下为100%～300%，如果考虑到在高温染色条件下的染液黏度降低的因素，浸渍量可视为100%～200%，即有效领域视为被染物重量的1～2倍。

气流染色机染色时被染物与染液接触主要是在气流喷嘴中进行，而离开喷嘴和导布管后，只有被染物所浸渍的染液中的染料参与对纤维的上染，并且只有在下一个循环中通过喷嘴时再次交换时，才能够获得所需的新鲜染液。这种染液与织物的交换过程，无法扩大有效领域。只有利用循环泵对染液进行强制循环，在喷嘴中产生喷射染液，才能够使被染物在喷嘴中与染液进行瞬间交换时达到足够的领域交换率。此时的交换率可表示为：

$$气流染色领域交换率 = 有效领域比 \times 织物的循环次数(次/min)$$

按照这种方式，现将溢喷染色机和气流染色机染色的领域交换率计算结果做一对比。见表2-1。

表2-1　气流染色机和溢喷染色机领域交换率计算对比

项目	单 位	气流染色1	气流染色2	溢喷染色1	溢喷染色2
织物在储布槽中状态		全部处于气相中	全部处于气相中	部分处于气相中	部分处于气相中
浴比		1:3	1:4	1:8	1:10

续表

项目	单 位	气流染色 1	气流染色 2	溢喷染色 1	溢喷染色 2
被染织物总重量	kg	100	100	100	100
织物单管布环长度	m	400	400	400	400
总液量	L	300	400	800	1000
补助部液量	L	200	200	250	300
有效部液量	L	0	0	450	700
气相部液量	L	100	200	100	0
气相部的布重量	kg	100	100	50	0
织物线速度	m/min	400	400	400	400
主泵流量	L/min	2000	2000	2000	2000
比流量	L/(kg · min)	6.67	5	2.5	2
液相部	L	0	0	450	700
气相部	L	100	200	100	0
有效领域比(全体)		0.33	0.5	1.53	1.4
液相部		0	0	1.4063	1.4
气相部		0.33	0.5	0.125	0
染浴循环次数	次/min	6.67	5	2.5	2
布的循环次数	次/min	1	1	1	1
领域交换率		0.33	0.5	1.53	1.4

由表 2-1 计算结果得知,织物半处于空气中的溢喷染色机的领域交换率最高,有利于匀染。而织物全处于空气中的气流染色机的领域交换率较低,从领域交换率的角度来考虑,匀染效果较差。然而,事实上气流染色机却能够获得较好的染色效果,其原因是气流染色的分析不仅仅只看领域交换率,还应该结合其他观点来加以分析。其中最重要的是浴比与被染织物所含带的染液中的染料浓度有关,对匀染产生了较大影响。

三、浴比与气流染色气相部的匀染关系

在气流染色的过程中,织物只有在通过喷嘴时才与染液进行交换,而且一个循环周期完成后再次通过喷嘴之前,只有织物所浸渍染液中的染料参与染色。当织物所含带染液中的染料量与布环循环一周时上染的染料的量相比较少时,就容易发生上染不匀的现象;当织物所含带染液中的染料量有充分剩余时,才可获得匀染效果。因此,相同浓度染色时,浴比越低,染液中的染料浓度就越高,越有利于匀染。涤纶织物用分散染料染色时,织物所带染液中的染料量与布环每次循环时的上染量可通过与不同浴比的关系来表示,如图 2-6 所示。当以 1∶15 的浴比染色时,因每次循环时的纤维上染量大于织物所含带染液的染料量,因而容易产生不均匀上染。但是,当采用 1∶5 的浴比染色时,每次循环时的纤维上染量小于织物所含带染液的染料量,就容易获得匀染效果。

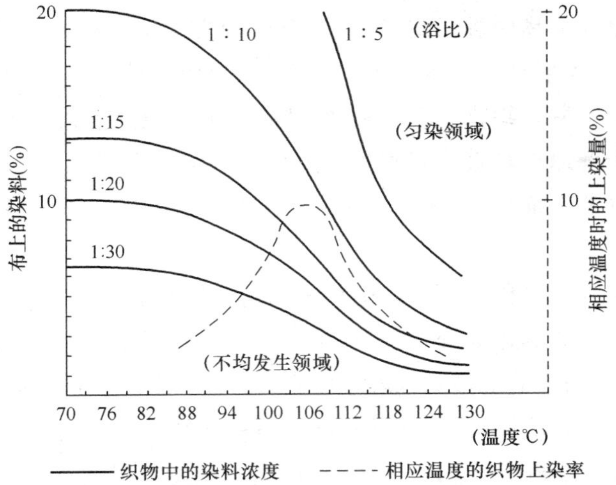

图 2－6　浴比与织物所含的染料浓度

工艺条件：染料 Sumit karon Blue E—FBL，1.0%（owf）；升温速率 3℃/min；织物循环频率 1 次/min；织物带液量 200%。

在气流染色中，虽然有效领域被限定，但浴比的降低会使有效领域中所含的染料量增加，容易满足染料供给量大于纤维上染量的条件，所以有助于提高匀染性。

第四节　织物的上染过程

气流染色的织物上染过程，也是通过一定次数的染液与被染织物交换，完成染料对被染织物的吸附、扩散和固着过程。其中织物对染液的吸附主要是在喷嘴中进行，扩散和固着是在已吸附染料的织物中，经过一定的时间和温度条件而完成的。虽然每个循环周期染液与织物在喷嘴中交换的时间非常短（通常认为 1 ~ 2s），但两者的交换程度却非常剧烈。足以使织物所吸附的染液在下一个循环周期到来之前，能够满足向织物纤维表面提供新鲜染液的量，并且大于纤维表面向内部扩散的染料量，使织物纤维可获得均匀上染。为了对气流染色有一个全面认识和了解，本节对气流染色的织物上染过程进行讨论和分析。

一、织物与染液的交换方式

在气流染色中，织物和染液都是运动的。织物主要是依靠循环风机产生的高速空气流牵引，而提布辊仅仅是辅助带动并用来改变织物运行方向的。织物循环速度的快慢是根据染色工艺要求由循环风机的风量来控制的。染液是由循环泵进行强制循环，并可通过电机变频控制染液循环量大小。织物和染化料温度变化所需的热量，均由染液在循环过程中通过热交换器不断热交换而传递。考虑到染液浴比很低，染液浓度较高，为了保证织物在整个上染过程的均匀性，一般都要控制染液喷嘴的染液供给量。同时又要兼顾总体循环染液温度和浓度的均匀分布，还要增加一个旁通回路，保证总体染液的循环周期。

织物与染液主要是在喷嘴中进行交换，目前有两种方式。一种是染液经过雾化喷嘴形成颗粒非常小的雾化状，然后喷射到气液混合腔的气流中，再由气流携带共同作用在织物表面上，完成染液的吸附过程。另一种是织物先经过染液喷嘴，染液以缓流形式与织物进行充分接触，交换后的多余染液通过一个旁通支管直接回到主回液管。与染液交换后的织物经过提布辊，再进入第二道气流喷嘴。在气流喷嘴中，高速气流一方面对织物表面的染液进行压力渗透，另一方面牵引织物运行。

1. 气液两相混合交换 该种交换方式确切地讲应该是染液雾化后的交换，染液和气流同时作用在织物上。染液先经过雾化处理，然后喷洒在气流中，经高速气流的作用，再均匀地喷洒在织物上。显然，不仅织物与染液交换的强烈程度高，而且对织物表面的损伤也相对较小。织物在喷嘴中基本上是与气液两相流体接触，非常有利于染料向纤维边界层扩散。这种交换方式，实际上还伴随着气流对织物已吸附染液的渗透作用，加速了织物纤维表面染液边界层染料向纤维表面的扩散速度。也就是说，织物与染液的交换程度要高于普通溢喷染色的交换程度，这就意味着气流染色的上染时间短。对于一些比表面积较大的超细纤维织物，由于气流染色可获得较快的织物与染液的交换频率，可有效控制织物单次循环周期内的染料上染量，因而可保证染料在整个上染过程中对织物的均匀分配，即达到均匀上染的效果。应用表明，染液的雾化颗粒越细小，对高速气流形成阻碍也越小；而均匀细化的染液与气流两相体既有利于织物匀染，同时又可降低风机功率的消耗。

2. 纯染液交换 相对前一种交换方式而言，染液与织物的交换是在第一道染液喷嘴中进行的，类似液流喷射染色机中的喷嘴。但所不同的是，这部分染液仅与织物交换，而不牵引织物运行，交换后的多余染液通过旁路直接回至主回液管，因而所需的染液也很少。在染液喷嘴中，由于染液对织物的渗透力不是很强，所以织物吸附染液后，须再经气流喷嘴中的高速气流加以挤压渗透，尽快补充染料向织物纤维内部扩散后在边界层出现的空缺，以便缩短织物达到吸尽匀染的时间。

采用气压渗透方式的气流染色，气流喷嘴的高速气流既要牵引织物运行，同时兼顾对吸附染液后的织物施加气压渗透。如果染液喷嘴的染液喷射角度设计得合理，减少对织物运行所产生的阻力，那么就可以减少气流能耗的损失，降低风机的功率。

3. 织物与染液的交换频率 间歇式染色工艺一般是通过一定的时间来控制染色过程的每个阶段，如升温、保温、降温各需多长时间。在一定染色工艺条件下所需的时间，实际上就是完成上染和固色过程所需的时间。实践表明，温度、浴比、染液和织物的相对运动，对完成上染和固色过程所需的时间是有影响的，其中影响最大的是染液与织物的交换频率，而它又体现在两者的相对运动程度上。如果说上染和固色过程需要一定的染液和织物的交换次数来实现，那么，完成一定交换次数所需的时间就反映出了染色时间的长短。在低浴比条件下，织物与染液的快速交换是保证织物匀染性和不产生折痕的基本要求。而气流染色就是在织物和染液的快速循环条件下实现低浴比染色的。

由此可见，要完成一定的染液和织物的交换次数，交换频率高的比交换频率低的所需的时间肯定要短。因此,气流染色过程应通过染液与织物交换次数来确定每个过程所需的时间,而不应套用传统溢喷染色大浴比的过程时间。否则,超出的时间里,只能做无用的运行,不仅引起织物表面起毛,而且还可能造成部分已固着的染料断键,降低色牢度。

二、上染温度和染液浓度分布

在织物染色过程中,通过升高温度可以加快染料分子的扩散动能,并可使纤维分子链段运动,为染料向纤维扩散提供条件。因此,温度是用来控制染料对织物纤维的上染速率,并获得均匀固着的有效工艺手段。染料对织物纤维上染速率过快,尤其是初始瞬染的速率,直接关系到织物的匀染性,必须控制循环染液的温度来获得所需的上染速率。对染液温度的控制,主要是保证升温、降温速率的精度和染液温度分布的均匀性,而这两方面是通过一定的工艺条件和设备控制功能来实现的。

1. 染色过程的热平衡　气流染色中,温度仍然是由循环染液来传递。由于这部分染液的量非常少,所以需要的热量也很小,并且通过快速循环可以缩短染液温度热平衡的时间。与液流喷射染色不同,气流染色的染液除了在喷嘴中与织物交换的那一部分外,其余大部分是通过一个旁通支路直接回到主回液管,并且在染色过程中始终处于开启状态。其原因是,染液的浓度较高,对织物每一次循环的供液量必须控制,否则容易造成染料对织物总体分配不均匀。而喷嘴这部分染液仅占到总体循环染液的三分之一,完全依靠喷嘴染液的循环,会延长总体循环染液的热平衡时间,在织物各部分产生较大温差,最终影响到染料在织物上的均匀上染。因此,必须将其余染液参与同样的循环过程,以缩短总体染液的热平衡时间。

同样,采用气压渗透方式的气流染色,染液在喷嘴中与织物交换后,除织物吸附一部分染液外,多余的染液也是通过旁通直接回至染槽底部主回液管并进行循环。织物从导布管落入储布槽后,还有部分非结合水与织物分离,流入主回液管与旁通回流液混合,以保证下一个循环染液温度和浓度的均匀性。与刚经过染液喷嘴的织物相比,储布槽中织物的温度要相对低一些。为了保证织物各部分染料上染温度差不影响匀染,也要控制织物和染液的循环状态,以及温度变化率(即升温速率)。

由于气流染色浴比小,被染织物与循环染液仅在喷嘴中进行交换,并且在储布槽中的织物与循环染液处于分离状态,而染液经热交换器后首先进入喷嘴,所以经过喷嘴的织物温度,在温度变化(如升温或降温)过程中总要高于储布槽中的织物。国外有测试表明,最大温差可相差5～6℃。这种温差对温度比较敏感的染料,显然会影响到对织物的均匀上染。为了控制温差过大,气流染色机一般是采用多点温度检测,如热交换器染液出口、主回液管以及主缸体内气相空间等位置。对各检测点温度进行比较,采用比例温度控制,将各点温度差尽可能控制在允许的温差范围内。在染液循环系统中,需要加快染液和织物循环频率,尤其染液的旁通循环系统,对减小总体染液的温度梯度,缩短热平衡时间起到了非常重要的作用。

2. 染液浓度的平衡　在间歇式染色的加注染化料过程中,主体染液内部及被染物各局部所含带的染料之间肯定会出现不同程度的差异。如果这种染液浓度差异的时间保留过长,就会对织物各局部之间产生不均匀上染,即所谓的色差或色花。因此,为了避免这种现象的产生,必须对升温速率以及加料方式进行控制。当然更主要的是加快染液的循环速度,在尽可能短的时间内通过强制对流来达到织物各部位染液浓度的平衡。

对于气流染色来说,储布槽内织物与主循环染液是分离的。在加料过程中的染液浓度变化,因浴比较小,往往形成较高浓度梯度。必须借助旁通循环支路和加料控制,尽可能减小浓度梯度。对于旁通循环支路与染液喷嘴喷洒染液的分配比列,究竟取多少为合适,与染料性能(特别是混拼染料)和工艺有关。目前还没有一个较好的程序控制,主要依靠经验或试验。有人在主回液管中增加一套强制循环管路(通过循环泵),加料时先加入到主循环管中,通过与主体染液的强制循环进行稀释,然后再进入染液喷嘴。采用这种方式,在一定程度上减小了加料时的浓度梯度。但对有些敏感色还是没有得到彻底解决。总之,低浴比对染液浓度的变化影响较大,目前还没有很好的办法完全依靠设备的结构在短时间内达到平衡。能否通过助剂的作用,减小浓度变化对染料上染分配均匀性的影响值得研究。

三、织物与气流的接触过程

气流染色与喷射染色的最大不同点是:织物主要是依靠气流牵引循环,染液仅作为热量和染料向被染织物传递的载体。与液流牵引织物相比,空气的质量比液体小,即使以很高的速度来带动织物,也不会对织物表面造成损伤。而在液流喷射染色中,因液体质量较大,若以高速液流牵引织物循环,会对一些织物表面造成损伤,严重时织物会产生纬斜。为了避免这种现象发生,一般喷射染色的织物循环线速度总是受到限制,而这对纤维比表面积较大的织物来说,容易出现上染不均匀。

1. 织物在喷嘴和导布管中的状态 在气流染色过程中,织物是以绳状进入气流喷嘴和导布管,在气流场的作用下,织物可充分与雾化染液接触(采用气压渗透原理,气流对已吸附染液织物产生均匀渗透作用)。与此同时,气流受到拉法尔管(气流喷嘴)不同横截面的影响,速度发生变化,对该段织物产生一定的挤压和拉伸作用,可提高针织物的手感。当织物离开导布管(在气流喷嘴之后)后,气流动压能突然释放,气流向四周扩散,并且风速急剧衰减。织物的线速度也随之迅速减慢,并在扩散气流的作用下产生一定的纬向扩展,减少了织物经向永久性折痕的形成。

在气流喷嘴中,织物除了被气流牵引之外,还受到气流剧烈的紊流作用,使织物纤维染液边界层的动态平衡不断被打破,并且减薄边界层的厚度,从而加速了染料向织物纤维染液边界层的运动,缩短织物的匀染时间。因此,织物与染液的交换过程中,织物纤维染液边界层无论是动平衡的维持时间,还是染料在织物纤维染液边界层(包括动力边界层和扩散边界层)的扩散距离,都为匀染提供了有利条件。

2. 气流对织物表面的影响 虽然气流染色从原理和实际应用方面来讲,都能满足一般织物的染色,尤其对一些比表面积较大的新合成纤维织物,更具有比普通溢喷染色的优势。但是,对一些克重较轻的薄型针织物,却容易使织物表面起毛。主要原因是,织物在通过喷嘴和导布管时,没有像溢喷染色中那样充满液体,织物表面之间、织物与管壁之间(尤其是新设备管壁)都存在较大的摩擦力。因此,目前解决的办法主要从两方面:一是提高设备与织物接触内表面粗糙度加工精度;二是对容易起毛的织物,在工艺中加注适量的润滑助剂,并调整织物运行线速度。对于个别质量要求较高的针织物，只有增加一道生物酶抛光处理，不过织物重量将减轻3%～5%。据了解，目前针织物(主要是纯棉或短纤合成纤维)即使在普通溢喷染色机加工中，只要对表面质量要求高一些，最后都要经过生物酶抛光处理，才能够达到布面的质量要求。也就是说，普通溢喷染色机对纯棉或短纤合成纤维针织物，也同样存在不同程度的起毛或起球现象。

四、染料对纤维的上染

与其他织物浸染过程一样，气流染色过程中的染液循环剧烈程度、动力边界层和扩散边界层，也对染料的上染产生一定影响，并且主要表现在染料的上染速率和匀染程度上。而其中的染液循环状态，既关系到与织物的交换程度，也影响到纤维表面染液的动力边界层和扩散边界层的厚度大小。因此，这里结合染液循环的剧烈程度，对染料对纤维的上染规律进行讨论。

1. 染液循环状态　气流染色的染液循环是一套独立循环系统，承载着染料和热量的传送。在染色过程中，染液在织物纤维外部流动始终存在着染液内部、染液与纤维表面之间的摩擦，使得染液向纤维表面接近流速逐渐减慢，直到在纤维表面处的染液流速降至为零。与此同时，纤维表面在吸附染料的过程中，其染液边界层的浓度也逐渐趋于下降。通常将流速降至主体循环染液流速的99%的液面层，称之为动力边界层；而将纤维表面边界层的染料浓度降至主体循环染液浓度的99%的液面层，称之为扩散边界层。扩散边界层的厚度只有动力边界层的几分之一，但两者的厚度大小都与染液的循环状态或搅拌程度有关。一般加快染液的循环频率或搅拌程度的目的：一是为了保证染液与整个织物的均匀接触，使织物各部分获得同样的上染条件；二是为了减薄动力和扩散边界层的厚度，减少染料的扩散阻力，缩短扩散时间；三是及时不断地打破纤维表面上染的动平衡，为纤维表面染液边界层及时提供新鲜染液，以补充纤维表面向纤维内部扩散所需的染料。

气流染色的主体染液是在喷嘴中与被染织物进行交换，并且经雾化的染液弥散在气流中。颗粒较细染液受到剧烈扰动，不仅与被染织物的接触面积大，而且均匀。由于动力边界层的厚度大小对染料的输送速度有很大影响，而动力边界层的厚度随着染液的流速增加而减薄，所以染液在气流的强烈作用下，加速了动力边界层的染液流速，减薄了动力边界层厚度，提高了染料的输送速度。

需要说明的是，气流染色的浴比很低，同样染色深度的染液浓度要比溢喷染色高，尤其是染深色。尽管是均属于竭染过程，但织物与染液在喷嘴中的每一次交换过程中，织物所获得的染料上染量是不同的。显然，气流染色在每次交换时对织物的上染量要高一些。如果不控制气流染色过程中织物的每次交换上染量，就会对整个织物的匀染造成影响。所以，气流染色中织物每个循环的染料上染量必须严格控制，特别是提高活性染料在低浴比条件下的直接性更应引起注意。

2. 染料在纤维表面染液边界层中的扩散　当染料随染液被送到织物纤维表面的动力边界层后，还需经过扩散边界层到达纤维表面，再通过纤维表面与内部浓度差的作用，进一步向纤维内部扩散，直至纤维内外浓度差为零后，达到动态平衡后为止。扩散实际上是由于化学位不同，即由高向低转移的一种定向运动。在实际染色过程中,扩散边界层对纤维的吸附染料或解吸染料具有阻碍作用,影响到染料对纤维上染速率和匀染程度。实验表明,扩散边界层的厚度也随着染液流速的增加而减薄。所以气流染色的染液循环状态或搅拌程度对减薄扩散边界层的厚度起到了重要作用,可加快染料向纤维表面扩散速度。

3. 染料在纤维中的扩散 染料通过扩散边界层后接近纤维表面,直到达到分子作用力产生作用的距离后,就会迅速被纤维表面所吸附,完成了从染液向纤维转移的过程。吸附在纤维表面的染料在纤维内外浓度梯度的作用下,会从高浓度的纤维表面向低浓度的内部扩散,直至达到动态平衡。染料在纤维内部的扩散速度,由于受到染料结构、纤维化学结构以及温度的影响,通常是一个比较缓慢的过程。

从染料对纤维的上染整个过程来看,设备工艺条件主要是染液与被染织物的交换状态以及温度控制产生作用。染液与气流的两相流体对织物的作用,无论是均匀性还是剧烈程度,都要比单纯的染液作用有优势。最主要是反映在对织物纤维表面染液边界层的影响,加快了染料向纤维表面扩散速度,并且可以在较低的浴比条件下,及时补充纤维表面向纤维内部扩散的染料。而这部分时间的缩短和染料扩散条件,对缩短染色的全过程时间以及匀染性提供了有利条件。因此,气流染色工艺应该根据其染料上染条件进行设计,而不能完全套用传统溢喷染色的工艺。

4. 染料对电解质的依存性 等量的同种染料,在不同浴比的染浴中,浓度是不一样的。浴比高的颜色浅一些,浴比低的颜色要深一些。如果是染料浓度相等而浴比不同,那么,浴比高的染浴所含的染料要多一些,而浴比低的染浴所含染料则要少一些。这是客观存在的事实。这里除了与染料的结构特性有关外,还与染料在不同浴比条件下所表现出的直接性有关。活性染料在低浴比条件下,直接性会提高,也就是上染率会提高。而活性染料直接性的提高,意味着对促染剂(如盐)依存性的降低,这不仅有利于提升活性染料的上染率,同时还减少了盐对环境所造成的污染。

许多染料需在一定的碱性条件下与织物纤维发生反应,如活性染料在碱性条件下与织物纤维形成化学键而固着,还原染料在碱性浴中进行还原。碱将染浴的 pH 值控制在一定的范围内,高浴比要消耗大量的碱。活性染料的直接性较低,一方面要借助碱的作用与纤维发生键合反应;另一方面在碱性浓度较高的染浴中,又会使大量的染料水解,无法染成深色。相比之下,气流染色的低浴比可提高活性染料的直接性,在相同碱性浓度下消耗的碱量更少,使染料的水解程度下降,有利于染深色,节省染料。

五、织物的匀染过程

织物的匀染性是染色质量的基本要求,也是染色控制中的难点之一。影响织物匀染性的因素很多,如织物与染液的交换方式、染色过程的温度变化、织物的运行状态以及加料方式等。在实际染色过程中,这些影响因素都有可能导致织物某些局部区域出现染料浓度和温度的差异,并维持较长时间,使这种差异固定下来而形成染料分布不均匀,造成视觉上的颜色差异。因此,织物的匀染过程对其各部分染料分布的均匀性具有重要的作用,必须通过工艺条件和相关的控制程序来保证。

1. 染液与织物的交换 气流染色的上染过程主要发生在喷嘴和导布管中，即使织物每次通过的时间仅为1s左右，织物也可获得很高的染料上染率。其原因是浴比低，染液浓度高，并且染液的扰动剧烈，减薄织物纤维表面边界层厚度，加快了染料向织物纤维表面的扩散速度和量。所以，气流染色过程中织物每次通过喷嘴，必须控制染料对织物纤维的上染量，以保证整个织物的均匀分配。

2. 染液与织物的热平衡 气流染色的织物是以绳状进行循环，通过导布管后会因气流压力突然释放而获得一定展开松解。在实际升温过程中，绳状织物的展开，以及自由循环染液与绳状织物内部所含带染液的混合都需要一定的时间，因而绳状织物内部所含带染液升温存在一个滞后时间，即与被染织物接触的染液升温是呈阶梯形的，而并不是沿着设计升温曲线进行的。如图2-7所示，在升温至时间 t_1 时，织物内、外染液获得充分混合后，接触到织物的染液温度就会沿着1或2很快升高至设计升温曲线上。显然，染液与织物的交换频率越高（即织物的循环周期越短），织物含带染液的内外温度滞后时间越短，实际升温与设计温度曲线的偏差就会越小，对匀染性和重现性也越有利。

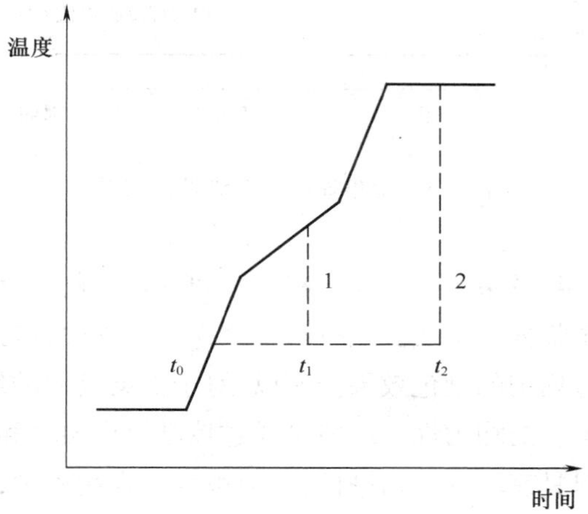

图2-7 实际升温过程

此外，正如前面所讲过的，在升温或保温过程中，气流染色的织物在喷嘴中的温度总会高于储布槽。因为织物是通过喷嘴中染液获得热量的，且温度最高，织物进入储布槽后没有浸在染液中，温度会不断降低。然而，这种温差主要是依靠气流染色过程中织物与染液的均匀接触和快速交换来进一步缩小，并控制均匀染色所允许的温差范围内。因此，从这一点来看，织物与染液的交换状态也是起到了关键作用。

3. 上染（吸附）速率与匀染性 染料对织物纤维上染的均匀程度是织物获得匀染性的前提，而上染速率过快又是造成匀染性差的原因，因此，控制染料对织物纤维上染速率的目的，就是将上染速率控制在一个合理的范围内，最大限度地保证染料对织物纤维表面的均匀吸附。在实际染色过程中，染料的选择、浴比、升温速率和加料方式，对染料的均匀吸附都起着很重要的作用。有研究表明，在线性升温条件下，每种升温速率都有相应的上染曲线，升温速率的快慢决定了某一温度下染料上染量的高低。升温速率快，实际的染色时间短，染料的上染率就低。在升温过程中，如果染液中染料能够及时补充纤维上所消耗的染料，就能够保持均匀上染。对于同一染色深度，气流染色的低浴比会使染液的浓度增加，即使在升温速率较快的条件下，在短时间内织物纤维也能够获得所需补充的染料量。这也是气流染色比普通溢喷染色更能够获得匀染效果的原因之一。

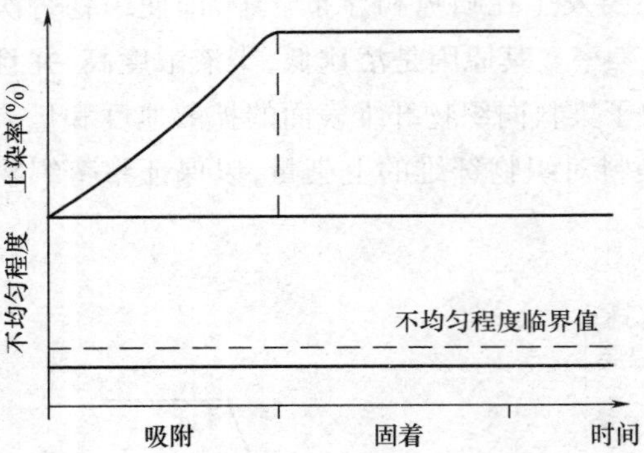

图2-8　上染速率与匀染性的关系

图2-8表示了上染速率与匀染性的关系。由图中可看出,上染速率达到一定程度后,不匀染程度就会超过不匀染程度临界值,无法获得匀染效果。因此,必须通过一定的工艺控制手段,控制上染速率不能超过不匀染程度临界值。主要包括染料的正确选用、升温速率、保温时间和加料方式等。

此外,上染速率还与染料浓度有关,染料浓度高,上染百分率增加得慢;反之,染料浓度低,上染百分率增加得快。因此,对于气流染色的低浴比来说,意味着染液浓度相对较高,上染百分率增加得比较慢,有利于获得均匀上染。

4.移染与匀染性　在织物间歇式染色中,织物的匀染程度和上染率随着时间的变化,会趋于一个临界匀染线。只有在整个染色过程中,被染织物的匀染程度均高于这个临界匀染线,才能够获得均匀的染色效果。所以,对于上染较快的织物,必须通过控制染料上染速率进行缓染,以保证染色的均匀性。一般是通过控制上染温度和加入一定的缓染剂来达到缓染的目的。虽然活性染料具有较好的匀染性,一般很少加入缓染剂,但其直接性在气流染色的低浴比条件下有明显提高,对匀染性的控制也应引起注意。

移染也是提高匀染性的一条有效途径,可将织物染料浓度分布不均匀部分,通过染料的解吸从浓度较高的部位向较低的部位转移,以达到重新均匀分布的目的。根据染料在纤维上的分布状态,可分为全过程移染和界面移染两种。全过程移染指的是将已扩散到纤维内部的染料,再扩散到纤维表面上,然后进入染液中重新吸附到其他染料浓度较低的纤维上。界面移染指的是染料通过染液吸附到纤维表面,还没有扩散到纤维内部就被解吸到染液中,然后再由染液吸附到纤维其他染料浓度较低的部位。在实际染色过程中,两种移染均会发生,只是界面移染主要发生在上染的初始阶段,并且相对容易;而全过程移染主要是发生在染色的后期,且相对要困难一些。图2-9反映出移染和匀染的关系。当上染速率过快时,上染不均匀程度有可能超过临界不匀线。如果是发生在低温区或高温区,则可通过保温一定时间来促使染料进行移染,将上染不均匀程度降至临界不均匀线以下,以重新获得均匀上染效果。

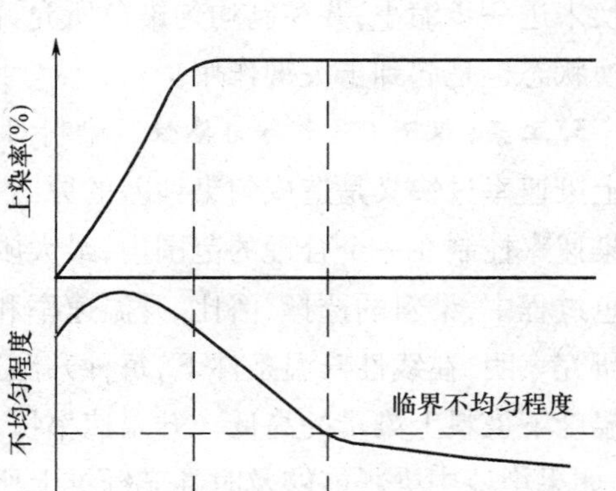

图2-9　移染与匀染的关系

通过移染来获得匀染的控制手段,除了选择移染性好(如亲和力较低、溶解性较好)的染料和助剂外,主要是通过合理地控制温度和时间,使染料在不同温区获得充分移染。在纤维玻璃化温度以下,主要是界面移染,可采用恒温和升温两种方式进行控制。恒温界面移染是在某一温度保温一定时间，使染料从吸染料浓度高的部位解吸下来，重新吸附到染料浓度低的部位。升温界面移染是在升温过程中，上染的同时也进行移染。但这一过程必须采用减慢升温速率，否则会对匀染产生影响。

当染色温度高于纤维玻璃化温度时，主要是全过程移染，已经达到较高上染率的染料在向纤维内部扩散（即透染）的同时，还会有相当一部分染料从内部解吸下来，并发生移染。因此，在染色温度达到最高时，保温一定时间，可以进一步提高透染性和匀染性。但应注意时间的控制，过长的保温时间，不仅不能提高匀染性，反而还会因染料的水解或还原降低上染率，严重时产生变色。

需要说明的一点是，移染只能发生在染料没有与纤维发生结合的条件下，染料一旦与纤维发生结合，就失去了移染的能力。所以，活性染料的移染过程只能发生在加碱固色之前。

气流染色中，织物与染液的交换频率相对较高，并且两者在每次交换中的剧烈程度也比较高，这为上染过程中提供了良好的染料界面移染条件。特别是染液与织物交换过程中，还伴随着气流的渗透作用，加快了已吸附在纤维上染料通过边界层的速度；即使解吸下来的染料也会在气流的强烈作用下，迅速转移到其他吸附较少的纤维部位。对于温度升高所引起的染料上染速率加快，造成匀染程度下降的情况，在气流染色过程中也同样存在。对此，也是在大部分染料上染到纤维后，通过提高温度来加快移染，以获得匀染。实际上，这也是借助了全过程移染来达到最后的透染和匀染目的。

六、织物的工作状态

在气流染色过程中，织物除了周期性地经过喷嘴和导布管与染液进行交换，以获得所需的带液量之外，其余时间是堆置在储布槽中。织物在储布槽中虽然与主体循环染液处于分离状态，但是织物在喷嘴中交换所获得的吸附染液，却能够满足下一个循环周期之前纤维表面染液边界层扩散所需的染料。织物在储布槽的过程中，实际上是在进行纤维表面染液边界层的染料扩散。因此，即使不像溢喷染色那样浸在染液中，也能够完成染料对织物纤维的上染过程。相反，如果储布槽中若存放主循环染液，还会出现织物各部位不均匀上染状态，反而会造成上染不匀现象。这也是与普通溢喷染色所不同的地方。

除此之外，在传统溢流或喷射染色浴比较大的条件下，储布槽中的织物是悬浮在染液中，并依靠染液的流动对其进行缓慢移动。织物在染液中的相互挤压较轻，织物状态自由、松弛，不容易产生堆置折痕。但织物之间容易相互纠缠，尤其是在温度较高的情况下，堵布打结现象频繁发生。而在气流染色的小浴比条件下，储布槽内织物与主体循环染液是分离的，即使加快染液循环，也不会扰乱织物的堆置和运行状况。织物落入储布槽之前的摆布控制，可使织物左右有序地摆落在槽体内；同时，储布槽内设置光滑的聚四氟乙烯棒或者转鼓，织物可在自重作用下向前缓慢滑行。采用这些结构形式，一般不会出现压布和堵打结现象。但是，织物在储布槽内滞留的时间不宜过长，特别是容易起皱的织物，必须通过气流喷嘴和导布管后的扩展过程，不断对绳状织物进行解捻，才能够避免形成永久性折痕。

参考文献

[1]宋心远.新合纤染整[M].北京:中国纺织出版社,1997.

[2]宋心远,沈煜如.活性染料染色[M].北京:中国纺织出版社,2009.

[3]刘江坚.气流染色技术的开发应用[J].印染,2009(5):32-33.

[4]刘江坚.织物间歇式染色技术[M].北京:中国纺织出版社,2012.

第三章　气流染色机

气流染色机经过二十多年的发展和不断改进,已经在市场得到了应用。早期该项技术主要是被欧洲极少数制造商所掌握,价格比较高,国内只有少数厂家在使用,主要用于高档织物的加工。其中许多工艺都是使用厂家自己经过试验总结出来的,因此,设备制造商和使用者对外非常重视技术的保密性。近年来,国内一些设备制造厂家也陆续开始仿制,但由于各制造商的技术水平以及理解程度存在较大差异,所以在使用中真正达到工艺要求的非常少,也迫使一些制造商放弃了这项技术。尽管如此,人们更多的是看到了这项技术节能减排的显著功效,并被越来越多的用户所认可,促使了这项技术的发展。

从目前的市场使用情况来看,气流染色机主要是以气流雾化染色形式为主,并以罐式结构居多。气流染色机的核心技术是:以空气动力学和热工学为理论基础,根据染色原理和基本过程,通过气流和染液对织物共同作用,以达到织物的染色质量要求。气流染色机主要由主缸、气流循环系统、染液循环系统、加料控制系统、热交换装置和辅助装置等组成。这些部件分别担负着染液与织物循环交换、温度变化、加料以及染色工艺过程控制等作用,在整个染色过程中相互协调,组成了一个完整的染色系统。图 3－1 所示是气流雾化染色机的主要结构组成。

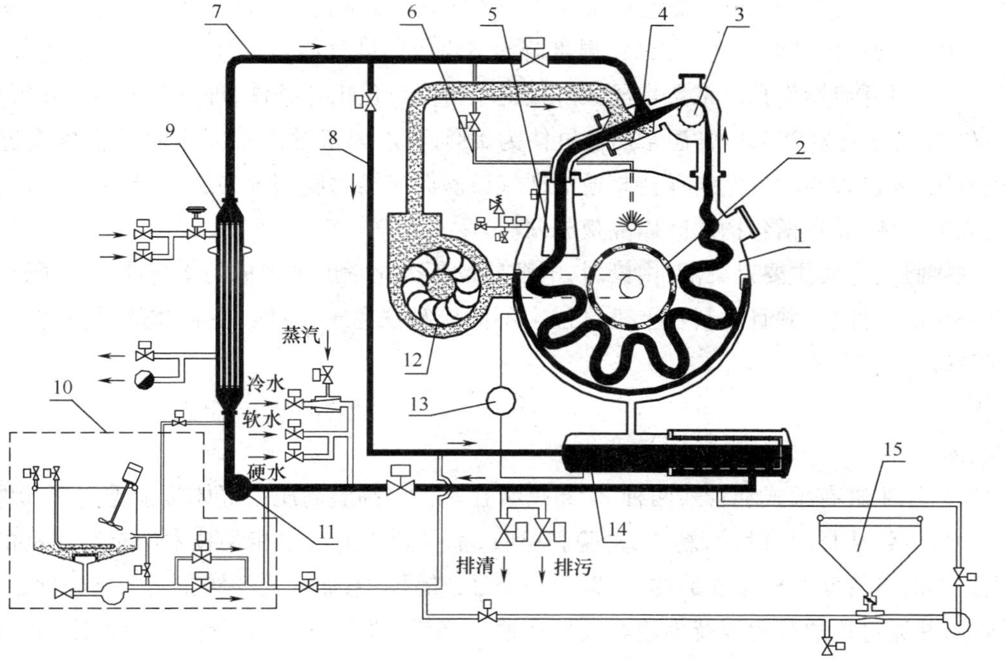

图 3－1　气流雾化染色机原理及组成示意图

1—主缸　2—空气过滤器　3—提布辊　4—喷嘴系统　5—摆布装置　6—喷淋水洗系统　7—染液循环系统　8—回液循环系统　9—热交换器　10—加料系统　11—染液循环泵　12—风机　13—模拟量液位检测　14—主回液管　15—加干盐系统

第一节　主缸结构与特征

与传统的间歇式溢喷染色机相同，主缸是气流染色机的主体部分，用于织物和染液的存放，并通过织物和染液的循环，完成染料对织物纤维的上染过程。主缸有罐式和管式之分。高温罐式是圆筒形的承压容器，储布槽装在内部；常温型为矩形截面，储布槽与缸体连为一体。管式基本都是高温型，管内可分隔两个储布槽，但更大的容量还是采用多管并联。由于罐式主缸无论是储布槽的气相空间，还是液相空间都处于一个容器内，所以工况条件（如温度和压力的平衡）都能趋于一致。这为多管设计提供了条件。多管是为了增加容布量，可以将一个较大批量在同一缸中或者减少分缸次数进行染色加工。这样不仅可以减少缸差的出现，同时还可以提高生产效率。目前最多已达到 8 管，可一次性染色 1760 ~ 2000kg 织物。

一、工况条件

对设备而言，工况条件指的是最高工作温度、最高工作压力以及工作介质。高温高压主缸适于高温（温度高于水的标准沸点）染色条件，也可用于常温工艺条件；最高工作温度为 140℃，最高工作压力略高于对应饱和蒸汽压力。为了安全起见，除了设有温度和内压过载保护装置外，还必须设置超压泄放装置（即安全阀）。同时考虑到染色工艺的需要，在 130℃ 条件下高温排液，主缸内温度骤降可能产生负压，还必须设置真空安全阀，以防主缸被吸瘪。为了保证安全，高温高压主缸用于高温工艺（如 130℃ 染色），温度达到 85℃ 时，设备就会自动关闭排气阀，并对进水阀、排液阀产生自锁。当高温工艺结束后，温度降至 85℃ 时，排气阀自动泄压。待主缸内部表压降至为零时，才可开启操作孔。常温常压主缸仅适于常温染色工艺条件，理论上最高工作温度不得超过 100℃，实际上为 98℃。常温常压主缸体为 J 形，可能因密封较好，为了防止温度超过 100℃ 而形成内压，须设置与大气始终保持相通的通气口。储布槽除底部为夹层外，与常温常压主缸体基本上成为一体，储布槽各槽之间以隔板分开。

主缸接触的介质主要是染液，由染料、电解质及各类化学助剂组成的水溶液。由于这些化工原料有一定的腐蚀性，并且染料在上染过程中不能接触铁离子，所以，主缸体的材质都是采用奥氏体耐酸碱不锈钢。

二、主缸体

高温高压主缸有罐式和管式两种，储布槽装在其中。高温高压主缸体是承受内压部件，属于 D1 类压力容器，从材料、设计、制造、检验和验收，都受到压力容器相关技术法规和标准的监控。罐式主缸内的各管储布槽是连通的，并置于一个卧式罐体中；而管式的储布槽则是分别放在各自的筒体中，并通过连通装置保持染液和气相相通。高温高压主缸体的壁厚是根据压力容器强度计算并考虑钢板减薄量而获得的，常温常压主缸体的壁厚相对较薄，主要是满足刚度和变形要求。

气流染色机主缸体除了常温常压以外，主要是以圆筒形式为主。相对管式主缸体，罐式主缸的结构紧凑,可以储存最少的染液量。罐式主缸储布槽中的织物,可以在衬有聚四氟乙烯棒或板上滑动向前移动;也有采用转鼓形式,利用重力的偏心作用,使织物转向前部。罐式主缸体的圆筒形对储布槽的结构有一定限制,特别是储布槽不能按照织物有序移动的结构形状设计,容易使织物造成倒布或压布现象产生。相比之下,常温型主缸具有较好的织物滑行的结构形状。

主缸体下部一般是通过支回液管与主回液管连接,为了避免主回液管产生"气袋",另外还有一连通管将主回液管与主缸体气相空间连通。主体循环染液主要存放在主回液管中,而主缸体内不存放主体循环染液。由于气流染色机的浴比很低,主回液管中的液位对染液主循环泵产生的倒灌高度不能满足主循环泵的抗汽蚀能力,所以,高温高压主缸在85℃以上时,总要加入0.007MPa的压缩空气,以提高水的沸点。相比之下,常温常压主缸不具备这种功能,即使在85~98℃的常压下工作,主循环泵也容易产生汽蚀,影响染液的循环状态。因此,从提高低浴比主循环泵抗汽蚀性的方面来考虑,气流染色机宜采用高温型,而常温型用于60℃以下较为合适。这也是使用者在设备选型中应该注意的。

三、储布槽

气流染色机的储布槽是用来堆积被染织物,也就是说大部分被染织物是堆放在储布槽中。与传统的溢喷染色机相比,相同的储布槽空间,气流染色机储布槽中去除了主体循环染液,可容纳更多的织物。由于同样重量的轻薄织物与厚重织物占用空间不同,为了充分有效地利用储布槽空间,现在又出现了窄槽体与宽槽体。窄槽体用于轻薄织物,宽槽体用于克重较大的织物。轻薄织物的压布和倒布是槽体结构设计的关键。高温高压气流染色机的储布槽放置在一个卧式承压圆筒容器内,而常温常压型的储布槽则与侧板和顶盖连为一体构成整台机身。考虑到每个布环的循环周期有要求,通常将槽体结构设计成单槽和多槽,各槽之间的染液是相连通的。储布槽的容布量是根据织物平方米克重和设备可达到织物线速度而确定的,一般将织物循环周期控制在2~3min内。储布槽容积一定时,不同克重织物的容布量是有差异的。主要是对轻薄织物的长度限制,使得轻薄织物的容布量减少。为了满足织物克重的适用范围,目前将储布槽设计成可变载结构,如图3-2所示。用于厚重织物时,扩大储布通道;而用于轻薄织物时则可以缩小储布通道。这样就可减少轻薄织物在宽通道中的压布或倒布现象的出现。

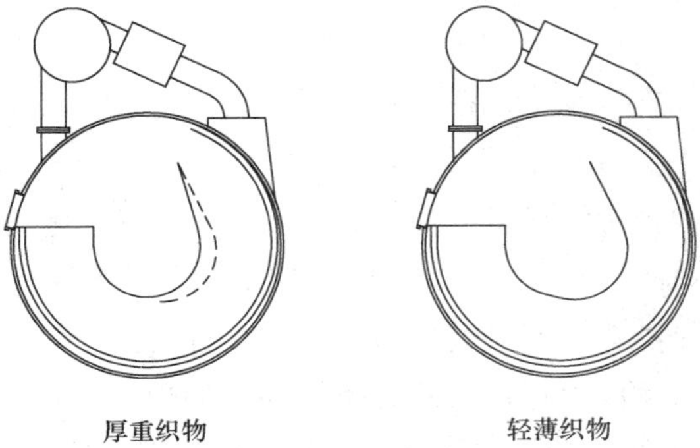

图3-2　变载储布槽示意图

气流染色机的储布槽内不存放循环染液(存在主回液管中),储布槽内织物不会出现因水流而造成串布现象,故织物纠缠、打结发生的概率很小。储布槽内织物的移动主要是依靠设备的结构来实现,例如在储布槽底部铺设减磨材料(如聚四氟乙烯板或棒)或采用转鼓式储布槽,管式采用缸体向前倾斜一定角度并在槽底部衬聚四氟乙烯棒等,以减少织物在储布槽中的运行阻力。转鼓式储布槽是利用织物堆积偏重(后面堆积大于前面)产生自然转动,将储布槽后面的织物逐步转送到前面,织物在储布槽中没有相对滑动。这样可以减少对织物的损伤,同时不容易出现压布现象。但是,对轻薄织物有可能出现织物夹在转鼓与主缸内壁之间的现象,并且这种结构的制造难度较大,故目前采用的较少。采用固定式的储布槽,可沿织物移动方向的截面大小设计成有规律的变化,使得织物运行的阻力以及织物之间的相互挤压尽可能小,从而防止储布槽内织物在移动过程可能出现压布或缠布现象。目前罐式气流染色机在织物出导布管进入储布槽之前增加了一套摆布装置,可对织物进行有规律的堆置,不仅可以最大限度地利用储布槽空间,而且可以减少织物的压布和倒布现象的发生。

储布槽的结构设计要满足一定的织物容量和运行线速度,通常以织物在储布槽内相对滞留时间不超过3min为设计依据,目的是为了保证织物的均匀上染和防止产生折痕。限制了织物在储布槽内的滞留时间,也就意味着织物容布量限定。为此,提高气流染色机的容布量,只有采用增加储布槽数量。如何满足各储布槽具有相同的染液与织物交换条件,以达到完全相同的匀染效果,不出现管差,是气流染色机储布槽结构设计的关键技术。

四、布水分离

与传统溢喷染色机所不同的是,气流染色机的储布槽中,织物与主体循环染液是处于分离状态。由聚四氟乙烯棒作衬底,织物在聚四氟乙烯棒之上,即完全暴露在气相中(溢喷染色机是全部或部分浸入染液中),染液漏入主回液管。织物在储布槽中,实际上处于类似于湿蒸过程,相对于部分浸入染液中的小浴比溢喷染色机而言,储布槽内织物所处的温度和浸润条件相同。在这种条件下,织物纤维的上染染料主要是依靠织物纤维表面吸附的染液来提供。由于气流染色的浴比很低,其染液的浓度较高,这恰恰为织物在循环一周中向纤维内部提供了足够的新鲜染液,使得织物在如此低的染色浴比条件下均匀上染。因此,气流染色在储布槽中的布水分离,既是降低浴比的需要,同时也是织物纤维上染条件所必要的。有人曾经在气流染色机上做过实验,有意识将储布槽内存储部分水,织物相当于部分浸入染液中,结果是反而出现了不均匀上染的现象。而唯一能够解释的就是织物在气相中与在液相中所处动力边界层和扩散边界层的条件不同,所以造成了织物不同部位的上染率有差异。

气流染色机的布水分离过程与设备的结构形式有关。气流雾化式染色机的布水分离是织物与染液离开导布管后,进入储布槽过程中在重力的作用下,染液通过聚四氟乙烯棒的缝隙流入主回液管。由于这部分染液是随织物同时过来的,有的被织物包覆起来(尤其是紧密度高的织物)所以分离的速度相对缓慢。实际上存在染液分布不均匀的现象,对一些敏感色在加料过程中会产生一定的影响。一般只有通过加快织物和染液的循环频率,缩短染液分布不均匀的滞留时间,才能够改变这种分布状态。

与气流雾化染色形式相比，气压渗透染色形式的布水分离效果比较好。染液与织物在染液喷嘴中交换后，多余的染液经过回流管直接到主回液管，通过提布的作用又可挤压出部分染液回流。织物进入气流喷嘴时，仅织物含带部分染液。这样一方面加快的主体染液的循环频率，缩短了染液温度和浓度平衡的时间；另一方面避免过多的染液随同织物进入储布槽内，造成新的浓度分布不均匀。

五、提布装置

或许是受到传统溢喷染色机的影响，气流染色机仍然采用了提布辊，但其仅仅是起到织物的导向作用，使织物从储布槽中顺利进入喷嘴。正因为提布不具有牵引织物运动的主要功能，所以提布辊的辊面没有采用增加驱动摩擦的橡胶条，而是采用波形接触面。这样可以大大减小提布辊与织物表面因打滑而产生的擦伤现象。但考虑到与气流风速变化时的同步，提布辊一般都采用交流变频控制。通过提布辊的速度和风速的比例控制，可以控制织物在出导布管后的扩展状态，避免某些轻薄针织物产生折痕。

当气流染色机的风机特性和功率确定后，不同克重织物在气流牵引运行过程中的织物最高线速度是一定的。这主要取决于气流的牵引速度和提布辊的表面线速度。尽管提布辊不承担牵引织物运动的主要功能，但是对织物的运行速度还是有一定影响。主要是提布辊表面与织物接触的摩擦力，以及织物在提布辊上包角大小，对织物产生的牵引力有影响。当提布辊表面的线速度增大至一定程度后，就会与织物产生相对滑动（即提布辊表面的线速度大于织物的运行线速度）。严重时织物不仅被气流牵引走，而且会出现织物的缠辊现象。当提布辊表面的线速度低于气流牵引织物循环的线速度时，织物在提布辊表面也会产生相对滑动。这种织物运行状态，实际上对织物有一个牵制作用，使织物在气流中会产生一定抖动扩展效果，对容易起皱的织物可以消除折痕的产生。但是过分的相对滑动，会对一些织物表面造成起毛。

气流染色机的提布辊对厚重或吸水量较大的毛巾类织物具有较大作用，可以减轻气流牵引织物的负荷，同时产生这种作用主要是借助织物自重（包括吸水）产生的张力在提布辊包角内所产生的摩擦力。对于轻薄织物和一些编织非常稀松的织物，提布辊对织物产生的作用相对较小。对含有弹力纤维（如氨纶）的针织物，在提升过程中会产生一定的弹性变形，提布辊的表面结构对织物产生的握持力有影响。采用对织物具有一定握持力的提布辊表面结构，能够达到较好的织物提升效果。

六、摆布装置

织物离开导布管后经过摆布控制，可有序地落入储布槽内，并且可以最大限度上利用储布槽的有效空间。这对气流机来说是非常重要的，因为其储布槽内不存放自由循环染液（存在主回液管中），如果织物堆放无序，就会出现压布现象，造成布速不稳定和较大的织物张力，严重时无法提升。一般的摆布装置是通过摆布斗对织物直接作用，使之左右摆折。

对于轻薄织物在如何增加容布量而不出现压布或乱布现象方面，已经引起了设计者的高度重视。目前绝大部分的摆布装置都是左右摆布，实际上在三维空间中，堆布的状况还不是很理想,容易出现前后方向的倒布现象,一旦发生就会造成织物的压布。虽说通过气流和提布辊的牵引,也能够强行拉起,但对针织物,特别是高弹力针织物,往往会形成很大的织物张力。为了解决这一问题,有人将摆布装置设计成可同时左右和前后往复运动,织物的堆积状况大为改观。当然,这种机械结构也比较复杂,目前还没有推广使用。

第二节　气流循环系统

气流染色机的气流循环系统是牵引织物循环的主要动力源,同时携带细化染液为染料向织物纤维上染提供交换条件。由于空气具有可压缩性,其密度及黏度在不同温度下会发生变化,所以在整个染色过程中,实际上对织物的作用也是不稳定的。特别是细化染液在紊流的气流中也会发生变化,对气流产生一定影响。如何将这些变化和影响控制在所需的染色条件下,也是气流染色多年来一直研究的课题。如果从理论上研究,它涉及空气动力学、热力学等学科,其复杂程度远远超过一般研究部门的能力。因此,更多的是建立在试验的基础上,并结合工艺特点来研发的。这里仅从应用的角度来讨论和分析气流循环系统的工作状态,并对循环风机的一些技术参数和特性曲线作简单介绍。

气流循环系统主要包括循环风机、气流喷嘴和气流循环管路。织物的运行和扩展状态,以及染液通过气流对织物的作用,都与该循环系统密切相关。

一、循环风机

气流循环的风机一般采用高压离心式风机。牵引织物循环需要足够大的风量,而一定风量必须依靠相应的风压来克服循环系统的沿程和局部损失。考虑到牵引不同克重及品种的织物所需的作用力有差异,所以气流染色机的风机额定功率一般选择都比较大。在具体使用中,可通过风机的交流变频控制,提供相应风量。这样既可以不同克重织物满足所需的风量,同时又可以达到节能的目的。风机的几个特性参数是风量(流量)、风压(压力)、转速、功率和效率,通过风机特性曲线可以反映出这些特性参数相互关系。除此之外,与风机密切相关的管网,也有一个表述风量和风压变化关系曲线,称为管网特性曲线。在实际气流循环过程中,风机的特性曲线与管网特性曲线的交点,才是风机实际风量和风压的工况点。

1. 风量和风压　风量也称作流量,表示气体单位时间流过某一横截面的体积或质量;风压也称作压力,有静压和动压之分。对于气流染色机的循环风机的风量和风压,究竟应该取得一个什么样的值,目前还没有一个具有说服力的理由。但有一点可以肯定,同一台气流循环的风机,当转速一定时,在常温下和高温下的风量和风压是不同的。其原因是随着空气温度的提高,其密度变小,动力黏度增大。我们知道,气流牵引织物运动,是空气的黏度对织物的作用而形成的。也就是说,空气黏度的增加必然要加大对织物的牵引力,织物的线速度要加快。在实际应用中,这一现象是很明显的。当常温下的风机转速设定后,在高温下织物的线速度会加快,电机的电流也增大,即意味着电机功率的增加。当然,这里也不能排除在高温下因密闭容器(指主缸)蒸汽压的加大,空气中还混有大量水蒸气,也会加大风压和功率的消耗。从织物匀染性的角度来考虑,织物在高温下往往染料的上染速率加快，如果织物的线速度增加就会提高与染液的交换频率，有利于织物的匀染。但在高温下进行保温时，有时并不需要太快的交换频率。对于针织物或弹力织物，织物线速度过快会产生较大的张力，使织物变形或弹力纤维失去弹性(特别是在高温下)。因此，风机的风量和风压应该设计成在温度变化过程可调节的，最好是一种动态控制。

由于风机的静压是克服管网阻力的必要因素，而气流经过喷嘴环缝形成高速气流时，会产生很大阻力损失(即压降)，所以气流染色机都是采用高压风机[压力在14.715KPa(1500mmH_2O)以上]。在实际应用中，织物循环主要是依靠足够风量，而风压一般仅起到克服管网(这里主要是喷嘴环缝隙)阻力，保证风量输送的作用。但是，风量和风压不能绝对分开，风压不够，表现出来的风量也不足。

2. 风机特性曲线 风机工作在一定的吸气状态和转速条件下，其理论全压与理论流量之间的关系通常可用理论全压特性曲线表示。风机叶片出口角度的大小，对风机的特性影响很大。一般可分为三种形式：后向叶片，叶片出口角度小于90°；径向叶片，叶片出口角度等于90°；前向叶片，叶片出口角度大于90°。考虑到气流染色机风机的超载能力，一般选择后向叶片。由于风机在实际工作中存在各种损失，如水力损失、容积损失、轮盘摩擦损失和轴承损失等，所以将效率考虑进去得到的是实际全压特性曲线。图3－3为风机的风压(P)—风量(Q)、功率(N)—风量(Q)和效率(η)—风量(Q)实际特性曲线。

在气流染色机中，与风机相连的有进口管(包括过滤器)、出口气流管以及气流喷嘴等，这些连接部分可视为管网，与风机构成一个封闭的气流循环系统。根据伯努利方程，风机的全压应等于管网的总阻力加上风机出口的动压损失。图3－4表示气流管网输送风量时所消耗的风压能(P)与所输送的风量(Q)之间的关系，是一个二次抛物线，称作管网特性曲线。

3. 风机工况与工作区域 风机与管网连接在一起工作时，流经管网的流量等于风机流量，管网(气流管路)的总阻力与风机出口动压损失之和等于风机所产生的全压。采用同一比例绘制的风机特性曲线与管网特性曲线的交点即为风机的工况点，如图3－5所示。图中曲线P为风机的全压特性曲线，OB为管网特性曲线，两者的交点M即为工况点。该点反映出风机的流量、全压、效率和功率等主要性能参数。

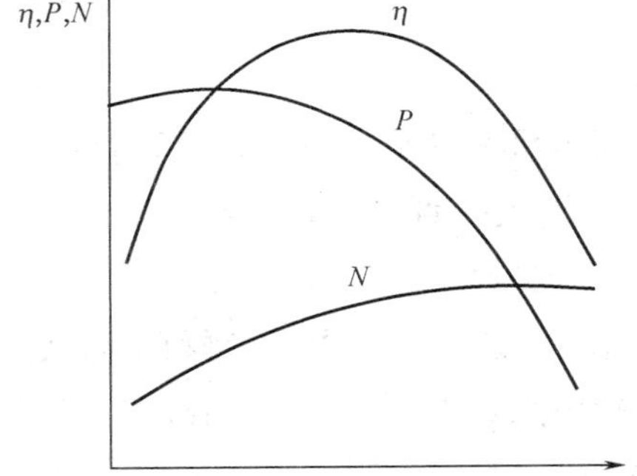

图3－3 风机实际特性曲线

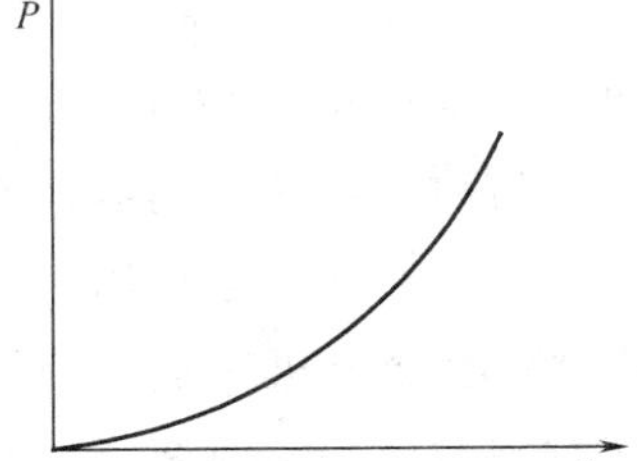

图3－4 管网特性曲线

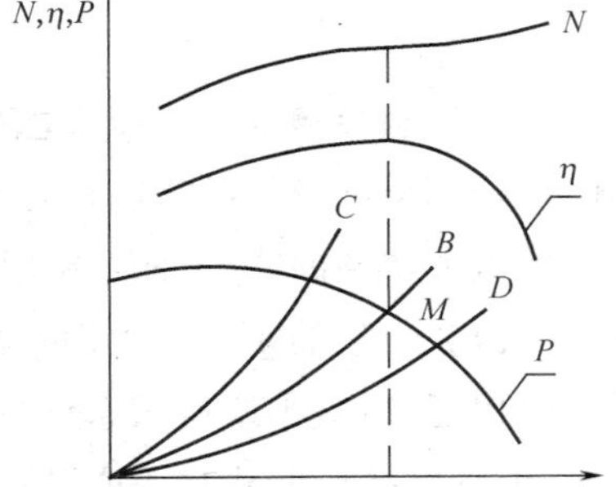

图3－5 风机工况

在实际工作中，根据不同织物克重或品种，总是要通过改变气流喷嘴的气流速度来改变织物的运行速度。但这种风速或风量的改变实际上就是改变了管网阻力，而风机的工况点也随之改变。当管网阻力增大（如曲线 OC 所示）时，风机的流量将减小；当管网阻力减小（如曲线 OD 所示）时，风机的流量将增大。因此，为了保证风机能够正常和合理的运转，通常要控制风机的工况在整个工作期间不超出合理区域。该工作区域取决于风机工作的稳定性和经济性。

要满足稳定性，首先是压力特性曲线不能有驼峰，其次是风机必须工作在压力最高点的右侧。满足这种条件的风机特性曲线与管网特性曲线的交点只有一个，并且应该位于压力特性曲线最高点的右边。如图 3－6（a）所示，当工况点移到 K 点或超过 K 点向左移动时，风机的特性曲线与管网特性曲线将会出现两个以上的交点。显然在这种条件下的风机运行不稳定，会发生喘振现象。当风机的特性曲线形状如图 3－6（b）所示，工况也应位于 K 点的右边。如果工况移到 K 点或 K 点的左边部分时，曲线上虽然只有一个交点，但工况点将交替在第一象限和第二象限内变动，也会发生喘振现象。因此，风机只有工作在风压最高点的右侧才是稳定的。

风机最高效率点的工况称作额定工况，此时的流量、压力分别称作额定流量和额定压力。一般情况下，总是希望风机工作在效率最高点。然而实际工作中，并不一定正好就在这一点，所以效率都会有所降低。为了满足经济性，风机的实际工况点应控制在（0.85～0.90）η_{max} 的范围内。这一范围也称作经济工作区域，如图 3－7 所示。

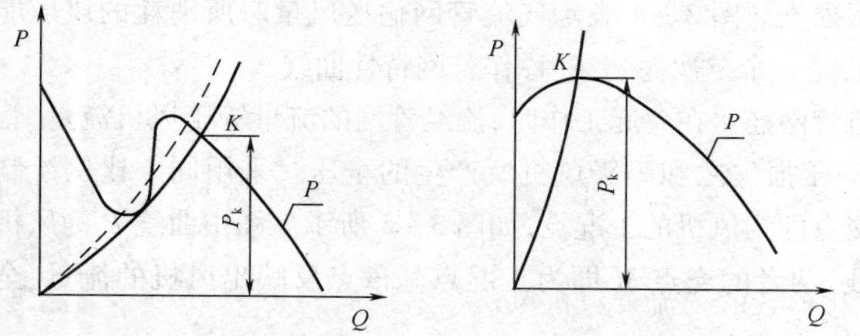

(a)有驼峰的特性曲线　　(b)无驼峰的特性曲线

图 3－6　风机的稳定工作区域

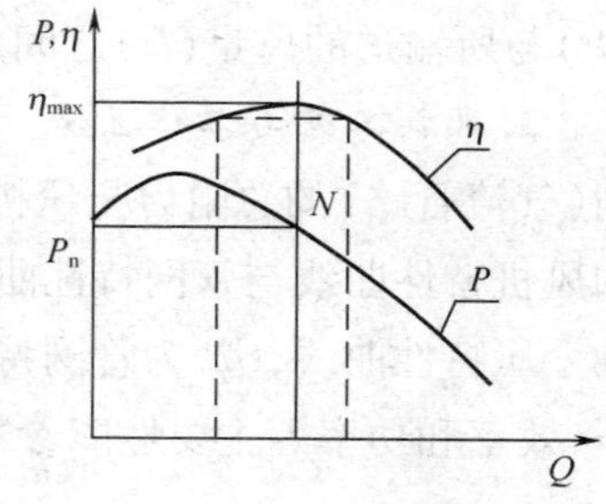

图 3－7　风机的经济工作区域

4. 风机的调节　气流染色机的风机在使用中，需要经常改变风机和管网中的风量，以满足不同织物克重和品种所需的运行速度。一般可采用两种调节方式，即改变管网特性曲线和改变风机的压力特性曲线，如图 3－8 所示。现讨论这两种调节方式的工况变化情况。

（1）改变管网特性曲线的调节。该调节方法是在出气管或进气管路中设置调节阀门，改变开启程度，以减小或增大管网的阻力来改变风机流量。调节过程中，风机压力特性曲线没有改变，但管网特性曲线在改变，所以工况点的位置被改变了。调节阀门关小时，管网阻力增加，则流量减少。显然，在管网的节流状态下，风机压力的一部分用于克服管网阻力，另一部分则用于克服阀门的阻力。一般情况下，风机节流后的功率有所下降。

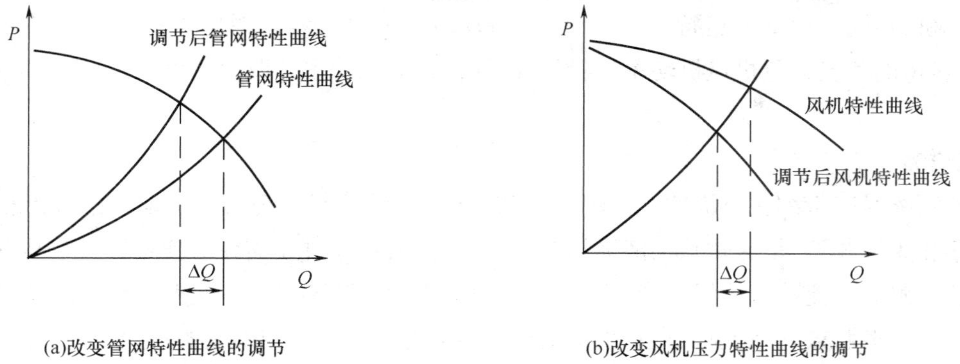

图 3－8 风机的调节

(2)改变风机压力特性曲线的调节。从理论上来讲,改变风机压力特性曲线的调节可以采用:改变风机转速、改变风机进口处导流器叶片角度以及改变叶轮宽度和叶片角度。在这些调节过程中,管网特性曲线不改变,只有风机的压力特性曲线发生改变,因而也改变了工况点的位置。但在实际应用中,风机结构一定时,一般都是采用风机转速调节。其原因是风机在管网阻力与流量平方成正比的管网中工作时,风机转速降低,其效率仍保持不变,但风机功率却因流量和压力的降低而显著下降。风机转速变化与流量、压力和功率存在以下变化关系式:

$$\frac{n_1}{n_2}=\frac{Q_1}{Q_2}=\sqrt{\frac{P_1}{P_2}}=\sqrt[3]{\frac{N_1}{N_2}} \tag{3-1}$$

因此,从空气动力学来考虑,改变风机转速的调节方法是最合理的,也是最经济的。目前气流染色机的风机都是采用交流变频控制,但没有实现动态控制,许多情况下是在做无用的功率消耗,比同一容量溢喷染色机要偏大很多。这也是制约气流染色机应用推广的一个方面。如何解决好这一矛盾,还有待于设备制造商的深入研究和开发。

5. 风机功率的消耗 采用气流雾化形式的气流染色机风机功率的消耗较大,主要是在染液雾化室内气流带动雾化染液需要消耗很大一部分能量。染液雾化颗粒的大小对气流消耗的影响很大,染液雾化颗粒小,消耗的气流能量也小,反之就大。根据这一特点,有气流染色机制造商采用小孔径染液雾化喷嘴,使染液的雾化颗粒减小,从而降低了气流的能耗,减小了风机功率。但染液雾化喷嘴因孔径较小,更容易被纤维短绒或杂物堵塞,需经常拆卸染液雾化喷嘴清理,给实际操作带来了不便。

相比之下,采用气压渗透式原理的气流染色机,气流喷嘴受染液的影响很小。气流在牵引织物循环的过程中,除了对织物所吸附的染液产生一定的渗透力外,没有对染液产生消耗。因此,可以消耗较低的风机功率。

气流染色机的风机功率消耗,除了与设备的工作原理有关外,还与空气在温度变化过程中的黏度系数变化有密切关系。高温下空气黏度系数的增大,加大了对牵引织物循环的黏着力,减少了空气与织物的相对滑动速度。不仅使织物的运行线速度加快,同时还增加了风机的功率消耗。此外,在高温密闭容器(这里指主缸)内,存在一定的水蒸气,实际上风机中的循环介质是空气和水蒸气的混合体，显然密度比常温下空气的密度低，从而增加了风机的风压和功率。这就是同样功率的风机，在同一频率下运行，高温时电机拖动电流要高于常温时电机拖动电流的原因。因此，同样容量的气流染色机风机功率，高温型的要比常温型功率选取得要大一些。

二、气流喷嘴

气流喷嘴是夹带细化染液的气流牵引织物，并进行染液与织物交换的地方。气流首先在夹套中与细化染液相遇，呈雾化状染液弥散在气流中，然后再通过喷嘴环形缝隙喷入中间管形通道与织物相接触。气流喷嘴采用了拉法尔（Laval）喷管原理，将气流的速度提高到超音速，使气、液两相流形成分散状或环状流型，在牵引织物循环的同时进行织物与染液的均匀交换，提供了织物获得均匀上染的条件。为了对气流喷嘴有一个全面的认识和了解，下面对气流喷嘴的工作原理和结构形式进行介绍。

1. 拉法尔喷管原理 气体通过喷管因发生压力降低和容积膨胀而能获得高速气流，而拉法尔喷管是用于产生高速气流的一种喷嘴结构形式。气流在拉法尔喷管中的变化规律是气流喷嘴设计和使用的依据。根据质量守恒规律，通过连续性方程式可以得出喷管截面的变化率与气体比容变化率和流速变化率的关系：

$$\frac{df}{f}=\frac{dv}{v}-\frac{dw}{w} \tag{3-2}$$

式中：$\frac{df}{f}$——喷管截面变化率；

$\frac{dv}{v}$——气体比容变化率；

$\frac{dw}{w}$——气体流速变化率。

根据能量守恒定律，由绝热稳定流动能量方程式可以导出喷管中的流速变化与压力变化的关系，其微分关系式如：

$$w\,dw=-v\,dp \tag{3-3}$$

上式表明，流速与压力相反，即在绝热流动过程中，若压力降低，则流速必然增加；反之，则降低。

此外，要获得高速气流，喷管的形状（即轴向截面变化规律）必须符合气体本身的膨胀规律。将绝热过程方程式与连续式方程以及式（3-2）联系起来，可以得到喷管截面的变化关系式：

$$\frac{df}{f}=(M^2-1)\frac{dw}{w} \tag{3-4}$$

式中：M——马赫数，是物体的速度与音速之比，用来描述气体特性的重要参数。$M<1$，表示气体为亚音速；$M=1$，为音速；$M>1$，则为超音速。

由式（3-4）得知，要增加气流速度，沿途截面的增减变化，取决于（M^2-1）的正负号。当进口的初速度小于音速（$M<1$），若要增大流速，就必须使$\frac{df}{f}$为负值，即喷管截面应缩小；当流速增

加到等于音速（$M=1$）时，则$\frac{df}{f}=0$，此时喷管截面最小。若要流速继续增加，超过音速（$M>1$），则$\frac{df}{f}$应为正值，此时喷管截面应增大。由此可见，减缩喷管最高只能得到音速气流。要获得超音速气流，喷管必须制成渐缩渐扩形。这种形式喷管称作拉法尔喷管。气流在拉法尔喷管内流速（w）、压力（p）、比容（v）在沿途截面的变化规律如3－9所示。

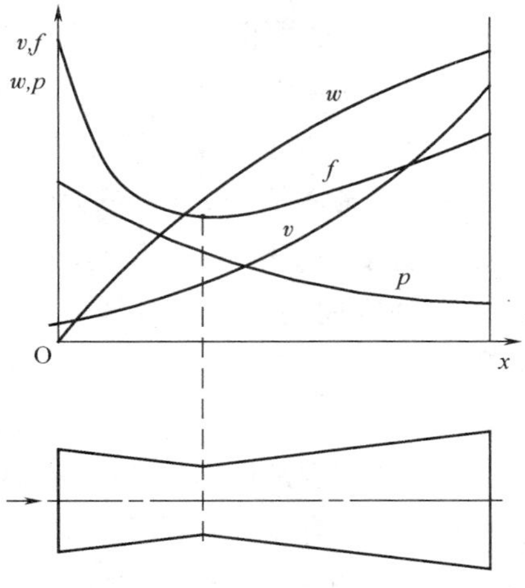

图3－9　喷管内参数变化示意图

流体经过喷嘴时因过流截面的变化，流速、压力和比容都会发生变化，但质量和能量的总量是守恒的。拉法尔喷管对气流的加速作用，压差是使气流加速的内在动力，几何形状是使气流加速的外部条件，而气流的焓值变化（即焓降）为气流加速提供了能量。

2. 气流喷嘴的结构形式　根据拉法尔喷管原理，气流喷嘴的轴向截面是采用渐缩、喉部和渐扩三段，气流通过环缝隙喷出，与织物运行方向形成一定角度。高速气流可分解为与织物运行方向相同和垂直两个分力，与织物运行方向相同的分力牵引织物循环，与织物垂直的分力对织物纤维产生渗透力，加快染液向纤维内部的扩散。气流喷嘴结构设计在充分满足染液的雾化效果的同时，还要保证织物与雾化染液的充分接触，并且对织物的表面能够起到保护作用。比较成功的气流染色机对气流喷嘴结构都有专利保护。

由于织物经过气流喷嘴的线速度较快，并且会发生较大的速度变化，因此为了保证织物表面不受损伤（如擦伤、极光等），通常内壁表面的粗糙度要求非常高，甚至在其中某一段采用了聚四氟乙烯材料。一些气流染色机对这部分的加工质量无法达到要求，容易出现织物表面质量问题。与传统溢喷染色机喷嘴不同的是，气流喷嘴通径的规格一般没有那么多，目前最多只有两种规格。织物克重在较大范围内可以采用同一通径进行加工，轻薄织物在气流喷嘴中总会被气流吹展开，充满气流喷嘴横截面。所以不用担心绳状织物跑偏的问题。对于克重在800g/m^{2}以上的织物（如毛巾类），考虑到织物呈束状时的直径较大，无法通过气流喷嘴通道，可换成相应的大通径喷嘴。气流喷嘴的环形缝隙一般制造商在出厂之前都已调整好，不是特别情况下（如维修、更换）最好不要动。总之，气流染色机的气流喷嘴对使用厂家来说更为方便。

3. 气、液两相流的流型　气流与染液在气流喷嘴中，实际上是气、液两相流在一定条件下混合喷射过程。如图3－10所示。为了保证染液与织物的均匀交换，必须通过高速气流产生分散流或环状流型。气、液两相流在喷嘴中以分散流的流型较为理想，染液的细化颗粒能够均匀地分布在

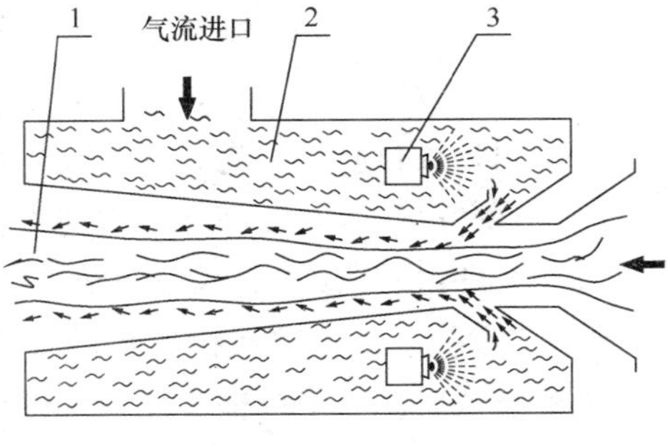

图3－10　气流喷嘴气、混合过程

1—织物　2—气液混合室　3—染液雾化喷嘴

气流中。但是需要很高的气流速度(至少60m/min),而气流经过环缝隙会产生很大压降损失,并且作用在织物上也要消耗很大一部分能量。环状流型是染液沿气流喷嘴内壁以圆环状流动,而气流则沿气流喷嘴中心流动。产生这种流型的气流速度相对较低。在实际应用中,气流雾化式染色机气流喷嘴的气、液两相流,一般是介于这两者之间的流型。

4. 导布管的气流喷出 气流从喷嘴喷出后经导布管喷出,分散在主缸内空间。从导布管喷出的气流速度很高,射入周围空间相对静止空气时,气流几乎不受限制地向四周自由扩散。气体离开喷管进入空间的射流称之为自由射流,如图3-11所示。导布管出口断面上的速度是均匀的,其速度称作自由射流的核心速度。自由射流具有卷吸作用,可将周围空气逐渐卷入射流中,不断扩大射流横断面和增加流量,使核心速度逐渐缩小,以致最后消失。射流与周围空气的静压相等。射流最外边界的轴向速度为零,射流边界延长线相交的夹角称为扩散角。在该扩散角的范围内,因气流动量的横向传递,对绳状织物具有一定的扩散和解捻作用,可消除织物的经向折痕。

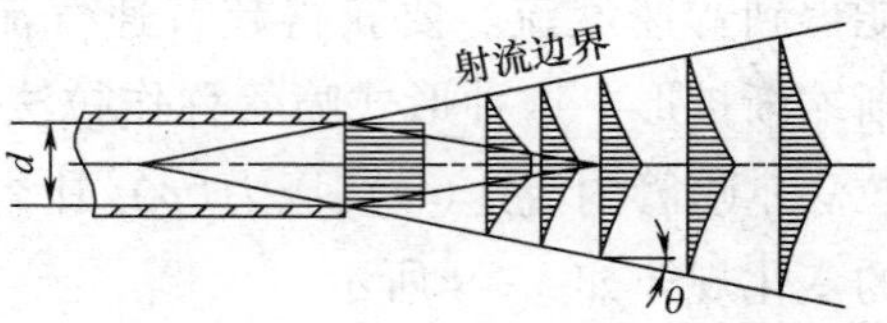

图3-11 自由射流示意图

气流染色机导布管出来的气流还要经过一个扩散摆布斗,实际上受到部分限制,但出摆布斗后就基本上就类似于自由射流。织物在自由射流的作用下,会产生一定的扩展,尤其是筒状针织物会被吹鼓起来。这对消除织物的折痕有利,但是过分的吹鼓会影响到织物的运行和堆积。所以,一般要将筒状针织物的接缝处,留出10~15cm的缺口,可排除一些空气。

三、气流循环管路

气流染色机的风管是为风机与气流喷嘴的连接而设置的,构成一个管网系统。为了满足各管气流喷嘴的静压强分配相等条件,主风管直径通常设计得比较大。风管的截面形状、缩扩变化以及转角处等都会产生沿程和局部阻力损失,风机的风量及风压应该在这一部分的效率损失最小。风机进口风管是设置在主缸体内,具有足够大的过流和过滤面积,目的是减少进气阻力。

1. 气流总分配管 该管与风机出口连接,将具有一定全压额定气流均匀分配给各气流喷嘴。从流体力学理论上讲,只要风管的局部和沿程的阻力损失正好等于风机所提供的压力能,即可使风管沿途各点的静压相等,各气流喷嘴可获得相同的风量。然而,在实际应用中,由于管网制作的误差以及织物运行状态的变化,气流总分配管的头尾会出现风量差异。从流体动力学角度来考虑,最好采用变截面形式,在气流输送方向逐步变径。但这种设计难度较大,必须通过实验作出气流分布云图,找到最佳变截面的长径比。因此,一般采用较大管径,并在风机出口增加一段扩压管(即缩放管),以便将风机出口的气流动压能转换为静压能,使整个分配区域的静压基本相等。这里简单讨论一下气流在总分配管中的分布规律。

气流染色机的气流总分配管一般设计成等截面,对于两管以上的气流总分配管与气流支管的设置如图3-12所示。根据伯努利方程式可得:

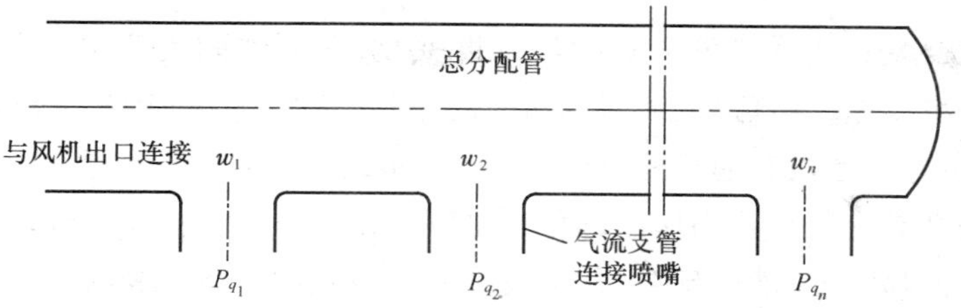

图3－12　气流总分配管与气流支管的设置

$$p_{q_1}+\rho\frac{w_1^2}{2}=p_{q_n}+\rho\frac{w_n^2}{2}+\sum p_l \tag{3-5}$$

式中：p_{q_1}、p_{q_n}——第一管喷嘴进气口和第 n 管喷嘴进气口处的静压力，Pa；

w_1、w_n——第一段风管和第 n 段风管中空气流速，m/s；

$\sum p_l$——第1管喷嘴进气口和第 n 管喷嘴进气口之间的阻力损失总和（包括沿程阻力损失和局部阻力损失）。

移项整理后得：

$$p_{q_n}=p_{q_1}+\rho\frac{w_1^2-w_n^2}{2}\sum p_l \tag{3-6}$$

在等截面的气流总分配管中，因各喷嘴分配口间的气流速度是依次降低的，即 $w_1>w_2>\cdots\cdots>w_n$，所以分配管中的静压力由始端到末端是逐渐增大（由动压力转化为静压力）。但是，分配管中所存在的阻力也要消耗一部分压力，使静压力向分配管末端逐渐减小。因此，静压力在总分配管中的变化（逐渐增大还是减小），就由总分配管中气流速度的降低和阻力大小这两项来决定。如果气流在总分配管的速度降低所增加的静压力完全用于克服风管的阻力上，则各气流喷嘴即可获得相等的喷风速度。如果气流在总分配管的速度降低所增加的静压力大于风管的阻力损失，则静压力和送风量沿着风管全长逐渐增大，气流喷嘴的喷风速度也依次增大。如果气流在总分配管的速度降低所增加的静压力小于风管的阻力损失，那么静压力和送风量沿着风管全长逐渐减小，到风管末端时又会增大。

2. 气流支管　该管是用来连接总管与各气流喷嘴，一般设有可调节开度大小的气动蝶阀。正由于气流总分配管有可能出现风量分配不匀，所以可通过支管上的气动蝶阀（可比例调节），对个别气流喷嘴的风量调节。在进布过程中，可以先关闭没有进布的气流喷嘴，以便气流集中供给在进布的气流喷嘴。此外，如果某一管暂时不用，可以关闭该喷嘴，避免气流短路。

3. 进气管道　该管一般设置主缸内部，并在其内设置过滤网。风机的进气管道应保证形成的阻力最小，能够均匀吸收主缸内空气。为此，进气过滤筒的直径设计得比较大，目的是为在增大过滤面积的同时减小进气阻力。过滤筒与风机通过渐缩管过渡连接。

第三节　染液循环系统

气流染色机的染液循环系统是为染料对织物纤维上染而设置的，并且染料的上染温度以及浓度分布，需要通过染液循环进行平衡和均匀分配，以达到染料向织物纤维均匀上染的目的。然而,在升温或加料过程中,实际染液的温度和浓度变化,在短时间内会出现分布不均匀的现象。织物各点的温度和浓度差,一旦过大或者保留时间过长,就有可能在染料上染最快的阶段出现上染不均匀;若在固色之前还没有通过移染达到匀染,那么最终就会产生色差或色花。因此,染液循环对织物的匀染性具有很重要的作用,而染色循环系统就是实现染液循环的控制部分。

该系统包括染液喷嘴、染液循环主泵、染液分配管路和主回液管等部分。它为染液与被染物进行交换提供条件,并可保证染液温度和浓度分配的均匀性。

一、染液喷嘴

气流染色机染液喷嘴的作用是为织物和染液提供交换的条件。与喷射染色所不同是,它不起牵引织物运行的作用。因此,它的结构形式与织物和染液的交换方式有关。采用雾化原理的染液喷嘴,要求能够产生染液的雾化效果,主要是靠喷嘴的结构和主循环泵的扬程来保证。通常各染色机制造商将这部分内容视为核心技术。采用气压渗透原理的喷嘴,其结构比较简单,它相当于一个软喷射喷嘴,设置在提布辊之前。织物在进入气流喷嘴(在提布辊之后)前,先经过染液喷嘴吸附染液,然后再经过气流喷嘴的气压渗透作用,完成织物与染液的交换过程。喷嘴的形式有以下几种。

1. 染液雾化喷嘴

(1)染液雾化喷嘴的特性。主要是喷水量、喷雾细度、喷射角度以及水苗射程,与喷嘴孔径、结构和喷水水压有关。喷水量表示单只喷嘴每秒喷水的质量,取决于喷水的水压和孔径。孔径越大,水压越高,则喷水量就越大。喷雾细度是喷嘴喷出水滴的大小,与孔径和水压有关。孔径越小,水压越高,则水滴越细小。水苗射程是指喷嘴喷出的水苗在水平方向的直线距离,而水苗向四周扩散的角度表示喷射角度。压力越大,射程越远,一般在400~800mm。压力越大,孔径越大,则喷射角度越大,一般在40°~85°之间。喷射角与水苗射程的关系如图3-13所示。

(2)染液雾化喷嘴的形式。雾化喷嘴的结构形式对所产生染液雾化效果十分重要。

①离心式喷嘴。如图3-14所示,水在一定的压力下,经输水道从切线方向进入回旋腔做螺旋运动,形成旋转水流;再由喷孔喷洒出来,扩散成圆锥形雾状水滴。经雾化后的水滴直径很小(水滴直径一般在0.05~0.5mm),不仅与气流的接触面积大,而且还具有较好的热湿交换效果。

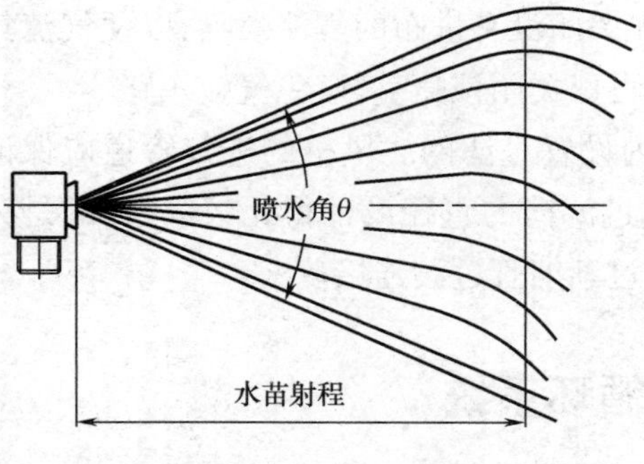

图3-13 喷射角与水苗射程

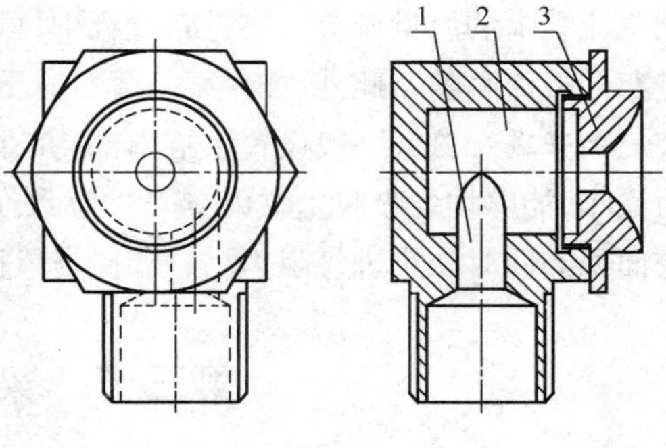

图3-14 离心式喷嘴

1—输水道 2—喷嘴内腔 3—喷嘴

②双螺旋离心喷嘴。一定压力的水沿轴向流入喷嘴，经双螺旋体分别以180°的切线速度方向沿渐缩通道进入喷嘴内腔，借助压力和离心力的作用，使水由喷嘴口喷出时形成以出水孔为顶点的圆锥形水幕。由于进入喷嘴内腔的水，可按照一定切线方向的渐缩通道加速运动，减少了水在内腔中产生的涡流阻力和摩擦阻力损失，从而使喷嘴在较低水压条件下，也能够获得较好的雾化效果。此外，缩小内腔可减少不必要的能量损失，并且还可减小喷嘴体积。显然，双螺旋离心喷嘴具有结构紧凑、喷水量大，水压低以及雾化效果好等特点。

(3)染液雾化喷嘴的工作状态。采用雾化原理的染液喷嘴，首先是在一个夹套容腔内通过雾化喷嘴将染液喷出，并形成一定的染液细化颗粒弥散在气流中，然后随同气流一起通过环缝隙喷向织物。喷出的环状气液两相流形成两个分力，一个与织物运行方向相同，也是牵引织物循环的主要动力源；另一个分力与织物运行方向垂直，加速染料向纤维边界层的扩散速度。在一定的压力下，雾化喷嘴口径的大小影响到雾化染液颗粒的大小；喷嘴口径小，雾化的染液颗粒就小。但过小的喷嘴口径容易被杂物堵塞，尤其是碎短绒。所以，循环染液过滤对染液雾化喷嘴很重要。

由于经雾化喷嘴喷出的雾化染液，还要通过气流携带从气流喷嘴喷出，这一过程需要消耗大量的气流动能，所以必须选用较大的风机功率。为此，有人将染液雾化喷嘴口径缩小，进一步细化染液颗粒，以此来减小气流能量的损失，最终达到减小风机功率的目的。但是，雾化喷嘴更容易堵塞。

2. 染液环喷嘴 采用气压渗透原理的喷嘴，实际上也是环向对织物进行喷射染液，但是染液的过流面积相对较小，对织物仅起到提供交换染液的作用。与织物交换后自由染液在进入气流喷嘴之前，通过一个快速通道直接回流到主回液管。这种染液喷嘴与普通溢喷染色机喷嘴有些相似，但不承担牵引织物循环的作用。所以染液量的大小是根据染色条件来确定的，在低浴比条件下，可控制织物循环一周的带液量。与染液雾化喷嘴相比，该喷嘴的过液量较大，可以进行较大水量的水洗，并且与织物交换后的污水大部分可在进入气流喷嘴之前与织物分离。因此，具有较好的水洗功能。

二、染液主循环泵

在气流染色机中，染液虽然不作为牵引织物循环的动力源，但染液与织物的交换，以及染色系统的温度和浓度平衡，都需要通过染液的循环来实现的。而染液主要是通过主循环泵进行强制循环，并且具有较高的循环频率。气流染色机由于浴比很低，即使主循环泵设置在染液的最底部，但还是没有达到离心泵的倒灌高度。因此，在接近水的沸点时，容易产生汽蚀现象，影响染液的循环状态。要解决这个问题，必须充分了解离心泵汽蚀产生的原因，并采取一定的措施，以保证在低浴比条件下顺利实现染色过程。

1. 主循环泵的扬程和流量 气流染色机的浴比较低(最高为1:4)，染液约1.5min循环一圈，故流量也比较低。但是为了保证染液雾化喷嘴能够达到足够的雾化效果，主泵的扬程较高。在具体染色过程中，根据不同的染色工艺要求，主泵一般通过变频控制，可满足不同的流量和扬程要求。考虑到染液流量的变化对扬程的影响，主循环泵流量—扬程特性曲线应平缓一些，即流量的增减对扬程的变化要小。在不同的流量下，应保持较高的染液喷嘴压力，以保证染液的雾化效果。

2. 主循环泵的抗汽蚀性及预防措施 气流染色机的染液循环泵长期工作在低液位下，有时会出现噪声和振动，并且伴随有流量、扬程和效率的降低，严重时染液甚至出现断流。这就是汽蚀现象，也是离心泵的一种物理固有特性。掌握离心泵的汽蚀规律及影响因素，采取积极有效的预防措施，保证染色机的主循环泵能够始终工作在一个正常状态下，对气流染色机的主循环泵来说是极为重要的。

(1)离心泵的汽蚀规律。离心泵在某一工作状态下，泵的叶片入口处的液体压力等于或低于该温度下液体的汽化压力，蒸汽及溶解在液体中的气体从液体中大量逸出，形成许多蒸汽和气体混合的小气泡随液体流到高压区。由于气泡内是汽化压力，而气泡周围大于汽化压力，产生压差，在其作用下，气泡受压破裂而重新凝结。在这一过程中，液体质点从四周向气泡中心加速运动，并在凝结的一瞬间发生质点的相互撞击，产生很高的局部压力。这时主循环泵就发生了汽蚀，产生的大量气泡就会影响液体的正常循环，出现液体流量不稳定，产生振动和噪声；并且泵的流量、扬程和效率会显著下降。离心泵在运转中出现汽蚀时，其特性曲线会出现急剧下降的情况。因此，主循环泵发生汽蚀不仅使其性能下降，产生噪声和振动，而且使流量和扬程不稳定，影响染液的正常循环。

(2)预防汽蚀的措施。根据离心泵产生汽蚀的客观规律，人们进行了大量的研究发现，泵在运转中产生汽蚀与否是由泵本身的汽蚀性能和吸入装置的特性共同决定的。其中装置是外界影响因素，而主要的影响因素在泵本身。因此要解决泵的汽蚀问题，主要是提高泵本身的抗汽蚀性能，然后再合理地选择吸入装置。对于气流染色机主循环泵来说，在染液循环管路的结构设计中，应该减少主泵进水管的阻力损失，增大管径并且尽可能短。除此之外，在设备控制上必须考虑设置85℃气垫加压的功能，提高水的沸点。这对低浴比的气流染色机显得尤为重要。

三、染液分配管路

在气流染色过程中，织物的每个循环周期中与织物交换的染液占整个循环染液的比例不到50%，而其余循环染液通过一个旁通直接回到主回液管与交换后的染液混合，参与下一个循环，并进行比例分配。正是通过这套循环系统，才能保证整个染色系统温度的均匀性。在水洗过程中，必须关闭旁通，让更多的循环水通过喷嘴对织物进行强烈冲刷，以提高水洗效率。

主循环管路中的喷嘴供液与旁通回流，构成了染料对织物每次循环的上染率控制系统。总体染液的循环量是保证染色过程中温度和浓度变化均匀性所必需的，而分配到喷嘴的染液流量大小，则用来控制织物单次循环的上染率。它取决于被染织物的纤维特性和染料性能，以及染色要求。对上染率高的织物，必须控制每个循环的上染率，多余的染液则通过旁通支路直接回流到主回液管。目前比较先进的气流染色机，染液主循环对喷嘴的染液分配可以实现比例控制，能够根据染料对织物的不同染色特性，提供满足匀染所需的上染率。

1. 染液主循环 气流染色机主循环泵进口与主回液管相连，出口与热交换器相连，之后通向喷嘴或支路，使主缸内染液形成一个连续封闭的循环系统。它主要包括主循环泵、喷嘴供液管路、回流调节支路、主回液管以及过滤装置等。主循环泵是染液强制循环的动力源，为了保证染液喷嘴能够对染液产生较好雾化效果，通常所选择的扬程较高，流量相对较小。对于不同克重织物或品种，可通过主循环泵电机变频控制扬程和流量。这样不仅可以保证主循环泵始终能够工作在较高效率的区域，同时还可以达到节电的目的。

对于多管（无论是罐式还是管式）气流染色机来说，染液循环是一个很关键部分，各管织物与染液的交换状况直接影响到染色效果。无论染液循环管路结构如何设计，都必须满足一个要求，就是保证各管染液分布状态的均匀性，即染液的流速、温度和浓度如何达到均匀分配，使每管染液与织物的交换概率相等。因此，各染液喷嘴支路均为并联，总分配管能够将染液的动能转化为静压能，使每个染液喷嘴支路能够获得相等的流量。

2. 染液旁通循环 在气流染色机的染液循环系统中，染液旁通循环系统具有独特的作用。由于与织物进行交换的染液浓度较高，为了保证织物均匀上染，必须控制织物每个循环的染料上染量，所以对与织物交换的染液量也要进行控制。而在整个染色系统（包括所有的织物和染液）中，必须处在一个平衡状态中，才能够满足整个被染织物的均匀上染。这就需要对总体循环染液进行均匀分配，让一部分染液通过染液旁通循环系统保持循环，从而保证总体染液在任何时候，不论染液喷嘴需要量为多少，都不会影响到染液的总循环频率。在染料上染速率较快的温度变化阶段，总体染液保持较快的循环速度，可以减少染液温度和浓度分布的差异，有利于整个织物的匀染。染液旁通循环通常只有在水洗过程中才停止使用，以增大喷嘴的喷液量和缸内喷淋液量，提高水洗效率。

3. 染液回流 为了不影响染色浴比，通常都是通过回流部分主缸染液进行化料，溶解后再通过加料泵输入染液主循环系统中。回流口一般设置在主泵出口，而染料溶液进口设置在主泵进口处，并装有止回阀。为安全起见，主缸内温度超过 85℃时，加料桶回流管的阀门应处于关闭自锁状态。气流染色机因浴比较低，为了避免浓度较高的溶液直接与织物接触，一般还增设了一个与主回液管相连的循环支路，加料桶的染液可先与主体染液进行充分混合均匀，然后再随循环染液进入喷嘴与织物进行接触。对于一些敏感色（如咖啡、翠绿等）必须采用这种加料方式。

4. 喷淋水洗 由于气流染色的浴比很低，储布槽内的织物没有浸在液体中，因此，水洗时为了主缸内各部分得到充分冲洗，在主缸内设置了喷淋水洗装置，并由独立管路提供洗液。该装置在染色过程中是处于关闭状态，只有水洗时才开启。但考虑到染色过程有时需要保持缸壁的湿润，及时清除附在缸内壁的染料、助剂和织物纤维绒毛，故也有时设置间歇式的开启。在正常的水洗过程主要是对织物的水洗，而主缸内部仅需要短时间冲洗即可。所以喷淋也只在水洗的开始几分钟进行，剩余的绝大部分时间主要是加大喷嘴的水洗量。

喷淋水洗装置主要是在主缸内各部位（尤其是一些染液不容易达到的地方）设置旋转喷淋头，以较大的喷淋洗液冲刷缸体内壁。

四、主回液管

主回液管对各染槽支路的回流平衡，保持各染槽染液的均匀循环具有非常重要的作用。主回液管要有足够大的容积，保证各支管染液的均匀回流。气流染色机的储布槽中不储存自由染液，主要集中在主回液管中。这样在染液的温度变化（如升温）和浓度变化（如加料）过程中，容易出现温度和浓度分布不均匀现象，影响被染织物各点的染料均匀上染。为此，气流染色机除了喷嘴染液循环外，更多的是通过一个旁路进行循环，甚至目前有的还增加了一套主回液管循环系统，对主回液管内染液进行强制对流循环，以此有效地缩小各点的温度和浓度差。

气流染色机的主回液管并不像传统溢喷染色机，其染液储存没有充满，而是约占总容积的三分之二。这样做的目的，一是减少浴比的需要，二是染液回流产生的损失小，具有较好的水流特性。对于不同纤维的吸水量，主要是反应在织物纤维的含液量上的多少，而主回液管中的储液量基本保持不变。这也就是浴比的变化主要是织物纤维吸水量的变化，并不影响主回液管中储液量的原因。

第四节　加料控制系统

随着染色工艺水平的不断提高，对加料的控制方式提出了更高的要求。尤其是气流染色机的低浴比染色条件，不可能回流或预留更多的水进行化料。活性染料染色不仅对染料的添加方式有要求，而且对助剂也有不同添加方式的要求。所以，为了满足这些加料控制要求，目前先进的气流染色机都配置了比较完善的加料控制系统，可以按照染料的上染和固色规律进行不同曲线（多达 90 条）的控制，能够适应各种染料。对于多台染色机还可以与中央加料系统相连接，从配料、化料、输送、分配和计量添加实现全自动控制。避免了人为和环境的影响因素，染色的重现性和一次成功率得到了很大提高。

根据染色工艺要求，加料系统可采用线性加料，也可采用非线性加料。线性加料往往无法控制上染率，尤其是染浅色，先接触到染料的织物部分，会过多地吸附染料；而其余部分如果没有足够的全过程移染条件，就会得不到应有的染色深度。若采用加料过程控制，可以根据染料的上染规律，对上染（吸附）阶段和固色（反应）阶段，分别进行非线性的染料和助剂的添加，即可保证上染和固色曲线呈直线状态，满足染料对织物的均匀上染。

一、染料和助剂的溶解

染料和助剂通常是在加料桶中进行溶解，为了加快溶解速度，配备了自循环和搅拌循环。对于聚集性强、不容易溶解的染化料，还采用了强烈的搅拌循环进行化料。气流染色机的低浴比染色条件，对染料的溶解度有较大影响，尤其是染深色的染料浓度（owf，%）较高，必须选择溶解度较高的染料。目前一些先进的印染厂采用了集中化料、配料和分配方式，不仅可以更加准确地控制化料和分配，而且还可减少染料的浪费。这对气流染色机的低浴比化料来说，无疑是解决了染料的溶解问题。

在机台上进行溶解染料，溶解用水可以事先在主缸入水时预留一部分，也可按照染色浴比入完水后，通过主缸内回流一部分水进行化料。两种方法究竟选择哪一种，应根据具体工艺来确定。活性染料如果是采用预加元明粉，那么溶解染料的水应该选用新鲜水，而不要用回流水。因回流水中含有元明粉，在加料桶中可能会造成染料的聚集。

二、计量加料装置

气流染色机的加料系统是控制染色过程中加料的独立部分，一般由流量检测装置、流量控制阀、加料泵、比例调节阀、加料支管等和加料桶组成。染料和助剂可实现分段、不同速度和时间的非线性注入控制，并有多条加料工艺曲线供选择。由于自动计量加料是受控染色的基本要求，必须通过程序控制，保证各种所需的加料曲线能够准确实现，所以气流染色机的加料过程完全是由自动程序完成。一些像咖啡色、紫色、翠绿和艳蓝等敏感色是由多只染料拼色而得，在同一条件下并不表现出相同的上染率，往往因为加料方法不得当而容易产生色花，而采用计量加料就可有效地控制染料的均匀上染。这在气流染色机的加料中显得尤为重要。

1. 流量检测装置　在染料的加注过程中，为了精确地控制染料量和加料速度，必须通过流量检测将信号传送给电脑，然后由比例调节阀按照程序要求进行流量控制。考虑到气流染色机的使用条件，一般是采用电磁流量计，如图3－15所示，由直接接触管路染液的传感器和上端信号转换器两部分构成。它是根据法拉第电磁感应原理，在与测量管轴线和磁力线相垂直的管壁上安装了一对检测电极。当导电液体（如水溶液）沿测量管轴线运动时，导电液体切割磁力线产生感应电势。此感应电势由两个检测电极检出，数值大小与流量成比例。传感器将感应电势作为流量信号，传送到转换器，经放大、变换滤波及一系列的数字处理后，用带背光的点阵式液晶显示瞬时流量和累积流量。转换器输出4～20mA信号和脉冲信号。

图3－15　电磁流量计

2. 流量控制阀及其特性　加料管路中的流量控制阀采用的是滑板式控制阀，如图3－16所示，其控制精度高，行程短，响应速度快。线性和等百分比流量特性的可调比例为40∶1。其结构是在阀体内安装了两块与介质流动方向垂直的滑板，滑板上开有相同宽度、不同长度的节流槽。其中一块滑板固定在阀体内部，另一块与阀杆相连接可移动，并与固定滑板紧贴。当移动滑板时就会改变染液流通面积的大小，从而即可控制染液流量大小。

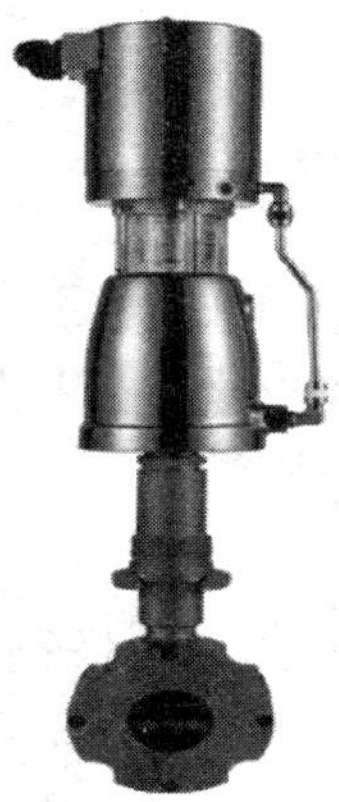

图3－16　滑板式控制阀

流量控制阀的流量特性，是在阀两端压差保持恒定的条件下，染液经调节阀的相对流量与其开度之间关系。控制阀的流量特性有线性特性、等百分比特性及抛物线特性三种。等百分比特性的相对行程和相对流量不成直线关系，在行程的每一点上单位行程变化所引起的流量的变化与此点的流量成正比，流量变化的百分比是相等的。所以它的优点是流量小时，流量变化小；流量大时，则流量变化大。也就是在不同开度上，具有相同的调节精度。线性特性的相对行程和相对流量成直线关系。单位行程的变化所引起的流量变化是恒定的。流量大时，流量相对值变化小；流量小时，则流量相对值变化大。抛物线特性的流量按行程的二次方呈比例变化，大体具有线性和等百分比特性的中间特性。

由上述流量三种特性得知，就其调节性能而言，以等百分比的特性为最优，其调节稳定，调节性能好，而抛物线特性又比线性特性的调节性能好。在实际应用中，可根据加料的不同要求，选择其中任何一种流量特性。

3. 加料泵 加料泵是加料系统中的关键部件，一般扬程较高。其机械密封由于受到一些未完全溶解染化料颗粒的影响，静环容易被损坏。

4. 比例调节阀 比例调节阀有定位器，可控制阀门开度大小，但不能作为截止阀来使用，所以一般在该阀的前面还要设置一个截止阀。

5. 加料支管 加料管路中有一回液支路，可将主缸中的水回流。如果主缸进水时的浴比没有扣除化料的水，那么可通过该回液支路向加料桶回液供化料用。

在受控染色过程中，根据染料的上染和固色特性，对染料、电解质和碱剂进行计量控制，可以获得均匀染色效果。加料过程中，对流量进行实时检测，按照设定的加料曲线，由电脑和 PLC 控制比例调节阀控制加入量。加料支管如图 3－17 所示，采用计量加料时，加料桶染液通过 A 管加入。在该支管上由比例调节阀控制。当采用直接快速加料时，染液通过 B 管加入。

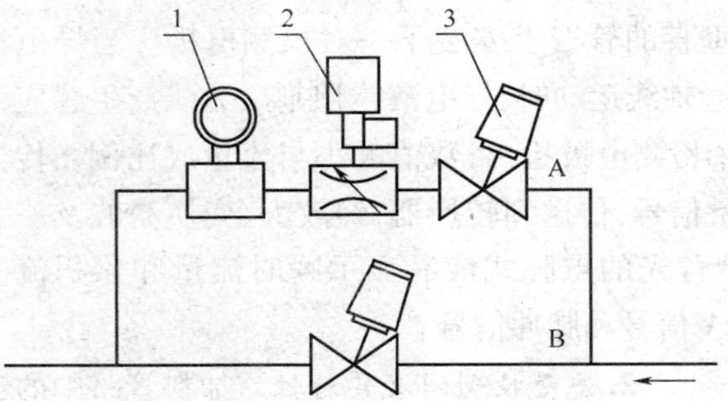

图 3－17　加料支管示意图

1—流量计　2—比例调节阀　3—截止阀

6. 加料桶 传统的间歇式染色机通常只配置一个加料桶作为化料和加料之用，对染色工艺要求不高以及浴比较大的染色加工来说没有太大问题。随着染色工艺水平的提高，为了更加有效和精确地控制加料过程，现在一些先进的气流染色机已配置两个甚至三个加料桶。采用多个加料桶有以下好处：

（1）化料的桶与加料的桶分开，化料桶的搅拌和浓度不均匀性不会影响加料过程（主要是化料会波动影响计量精度），化好的料先进入加料桶，然后再计量注入。

（2）助剂与染料分开配制（如多组分纤维采用不同染料），在加注之前互不影响。采用多个加料桶，对染色工艺是非常有利的，但会增加设备制造成本。只有在染色工艺要求较高，加工具有较高附加值的产品时才予以考虑。

（3）有些染色工艺，元明粉或碱剂是分段加入，并且中间有加染料过程。这种情况下最好采用两个加料桶，一个用于染料溶解和加注，另一个用于元明粉或碱剂。这对加料来说更灵活，相互没有影响。

三、加干盐装置

活性染料染色需要消耗大量的盐（如元明粉或食盐），溶解比较困难，一次溶解需要大量回液。对于气流染色机的低浴比来说，一次无法提供更多的回液。通常可采用动态溶解，即边回流边进料，可以减少一次的回液量。如图3－18所示，干盐可放在一个独立的料桶中，通过一个固—液射流器迅速溶解并注入主回液管与主体染液充分混合，然后再通过主循环泵进入喷嘴与织物接触。加干盐装置对多管气流染色机来说非常重要，管数少的可以不设置专用的加干盐装置，通过加料桶加盐即可。

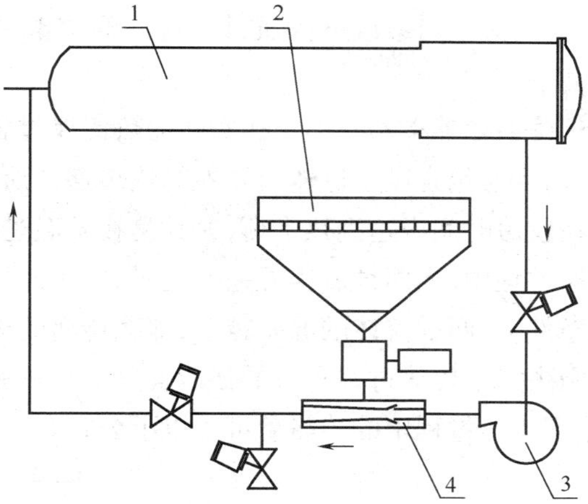

图3－18　加干盐循环示意图

1—主回液管　2—干盐料桶　3—循环泵　4—射流器

第五节　热交换装置

为满足染色工艺对温度变化过程的要求，气流染色机都设有一套热交换装置。通过蒸汽与染液的间接热交换，可实现升温、保温和降温过程。染液温度的变化过程中，其变化率的大小以及对热平衡的时间，不同的染色工艺都有其相应的控制要求。染料对纤维的上染率、固色率以及上染速率，都会受到温度变化率或温度高低的影响。一些对温度敏感的染料，控制低升温速率是保证染料均匀上染的关键，而比例升温控制又是控制升温速率的重要手段。

热交换装置主要是由热交换器、进蒸汽阀、进冷水阀、比例调节阀、疏水器、温度检测和程序控制等部分组成。随着织物染色质量要求的不断提高，对染色工艺也提出了更高的要求，其中温度已成为染色工艺的重要控制要素，而热交换装置就是实现这个过程的关键部分。由于气流染色机的浴比非常小，用于升温加热所消耗的蒸汽量也相对减少，所以热交换器的换热面积都比较小。但是，提高换热效率和节能仍然是热交换装置的基本要求。在提倡节能减排的今天，如何提高热交换装置的换热效率，也是染色机设计和使用中的一项重要内容。为此，了解和熟悉一些有关传热学方面的知识，可为气流染色机的热交换装置的设计和使用提供帮助。

一、热传递过程

气流染色的热传递主要是通过热传导和对流方式来实现的。饱和湿蒸汽通过列管式热交换器向局部染液传导热量，然后由染液的对流和传导将热量传递给其他染液和织物。在整个热传递过程中，喷嘴的染液温度最高（由热交换器直接过来），织物经过喷嘴时与染液进行交换，可获得所需的染液量和热量。织物离开喷嘴和导布管后，与大部分自由染液（除去织物所含带的染液以外的那部分用于循环的染液）分离，温度呈下降趋势。因此，为了提高热传递效率和温度分布的均匀性,必须对染液进行强制对流循环,加快织物与染液的交换频率,使织物各部分尽快达到热平衡。

1.传热计算公式 由于在实际的热传递过程中,宏观上的热传递不仅仅是织物与染液的热传递,而且还包含设备机体与外界的热传递。所以,整个热平衡系统的温度分布存在较大差异,很难在较短时间内达到热平衡,尤其是在升温过程中更是如此。长期的生产实践证明,在稳定的热传递过程中,当两种流体温差一定时,传热面积越大,则所传递的热量也越多;而在相同的传热面积条件下,两种流体的温差越大,那么传递的热量也越多;当传热面积和温差一定时,传热量的多少则决定于传热过程本身的强烈程度。这种强烈程度用一个系数来表示,称作传热系数。因此,稳定传热过程中的传热量可用以下公式表示:

$$Q = 4.184kF\Delta t \tag{3-7}$$

式中:Q——传热量,kJ/h;

k——传热系数,kJ/(m^2·h·℃);

F——热交换器的传热面积,m^2;

Δt——热流体与冷流体的温差,℃。

2.冷、热流体的流动方式 在管壳式热交换器中,将冷、热流体向同一个方向的流动,称之为顺流;而冷、热流体的流动方向相反,则称之为逆流。顺流和逆流过程中,冷、热流体沿着传热表面的温度变化情况是不相同的。顺流时的热流体最高温度与冷流体最低温度在一端相遇,而热流体最低温度则与冷流体最高温度在另一端相遇,如图3-19(a)所示。逆流时的冷流体温度最高处却与热流体温度最高处相遇,而两种流体温度最低处也正好在另一端相遇,如图3-19(b)所示。

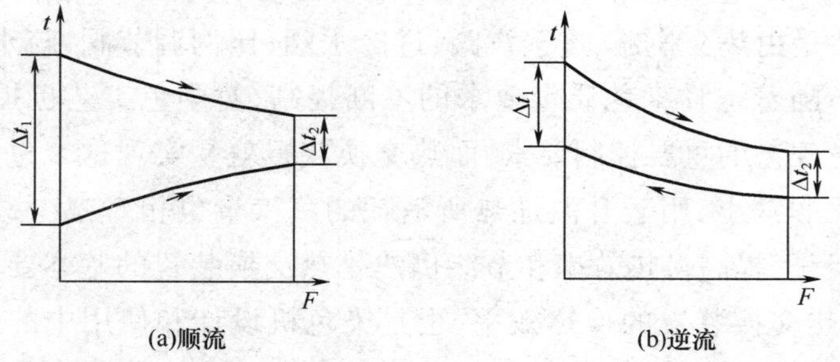

图3-19 顺流和逆流传热温差变化

由图3-19得知,逆流的平均温差比顺流大。顺流和逆流是各种流动形式中的两个极端情况,当流体进出口温度相同时,逆流的平均温差最大,顺流的平均温差最小,其他流动形式介于两者之间。逆流比顺流可更为有效地使冷流体加热,或者使热流体冷却。所以,在气流染色机中的热交换器中,都是采用冷、热流体的逆向流动。

3.温度分布状态 由于气流染色机的浴比很小,储布槽中的织物与自由染液处于分离状态,所以在升温以及保温过程中,储布槽中的织物与处于动程中的织物存在一定的温差。其中经过喷嘴的织物温度最高,储布槽中的织物温度较低。这种温差在染料的上染过程中,容易造成织物各部分上染条件不一致。如果这种差异持续的时间过长,就容易产生上染不均匀。

在温度变化过程中,织物与染液主要是在喷嘴中进行热交换。由于染液经热交换获得热量后首先进入染液喷嘴,所以与织物在喷嘴中热交换的温度是整个布环上温度最高的一段。在随染液一同经过导布管进入储布槽的过程中,一方面两者继续进行热传递,另一方面染液逐步与织物分离,织物和染液在热平衡的同时,总体温度趋于降低(相对喷嘴中温度)。

4. 对流换热 在热传递过程中,流体与固体表面之间相对运动时的热交换现象称作对流换热。当换热过程中流体不发生相变时,称作无相变的对流换热;当换热过程中伴随着流体的相变时,就称作有相变的对流换热。气流染色机中实际上存在两种对流换热形式。在热交换器中,水蒸气在热交换过程通过凝结放热,变成冷凝水,属于有相变的对流换热。当染液从热交换器获得热量后,再通过与织物的交换将热量传递给织物的对流换热,则属于无相变的对流换热。染液与织物的相对运动,是产生对流换热的原因。

对流有自然对流和强制对流之分。由流体冷热各部分的密度不同而引起的流动称作自然对流,其热表面四周的流体不可能形成向一个方向的整体运动,总是靠近表面的热流体向上运动,而远离表面的冷流体向下沉降。由泵、风机或其他外部动力源的作用所引起的流动称作强制对流,气流染色机的染液循环依靠的就是强制循环。

对流换热的总换热量的表达式如下:

$$Q = 4.184 F\alpha\Delta t \tag{3-8}$$

式中:F——换热表面,m^2;

α——平均放热系数,$kJ/(m^2 \cdot h \cdot ℃)$;

Δt——流体平均温度与换热管壁面平均温度之差,℃。

上式表明,欲增加单位面积上的对流换热量,可通过加大温差或提高放热系数来实现。但考虑到实际使用情况,温差经常受到各种条件的制约,如加热开始温差与加热至高温时的温差会越来越小。所以,提高换热效率,更主要是改进换热器结构,例如采用小换热管,加快染液在管内的流速,设法提高蒸汽的放热系数。

5. 染液强制循环 自然对流是依靠温差产生的流体密度上差异而发生的一种流动现象,一般流动比较缓慢。在染色的升温阶段,温度变化的传递主要是依靠染液强制对流循环的作用。为了保证织物各个部分达到均匀上染效果,总是希望在最短的时间内使织物各点的温度变化达到均匀一致。然而,事实并非如此,由于设备结构形式、织物材料和机器金属材料的热传导性,以及染液的循环状态等,都会影响热量的传递快慢。所以在温度的变化过程中不可能迅速达到一致,实际的升温曲线与工艺设定的升温曲线总是存在差异的,而且总是滞后的。但是,通过染液的强制对流(即加快循环频率),可以在一定程度上尽快缩小染液各点的温度差。

二、热平衡的控制

气流染色机对热交换的要求,除了设备染液循环系统能够尽快缩小织物各点热平衡的时间外,主要是对温度变化率的控制,也就是我们常说的升温和降温速率控制。能否实现快速升、降温,是热交换器的设计结构问题,除了快速染色工艺和提高生产效率外,对常规染色工艺来说并不是重要的。从染色工艺的角度来考虑,能够实现低升温速率控制才是最重要的。因此,低升温速率控制是气流染色机热交换系统的关键部分。当然,生产效率和节能降耗也是提高热交换系统综合性能重要指标,也必须同时兼顾。

1. 加热方式 对染液的加热有直接加热和间接加热两种方式,气流染色机都是采用间接加热方式。直接加热是一种混合式对流换热,热利用率最高。但是,蒸汽产生的冷凝水混合在染浴中会影响浴比,蒸汽输送管路所带入的杂质也会污染织物,并且不容易精确控制升温速率和保温过程。而间接换热的冷(如染液)、热(如蒸汽)流体,是分别在两个容腔内,通过热传导和对流换热。与直接加热相比,间接加热的热利用率要低一些,但对染液浴比不会产生影响,且温度变化波动小,更容易控制温度变化率。

2. 低升温速率 为了实现低升温速率控制,必须采用比例式流量控制阀,控制蒸汽进入量的大小。值得注意的是,比例式流量控制阀不能替代截止阀的作用,因为它不能完全关闭阀口,要对蒸汽进行断开,必须再配置截止阀作为断开用。有了温度控制执行部分,就必须配置程序控制。目前都是采用 PLC 和染色机专用电脑,工艺人员可以根据染色工艺要求编写相应的温度自动控制程序。一些功能较强的电脑可以提供数十条温度变化曲线,不仅能够涵盖现有的温度变化曲线,而且还为今后的染色工艺开发提供了储备。

3. 染液回流 气流染色机因浴比低,染液浓度较高,为了保证织物的均匀上染,一般要求控制织物每一个循环的染料,即对织物的交换染液量有限制。但另一方面,考虑到温度和染液浓度的平衡是依靠染液的对流循环来作用的,必须对总体染液进行强制循环,并需要足够的循环频率。因此,需要通过一套旁路循环管路将供喷嘴以外的染液进行强制循环。这样,不管喷嘴所需染液的多少,总体染液的循环状态保持不变。

三、影响对流换热的因素

前面讲到,对流换热的主要特点是流体相对于壁面的流动,其对流换热量取决于温差和放热系数。显然,影响到流体流动情况的因素必然会影响到对流换热。归纳起来,大致有一些影响因素。

1. 染液流动状态 气流染色机热交换采用的是强制对流循环,染液通过换热管时是一种紊流状态,其流体微团间的剧烈混合使热量的传递大大强化。经热交换器获得热量的染液在喷嘴中与织物进行交换进行热传递。由于染液与织物在喷嘴中的交换程度非常剧烈,故放热系数增大。当织物落入储布槽后,与自由染液逐步分离,织物的温度也呈下降趋势。为了保证织物的温度下降程度不影响到染色匀染性,必须加快织物与染液的交换频率。

2. 流体的相变 在对流过程中,如果流体发生相变,那么热量的传递不是加热或冷却流体的结果,而是流体吸收或放出潜热所产生的结果。这时流体的运动情况也与单相流动时有所不同,如液体在受热时产生气泡,其运动必将增加液体内部的扰动作用,换热条件发生了变化。因此,对同一种流体,有相变时的对流换热要比无相变更剧烈一些。气流染色机的管壳式热交换器,饱和蒸汽在壳程中与管程中的染液进行热交换,蒸汽的凝结放热就是一种由蒸汽变为凝结水的相变过程。

3. 几何形状　主要是指流体所触及的固体表面的几何形状、大小和流体与固体表面间的相对位置。例如染液在换热管内流动时，边界层一直延伸到管子中心，不会发生旋涡现象；而蒸汽在壳程中横向绕过圆形换热管时，在换热管背面形成旋涡。这两种不同的流动情况形成的换热效果也存在差异。因此，放热系数的变化规律与各种流动情况有关。流动的不同起因、流体有无相变、运动状态以及流体所触及的固体表面形状，可组合成多种流动形式，放热系数必须采用不同的计算公式。

4. 流体物理性质　包括流体的密度、动力黏度系数、导热系数、比热容、体积膨胀系数和汽化潜热等。与气流染色热交换过程有关的主要是流体的密度、动力黏度系数、导热系数和比热容。这些影响因素与流体的流动情况有密切联系。流体的密度和黏度系数越大在其他条件基本相同时雷诺数（$\frac{\gamma \omega d}{\mu g}$）越小，对流换热强度就越弱。增加导热系数必然会增强换热过程，染液在换热管内的强制对流，紊流时层流底层内主要是依靠导热。比热容越大，流体温度升高或降低 1℃与壁面所交换的热量就越多，对流换热就会更剧烈。对于流体这四个物理性质，以油和水为例来说明：油的比热容约为水的二分之一，导热系数仅为水的五分之一，而动力黏度系数却比水高几倍甚至十余倍。如果以油作为热载体，那么在相同的流速和管径条件下，油的放热系数就比水小许多。所以，气流染色机的热交换器采用油加热染液是不经济的。

四、热交换器及换热效率

热交换器作为气流染色机工艺温度的热能转换装置，在染色工艺中具有非常重要的作用。加热介质一般采用饱和湿蒸汽，通过管壳式热交换器进行间接加热。尽管气流染色机的浴比较低，升温过程中所消耗的蒸汽量比普通溢喷染色机相对较少，但换热效率仍然是节能减排和提高生产效率的所必需考虑的。传统溢喷染色机的热交换器多以增大换热面积来满足所需的升温速率，而较少考虑换热系数。对气流染色机的低浴比来说，若完全采用增大换热面积来提高升温速率，就会增大循环染液储存空间，需要较多的染液去占用热交换器的换热空间。显然不利于浴比的降低。因此，提高气流染色机热交换器的换热效率，更多的是从热交换器的结构形式提高换热系数方面去考虑。

1. 热交换器结构　热交换器是完成染液与热、冷载体（如蒸汽、冷水）热能转换的装置，目前基本上都是采用管壳式，或称作列管式，也有采用板式的。管壳式热交换器一般设置在主循环泵出口，染液从管程中通过，加热蒸汽或冷却水从壳程中通过，两者不直接接触。蒸汽放出潜热后形成冷凝水，经疏水器（只通过水但不通过蒸汽）排出。管壳式换热器的结构简单、操作方便、制造材料选择范围广，并能在高温、高压环境下工作，是目前应用范围最为广泛的换热器类型。管壳式换热器的主要部件包括壳体、传热管束、管板、折流板（挡板）和管箱等。管壳式换热器的壳体多设计为圆筒形，传热管束安装在壳体内，通过管板进行固定，热传递进行时两种流体分别在传热管束内外流动。

2. 加热或冷却介质　气流染色机热交换器基本上都是选用饱和湿蒸汽，利用其潜热的凝结放热进行热交换。在管壳式热交换器中，作为热流体的蒸汽放出潜热后发生了相变，变成了冷凝水,应该及时排除。因为冷凝水不仅不会放热,反而还要吸热。为了保证工艺升温速率和所要求的温度,接入热交换器的饱和湿蒸汽压力(表压力)应不低于0.5MPa。按工艺要求需要冷却时,用冷水对染液进行间接冷却。冷却水仍然走壳程,被冷却的染液走管程,经交换后的冷却水通过排液阀排除。为了利用交换后的冷却水热能,可另外通过一套余热回用管路用于水洗。

3. 换热效率 热交换器作为一个独立的换热装置,提高换热效率的方法有两种:一是增加换热面积,二是提高换热系数。热交换器的结构形式对换热系数有较大影响。增加换热面积的同时也增大染浴过流容积,这对小浴比的气流染色机来说,容积过大要占有更多的染浴,影响小浴比染色的染液循环;而提高换热系数可在不增加染液储存空间的条件下提高换热效率,最大限度地利用蒸汽的潜热。采用小列管来强化换热系数是目前列管式热交换器提高换热效率最有效的方法。同等染液循环流量通过过流截面较小的列管(换热管)要比过流截面较大列管的流速快。从传热学角度来说,它可强化换热能力,提高换热效率。为了保证冷、热流体在换热过程获得充分的热传递时间,让蒸汽尽可能多地释放出潜热,提高热利用率,目前有气流染色机将热交换器设计成细长型(即增加长径比)。这样既不会增加染液循环空间,同时又可提高换热效率。

4. 疏水器 饱和湿蒸汽与冷流体(染液)热交换后放出潜热,形成凝结水,也称为冷凝水。如果不及时排放这部分冷凝水,就会影响到热交换效率。所以管壳式热交换器都要安装疏水器,用于排放冷凝水。疏水器能否及时排出冷凝水直接影响到换热效率,一般都选用浮球或浮筒式疏水器。另外,在疏水器旁设置了一个旁通,在冷车升温之前应先开启旁通,让蒸汽输送管路的冷凝水快速排出。

5. 不凝结气体 水蒸气在管路输送过程中可能夹带着空气,而空气为不溶性气体,会削弱蒸汽的凝结放热。由热力学得知,水蒸气若含有空气,那么这种混合气体的总压力应等于水蒸气分压与空气分压之和。在热交换过程中,水蒸气凝结放热后,水蒸气分压会下降。越接近换热管壁处,水蒸气分压下降得越明显,而空气却相反。这种结果就造成了靠近换热管壁处空气浓度增大,形成了一个空气夹层,而离换热管壁较远的蒸汽必须穿过这个空气层,才能够到达液膜表面凝结。空气层实际上形成了热阻,降低了放热系数。有实验表明,蒸汽中即使只有1%的空气量,放热系数仍然会下降50%。因此,热交换器通常要设置一个排气管,将集中在末端(靠近疏水器端)的不溶性气体排出,以便提高换热效率。

第六节　辅助装置及功能

与溢流或溢喷染色机类似,气流染色机除了染色过程(如升温、保温、降温和加料等)主要控制装置及功能之外,还增设了一些辅助装置及功能。在实现主功能的基础上,通过辅助装置可进一步保障主功能的顺利实现;同时对入水、排液、预热、连续式水洗受控和安全联锁保护等进行辅助控制,可提高生产效率和达到节能减排的目的。因此,从提高生产效率和各项程序的连贯性来考虑,各项辅助控制是实现全自动控制不可缺少的一部分。它可以对机外的使用条件或环境发生变化时起到一定的补偿作用,同时还能对节能减排和提高生产效率起到一定辅助作用。例如主供水系统压力不稳定、蒸汽压力较低、间接降温冷却时的回用等,都可以通过一定的辅助装置和功能来控制，达到系统的稳定和余热的利用目的；高温排液可排除高温下分离出的涤纶低聚物，减轻还原水洗的负担。这里介绍几个常见的气流染色机辅助装置及功能。

一、压力检测及气垫加压

压力的设定和限定主要是为染色工艺的温度要求而考虑的，同时也涉及设备的承压条件。高温高压（染色工艺温度高于水的标准沸点）气流染色机的主循环泵，因液位高度达不到主循环泵进口所需的倒灌高度，在接近水的标准沸点时，主循环泵会产生汽蚀现象（物理现象），影响染液的循环流量和扬程。所以必须在85℃时对密闭容器内注入一定量的压缩空气，以增主缸内液面压力来提高染液沸点，保证染液循环的连续性。一般是在85℃以上关闭所有与主缸直接连通的阀门和操作门条件下，加入0.007MPa的纯净压缩空气，但要必须保证主缸达到工作最高温度时的总压力不得超过最高工作压力。通常要设置两个以上压力检测控制，分别设定不同的压力点控制，其中最高的压力检测主要是作为设备可能出现的超压而设置的安全保护控制。

二、温度和压力保护

对高温高压气流染色机来说，温度和压力保护都是非常重要的，因为它涉及人身和设备的安全问题。由于高温高压气流染色机是密闭承压容器，在升温过程中，特别是在100℃以上，容器内部具有一定饱和蒸汽压力。所以为了保证安全，所有与容器直接相通的阀门和操作门都应处于关闭状态，并且具有安全联锁保护装置或控制。如果染色中途出现堵布打结故障，必须将温度降至85℃以下，并且将缸内压力泄放至零，才能够打开操作门进行故障排除。虽然染色工艺都会设定最高温度，而且也不会超过设备的最高工作温度，但是万一操作温度超过工艺设定值，那么温度会产生自锁，保证温度不再升高。对于压力也是如此，一旦主缸内的压力不论是气垫加压还是饱和蒸汽压超过设定值，就会自动停止加压或加热升温。一些具有高温排放功能的气流染色机还设置了真空安全控制，可避免缸内因产生负压而吸瘪容器。

常温常压气流染色机，因实际染色工艺温度为98℃，故没有温度和压力保护。但考虑到设备可能出现密封太好而引起主缸内压力增高的情况，通常要设置一个与大气相通的通气孔，并长期处于开启状态。该通气孔在排液或骤然冷却时，还可起到防止负压产生的作用。

三、染液pH值检测

在染色过程中，随着染料对被染物的上染，会出现染浴pH值的变化，例如活性染料随着上染的进行，逐渐呈酸性。而这种变化破坏了适于染色原有染浴的pH值（活性染料须在碱性条件下）状态，影响了染料对被染物的继续上染，所以必须检测和控制染浴pH值的变化。对于酸性染料染色，必须保持染液始终处于酸性状态。分散染料的染色也是处于弱酸性条件下。由此可见，染液的pH值状态是保证染色正常进行所必须满足的条件，应该始终处于控制之中。

除了染色过程中对染浴pH值进行检测和控制外，现在已经发展到水洗阶段的电解质的检测。虽然从目前的发展趋势来看，织物的水洗向连续化方向发展，但现阶段绝大部分使用气流染色机的印染厂还是采用染色和水洗同机进行。因此，提高水洗效率是气流染色机主要开发功能之一，特别是气流染色机的低浴比条件，必须采用连续式水洗，并对水洗过程中电解质的变化进行检测。通过合理地控制水流和温度的变化，以达到最佳的水洗效果。

四、快速入水和压力排液

容量较大的气流染色机，通常入水的时间比较长；如果供水管道压力较低时，入水的时间可能就会更长。若在设备上增加一个快速入水功能，利用主循环泵的抽吸，即可缩短入水时间。其工作原理是：先按常规入一部分水，待达到主循环泵允许运转的最低液位（为了保护主泵机械密封）后再低速启动主循环泵，对入水起到抽水作用。该部分功能可通过自动程序来实现。

传统的溢流或喷射染色机的排液都是通过重力排放，只有加大排放口或设置多个排放口才能缩短排放时间。但这样做会增加管道制造成本，不经济。而气流染色机通过对主缸内加注一定的压缩空气（大于大气压），使液体在高于大气压力的条件下排放。这样既缩短了排放时间又简化了设备结构。

五、高温排液与同步降温水洗

普通溢流或喷射染色机由于织物主要是依靠染液循环来牵引，在无水状态下织物是无法循环的，而气流染色机可在无水状态下进行织物循环。这为气流染色机的高温排液提供了条件。对于聚酯类纤维采用高温排放可以减少低聚物的残留，有利于还原清洗。具有高温排放功能的气流染色机要求配置独立的封闭排放管道，并引入到一个密闭（留有一个通气孔）的缓冲池中。当聚酯纤维完成高温（如130℃）固色时，即可直接排放废液，使低聚物随废液排除。由于织物在气流牵引下继续保持正常循环，所以不用担心织物会产生折皱。

染色之后的水洗是一个耗水、耗时的过程，而传统的高温高压溢喷染色机必须将染浴温度降到85℃以下，解除进水和排液的安全联锁后，才能进行水洗处理。一些气流染色机在热交换系统与染液循环系统之间设置一套管路系统，再配置一定的控制功能。当保温完毕进行降温至85℃，并泄放主缸内压力后，启动这套系统进行同步降温，让从热交换器中完成换热的水进入主循环对织物进行热浴水洗。这一过程实际上就是完成工艺保温降温至安全状态下，将冷却和水洗放在同一个步骤中进行。这样不仅可以提高水洗效率，减少水洗时间和水量消耗，同时还可以避免高温织物突然遇冷而发生的各种疵病。

六、过滤自动清除装置

在所有的溢流或喷射染色机中都存在一个共同的问题，就是在加工一些容易掉绒的短纤织物时，时常会出现一个正常的工艺还没有进行完，就会因过滤网堵塞而影响染液的循环，造成染液喷嘴压力不足的情况。通常不得不停机清理过滤网，但往往容易出现染色问题。气流染色机也是如此，而且因为过滤网目数较多（为了保证染液喷嘴不堵塞），更容易出现堵塞，导致染液循环量降低。因此，目前一些先进的气流染色机，在主循环系统中安装了一套过滤自动清洗装置。染液循环一定时间后，可自动将过滤网上的短绒毛清除，然后集中到一个专门的收集盒中，达到一定数量后再取出，不影响设备的正常工作。

过滤自动清洗装置是在过滤网圆筒内侧采用一组弹性刮刀，由电机和减速器带动。可根据加工织物的掉绒情况，设定间断时间工作。刮掉的短绒毛与循环染液分离，可自动集中回收。

七、同步预热辅缸

辅缸作为缩短升温时间、及时提供热浴的辅助装置，在间歇式染色机中已经得到了越来越广泛的应用。它可以利用主缸染色过程的时间，进行下一步工序或下一缸的热浴准备。待染色工艺结束后进行水洗时，直接进入所需温度（最高可达98℃）的热水，减少冷水加热时间，同时也避免了织物在高温下遇冷而产生收缩起皱现象。配置同步预热辅缸不受总管蒸汽和水压不稳定的限制，始终能为染色工艺提供一个稳定和重现的供水条件。某些纤维如染再生纤维素纤维（Lyocell，商品名为天丝），对进布的初始温度就有较高的要求，遇水温度应该在60℃以上，才能避免织物在运行过程中受到擦伤。

八、连续式水洗

提高水洗效率主要是依靠工艺和设备。气流染色节水的真正含义应该是包括前处理、染色和后处理的全过程。对于间歇式染色机来说，水洗过程的耗水所占比例最大。传统大浴比水洗工艺都是采用分缸或溢流式水洗，以耗费大量水来不断稀释残留织物中的废液。气流染色机如果采用稀释水洗，由于织物残留的废液浓度相对较高，需要消耗更多的水量和时间才能达到水洗的要求，从而失去了小浴比节水的意义。因此，根据净洗基本原理，增大扩散系数和浓度梯度，缩短扩散路程能够加快净洗速度，即提高净洗效率。

气流染色机由于自身结构的特点，织物在储布槽内与主体洗液分离，高温条件下自然形成一个类似的汽蒸过程，而通过喷嘴时又有一个热洗的过程。织物在水洗的过程中，实际上是处于汽蒸—热洗—汽蒸不断地交替过程。汽蒸可提高织物纤维的膨化效果，加速纤维、纱线毛细管孔隙中污杂质向外表面的扩散速度；热洗可尽快打破洗液平衡的边界层，缩短扩散路程并且提高浓度梯度。显然，这一过程为气流染色提高净洗效率提供了有利条件。有关气流染色机的连续式水洗原理和特点在第七章中有详细论述。

第七节 典型气流染色机

气流染色机是目前以水为染色介质，浴比最低的一种机型。由于其工作原理与普通溢喷染色机有较大区别，结构设计和制造具有一定的技术难度，因此，目前真正掌握气流染色机设计和制造技术的厂家还为数不多。特别是与染色工艺的结合方面，设备制造商就更欠缺了。严格地讲，气流染色机无论是对设备制造商还是使用者，还有一个真正理解和熟悉的过程。这其中既有常规染色工艺应用的普及，也有潜在功能的开发。要做好这项工作，首先必须采用技术上成熟的设备，然后是设备与染色工艺的紧密结合。

目前气流染色机主要是以德国特恩（THEN）和第斯（Thies）为代表的处于国际领先地位，其工作原理和结构有较大差异，但都是原创技术。其中德国特恩（THEN）气流染色机在市场占主导地位。国内只有邵阳纺织机械有限责任公司是较早跟踪且基本掌握这项技术的制造厂家，在国内市场已有部分用户在使用。气流染色机的原理和主要结构的设计思想在前面几节中均已详细论述过，故这里仅对部分典型气流染色机的主要技术特征作一简述。

一、德国特恩（THEN）SYNERGY G2 型气流染色机

作为气流雾化染色工作原理和机型首创的德国特恩（THEN）公司，仍在应用中持续改进，其适用的织物品种也在不断增加。不仅节能减排，而且染色的工艺时间也缩短 50% ~60%，棉织物的活性染料染色（包括前处理）仅需约 3.5h。日趋完善的设备与染色工艺结合，充分发挥出气流染色的高效、节能和环保的特性，助剂节省 40% ~60%，水、汽节省 60% 以上。SYNERGY G2 型是在 AFE 型基础上做了进一步改进的新机型，如图 3 - 20 所示。该机结合染化料的发展，开发了适于气流染色的工艺，还可以缩短染色工艺时间。织物的适用品种还在不断增加，尤其是一些新型纤维及高档面料，比传统的溢喷染色更有优势。低浴比染色条件，不仅可以节省能耗降低排放，还大大提高了染色的一次成功率。主要技术参数为：

浴比	1:（2 ~3.5）
设计温度	140℃
最高织物线速度	700m/min
管数	1，2，3，4，6

图 3 - 20 SYNERGY G2 型气流染色机

设备主要技术特征：

1. 储布槽 在保证主缸体容积不变的情况下，对储布槽进行了优化设计。储布槽采用可变截面，适于轻薄、厚重织物装载量的变化。其容布量从原来单管的 225kg 增大为 300kg，极大地提高了设备的利用率。考虑到针织物以及一些娇嫩织物容易出现表面擦伤，特意将提布辊之前的导布管设计成扩缩管，减少了织物在进口处的摩擦。对缸体内部的清洗增加了强大的喷淋系统，减少了沾缸及缸内洗不干净的现象。

2. 过滤自动清洗装置 为了解决染色过程中滤网堵塞造成染花的缺陷，该机增加了过滤自动清洗功能。可根据织物的掉绒毛情况，设置定时自动清除过滤网杂物，保证染液的正常循环。

3. 智能型连续式水洗 在水洗过程中，可按照升温或降温速率，对水洗用水进行连续性升温或降温同时，进行助剂的计量添加。

4. 预热辅缸 对 Lyocell(天丝)纤维织物,为了避免纤维遇冷水发硬而容易擦伤,可通过预热容器或水汽混合直接供热进行入水染色或水洗。

二、德国特恩(THEN)LOTUS 型气流染色机

该机为管式气流染色机,如图 3-21 所示,主要是针对经编织物而设计的。其工作原理与该公司的罐式气流染色机相同,但循环风机是每管单独设置的,储布槽底也是铺设聚四氟乙烯管。相对罐式气流染色机而言,这种机型的提布高度较低,对织物产生的张力较小,所以比较适合于弹力织物。另外,该机的筒体为长管形,织物在储布槽中的堆积比罐式储布槽松弛,相互挤压小,故堆积中产生的折痕较少。由于该机的导布管较长,故对内壁表面粗糙度的制造要求很高。为了达到这一质量要求,采用了分段加工。主要技术参数为:

浴比	1:(2~3.5)
设计温度	140℃
设计压力	0.35MPa
最高织物线速度	700m/min

图 3-21 LOTUS 型高温高压气流染色机

设备主要技术特征:

1. 储布槽 缸体尾部翘起,储布槽内织物是依靠聚四氟乙烯管向前倾斜一定角度而滑行的。与传统的溢喷染色机不同,储布槽内织物不依靠水流带动。

2. 提布辊 提升高度比罐式低许多,储布槽中织物受到的提升张力较小。

3. 循环风机 几乎没有循环管路,与风喷嘴连为一体,循环风的阻力损失非常小。为每一管独立设置了循环风机,与总风管向支管分配的形式相比,可以更好地控制每一管的循环风量,有利于减少因风量分配不匀而引起的织物管差。

4. 导布管 因主缸体为卧式圆筒形,筒身较长,故导布管也随之加长。织物在少水状态下高速循环,如果导布管内壁没有设置减磨措施(如喷聚四氟乙烯层),有可能对织物表面容易产生擦伤或极光印。

三、德国第斯(Thies) Luft-roto plus SⅡ型气流染色机

第斯 Luft-roto plus SⅡ型高温高压气流染色机,如图3-22所示,采用的是气压渗透原理,具有一个液流喷嘴和一个气流喷嘴,既可做气液染色也可做液流染色。该机的主循环风机完全设置在主缸体内,不仅风道结构紧凑,而且风量和风压损失小。热交换器采用细长形式,其目的是强化换热效率。主要技术参数为:

浴比	1:(2~3.5)
管数	1,2,4,6
最高工作温度	140℃
最高织物线速度	600m/min
单管容布量	100kg,180kg,250kg(由储布槽宽度决定)

图3-22 Luft-roto plus SⅡ型气流染色机

设备主要技术特征:

1. 储布槽 采用偏重式转鼓,织物落入转鼓偏重时会自然转动。织物与槽体内壁无相对滑动,减少了对织物表面的损伤。

2. 喷嘴系统 设有一个染液喷嘴和一个气流喷嘴系统,如图3-23所示。染液喷嘴在提布辊之前,织物与染液进行交换,多余的染液通过一个旁通管路直接回到主回液管。织物经过提布辊后,经气压的渗透作用,加快染液向织物纤维内的扩散。

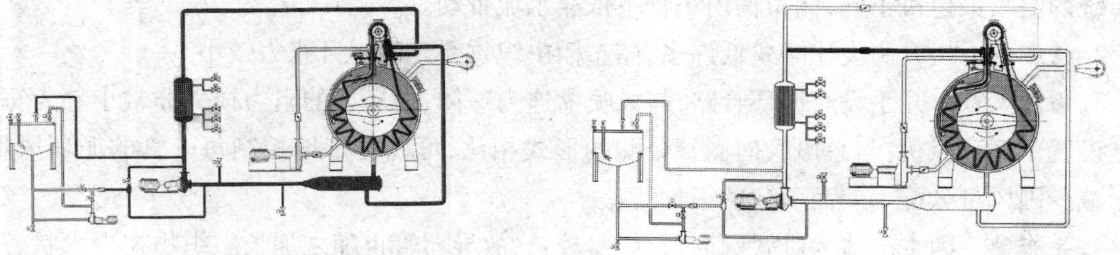

(a)气流染色　　(b)溢喷染色

图3-23 染色工作原理示意图

3. 循环风机　采用内置式循环风机，减少循环管路的路径，具有较高的循环效率。

4. 自动清洗过滤系统　在主循环泵和热交换器之间的管路中设置了一个染液过滤装置，可定时自动清洗染液过滤网，并将清除的杂质集中存放，待相隔较长时间后再取出。

5. 同步降温水洗　配置一套与热交换器相连的管路，可将高温染液的余热来加热用于水洗的冷水。

6. 同步预热辅缸　在染色过程中，可与染色过程同步进行预备下一道工序所需的热水。

四、邵阳纺织机械有限责任公司 M7202 系列型高温高压气流染色机

邵阳纺织机械有限责任公司是国内最早跟踪气流染色技术的染色机制造商。多年来他们始终坚持设备与染色工艺相结合的原则，进行了大量的染色工艺实验，积累了丰富的气流染色经验，为成功开发气流染色机奠定了坚实的基础。该公司研发的 M7202 系列型高温高压气流染色机，如图 3－24 所示，采用了气流雾化染色结构形式。在满足常规染色工艺的同时，还成功用于记忆性纤维、锦/棉、毛/腈、毛/涤/黏等织物的染色工艺，进一步扩大了气流染色的适用范围。主要技术参数为：

浴比	1∶(3～4)
最高工作温度	140℃
最高工作压力	0.35MPa
最高织物线速度	700m/min
单管最大容布量	250kg(中厚织物)
管数	1,2,4,6

图 3－24　M7202 型高温高压气流染色机

设备主要技术特征：

1. 储布槽　采用变截面结构设计，适于不同克重的织物，改善储布槽织物的堆积状态。储布槽底部铺设聚四氟乙烯棒，减少织物的滑行阻力。该机储布槽容积较大，中厚重织物的单管容布量可达 250kg。

2. 比例升温 采用温度比例控制,可有效控制低升温速率。

3. 计量加料 可根据染料的上染特性,对染料和助剂进行计量加料控制。可保证染料呈直线形上染和固色。

4. 连续式水洗 可对水洗进行分阶段进行,提高水洗的浓度梯度和污物的扩散系数。

5. 模拟量浴比控制 可精确控制染色浴比,保证工艺的重现性,并具有记忆功能。

与普通溢流或溢喷染色机相比,气流染色机的小浴比(1∶4 以下)染色具有相对的工艺稳定性和重现性,并且适用范围还在不断扩大。根据气流染色机自身的一些特点和功能,仍有许多气流染色的潜在工艺没有开发出来,还需要使用者在应用中不断发现和总结。气流染色机除具有高效、节能和低排放等显著特点外,其加工的织物风格也独具一格,尤其 Lyocell(天丝)纤维的原纤化处理、海岛型超细纤维的碱溶离开纤处理等,都是其他湿处理设备无法比拟的。设备与染色工艺的结合是发挥和使用好气流染色技术的关键,但必须是建立在严谨的科学态度和积极的探索基础之上,而不是简单的仿造就可达到目的。据了解,成功的气流染色机制造商,都是经历了较长的技术探索和实验过程。因此,目前真正掌握气流染色机技术的制造商并不多。风机是气流染色机的核心部件,如何解决功率偏大问题是值得深入研究的。虽然曾已有制造上简单地将功率降下,但又出现了克重较大织物染色困难的问题。通常气流染色机的结构性能需要一定的技术配置和加工成本来支撑,与同容量的普通溢喷染色机相比售价一般较高,但气流染色机却有较高的性价比。

参考文献

[1]刘江坚.气流染色与气流染色机[J].印染,2001(9):13~14.

[2]刘江坚.气流染色机的开发与应用[J].纺织机械,2008(4):9~13.

[3]刘江坚.织物间歇式染色技术[M].北京:中国纺织出版社,2012.

[4]沈阳鼓风机研究所,东北工学院流体机械教研室.离心式通风机[M].北京:机械工业出版社,1984.

[5]苏州丝绸工学院,浙江丝绸工学院.丝绸厂供热和空气调节[M].北京:纺织工业出版社,1987.

第四章　气流染色的工艺条件及控制

气流染色工艺条件包括温度、时间、浴比、加料以及染液与织物循环状况等内容，是为实现染色工艺而对控制方式所设定的具体量化值。工艺条件中所涉及的工艺参数与染色过程有着密切的联系，也是经过实验并在实践中得到反复验证而获得的，具有一定的真实性和可靠性。在具体染色过程中，对这些工艺参数进行有效控制，即可保证染色的匀染性和工艺的重现性。随着染色基础实验及电子控制技术的不断进步，对染色工艺进行参数化设计，可以实现气流染色全过程的自动控制，有效地保证染色质量。

织物在气流染色过程中主要是由气流牵引，反复经过提布辊、喷嘴和储布槽进行循环；而染液是重复通过热交换器获取热量并在喷嘴中传递给织物，使织物获得均匀的温度分布和一定的温度。在一定的染色浴比、温度、压力和时间条件下，织物不断与染液进行接触，使染料完成对织物的上染和固着。在这个染色过程中，染色温度、时间、浴比、织物与染液的交换方式是完成染色的最基本条件，也是满足染色工艺要求的工艺参数特征值。这些参数从不同方面影响染色工艺过程的变化，最终影响到织物的染色质量，因此，实现染色工艺过程实际上就是对这些工艺参数的控制。为了减少人为的影响因素，提高工艺的重现性和生产效率，可对主要染色工艺参数进行编程，实现自动化控制，并且许多工艺参数还可以进行动态控制。染色工艺过程中的变化状态，可通过实时监控自动调整到一个合理的范围内，将染色工艺状态控制在一个最佳范围内。

第一节　温度

温度的高低对纤维的膨化程度、染料性能（溶解性、分散性、上染率、色光等）以及助剂性能的发挥起着重要的作用，而温度的变化率（即升温速率）又是引起这些变化快慢的主要因素。大多数活性染料的上染速率随着温度的提高而加快，但上染率随之下降，其原因是这些活性染料的直接性降低了。为了保证活性染料既有较高的直接性，同时又有较好的匀染性，染料供应商通常给出了适应的染色温度。不过在具体使用过程中，还应根据染色的其他条件（如设备、织物纤维性能和织物组织结构等）进行适当调整，尤其是对温度比较敏感的染料，更是要对温度进行有效控制，避免温度波动过大。因此，染色温度是整个气流染色过程中一个很重要的参数。

一、温度的影响和作用

1. 温度对染料的影响　在气流染色过程中，温度的变化不仅可以改变织物纤维的物理状态，而且还可提高染料对织物的上染速率和上染率。被染织物纤维在高温下能够产生较好的膨化效果，有利于染料的水溶液向纤维孔道中扩散；而染料在一定的温度条件下，可提高溶解性、分散性、上染速率和上染率。每种织物纤维及每种染料都有与其相适宜染色温度，温度的高低或升温速率若控制不当，都会对被染织物的色光及匀染性产生影响。

（1）染料的上染和固色。对活性染料来说，其反应性不同，就决定有不同的固色温度。其固色速率和水解速率都会随着温度的升高而增加，但是，固色效率却随之降低，并且水解反应速率增加得要更快一些。温度越高，活性染料的亲和力或直接性就越低，对盐的依存性越强。反应性强的固色温度低，反之则高。确定染料对纤维的上染和固色温度，既要注意到上染率和固色率的高低，同时还应考虑到对纤维的匀染和透染效果。一般情况下，染色温度高，染料的上染率和固色率也高，有利于纤维的匀染和透染。即使是同一类染料，上染和固色温度也有差异。染料溶解度的不同，对上染温度也有所不同，溶解度较低的染料应提高上染温度。应用表明，随着染色温度的升高，染料的分散度也提高，并可增加向纤维上移动的动能。但是，过高的温度，反而会使已上染的染料因粒子动能过大，又部分地重新解吸到溶液中去。

分散染料属于非离子型染料，在常温下的水溶性非常低，即使在高温时的溶解性也有限。分散染料只对涤纶和锦纶类合成纤维具有亲和力，也是涤纶染色的主要染料。分散染料在水中的溶解度很低，130℃时的溶解度仅为5～30mg/L，一般是以细小的微粒悬浮于水中呈分散状态存在的。分散染料的扩散性受温度的影响也很大，温度越高，染料分子的动能越大，即染料的扩散速度越快。

（2）染料的稳定性。温度对染料的稳定有一定影响，尤其是高温条件下的染料稳定，直接影响到对纤维的上染率。严重时，会影响染色的均匀性。就分散染料而言，它与分散剂和水组成的染液是一个分散体系，其稳定性影响到整个染色速率。当受到外界一些因素影响时，特别是高温时的相互碰撞，会降低分散剂对染料的吸附，容易形成聚集体，使分散体系不稳定，从而影响到染色的匀染性。有试验表明，染料分散微粒在染液温度升至80℃时，开始出现凝聚，且升温速率越快，产生凝聚越剧烈，这种凝聚在被染物上不均匀地沉淀，最后形成色斑。凝聚体的产生将一部分染液通道堵塞，造成染液的压力降增加。随着染液温度的继续升高，已凝聚的染料颗粒又重新释放出染料分子，使得颗粒变小，压力降低而恢复到正常值，但会形成色斑。因此，过快的升温速率对染料悬浮体的稳定性均会产生影响，在染色配方中要谨慎选择染料助剂以及补充适量分散剂的同时，还必须考虑到升温速率对染料悬浮体稳定性的影响。

活性染料具有水解性，溶解活性染料的水温取决于其溶解度和染料的活性。具有高活性的活性染料在高温下更容易发生水解，故不能用热水进行化料，但低活性的活性染料可以用热水化料。

2.温度对纤维的溶胀影响 纤维也会因染色温度的升高，而扩大其内部孔道，提高染料的吸附扩散量。合成纤维属于热塑性纤维，低温度下纤维大分子链段排列紧密，染料无法进入纤维的无定形区，故上染速率很低。当超过纤维玻璃化温度时，其大分子链产生松动，染料分子便可进入纤维的无定形区对纤维进行上染。此外，黏胶长丝具有皮层结构，染料向纤维内部扩散的阻力较大，必须提高染色温度来增加染料的扩散能力。

3.温度对染色过程的作用 升温速率、恒温的高低及持续的时间是保证和控制染色工艺的重要手段。一般是根据染料的上染特性、被染物的染色性能以及染色机的功能条件，设置一个合理的染色温度变化范围。一些直接性高、反应性对温度敏感的染料，为了保证匀染性，必须采用低升温速率控制，而这种控制精度往往受到各种外界因素的影响，设备的结构性能和控制也是不容易达到的。所以，必要时主要是考虑采取工艺控制措施，如在升温过程中增加一定的保温时间，减少温度变化的滞后时间。

在特定的区域内温度变化的快慢能够控制染料上染率和上染速率。在线性升温条件下，不同的升温速率有不同的上染曲线。升温速率快时，因实际染色时间短，在某一温度的染料上染量就低；而升温慢时，则相反。对于合成纤维来说，在线性升温染色过程中，染色温度超过纤维的玻璃化温度时，纤维分子链段的热运动增强，纤维微空隙也增大，非常有利于溶解的染料分子从边界层吸附到纤维表面。如果这时染料分散微粒溶解的染料分子能够及时补充上染所消耗的染料，那么被染物所有部位的边界层中溶解的染料浓度将保持在该染料溶解度的状态下，使得上染可以达到最大的临界速度，并能获得染色的匀染性。

（1）实际温度的滞后。在气流染色的温度变化过程中，实际升温曲线与设定升温曲线是不完全重合的，存在一个实际升温曲线的滞后现象。升温速率越快，则滞后就越长，并且染液的温度和浓度的分布会产生差异。其原因是受设备结构以及环境的影响，被染物和染液整体的热平衡需要一定的时间。气流染色的低浴比使储布槽中的织物与自由染液处于分离状态，喷嘴和导布管中的染液温度明显高于主回液管中自由染液温度，并且织物与自由染液也存在较大的温差。与此同时，还存在外界环境（大气）、设备、被染织物、染浴以及染料的反应热等热平衡影响，它们之间总是存在温差。若在较短的时间内未达到热平衡，就会出现织物各部位染料的上染速率不同。当这种上染速率差异在固色之前没有通过移染达到织物各点染料的均匀分配时，染料在织物各点的固色量也不同，最终导致织物的染色不均匀。所以，为了减少织物各部分之间的温差，尽快达到热平衡，除了加强染液的强制对流循环外，还要在工艺上有意识增加一个保温段。

（2）上染范围。合成纤维因受到某些因素的影响，一般都有一个染料上染最快的温度范围，如果在这个范围内的升温速率过快，那就会引起上染不均匀。例如涤纶在 90～110℃ 的温度范围内，有三方面的影响因素能促使染料达到最快上染速率。一是纤维大分子运动加剧，大分子链发生剧烈转动，纤维自由容积增大，扩散空间阻力减少，使得染料的扩散速率增大；二是染料扩散动能增加，加快了向纤维内部的扩散速度；三是染料溶解度提高，加快了染色速率。在这些影响因素下，若升温速率过快，就会造成上染不匀。又如锦纶在 65～85℃ 的温度范围内，升温速率是保证匀染的关键，若控制不当，就会造成上色快、移染性差，易花难回修的问题。因此，提高温度有利于染料向纤维内的扩散，对扩散性能差的染料获得透染性尤为重要。但是，起染温度太高，染色时染料初始上染速率加快，会对匀染性和透染性产生负面影响。而染色温度太高，有时还会造成染料凝聚或使染料快速染着于纤维表面，阻碍其他染料进一步向纤维内部渗染，影响透染性。为此，染色温度应根据染料和被染织物的性能而确定。

（3）上染率和上染速率。对一般染料来说，要达到上染的真正平衡需要很长时间，实际应用中也是不可能的。所以，一般都是通过提高温度来增加染料的上染率，减少接近平衡的时间。当升温至规定温度后应保温一段时间以确保染料的充分扩散和渗透。保温染色时间一般为 30～

60min，浅色时间可短一些，深色应长一些。染色结束后降温不能过快，否则会影响手感并造成折痕。应用表明，温度的变化率可以控制活性染料对织物的上染率，但不能控制固色率。虽然一般染料的上染速率随温度的提高而增加，但上染率随上染体系的不同，可能提高或者下降。如分散染料染色温度在130℃以上时，多数分散染料的上染百分率不再有明显增加。相反，温度过高还会引起涤纶酯键产生水解，导致纤维的弹性和强力下降，色光变差。因此，高温高压染色温度不超过145℃，一般染色温度控制在125～130℃范围内。在该温度下染色，不仅匀染性好、得色量高，而且染浴的pH值控制在5～6的弱酸范围内，大多数分散染料相当稳定。

(4)升温速率。在实际温度变化过程中，染料的上染速率随升温速率的提高而加快，如果染液与被染物没有充分的交换次数，或者足够的染料移染时间，那么肯定会导致染料上染不均匀。因此，通常需根据染料特性和织物的染色性能，设定一个合理的升温速率，尤其是低升温速率的控制，是保证那些对温度比较敏感的染料达到匀染的必要条件。一些纤维比表面积大(如超细纤维)的织物，具有较快的上染率，若升温速率过快必然导致上染不匀。即使后面还有一个全过程移染的机会，但也很难弥补因最初上染不匀所造成的影响。又如分散染料染涤纶，必须严格控制升温速度，特别在80℃以上时，升温速度应比较缓慢，否则一旦上染过快，就会造成吸附不匀，须用很长时间保温进行移染。所以一般要将升温速率控制在较小的范围内，特别是染料上染最快的温度区域，以防织物的染色不均匀。

升温速率快，虽然加快了染料的上染速率，缩短了上染平衡时间，但在较短的时间里，往往降低的上染率，导致染色深度不够。所以上染速率和上染率除了与织物纤维的上染特性，以及不同染料的染色性能有关外，还与染色升温速率控制密切相关。升温速率在某种程度上还取决于染色机的结构特性，如织物与染液的交换条件。气流染色机以气流牵引织物进行循环，与织物具有较快的交换频率，为织物的均匀上染提供了良好的条件，在一定的其他条件(如加料方式、适于低浴比的染料、对喷嘴染液的比例控制等)保证下，可以适当提高升温速率。

(5)匀染过程。通常，随着升温速率的提高，染料的上染速率也会加快，往往使匀染程度下降。但是，当大部分染料上染到纤维上后，升高温度又会加快移染，有利于提高匀染。图4－1所示，分散染料的上染速率在线性升温时是随着温度的升高而加快，当温度升高至Tu时，曲线出现了拐点，而超过拐点Tu时，曲线趋向平坦。这充分说明，在拐点Tu处的上染速率达到了最大值，超过拐点Tu后的上染速率在明显减慢。当达到温度Tu时，染液中分散染料的分散晶体微粒已基本上全部耗尽，残留的仅仅是溶解的分散染料分子，这时的染液将从饱和状态转变为不饱和状态。为了避免在边界层可能出现的所谓“空虚”现象而造成的上染不均匀，在染料的上染速率随着温度向拐点Tu接近而加快时，应保证染液能够尽快地向边界层输送溶解的染料分子。

二、最高工作温度和压力

最高工作温度是针对染色工艺所提出的温度最高值。首先是要确定染色工艺是在沸点以下还是沸点以上进行；其次是染色设备以这个参数作为依据，选择对应的工作压力，进行结构强度设计，保证在规定的工艺条件下，设备不出现安全事故。

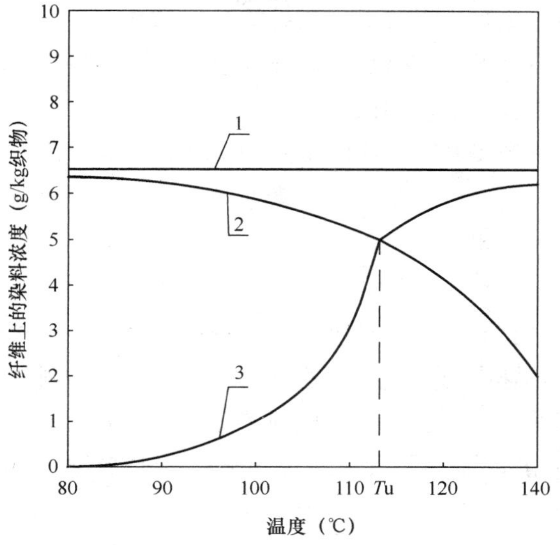

图4-1　线性升温时分散染料上染曲线

1—染料用量曲线　2—染料用量减去溶解染料后曲线

3—线性升温时上染曲线

1. 最高工作温度　气流染色机的工作温度表示染色工艺的最高温度，它完全是根据染色织物和对应染料的工艺条件来确定的。通常分为常温染色和高温染色两种。最高工作温度为98℃，适于最高温度等于或低于98℃的染色工艺和前处理工艺。最高工作温度为140℃的气流染色机，适于聚酯类纤维染色，以及对温度要求高于100℃的高效前处理。高温型染色机同时也可兼作常温染色工艺，尤其是涤棉混纺织物的染色，无论是一浴二步法还是二浴法，都可以在同一缸中进行。高温型染色条件如果兼作前处理，可以在高于100℃的条件下进行，对提高漂白效果非常显著，而且可以大大缩短处理时间。气流染色机的高温前处理具有显著优势，时间短、效率高，是一种高效短流程工艺。有关这方面的内容后面还会具体介绍。

2. 最高工作压力　由于水的饱和温度对应着一定饱和蒸汽压力，所以要形成100℃以上的温度，必须在密闭的容器内达到对应的压力。染色工艺的最高温度对应着一个最高工作压力，也是为满足最高工作温度所对应的参数。气流染色机具有明确的最高工作压力，与最高工作温度一起作为确定设备设计压力和设计温度的依据。它属于染色设备的结构技术性能参数，染色工艺的具体使用温度不得超过染色机的设计温度。无论是高温型的还是常温型气流染色机，都有压力保护装置。它包括正压超压泄放和工艺急骤冷却时产生的负压泄放（以防将设备吸瘪）功能，一旦超出设备规定的工艺条件，就会自动切断加热蒸汽源，并迅速启动相关功能控制。

三、染色过程的温度控制

染色工艺中除了满足最高工作温度外，从起染温度到最高保温阶段，往往需要一个升温过程，而保温之后又需要一个降温过程。在这个温度变化过程中，被染织物纤维吸附的染液与主循环染液总会存在一定的温度差（温度滞后）。这种温度差若发生在染料对纤维的上染过程中，就会影响染料对织物纤维的上染速率以及对织物纤维分配的均匀性。为此,必须根据染料对织物纤维的上染规律,设计出相应的温度变化率,即升温速率;并且将温度变化率的精度控制在能够满足染料达到均匀上染的温度波动范围内。

1. 上染过程 由于大多数染料对织物纤维的上染速率受到温度变化快慢的影响,最终影响织物染色的匀染性,所以,染色温度控制染料上染率和上染速率,是染色过程控制的主要手段之一。根据染色工艺对温度的要求,可进行不同温度点、温度范围以及升、降温速率的控制,以达到染料对纤维均匀上染的目的。对于移染性较好的染料,可以采用分步温度控制,在上染率较高的温度区域,增加一定的保温时间,给染料提供一个移染的过程。恒温过程中应减少温度波动,升温过程中要缩小实际的升温速率与设定升温速率的差值。有些染料对温度相对比较敏感,对低升温速率的波动要求尽量小。这对气流染色机的传热系统和温度控制有较高的要求,尤其是对容量较大的气流染色机更是如此。考虑到染液和织物的循环状况,与织物接触的染液是以阶梯形升温的,而不是按照设计的升温曲线进行,所以实际的温升曲线与设计工艺温升曲线是有差异的,也就是说,实际温升要滞后于设定工艺温升。为了尽量地缩短这个滞后段,要求气流染色机的染液循环系统通过染液的强制对流循环,尽快达到染浴各点温度平衡;并且进行多点温度检测和跟踪控制,对不同点温度的差值进行比较,通过一定的染液循环控制系统进行调节,以达到均匀一致的效果。

2. 固色过程 在气流染色过程中,染料对织物的上染(吸附)主要是发生在喷嘴的交换过程中,已上染在纤维表面上的染料向纤维内部扩散是在储布槽中进行。经热交换器加热的染液首先是在喷嘴中与织物进行接触,然后经导布管后织物与自由染液逐渐分离,并且落入储布槽中的织物温度也逐步下降。所以,一般情况下,喷嘴中的织物温度总是要高于储布槽中织物温度。在上染过程中,只要严格控制染料上染速率最快温度段的升温速率,以及织物与染液的交换频率,这种温差不足以引起织物各部的均匀上染。但是,固色是为已上染到纤维中的染料与纤维结合反应,或者对局部可能存在的不均匀上染提供一个移染机会,需要采用恒温(即保温)来保持织物各部的温度均匀一致。在恒温过程中,因设备与外界存在热量交换,会出现温度下降,通常要适当加热补偿来维持恒温状态。

3. 降温过程 对于合纤类织物,在玻璃化温度以上时一般需缓慢降温,避免织物骤冷,降温速率控制在 1~1.5℃/min。在降温过程中,为了避免热状态下的织物受到冷水直接冲击,目前有一种同步降温控制,可以利用热交换后的冷却水(交换后的水温度升高)边降温边水洗。这样既利用了废液的余热和间接冷却水,又保证了织物的均匀降温。

第二节 时间

在间歇式染色加工中,染料吸附并固着在被染织物纤维上,需要染液与被染物在一定的时间内经过反复交换(接触)才能够完成。染料的上染量除了受到染料的化学性质、染液温度和浓度的影响外,还与时间的长短有关。染色时间过短,还未达到动态平衡,大部分染料没有被充分吸收,造成染料的浪费。当活性染料对纤维达到了上染饱和值后,延长染色时间不仅不会增加染料的上染量，相反已键合的染料还会出现断键现象。因此，上染过程的时间必须根据具体使用的染料性能、织物纤维特性、工艺条件以及设备的结构性能来确定。

一、染色时间对染色效果的影响

1. 染色时间对染料上染过程的影响　染色时间是织物纤维上染的必要条件，织物纤维对染料吸附、扩散和固着过程与时间具有密切联系，每一个过程都需要一定的时间来完成。然而，时间的长短对上染过程会产生一定的影响。在一定的温度、浴比、pH 值、浓度和助剂等条件下，染料与纤维结合达到某一特定时间后，纤维吸收染料就会达到饱和状态。而继续进行的则是动态平衡的匀染过程，即重复进行固着过程。若再继续下去，染料上染纤维的深度不会再明显提高，相反还有可能使已上染的染料又解吸下来。因此，染料上染纤维达到某一规定时间后，没有必要再延长染色时间。对于一些需要通过“移染”方式来达到匀染的染色工艺，没有足够的时间是无法达到匀染效果的。

对于活性染料来说，当达到了所要求的匀染和染色深度时，若染色时间过长，不仅不会得到更深的颜色，相反还会使已键合的活性染料发生断键，降低色牢度或产生水解。有些织物还因随温度及化学药品的长时间作用发生风格上的变化，造成织物手感发硬。因此，每种染料在一定的工艺条件都有对应的有效染色时间。

2. 染色时间对纤维质量的影响　然而，在有些情况下，通过一定的工艺措施缩短染色加工时间，不仅可以提高生产效率，而且还可以避免染色时间过长对织物带来的不利影响。例如，弹力针织物加工时间过长，因张力的持续作用会导致弹力纤维（如氨纶）的疲劳损伤。又如，一些娇嫩织物表面也会因长时间的相互摩擦而出现起毛现象。气流染色的低浴比条件，提供了强烈的染液与织物交换机会，并且染料的浓度相对较高，即使减少一定的交换次数，也能够完成整个上染和固色过程，并达到匀染效果。同时，在染料上染率较低的温度区域内可实现快速升温，缩短升温时间。此外，对一些能够承受较大张力的机织物，也可适当提高织物的运行速度。这样不仅可以增强织物与染液每次交换的作用程度，而且还增加两者的交换频率，可进一步缩短染色的总体时间，减少对织物或纤维的质量影响。

二、上染时间的确定

染色时间的确定取决于染料在纤维上的扩散和结合情况，必须给予足够的时间使染料对纤维进行充分和均匀地上染、扩散和固着，达到最终所需的染色深度。上染的时间应结合染料性能、织物纤维特性、染色工艺条件和设备结构性能来确定。例如，对扩散性差的染料，可适当延长染色时间，使染料从纤维表面向纤维内部充分扩散，有利于提高透染性。又如，对可能出现的上染不均匀现象，如果没有足够的时间让纤维上的染料获得“移染”机会，就无法达到织物的匀染效果。

因此，对气流染色的上染时间，既要考虑到低浴比为织物与染液提供了较高的交换频率，在完成整个染色过程所需的总循环次数一定时，所占用的时间要短；同时，又要注意到织物与染液在每次交换时的作用强烈程度，可适当减少总交换次数。只有在兼顾两者的作用条件下，以完成染料上染织物所需总交换次数来确定上染时间，才是真正的染色时间，并且可以缩短染色工艺过程的总时间。显然，要达到这种要求，必须建立在技术成熟、各项功能健全、自动化程度高的气流染色机的基础上，再加上严格的染色工艺控制程序才能够实现的。否则，可能会引发出新的染色质量问题。

第三节　染液与织物的循环

气流染色中织物与染液的交换，是染料完成上染和固色过程的一个重要组成部分，其交换的方式对染色均匀性以及染色过程的时间有很大影响。气流染色的染液循环周期及分配状况对保证织物的温度和染液浓度的分配具有非常重要的作用。由于气流染色的低浴比条件，为了保证被染物之间的染料上染状态相同，对染液与织物的循环状态提出了更高要求。因此，分析和讨论染液与织物的循环状态，对气流染色机的结构性能和染色工艺条件的确定具有十分重要的意义。

一、染液与织物的交换

气流染色作为浸染方式的一种形式，仍然是通过被染织物与染液的周期性交换（接触），以获得染料的均匀上染和所需的染色深度。与传统溢流或喷射染色不同，气流雾化式染色向被染织物纤维边界层提供新鲜染液，以及打破扩散和动力边界层动平衡状态都是在气流喷嘴中进行，而被染织物在储布槽中与自由循环染液处于分离状态，没有交换过程。所以，气流染色的低浴比条件提供了织物在一个循环周期内足够的染液浓度，可以维持到下一个循环之前，被染织物纤维表面边界层具有充足扩散染料量。

1. 交换方式　气流雾化式染色中，染液与被染织物主要是在气流喷嘴中进行交换，其交换程度可使被染织物在1s内获得较高的染液量。染液在气流喷嘴中以较细的水珠颗粒与织物接触，对织物的作用比较柔和，并且接触面积大，可减薄织物纤维表面染液扩散层和动力边界层的厚度，加快染料穿过纤维表面染液边界层的扩散速度。这种交换方式在喷嘴的高温条件下，实际上是空气、水蒸气和染液的混合体对织物的作用，对织物具有更好的匀染性。气、液混合形式就是目前气流染色机采用的织物与染液的交换方式，具有许多溢喷染色所不同的特点，特别是在浴比显著降低的条件下可以满足匀染性的要求，是普通溢流或溢喷染色所无法达到的。

气压渗透式染色的织物与染液交换与普通溢喷染色相似，但染液量相对较少。主要是考虑到染液浓度较高，必须控制织物每一个循环周期中染液上染量，并且染液不作为牵引织物循环的动力源。织物在染液喷嘴中与染液的交换量完全可以根据染色工艺进行控制，不会影响织物的循环状态（织物主要是依靠气流牵引循环）。而普通溢喷染色的喷嘴染液是牵引织物循环的主要动力源，其染液喷射量大小直接影响到织物的循环状态。

2. 对匀染的作用　气流染色仍属于竭染，被染织物与染液的几次交换（或接触），不可能达到匀染效果，只有经过若干次交换（或接触）才能够完成染料对被染织物纤维的均匀上染和所需的上染深度。这是所有竭染方式所具有的共同特点，气流染色也是如此。但是，同样是被染织物与染液的相对运动,两者相对运动的剧烈程度以及交换状态对匀染性却有不同的影响。气流雾化染色的染液通过雾化喷嘴作用,将细化后的染液弥散在气流中,染液随着气流对织物的扩展增大了与织物的接触面积。这种交换条件无论是从织物与染液接触的均匀性,还是对染料的移染作用,都会产生良好的效果。这点可以通过超细纤维的气流染色加以证明。

气压渗透式染色虽然染液与织物的交换是在染液喷嘴中进行的,但是已吸附染料的织物经过气流喷嘴过程中,在气流对织物的扩展牵引下,不仅会对织物上染液产生一定的渗透压作用,而且还会对织物上不均匀的染液进行一定程度的重新分布。因此,在这种交换条件下,增加了染液对织物均匀分配的机会,从而提高了匀染性。

3. 织物的上染速率　气流染色的低浴比工艺条件使染液的浓度相对较高。为了保证织物整体的匀染性,必须通过控制织物与染液的相对运动,获得织物的最佳上染速率。根据贝克曼(Beckmann)的理论,液流喷射染色的最佳上染速率为:

$$V_{opt} = I \times U \tag{4-1}$$

式中:I——织物每一个循环的染料上染率(%)(是一个经验值,一般取1% ~3%/循环);

U——织物与染液循环频率之和(即每分钟织物循环次数+每分钟染液循环次数)。

由上式得知,提高染液与织物的交换频率即可获得最佳上染速率。对气流染色来说,因织物从储布槽中提升过程中,织物含带的染液量较少,即使较快的加速度,产生的织物张力也相对较小。因此,在一般情况下,只要对张力控制要求不高的织物(如高支高密机织物),可尽量采用较高的织物循环速度,提高最佳上染速率。

4. 对织物形态的影响　在气流染色的低浴比条件下,织物与自由染液在储布槽内是分开的,即使加快染液循环,也不会扰乱织物的堆置和运行状况。通过摆布装置可保证织物左右有序地折摆落到储布槽内,同时,储布槽内底部的聚四氟乙烯棒或者转鼓,能使织物在自重的条件下向前缓慢滑行。采用这些结构形式,一般不会出现压布和围堵打结现象。一般情况下,织物的循环在保证匀染的同时,主要是控制织物在储布槽内滞留的时间不超过3min,其目的一方面是为了保证织物与染液交换获得匀染所需的周期,另一方面是避免织物因堆积时间过长可能产生折皱。此外,织物通过喷嘴和导布管后,受到气流的自由射流作用,会产生一个扩展过程。不断对绳状织物进行解捻和扩展,可避免形成永久性纵向条印。

5. 交换频率　由染液循环论得知,提高织物与染液的交换频率(即单位时间的接触次数),既有利于染料对织物的均匀上染,又可以缩短染色时间。织物与染液的交换频率是织物循环频率和染液循环频率之和。从理论上讲,可以同时提高两者的循环频率,也可以提高其中一项的循环频率而使总的循环频率提高。但在实际的应用中,织物的循环速度往往受到其品种和结构性能的限制,如针织物的循环速度要比机织物慢,含有弹力纤维的织物循环速度要比不含弹力纤维的织物慢。其原因是为了避免织物速度快后产生过大的张力,而导致织物组织的破坏和弹力纤维的损伤。大量实践证明,对于常规纤维织物,在染液正常循环的条件下,织物循环周期(即织物与染液的交换周期)不超过3min,即可保证匀染性;而对于超细纤维织物,因纤维的比表面积较大,染料的上染速率较快,其循环周期应不超过2.5min。这种循环周期的要求,往往限制了被染织物的布环长度,尤其是轻薄织物长度的限制,使得容布量减少。对于这种情况,只有采用多布环入布，即采用两股或三股进布，以提高容布量。

在气流染色工艺中，通常都是以时间来控制染色过程的每个工序。完成设定染色工艺所需的时间，实际上就是染料在被染物中上染和固色过程所需的时间。应用表明：温度、浴比、染液和织物的相对运动，对完成上染和固色过程所需的时间是有影响的，其中影响最大的是染液与织物的交换频率，而它又体现在两者的相对运动程度上。如果说上染和固色过程需要一定的染液和织物的交换次数来实现，那么，完成一定交换次数所需的时间就反映出了染色时间的长短。

由此可见，要完成一定的染液和织物的交换次数，交换频率高的比交换频率低的所需的时间肯定要短。因此，气流染色过程应通过染液与织物交换次数来确定每个过程所需的时间，而不应套用大浴比的过程时间。实际上，在超出的时间里并不能上染更多的染料，相反有可能使更多的染料产生水解，降低上染率；同时，针织物的长时间运行，会对其纱线表面造成损伤或起毛。

二、染液的温度和浓度分布

在气流染色过程中，当染液温度变化或者加注染化料时，主体染液内部之间以及被染物各局部所含带的染料之间，肯定会出现不同程度的差异。如果这种差异的时间保留过长，那么最终反映出来的是织物各局部之间的颜色深浅不均匀，即所谓的色差或色花。因此，为了避免这种现象的产生，除了对升温速率和加料方式进行控制外，更重要的是加快染液的循环速度，在尽可能短的时间内，通过强制对流来保证染液和织物各处的温度和浓度的均匀性。

1. 染液温度分布 在气流染色的温度变化过程中，被染织物所处的位置不同，各点的温度实际上是有差异的。通常在升温的过程中，经过喷嘴的部分织物温度要高于储布槽中的部分织物，刚经过热交换器的染液比与织物交换后的染液温度高。这是因为与织物接触的染液主要在喷嘴，而且这部分染液是从热交换器过来的，显然温度最高。当染液与织物接触之后，将热量传递给织物就随之降下来，直到下一个循环经过热交换器后重新获得热量。这种温度分布差异随着升温速率的加快而变大，而在染料对纤维上染的最快温度区域，织物各部分的温度差异又是造成染料上染速率不同的原因。显然，织物温度高的部位染料上染速率快，染得就深；而织物温度低的部位，则相反。如果这种颜色深浅的差异没有足够的移染过程来进行补偿，那么固色后就形成颜色不均匀，即所谓的色花。

与传统溢流或溢喷染色相比，气流染色的浴比很低，储布槽中织物与自由染液是处于分离状态，经过喷嘴的部分织物比储布槽中织物的温差在升温过程中更加明显。为了减小这种温差对匀染的影响，气流染色机通常采取了两个措施：一是控制染液喷嘴的供液量，以减少对织物加热过快，并且通过染液旁通支路，直接将热量传递给主循环染液，缩短热平衡时间；二是加快被染织物的循环频率，使织物各个部位在尽可能短的时间内达到热平衡。正因为气流染色这种温度分布差异的存在，所以在染料对纤维上染最快的温度区域，对升温速率的控制要求更严格，特别是低升温速率的控制精度要比传统溢喷染色机高。

2. 染液浓度分布 对于一个技术成熟的气流染色机来说，染液的浓度分布除了被染织物纤维表面与主循环染液的宏观差异(即初始阶段主循环染液浓度高于被染织物)外,主要是加料过程中主循环染液各部分的浓度分布问题。在染料上染的初始阶段,被染织物各部分肯定会出现不均匀上染现象,一般可通过染料的移染特性在保温过程中得到改善,但对染料移染特性过分的依赖,会导致色牢度的下降。因此,染料对织物纤维的匀染应该更多地依靠染液对织物的均匀分配来实现。

染色过程中的加料,是主循环染液浓度变化最大的一个时间段。一般情况下,经加料桶化料后的染液浓度最高,首先进入主循环泵进口与主循环染液混合,经热交换器进入染液喷嘴与被染织物进行交换。由于气流染色的浴比很低,染液的浓度较高,再加上被染织物与染液在喷嘴中的剧烈作用,会出现很高的上染速率。虽然在加料过程中采取了一定的措施,如非线性加料,但低浴比所带来的高浓度染液,对一些上染较快的纤维织物来说,仍然对匀染会产生影响。所以,气流染色机的染液浓度分布状况要比传统溢流或溢喷染色机更复杂,需要通过织物与染液交换方式,以及染液的循环状态来加以保证。

三、染液的循环

气流染色的染液主要分布在被染织物(即织物所含带液量)、循环管路和主回液管中,构成染色总液量。被染织物所含带液量的多少与织物的组织结构和纤维的吸水性有关,通常亲水性纤维(如纤维素纤维、羊毛纤维)的带液量较高,而疏水性纤维(如聚酯纤维类)的带液量较低。循环管路中的染液是满足染液循环过程所必须具备的,只有在染液的循环中才充满所经过的管路(包括换热器),停止循环时仅存储在主回液管中。染液在循环过程中是作为染料(溶解染料)和热量承载流体与织物进行周期性交换,向被染织物纤维提供染料向纤维转移的条件。在实际染色过程中,染液循环量须根据织物纤维的种类、克重和织物结构特性的不同进行调整,对某些上染速率较快的纤维,要求控制织物每一个循环的染料上染量,以保证整个布环的均匀上染。

1. 染液的循环分配　染液的循环分配是控制染液分布、减少染液温差和浓度差的关键,一般是通过设备的结构性能和控制功能来保证的。

(1)织物纤维的吸水状态。亲水性纤维如纤维素纤维遇水后会发生溶胀,纤维孔道网络中充满水,并且与外相水是相贯通的。染料就是在靠近纤维界面或者吸附在纤维分子链上后,在纤维界面处与纤维内部染料浓度差的作用下,通过纤维孔道中的染液逐步向纤维内部扩散。这种扩散介质实际上仍然是水溶液,而染料在其中扩散。与纤维外部水溶液中扩散所不同的是,纤维孔道中的水量较少,而且孔道通径很细,水分子与孔道壁的纤维分子会发生强烈作用。水分子与纤维素的羟基发生氢键结合,可以通过偶极力结合,这部分水分子通常称之为化学结合水。它们基本上不能自由运动,即使达到了水的冰点也不会冻结,故也称作不冻水。纤维孔道中未直接与孔道壁发生作用的水称作束缚水。其黏度较高,且容易缔合,故不能自由流动。但是,束缚水在染料的上染过程中却起着重要作用。正因为这部分水充满了纤维孔道,才为染料提供了上染的扩散介质。因此,染料在对纤维上染的过程中,纤维必须吸收足够的水量,充满纤维内部孔道,并使纤维发生溶胀,增大孔道通径,以加速染料的扩散。棉纤维孔道被水充满时的含水率约为

30%,即只有超过该值时,纤维孔道才能够被水充满,染料才可顺利扩散到纤维内部。其他纤维因超分子结构的不同,具有不同的孔道通径以及孔道总体积(即纤维无定形体积),所以纤维吸收的水量也不同。

(2)自由循环染液。在染色过程中,除了被染织物吸附的染液外,还有一部分作为循环的染液,这部分染液被称之为自由循环染液。它是承担热量的传递以及被染织物纤维表面不断更新染液的作用,也是获得染色温度和浓度分布平衡的介质。气流染色的染液温度和浓度分布,因低浴比所造成的差异比传统溢喷染色的高浴比更大,而减小这种差异的办法,只有通过染液循环的分配来控制。气流染色机的循环染液通常由热交换器出来后分为两条支路,一条供染液喷嘴,另一条(也称作旁通)可直接回到主回液管。供染液喷嘴的量大小是根据被染织物纤维品种和织物克重而设定,一般要控制被染织物每一个循环周期的染料上染量。为了保证总体染液的温度和浓度分布的均匀性,主体循环染液的总循环频率应尽可能保持不变,喷嘴染液喷射量经调整后所多余部分的染液,可通过旁通直接回到主回液管。当染色温度和浓度发生变化(如升温和加料)时,根据不同织物纤维的上染特性和颜色深浅的控制要求,既能够提供织物循环一周所需的染料上染量,又能够保证总体染液和织物各点温度和浓度的均匀性。如果在染液喷嘴前设置比例流量控制阀,那么就可根据染液喷嘴实际需求量进行循环染液的比例分配。目前一些先进的气流染色机已经配置了这项功能,可根据所染织物的品种和克重,以及染色过程的变化进行自动程序控制。

2. 染液的强制对流循环 在浸染过程中,染液循环有利于染料对织物纤维的上染和匀染性,并且希望有较高的循环频率。实际上,染液的循环对整个染色过程都起着重要作用,尤其是染料对纤维上染率最快的阶段,若没有足够的染液循环频率,被染织物与染液无法获得均匀的接触,最终导致织物各部分之间染料上染量的差异。我们知道,织物间歇式染色主要是通过染液与织物周期性的接触,并达到一定的接触次数来满足均匀上染的要求。而染液与织物的接触次数取决于它们各自的循环频率,如果循环频率高,那么就能够在较短时间内达到所要求的接触次数,显然完成整个染色过程的时间就短。所以,染液的温度和浓度分布的均匀性,染化料与织物的反应程度,甚至上染过程的时间缩短也都与染液循环程度有密切联系。

(1)染液循环对匀染的作用。对流有自然对流和强制对流之分。自然对流是依靠染液的温差(严格地讲应该是密度差)而形成的,没有外界机械作用(如搅拌、水泵),其传递速度相对较慢,温度变化的热平衡所需的时间较长。强制对流是通过机械的作用(如主循环泵),迫使流体的温度和浓度快速达到平衡。气流染色的染液循环采用的是强制对流,可在较短的时间内达到热平衡,同时也可尽快缩小加料或循环过程中染液之间的浓度差。由于被染物的温差和染液浓度差是影响织物获得均匀上染的关键要素,所以染液的强制对流循环在气流染色过程中,对织物匀染具有非常重要的作用。

气流染色过程中,染液循环运动的激烈程度对染色的均匀性具有很大影响。被染物各局部之间所含带染液与自由染液温度和浓度的均匀性主要是依靠染液的循环来保证。显然,染液的快速循环不仅可以缩短整个染色系统温度和浓度的平衡时间,有利于被染织物的均匀上染率;而且还可以缩短总体上染平衡的时间,提高生产效率。对比表面积较大的超细纤维,染液快速循环可加快与织物的交换频率，能够获得更好的匀染性。此外，染液快速循环可以缩短染液温度和浓度，在变化过程中出现织物所带染液和自由染液，以及被染物各部分之间差异的滞留时间，减少织物吸附不匀和温差的影响。这种条件实际上是提高了染料吸附的均匀性，降低了对移染的依存性。对亲和力较低的染料来说，可以获得更好的色牢度。

为了达到快速而均匀的染色效果，采用染液强制循环可以提高被染织物与染液的交换频率，控制整个上染过程中染液与织物每次接触的染料吸附量。从吸尽染色理论上讲，织物与染液相对运动越强烈，交换的频率越高，对织物的匀染性也就越有利。这为染料在没有在织物纤维上固着之前，能够在较短的时间内进行充分移染提供了有利条件。因此，为了保证织物在快速上染条件下的匀染性，工艺上往往采取提高染液循环频率的方式来缩短自由染液之间，以及被染织物所含带染液与自由染液温度和浓度差异所滞留的时间。

(2)染液循环对上染速率的影响。提高染液的循环频率，可增加被染织物与染液的接触概率，能够及时补充因染料在纤维内部扩散后而出现的边界层“空虚”，提高上染速率。染液的循环频率越高，染液内部的运动就越激烈，某些染料的反应速度也随之加快，有利于织物的上染。但对有些上染条件(如活性染料的碱性固色)，染液的强烈循环可能会加剧染料的水解，这时需要控制染液的循环状态。在整个染色过程中，并非任何时候染液的快速循环对染色都是起积极作用的。例如，固色阶段，主要是完成染料分子和纤维分子之间结合，这时即使染液循环频率不高，对它的影响也不是很大。又如，分散染料在90℃温度以下，几乎不上染涤纶，高频率循环染液也不会起太大作用。因此，染液循环状态应根据染料的上染规律进行控制，最好是采用实时动态控制。这样既可保证织物快速、均匀的染色效果，又可避免产生负面影响。

3. 染液循环控制　染液的循环频率取决于染液的循环流量和浴比，染料的上染率及上染速率除了受温度和助剂影响外，还受染液的循环流量和浴比的影响。实际应用表明，根据染料上染的规律，控制染液的循环流量可以更好的保证染料的均匀上染，尤其在低浴比条件下具有重要的作用。通常，在没有足够的染液循环量时，会使染液的循环周期过长，延长升温过程中主体染液热平衡的时间，最终影响到染料对纤维上染的均匀性。但是，染液循环并非在任何时候都必须处于最高循环频率状态，只有在染料上染最快阶段，加快染液循环频率才是最为有效的。对染液循环流量的分段控制以及总体染液循环的控制，是气流染色机的染液循环控制的主要手段。

(1)循环流量的分段控制。染液循环流量控制不仅对染液浓度和温度差的缩小起到至关重要的作用，而且可在同一染色工艺过程中对染料上染快和慢的区域进行流量的合理分配，能以最低的机械运行成本获得最佳的上染率。根据同步染色控制的要求，在整个染色过程中可以按染料的上染规律，对染液循环流量进行分段控制。在染料上染最快的温度段，可提高染液循环频率(即提高织物与染液的交换频率)，而在其他温度段可降低染液循环频率。这样既可保证染色的均匀性，又可以减少能源消耗。例如，分散染料染色时，在温度90～110℃上染最快，那么，这个温度段内必须有足够的染液循环流量；而在低于或高于这个温度区域以外，就可以适当降低染液循环流量。这样既可以节省能耗，又可以避免染液循环流量过大对织物表面造成损伤。此外，根据被染织物染色特性确定流量，对于比表面积较大的超细纤维的织物，因上染速率快，应采用较大的染液循环频率；同时也要控制染液与织物每次交换时的给液量，也就是要控制织物单次循环的染液上染量。

（2）循环流量的选择。染液循环主要是依靠主循环泵所产生的流量和扬程来完成的，其循环周期与浴比和流量有关。主循环泵流量除以染液容量即为染液循环周期，一般染液循环周期在染料上染最快阶段可设计在1.5～2min，其他阶段可延长。由染液循环论得知，对染液与被染织物的交换频率，无论是增加染液的循环频率，还是增加被染织物循环频率，均可获得匀染效果。对于气流染色机的低浴比来说，即使采用较低的主循环泵流量，也可获得较高的染液循环频率。一般情况下，选择足够的染液循环流量，既可以实现染料与织物的快速交换，同时也可以缩小各点染液在温度（升降温）和浓度（加料）变化过程中的差异，更有利于织物的匀染。但是，现在更多的是选择流量动态控制，根据染料对织物的上染规律，仅在上染最快的温度区域给予足够的染液循环量，而在其他温度或时间段将染液循环流量降下来。这样就可以在保证染色质量的前提下达到节能的效果。

（3）总体染液循环的控制。相对自然对流而言，在一定浴比条件下，强制对流对染液循环的作用更强烈一些，能够缩短总体染液循环周期，有利于温度和浓度的均匀分布。由于气流染色的浴比很低，染液浓度较高，染液与织物在喷嘴中进行交换时，需要控制一定的织物带液量（主要是针对上染速率较快的织物）；而在升温或者加料过程中的温度差或浓度差，还需要总体染液具有足够的循环频率来缩短平衡时间，所以总体染液的循环频率不能降低。为了满足这种工况，气流染色机设置的染液旁路循环，染液除了定量供给喷嘴外，其余经旁路直接回到主回液管，以保证总体染液的循环频率不变。除此之外，在加料之前或保温期间，可根据织物纤维品种吸水性和导热性，通过主循环泵电机变频适当调节总体染液的流量，以达到节能的目的。

四、织物的循环

织物的循环是为了更好地与染液进行交换，提高织物的匀染性。对于气流染色来说，织物主要是经过喷嘴时与染液进行交换，纤维所吸附的染液必须满足织物在一个循环中，染料对织物纤维内部扩散所需补充的新鲜染料。但对于浅色，因染液浓度相对较低，如果织物一个循环周期中在织物某段所吸附的染液量过大（即染液中染料过多），那么就有可能影响到织物其他部位的上染率，对整个织物造成染料分配不均匀。因此，必须控制织物在每一个循环周期中的染料上染量，特别是比表面积较大的超细纤维，对染料的吸附速率较快，更容易造成染色不匀。

1. 织物循环的作用　与所有织物浸染一样，气流染色也必须提供织物与染液的相对运动条件，使织物能够获得均匀的染料上染；同时依靠这种相互运动可以不断打破纤维边界层染料的动态平衡，以便织物获得更高的上染率。对于超细纤维织物，因纤维的比表面积大，染料的上染速率很快，必须通过织物的循环频率来控制织物循环一周的染料上染量，特别是染浅色时更为如此。此外，织物循环对储布槽中织物的绳状堆积，能够不断改变其相对滞留位置；特别是对容易产生折痕的织物，在循环过程中可以获得一个抖动或经纬向扩展的机会，及时打开织物的折叠形态。因此，织物循环在绳状染色过程中具有非常重要的作用，其循环状态的好坏直接关系到织物染色效果和形态质量。

2. 织物循环周期　在织物绳状染色过程中，为了提高被染物与染液的交换频率，除染液循环外，织物也处于相对运动。织物的循环周期一般由织物线速度和长度控制，当织物循环周期一定时，织物线速度越高，其长度也相对可加长。但是，提高织物线速度，必须考虑对织物牵引所产生的张力可能过多，使织物组织结构变形，尤其是高弹力针织物，过分的张力会损害氨纶。通常，设备给出的是织物运行线速度的范围，线速度具体值可根据织物品种来选择。织物的实际线速度一旦确定，根据织物在储布槽滞留的时间就可确定单管织物布环的总长。显然，克重大的织物容量可以大一点（适当超过公称容量），克重小的织物容量则要减少。一般情况下，紧密度较高或者纤维比表面积较大的机织物，为了保证织物的匀染性、避免产生折痕，应缩短织物的循环周期，提高与染液的交换频率；比较疏松的针织物以及含弹力纤维的织物，循环周期可适当延长一些，减少对织物的频繁张力作用。织物运行速度的设定取决于织物循环周期，上染速率快（如超细纤维）、容易产生折痕的织物，应缩短织物循环周期；其他织物可适当延长循环周期，但最长不能超过3min。为了满足这个条件，通常要限制单管布环总长度，尤其是轻薄织物会影响到容布量。为此，轻薄织物可采用多条布环装载，以其中一条形成布环，其余的一端固定在布环上，另一端处于自由状态，但织物长度应与布环周长基本一致。这样就可以在控制织物循环周期的同时增加容布量。

3. 织物循环一周的染料上染量　在间歇式染色中，完成织物全过程的上染，是一个被染物与染液进行周而复始的交换过程。根据染料的上染规律，上染速率随着染料在织物上染量的增加而逐步减少，要保证织物整个染色过程中达到匀染，必须控制染料在上染各阶段每次与被染织物接触（交换）时的上染量，特别是染浅色时应更加注意。织物与染液在每次交换中所获得的染料上染量可以反映出染色机的匀染能力，通常取1%～3%。如果完成设定染料上染量的时间一定，那么，提高织物与染液的交换频率，就可减少每次交换中染料的上染量，从而使得织物在整个上染中获得均匀的染色效果。

4. 织物线速度的控制　从匀染性的角度来考虑，提高织物的线速度，有利于与染液的交换次数，也可缩短织物在储布槽中滞留的时间，避免可能产生的织物折痕。但是，并不是任何织物品种都能进行高速循环，尤其是含有弹力纤维的织物，织物的高速运行必定产生过大张力，造成弹力纤维的损伤。所以织物运行的线速度很大程度取决于织物的张力要求。一般张力要求低的织物可以采用较高的运行速度，如机织物、不含弹力纤维或含弹力纤维较少的织物。与普通溢喷染色相比，气流染色的小浴比条件，织物在提升的过程中所带的染液较少，即使织物在相对较高的速度下运行，对织物产生的张力也相对较小。因此，对同类织物，气流染色的织物线速度可以比溢喷染色适当快一些，这样更有利于织物的匀染和缩短染色周期。

织物线速度首先是满足织物与染液的交换次数，其次是控制织物在储布槽中的滞留时间。与染液循环同理，织物运行也可在不同染色条件下进行速度变换，即上染速率高的温度段提高布速，其余温度段降低布速。这样可以在保证均匀上染的条件下，减少对织物经向张力的作用次数，以及对织物表面损伤的机会。此外，对于缎面和编织松散的织物，考虑到设备内管壁（过织物部分）对织物表面的摩擦影响，以及对织物产生的变形或纰纱现象，织物线速度也应控制在一个合理的范围内。

5. 高温气流对织物线速度的影响 由于水和空气的黏度在高温条件下会发生变化，如水的黏度下降，空气的黏度增加，这是一种物理特性。在水或空气牵引织物循环的过程中，在很大程度上是依靠它们与织物之间的黏着力作用，而黏度的变化就意味着黏着力的变化，最终影响到的是织物运行速度。气流染色机采用气流牵引织物运行，空气在高温条件下，运动黏度反而增加，对织物的作用力要比低温下更大，也就是说织物的运行速度更快了。而这时往往又是染料上染最快的阶段，无疑对匀染起到了辅助作用。所以，气流染色不用担心温度变化对织物运行速度的影响，只是织物运行加快会造成过大的张力和风机功率消耗。如果在这种条件下，对有些织物张力的影响比匀染性更大，那么也可以通过程序控制，将风机的速度适当降下来，保持织物的运行速度基本恒定。这就是目前一些气流染色机风机的恒功率控制。

第四节 浴比

被染物在标准回潮率条件下的干重与染液容积之比称为浴比。由于染液（即染料的水溶液）密度近似 1kg/L，所以浴比可视为无量纲。与传统溢流或溢喷染色相比，气流染色的浴比要低许多。而这种低浴比条件，也带来了染料和助剂的状态和反应的变化。首先是染料和助剂的浓度问题，其次是染料和助剂的反应性。染色理论和实验都表明，活性染料的直接性除了与染色温度有关外，还受浴比的影响。染色浴比越低，活性染料的直接性越高，因而所需的盐浓度也就越低，即盐的用量可大为减少。染液中盐的用量是根据染色深度、浴比大小、染料溶解度和染料对纤维的亲和力等因素而确定的，其中浴比的影响是：浴比越大，活性染料对纤维的直接性下降，盐的促染作用越明显，需要的盐用量也越大。由于盐的用量过高，会使溶解度低的染料发生聚集，特别是匀染性差的染料在盐浓度较高的条件下更容易出现染色不匀现象。

浴比作为染色工艺条件中最重要的参数之一，不仅对染色过程具有很大影响，而且低浴比也是气流染色的重要特征。只有充分了解和分析浴比对染色其他参数和过程状态的影响，采用相应的控制方式，才能够有效保证气流染色的低浴比工艺条件，满足各种织物的染色效果。

一、浴比的影响和作用

1. 浴比对染色过程的影响 浴比对染色过程的影响主要是上染率和固色率。对同样染色深度，低浴比的浓度要高，织物与染液在每一次交换过程中所获得的染料量也相对较多。织物获得较多的染料上染率同时，在一定的固色条件下所得到的固色率也相对提高。因此，在其他工艺条件不变的情况下，低浴比会提高染料对织物纤维的上染率和固色率。对活性染料来说，这种影响更大。

（1）对上染率的影响。活性染料的直接性除了与其结构特性有关外，还受到染色浴比大小影响。例如，活性染料在小浴比条件下，直接性就会提高，也就是上染率会提高。这说明低浴比的高染料浓度在被染织物和染液中的分配状态与染色浴比有关，是影响同一颜色深度的工艺重现性的主要因素，最终反映在被染织物的上染率，即颜色的深浅。一般情况下，染料对织物纤维的上染率与染色浴比可以通过以下关系式来表述：

其中，

$$E=K/(K+L) \tag{4-2}$$

$$L=W_s/W_f$$

$$K=[D]_f/[D]_s$$

式中：E——上染率(%)；

L——浴比；

W_f——纤维质量，kg；

W_s——染液质量，kg；

K——分配系数；

$[D]_f$——纤维中的染料浓度，g/kg；

$[D]_s$——染液中的染料浓度，g/kg。

上式表明，若分配系数 K 一定，则浴比 L 越大，上染率就越低。而分配系数 K 越大，受浴比 L 的影响就越小。然而，与其他染料相比，活性染料的直接性较低，K 值较小，所以受浴比影响的倾向较大。一些新开发的活性染料，增大了分配系数，受浴比的影响已减少。

(2)对固色率的影响。对于同一染色织物品种，气流染色的低浴比染色条件会提高活性染料的直接性，因而也增加了被染织物纤维上染料浓度，即提高了染料的固色速率。如果采用不同温度固色，随着温度的提高，固色率也会提高，这与大浴比正好相反。其原因是，小浴比可以减小染料的水解程度，并且还可以减少高温下的染料水解。由于不同活性染料的直接性、溶解性和反应性存在差异，所以浴比对不同活性染料的固色率影响程度也不同。尽管活性染料的直接性在低浴比条件下的直接性提高了，但不同活性染料直接性的提高程度并非相同。因为低浴比往往会影响染料在溶液中的聚集程度，反过来又会改变染料的固色效率。因此，对拼混染色，必须选用对浴比依存性相近的染料，才能够获得均匀一致的染色效果和良好的重现性。

2. 浴比对染料和助剂的影响　气流染色的低浴比条件增加了染料的浓度，特别是水溶性染料(如活性染料)。对助剂来说则相反。也就是说，保持助剂浓度不变，降低溶剂——水的用量，肯定要降低溶质——助剂的用量。染料浓度的增加，会影响到染料溶解度和稳定性，并且也提高了某些染料的反应性。如果其他条件，如织物与染液的交换状况、织物循环一周的上染染料量等没有相应的控制措施，就有可能出现染色不均匀现象。这也是气流染色与传统溢喷染色工艺条件的最大差异。

(1)染液的浓度。染色过程中的染液浓度在一定程度上反映了染料被织物纤维吸附量的多少，从而决定了被染织物的颜色深浅。但是，在一定的条件下，被染织物对染料的吸收量总是有个最大限度，超过这个最大限度，即使再多的染料也无法被织物吸收，也就是说被染织物的颜色不会再加深了。通常，等量的同种染料，在不同浴比的染浴中，其浓度是不一样的。浴比高则染液浓度低，得色率也低，颜色浅；而浴比低则染液浓度高，得色率高，颜色则深。如果是浓度相等的不同浴比，那么，浴比高的染浴所含的染料要多一些，而浴比低的染浴所含染料则要少一些。表4-1给出一些丽华实(Levafix)染料用量的校正因子与染色浴比的关系。气流染色的染液浓度必须满足染料的溶解度，否则，对溶解度较低的染料就很难在低浴比下进行化料，或者即使暂时化开也容易很快重新聚集，形成色斑。

表 4－1　Levafix 染料用量的校正因子与染色浴比的关系

Levafix 染料	浴比				
	1∶3	1∶6	1∶10	1∶20	1∶40
丽华实艳黄 E－GA	0.91	0.93	0.95	1.00	1.09
丽华实金黄 E－3GA	0.87	0.89	0.92	1.00	1.08
丽华实橙 E－3GA	0.89	0.94	0.96	1.00	1.08
丽华实大红 E－2GA	0.92	0.93	0.95	1.00	1.10
丽华实艳红 E－4BA	0.94	0.95	0.97	1.00	1.08
丽华实艳蓝 E－BRA	0.86	0.88	0.92	1.00	1.17
丽华实艳绿 E－5BA	0.94	0.95	0.96	1.00	1.14
丽华实翠蓝 E－BA	0.84	0.86	0.89	1.00	1.25
丽华实棕 E－2R	0.91	0.92	0.94	1.00	1.13

（2）染料的溶解度和稳定性。在一定温度下，100g 水所能溶解染料或助剂的最大质量为该染料或助剂在此温度下的溶解度。对织物同一染色深度来说，气流染色的低浴比增加了染液的浓度，虽然提高了一些染料（如活性染料）的上染率，但也同时带来了化料浓度过高（尤其是染深色），溶解困难的问题。每种染料的溶解度大小都不相同，对于溶解度差的染料制备浓染液较困难，应考虑加入助剂，如尿素、溶解盐等来帮助溶解。此外，气流染色的低浴比条件使染液的浓度较高，染料和助剂在要求的条件状态下应具有相对的稳定性，从而保证上染和固色过程顺利完成。

（3）对活性染料直接性的影响。活性染料的直接性随着浴比的降低而提高，对电解质的依存性降低，因而所需的盐浓度也降低。染液中盐的用量主要决定于染色深度、浴比大小、染料溶解度和染料对纤维的亲和力等因素。其中浴比的影响是：浴比越大，染料对纤维的直接性下降，染液的含盐量越高，盐的促染作用越明显。大浴比由于盐的用量过高，会使溶解度低的染料发生沉淀，所以匀染性差的染料就出现染色不匀现象。另外，对不同类别的活性染料拼色时，浴比对色差影响较大。主要是由于影响染料的直接性而造成的。因此，气流染色的活性染料拼色应更加谨慎，尽量选择上染曲线相似的进行拼色。

（4）对助剂的影响。由于活性染料的直接性较低，在一般浴比条件下需借助盐来达到促染的目的，而盐的用量是由染浴浓度来控制的，所以浴比的高低对同一浓度的盐用量来说是有影响的。实验表明，活性染料的直接性和固色率随着浴比的降低而提高，也就说减少了对电解质和碱的依存性。表 4－2 表明，低浴比对降低盐浓度影响很大，尤其是染深色更加显著。所以，一定的染色深度，气流染色的低浴比的用盐量非常少。此外，活性染料需在一定的碱性条件下与织物纤维形成化学键而固着，还原染料在碱性浴中进行还原，一般通过碱将染浴的 pH 值控制在一定的范围内。一定的碱浓度条件下，低浴比消耗的碱也相对少。活性染料的固色碱用量降低，可以减少染料的水解，提高固色率；尤其是染深色，气流染色的低浴比提供了更加有利的条件。

表4－2　浴比与盐的浓度关系

染色深度(%,owf)	盐浓度(%,owf)				
	浴比1:3.5	浴比1:5	浴比1:10	浴比1:20	浴比1:40
0.1	0.1	5	15	40	120
0.5	0.5	7.5	22.5	60	180
2.0	2.0	12.0	40	100	300
6.0	6.0	20	60	60	540

二、浴比的换算与分配

前文已述及，气流染色的低浴比染浴中的染料浓度高，可提高染料对纤维的上染率，但选择或控制不当也容易产生匀染性问题。在实际应用中，染色浴比应根据被染织物的纤维种类、染料性能来确定。由于气流染色机给出的浴比参数通常是对单一纤维而言的，所以混纺纤维应按各组分纤维的比例换算成各组分纤维的实际浴比。否则，各组分纤维的浴比会偏大，与设定的浴比不符。

1. 浴比的换算　染色浴比一定时，纤维上的染料浓度会随着染浴中染料浓度的提高而增加，但平衡时的上染百分率会随之降低，固色速率会加快。对于同一染料，当染色浴比发生变化时（如小样放大样），可按照染料样本或校正因子通过计算求得实际所需的染料浓度，以便获得相等的染色深度。例如，染色浴比为1:20，染料为2%艳黄E－GA，在染色其他条件（温度、pH值和电解质用量）不变的情况下，将浴比降到1:6，则可根据该染料的染色浴比与校正因子的关系得到校正因子0.93，浴比调整后的染料浓度为：2%×0.93＝1.86%。

2. 浴比的分配　在气流染色过程中，浴比的变化一方面对染色过程的染料上染率产生影响，使得同一染料的得色深浅发生变化；另一方面过低的染色浴比，影响织物各部分染液浓度的均匀分配，容易导致上染不均匀。气流染色浴比究竟应该控制在一个什么范围内才能够满足染色过程的需要，这里涉及一个浴比分配问题。

气流染色机的实际浴比，至少应该保证被染织物带液量和必需的染液循环量。一些棉针织物因吸水性较强，其带液量至少为织物干重量的2.5倍以上。而染色机的染液循环系统（包括管路、泵及热交换器内）也应保持一定的染液量，以满足匀染的循环频率和维持与织物表面进行自由交换状态。此外，同一纤维种类而克重不同的织物，浴比大小也有所不同；轻薄织物因所占储布槽空间大，应适当提高浴比，而厚重织物则相反。表4－3是以1000kg的棉和涤纶织物为例的浴比分配。

表 4-3　气流染色浴比分配

织物装载状态	满载		半载
被染织物品种	化纤机织物	棉针织物	棉针织物
被染织物吸液量(L)	1000	2500	1250
主回液管存液量(L)	250	250	250
染色用液量(被染织物吸液+主回液管存液)(L)	1250	2750	1500
染料和助剂用液量(L)	500	500	375
总液量(染色用液+染料和助剂用液)(L)	1750	3250	1875
浴比	1∶1.75	1∶3.25	1∶1.875

由表 4-3 得知,满载时,棉针织物吸水比为 1∶2.5,即 250% 的吸水量;化纤机织物为 1∶1,即 100% 的吸水量;主回液管存液量比为 1∶0.25;染料和助剂用液量比 1∶0.5。半载时,主要是织物吸水量和化料用水的变化,循环染液基本保持不变。

现代染色技术表明,降低染色浴比不仅可以提高染料利用率,减少助剂的用量,而且具有显著的节能减排效果。气流染色能够实现低浴比染色,首先是得益于设备的结构特性,其次是适于低浴比染色条件的染料。气流染色低浴比的高浓度染液,加快了染料对纤维上染速率,是在被染织物与染液的快速交换的条件下达到均匀上染的。所以,气流染色能够实现低浴比染色,是建立在设备结构特性、染料性能、织物纤维以及工艺条件等多方面基础上的,而并非是由某一个或几个因素所决定的。

三、浴比的确定与控制

浴比是气流染色工艺条件中的一项重要参数,涉及染色过程、活性染料的直接性,电解质和碱的用量以及工艺的重现性等方面。准确的染色浴比是保证染色工艺重现性的关键,也是工艺设计中确定染化料配方的主要内容。

1. 浴比的确定　根据浴比的定义,只要被染织物的纤维组分和组织性能确定,就可按照浴比确定其入水量。一般情况下,一种气流染色机的结构形式,具有一定自由染液(即除去被染织物所含带染液以外的循环染液)量,其余染液是被染织物所含带的染液,含带染液的多少与织物纤维的吸水特性有关。如纯棉针织物吸水量是织物本身重量 250% ~300%,而纯涤纶织物的吸水量是织物本身重量 100%。此外,染色浴比一般是针对纯纤维织物而言的,而对混纺织物,应根据组分纤维的比例进行换算,得到该纤维的实际浴比。

2. 浴比的控制　染色浴比一旦确定,主要是控制入水量。一般的控制方式有翻板式液位计、流量计和差压式变送器。翻板式液位计是一种使用较早的液位计,可目测,但控制精度较低;流量计是计量入水量,作为水量消耗记录较为合适。差压式变送器是一种控制精度较高的液位控制,是模拟量控制。目前比较先进的气流染色机都是采用差压式变送器进行浴比控制。差压式变送器的性能主要取决于抗温漂影响能力。

第五节　加料过程

气流染色过程中的加料包括染料和助剂两部分。在气流染色的低浴比条件下，加料的浓度变化梯度较大。加料的时间、每次的加入量以及加料速度的快慢，对均匀上染都会产生影响。传统染色工艺由于受到技术的限制，基本上是采用线性加料，不容易控制上染率和固色率，主要是靠染色后的修色来进行补偿。气流染色机采用的是模拟量检测和计量（也称比例）加料控制，可根据染料的上染和固色规律，对染色中的加料进行一定的比例分配控制，保证染料呈直线形完成上染和固色过程，可以有效地控制匀染性和重现性。

加料是染色过程中染色系统（包括染液和被染织物）浓度变化最大的一个过程，染液浓度分布的均匀性以及达到浓度平衡的时间，对织物的均匀上染都将起到非常重要的作用。染料加注的初始阶段，也是染液浓度最高时段，要保证染料对织物纤维的均匀上染，除了温度变化率的控制和织物与染液的交换状态外，就是加料过程的控制。因此，加料控制也是受控染色的主要部分，对染色过程起着至关重要的作用。

一、加料过程的影响和作用

1. 加料对染色影响　在气流染色过程中除温度外，加料已成为控制染料上染率和上染速率的另一个重要参数，也是提高织物匀染性的主要控制手段。在加料的初始阶段，染液的浓度较高，染料对纤维的上染速率较快，如果染液与织物的交换状态不好，容易出现不均匀上染，最后影响到固色的均匀性。在固色阶段，如果加注起固色作用的助剂（如活性染料固色碱）控制不当，容易出现不均匀的固色，造成染色不匀。活性染料在加电解质（元明粉或食盐）的第一次上染与加碱剂的第二次上染，对完成染料整个上染有着不同的影响。为了保证能够达到均匀的上染和固色效果，助剂不仅要对总量进行控制，而且还要对加注的次数和每一次加注量大小进行控制，甚至在同一次加注中的速度变化也要控制。

（1）上染速率。加料对织物上染速率的影响主要表现在上染初始阶段以及超细纤维的上染过程。上染初始阶段是因为被染织物与染液的浓度差较大，染液的化学位高，织物纤维的化学位低，加快了染料对纤维的上染速率。超细纤维的线密度低，比表面积大，与普通聚酯纤维（如涤纶）相比，染料在超细纤维上的吸附和扩散时间较短，并且在较低的温度下就有较快的上染率。超细纤维这种特殊的染色性能，除了对染料的选用有一定要求外，就是采用非线性加料方式进行控制。

（2）均匀固色。根据染料的上染规律，能够提供均匀的上染条件，除温度外就是加料方式，特别是固色更是如此。有试验表明，温度变化对活性染料的固色速率影响不大，而加碱的方式才能够有效地控制固色速率。活性染料的第二次上染率对深色的影响较大，因为加碱之后，加快了染料的第二次上染率，且该阶段的上染率约占到总上染量的60%。如果对碱不采用非线性添加，就有可能出现固色不均匀。实际上这时主要是控制已上染的染料，能够呈直线形进行固色。

2. 加料对浓度的影响　在一般的间歇式染色工艺中，用于化料的水有两种选择，一是从主缸内的水回流一部分进行化料,二是主缸在入水时,扣除用于化料的那部分水。两种方法都可以保持浴比不变,但从对染料或助剂的溶解来考虑,单独分出化料水可保证水的纯净度。所以目前更多地强调选用第二种方式。由于气流染色的浴比很低,染液的浓度相对较高,特别是染深色的染液浓度可能更高,甚至超过染料的溶解度,而在加料过程中,也存在浓度差的情况。所以,气流染色的化料和加料受到染液浓度的影响很大,对化料和加料的控制要求更高一些。

(1)对化料的影响。对于加料桶来说,其容积远小于主缸染色用水容积。对于传统溢流或溢喷染色机,浴比为1:10时,化料所需水占染色用水的5%~10%,一般都能够满足染料的溶解度。但是,对气流染色机来说,浴比在1:4以下,化料用水必须占染色用水的18%~20%,否则可能满足不了深色染料的溶解度。例如,染色深度为6%,浴比为1:4,那么,总染浴浓度为15g/L,而加料桶的染浴浓度则为75~83.3g/L。显然,比传统溢流或溢喷染色机的化料浓度高得多,所以必须考虑染料的溶解性。

除此之外,气流染色的低浴比对中性电解质(元明粉或食盐)溶解影响更大,如果只按照传统染色工艺分析对电解质促染作用的影响,而不考虑低浴比已经提高了活性染料的直接性,仍然加入较多的电解质,那么,在化料时就有可能造成电解质的溶解困难,最终导致对染料的聚集而影响染色。

(2)上染浓度的变化。气流染色化料的用水占总染色用水比例较高(18%~20%),一般情况下能够保证加料桶的染液浓度不超过染料的溶解度。但是,在加料过程中,却对主缸内染液产生较大的浓度差。一些敏感色如咖啡、翠蓝色等,若按传统加料方式,直接从主循环泵进口添加,在喷嘴中直接与被染织物接触,那么就容易出现染色质量问题。所以,对于气流染色的低浴比条件,加料过程中浓度影响非常大,应通过设备特殊加料系统,先与主体染液进行稀释,然后在进入染液喷嘴与织物进行交换。

二、加料方式

气流染色的加料在传统溢喷染色的基础上作出了很大改进,主要是考虑到低浴比对染液浓度的影响,以及加料过程中浓度的变化。随着纤维和染料品种的多样化,染料的上染条件发生了变化,尤其是人们的对颜色均匀性的要求越来越高,也对加料提出了更高要求。而实践证明,加料方式对染色质量的控制具有非常重要的作用,传统溢流或溢喷染色所出现的染色质量问题有相当一部分是由于加料控制不当所引发的。所以,加料控制已成为保证染料均匀上染的重要手段。

1. 非线性加料 根据一般染料的上染规律,上染率随时间呈逐减趋势。为了在尽可能短的时间内让织物获得匀染,就必须控制织物在每次交换中染料的上染量,也就是希望染料在整个上染过程中始终保持均匀的上染量。采取非线性添加,使染料的加入量随时间呈对数曲线关系,可保持染料的均匀上染。至于在什么条件下先快后慢或者先慢后快,则需要根据织物纤维染色特性、染料性能、温度和时间等工艺条件,由染色设备的加料控制程序去完成。电脑中可储存各类曲线100条以上,常用的20~30条,使用时可按照工艺要求随时调出。染料注入时由流量计计量,比例阀控制注入量大小。染料的注入速度和注入量可以得到比较精确地控制,特别对上染速率、上染量以及固色速率，可以将染色过程有效地控制在均匀染色范围内，并保证工艺的重现性。

2. 助剂分段比例加注　要保证染料在整个上染过程中，能够均匀地分布在织物上，除了对染料添加进行控制外，还必须对所需的各种助剂添加进行控制。因为它对染料如何达到均匀上染起到了非常重要的作用。对助剂的控制，主要反映在分几次添加、按什么比例分配、每次加入的速度等方面。对于活性染料染色，盐控制上染率，碱控制固色率，染深、浅色时，盐剂和碱剂的添加方式对两次上染都起到了非常重要的作用。有关这方面的具体内容可详见第六章第五节受控染色工艺部分。

3. 稀释加料　一般情况下，加料桶的染液是通过加料泵输入主循环泵进口与主体染液进行混合，经主循环泵强烈搅拌混合后的染液通过热交换器进入喷嘴与织物交换，与此同时，还有另外一部分染液通过旁通直接回到主回液管。由于通过主循环泵进口加入的染液浓度相对较高，对一些敏感色容易引发上染不匀，所以对这类染料可采用稀释后再与织物交换的加料方式。先将加料桶中染液输入主回液管与大部分主体染液进行混合、稀释，然后再经主循环泵和热交换器进入喷嘴与织物进行交换。这样与织物交换的染液浓度相对较低，容易控制均匀上染。为了加快主回液管的混合速度，有些气流染色机在主回液管旁特意增设了一个循环泵进行强制循环。

4. 动态循环加盐　由于活性染料染色需要较多的盐作促染，而一次化盐需回很多染液，并且还不能及时溶解，所以许多加料系统配置了动态循环加盐装置进行动态化盐。利用染液回液动态循环通过射流器与盐充分混合溶解，然后进入主回液管内进一步稀释。经稀释后的盐溶液的浓度相对较低，不会影响到染料的聚集，也可避免因盐浓度过高而产生的盐析现象。动态循环加盐对装载容量较大的气流染色机非常重要，因为此时需要大量用盐，而盐的溶解和加入时间又过长，往往会影响到染料的上染过程。

5. 集中加料　对于多台气流染色机，为了更好地控制加料的准确性，可采用自动化集中供料系统。经自动调色系统，进行自动化称料、传送与仓储、染料溶解以及染色机的配送。在该系统中，自动化称料与染料自动工艺称料装置连接，可确保染料配比的精确度。传送与仓储系统适合于大批用量的染色设备，使染料称重、溶解操作相互独立。染料溶解系统可以在不同条件下，按照染化料使用的数量、浴比、温度、混合时间以及环境条件等进行自动化溶解。产生的污水可通过专用装置进行处理，溶解后的染液通过配送管线传送到各个染色机旁的加料桶。随着自动化水平的提高，全自动配料和供料系统可以更加精确地控制染料的配送，有效地提高了染色工艺的重现性和生产效率。

三、加料曲线分析

气流染色的加料过程是严格按照计量（线性或非线性）进行的，目的是保证染料对织物纤维呈直线形上染和固色状态。这里对几种加料曲线进行分析，找出染料在上染过程中的变化规律，以及加料曲线控制方法。

1. 对位酯类三原色 该类活性染料对元明粉的依存性相对较强，加入元明粉后，染液中的染料大多都上染，并且染料的固色速率也相对平稳。这种情况可按图4－2所示曲线进行加料控制。

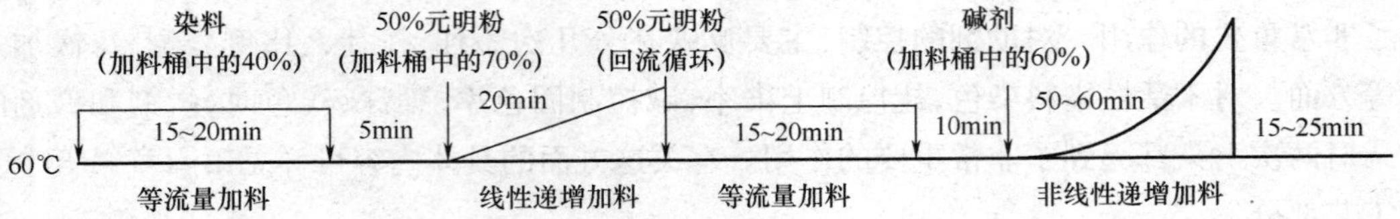

图4－2 加料曲线

2. 预加碱工艺 在实际生产中，考虑到成本或跳灯等问题，也可能使用配伍性相对较差的拼色组合。例如活性元青B与活性红3BS拼成紫色，其中活性元青B对元明粉不太敏感，但加入碱后，60℃时其反应速率很快；而活性红3BS对元明粉虽有一定的依存性，但加碱后，60℃时其反应速率仍然还是很缓慢。因此，对于双乙烯砜类的染料与对位酯类染料拼色，或者对位酯类染料与间位类染料拼色，可采用图4－3(a)所示预加碱工艺。这样可以让一部分染料先发生消除反应，在提高活泼性的同时，避免过度的纤维负离子化。

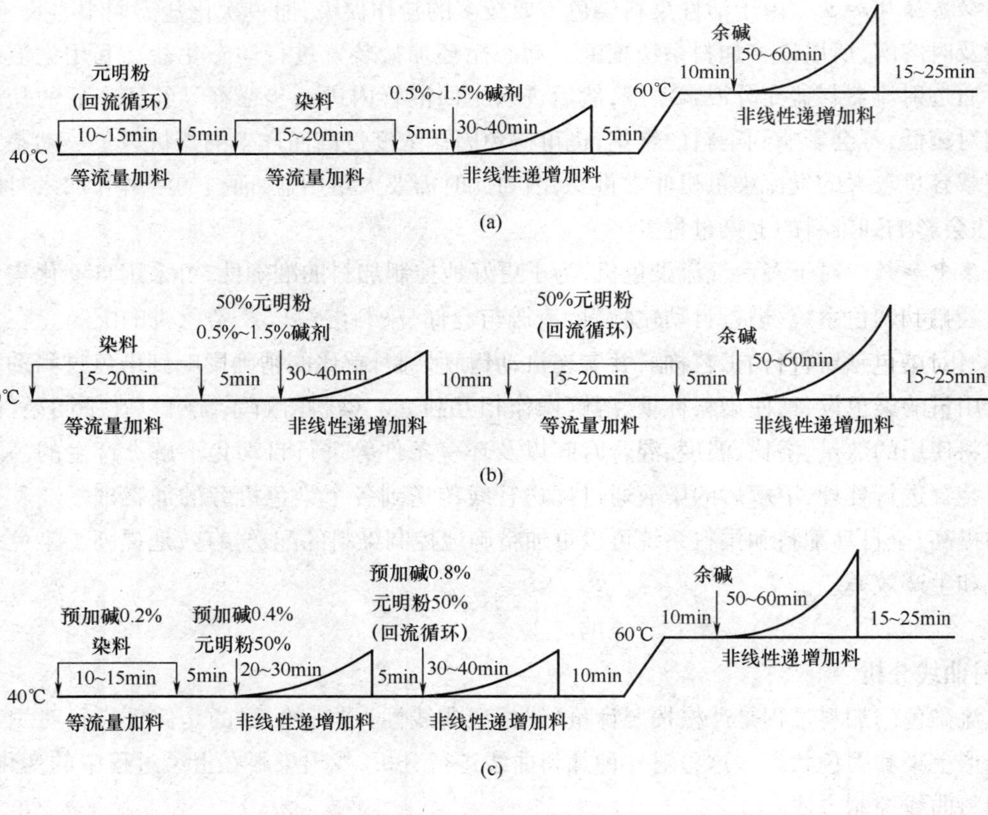

图4－3 加料曲线

对于一些溶解度低、且对元明粉敏感和容易发生盐析的活性染料，如活性艳蓝 BRF、活性艳蓝 Rs/p、活性翠蓝 G、活性橙 F2R、活性红 RBN、活性藏青 BF 和活性藏青 2GFN 等，可选用图 4 - 3 中(b)加料曲线。其中翠蓝 G 适于 80℃ 的染色条件。对于一些配伍性较差的染料组合，且颜色有比较敏感，如活性宝蓝、活性咖啡、活性炭灰和活性灰紫等，可选择图 4 - 3 中(c)加料曲线。

3. 预加碱后的变化 预加碱之后，温度升至 60℃ 时，活性染料的反应最强烈。此时被染织物已均匀的吸附了浓度很低的碱，使得部分染料发生了均匀的固色反应，因而水解的染料也相对较少。此外，在 60℃ 的加碱过程中，非线性递增加料曲线开始缓慢，但后面较快，整个时间为 50 ~ 60min。其中在开始的 3/4 时间段里，加入的碱量仅为总量的 1/4。这样可以使得染料缓慢而均匀地固色，基本可以达到 75% ~ 80% 的固色量。最后在 1/4 的时间内将剩余碱全部加入。这时织物上的 pH 值已经升至最高值 11 ~ 11.5，纤维素纤维可达到最大离子化，可以充分地吸尽剩余染料，并发生固色反应。值得注意的是，预加碱的量不得超过碱总量的 1.0%，否则会出现因固色快而不匀，以及加速染料的水解，降低上染率。

第六节 染色过程控制

染色工艺是根据染料对纤维的上染特性，通过一定手段(如染液温度、染液与织物的交换状态、时间和加料方式等)来控制染色过程；而染色程序是根据染色的基本规律，对染色过程进行程序控制，使各种有可能影响到染色质量的因素处于受控之中。传统的染色过程大多凭借工艺人员的经验，通过简单的温度(如升温、保温和降温)程序控制。由于染料上染过程中的上染速率以及上染率与温度的变化有关，对升温速率和温度高低的控制，可以有效地控制染料对织物纤维的均匀上染，所以这种方法适用于一般织物的染色过程。但是，随着新型纤维种类、染料品种的不断出现，对染色过程中的染液与织物的交换状态、染料的加注方式以及温度变化率的控制精度，都提出了新的或更高的要求。因此，以满足织物染色品质、实现节能减排以及染色“一次成功率”的染色过程控制，已经成为气流染色的重要组成部分。

为了对染色过程进行有效控制，并实现自动程序控制，首先必须将影响到染色过程的所有相关因素进行工艺参数化，然后对各项参数采取相应的检测和控制手段。染色工艺参数主要反映了染色全过程的状态变化，对其控制可以保证染色过程的顺利实现。它集中体现在对过程控制和动态控制，乃至多台机的中央控制，对染色质量和工艺的重现性具有很重要的作用。在这些工艺参数中，对上染过程影响最大有温度、时间、浴比、pH 值、织物与染液的交换状态以及加料过程。特别是染色过程中的温度和 pH 值是一个变化参数，其稳定性和波动偏差会影响其他一些参数的变化，必须采用较为精确和可靠的控制方法，以确保染色过程的顺利进行。除此之外，织物的装载及布环的周长也会影响到织物的运行状态。可根据它们对染色过程的影响规律，对不同克重的织物进行酌情调整。

染色工艺是根据染料对织物纤维的上染规律而制订的，目的是为了达到织物的匀染性和工艺的重现性。然而，在实现染色工艺的过程中，由于受到工艺以外的各种因素影响，如染色机的性能和功能控制、各种工艺参数的设定值与实际值的差异，以及变化参数的控制精度等，所以需要在每一项染色工艺具体实施前或过程中进行控制。随着染色机自动化水平的不断提高，有许多工艺参数已经可以得到较好的控制，但也有一些工艺参数目前还无法控制或者正在研发之中。人们经过长期的生产实践和总结，染色过程中的温度、时间、浴比、pH 值、织物循环周期（或者与染液的交换频率）、染液的循环状态以及加料方式等均可进行参数化设计并编程，由计算机和 PLC 程序按照控制要求完成。

一、温度检测与控制

温度是染色工艺过程中的一个重要参数，控制染料对织物纤维的上染率和上染速率，主要是通过温度的变化来实现。对于比表面积较大的超细纤维，或者浅颜色品种的染色过程，控制低升温速率尤为重要。染色过程实际上是执行由工艺人员针对不同织物而设置的一条温度曲线，包括不同温度段的加料过程。染色工艺一般分为多个曲线段，不同的曲线段对应着不同的温度，而温度变化区段对温度变化率（即升、降温速率）都有相应的控制要求。染色过程的温度控制主要针对设定温度区域的波动性，以及温度变化过程中的升温和降温速率精度。根据不同染料的上染规律，升温又可分为两种情况，即直接升温到指定温度和按一定斜率准确地升温到指定温度。同理，降温也分为直接降温到指定温度和根据一定斜率准确地降温到指定温度。因此，综合起来，温度控制可分为五个子程序：直接升温、按斜率升温、保温、直接降温和按斜率降温。整个程序可由温度随时间变化的曲线表达，其执行内容主要包括温度检测、对上染的控制以及实际温度与设定目标温度差异的补偿等。染色过程的温度控制目前都是采用 PLC 进行程序控制。

1. 温度检测的设置　对设定温度及温度变化率的检测是获得温度准确控制的关键。染色过程中，要求染色温度按照设定温度曲线进行，由温度检测向温度控制系统反馈信号，并对其进行实时控制。然而，染色温度在变化或恒定过程中，设备机体、被染织物、染液以及主缸体内的空气等相当于一个热平衡体系，很难在非常短的时间内达到热平衡。所以温度检测点必须设置在尽可能测出温度差变化最大的部位，甚至要设置多个温度检测点，对各点的温度进行对比，将温度的变化控制在一个对上染影响不大的相对稳定范围内。考虑到热交换器进、出口的温度差异较大，一般在热交换器进口与主回液管连接段设置一个温度检测点，在热交换器出口与喷嘴之间设置另一个温度检测点。在温控过程中，对两点的温度进行比较，给出合理的升温速率。

2. 温度曲线的存储　不同品种的染色织物或染料具有不同温度的要求，因而要求采用不同的染色温度工艺曲线。如果将所有染色织物品种的温度工艺曲线都存入现场温度控制器中，那么对该控制器的内存要求非常高，导致系统庞大复杂。为此，可通过一台中控机，输入不同的温度工艺曲线，然后经 Profibus—DP 现场总线下传给现场控制器，对所接收的温度工艺曲线进行温度控制，并且现场控制器可以随时向中控机申请修改温度工艺曲线的参数。在网络中断时，现场控制器可以保存当前的温度工艺曲线，并且具有断电长期保存当前温度曲线的功能。

3. 温度补偿方式　考虑到气流染色机中被染织物与染液的分布状态，总会存在不同程度温度差异，一般要将其视为一种设定与实际具有温度滞后的被控对象，因而在实际升、降温过程中需采用趋势判断补偿法。例如升温时，在温度到达 T 目标温度 $-\Delta T_i$ 时就停止升温；而降温时，则在温度到达 T 目标温度 $+\Delta T_j$ 时就停止降温，其中 ΔT_i、ΔT_j 为补偿温度。由于温度控制的程序都在现场控制器的 PLC 中，而染色工艺参数是从中控机下传给 PLC 的，所以在 PLC 的主程序中，需要根据接收到的来自中控机的数据进行判别，再执行相应的子程序。在下传的数据中包括目标温度、斜率、保温时间等，PLC 可以根据这些数值判断升温、保温或降温。但是，仅仅凭借目标温度、斜率和保温时间，判断升温、降温和保温的精确是不够的，还须在使用前一曲线段的目标温度给予辅助判断。温度控制判断如表 4－4 所示。

表 4－4　温度控制判断表

目标温度比较斜率 K		保温时间 t	当前动作	图示
$T^*-T^{*\prime}>0$	$K\neq0$	$t=$“0”	按斜率升温	↗
	$K\neq0$	$t\neq0$	按斜率升温后保温	↗→
	$K=0$	$t=$“0”	直接升温	↗
	$K=0$	$t\neq0$	直接升温后保温	↗→
$T^*-T^{*\prime}=0$	$K\neq0$	$t=$“0”	ERROR	
	$K\neq0$	$t\neq0$	保温	→
	$K=0$	$t=$“0”	ERROR	
	$K=0$	$t\neq0$	保温	→
$T^*-T^{*\prime}<0$	$K\neq0$	$t=$“0”	按斜率降温	↘
	$K\neq0$	$t\neq0$	按斜率降温后保温	↘→
	$K=0$	$t=$“0”	直接降温	↘
	$K=0$	$t\neq0$	直接降温后保温	↘→

注　T^* 为本曲线段的目标温度，$T^{*\prime}$ 为前一曲线段的目标温度。

温度对染料的上染率有很大影响，而上染率的控制是保证被染织物在整个上染过程达到均匀上染的基本条件，尤其是对那些上染速率快的织物，如比表面积较大的超细纤维更是要控制上染速率。在气流染色条件下，储布槽中织物除本身所吸附的染液外，与自由循环染液是处于分离状态，升温过程中织物各部位容易出现温度分布不均匀现象。如果在上染过程中没有足够的移染时间，就容易上染不匀。因此，染色设备除了具备温度控制系统外，更重要的是依靠染液和织物的循环来及时减少各部分之间的温差。

4. 温度控制上染过程　温度是染色加工过程中一个非常重要的参数，在特定的温度区域内它能够控制染料上染率和上染速率。通常，随着升温速率的提高，染料的上染速率会提高，对匀染可能产生不利影响。例如，超细纤维因其比表面较大而具有很快的上染速率，若升温速率控制不当，就会上染不均匀。在一定的条件下，提高染色温度可以提高染料的上染率和固色率。但不同的纤维有不同的要求，有时过高的温度，反而会降低染料的上染率。主要原因是：染料分子动能增加后又从纤维上解吸下来，并产生大量水解。因此，温度和温度变化率必须根据染料特性、织物纤维品种的不同，设置在一个有效的控制范围内。在临界染色温度范围内，为了达到匀染效果,除调整织物运行速度外,更重要的是控制升温速率,保证染料对织物纤维的均匀上染和最高的上染率。

此外,在染色升温过程中,被染织物纤维吸附的染液与自由循环染液总会存在一定的温度差(温度滞后),实际升温曲线并不完全与设定工艺升温曲线重合。如果这种温度差不尽快缩小,就会对整体织物的匀染性产生影响。对此,应提高织物与染液交换频率,控制低升温速率来减小温度差。同时,还可利用染料的移染性,采用分步温度控制,在上染率较高的温度区域,适当增加一定的保温时间,给染料提供一个移染的过程。

二、工艺时间

气流染色仍属于浸染方式,染料对被染织物纤维的吸附、扩散和固着需要一个过程,尤其是已吸附在纤维表面的染料向纤维内部扩散因阻力大,需要占用较长的时间。活性染料在固着过程中会发生二次上染,在保持一定固着时间的同时,也伴随着二次上染(包括移染过程)的均匀性。由于染色深度对加碱前的一次上染和加碱后的二次上染有不同的影响,除了可用加料方式控制外,就是时间的控制,所以染色工艺的时间也是染色过程控制的关键参数。

1. 时间设定的依据 在气流染色过程中,染料上染的各个阶段时间设定,通常取决于染料性能、织物纤维染色特性以及设备结构性能等。其中设备结构性能主要包括织物与染液的交换状况、染色浴比、温度控制和加料方式等,并形成一定的工艺条件。因此,染料性能、织物纤维染色特性和工艺条件是确定时间的依据。对于相同的染料性能和织物纤维染色特性,工艺条件的不同,染色各阶段的时间也不同。

根据气流染色的工艺条件,染色工艺时间的确定是建立在这样一个基础上的:既要考虑到低浴比为织物与染液提供了较高的交换频率,在完成整个染色过程所需的总循环次数一定时,所占用的时间要短;同时,又要注意到织物与染液在每次交换时的作用效果显著,可适当减少总交换次数。只有在兼顾两者的作用条件下,以完成染料上染织物所需总交换次数来确定时间,才是真正的染色时间,并且染色工艺总时间是缩短的。因此,缩短染色过程时间,必须是以技术上成熟、各项功能健全、自动化程度高的气流染色机为基础,再加严格的染色工艺程序才能够实现的。否则,可能又出现新的染色质量问题。

2. 时间控制的要求 在气流染色过程中,染料吸附并固着在被染织物纤维上,需要染液与被染织物在一定的时间内经过反复交换才能够完成。然而,在一定的条件下缩短染色加工时间,不仅可以提高生产效率,而且还可以避免时间过长对染色带来的不利影响。例如,弹力针织物加工过程时间过长,因张力的持续作用会导致弹力纤维(如氨纶)的疲劳损伤。又如,加工时间过长会造成某些染料(如活性染料)的水解,降低染料的上染率。除此之外,一些娇嫩织物表面也会因长时间的加工而出现起毛现象。这些问题的存在都需要染色工艺给出一个合理的加工过程时间控制。气流染色的低浴比,具有强烈的染液与织物交换程度,即使减少一定的交换次数,也能够完成整个上染和固色过程。同时,在染料上染率较低的温度区域内实现快速升温,可缩短升温时间。此外,对于有些能够承受较大张力的机织物,可适当提高织物的运行速度,这样不仅可以增强每次交换的作用程度,而且还增加与染液的交换频率,染色的总体时间可进一步缩短。

三、织物的装载

增加容布量往往是间歇式绳状染色机提高产量和减少批差的一种方法，但由于染色机结构性能（如布速、循环周期）决定了容布量的多少，特别是对轻薄织物的长度限制，大大影响了织物的装载能力。因此，气流染色机的容布量应根据织物的克重以及织物的循环周期来确定。相对设备所标注的公称容布量（一般都标出织物的具体克重范围），克重大的织物容布量可相对大一些，而克重轻的织物容布量相对小一些。与传统浴比较大的溢流或溢喷染色机相比，气流染色机对轻薄织物可采用多股进布，一般不会出现缠布现象。此外，即使与传统溢流或溢喷染色机具有同样的储布槽容积，因没有储存自由循环染液（主要存储在主回液管中），也可容纳较多的织物。

1. 按织物克重确定容量　在实际生产中，具体的容布量应根据织物克重来决定。克重大的织物容布量可以多一些（因布长度短），而克重小的织物要减量。尤其是克重在 $100g/m^2$ 以下的轻薄织物，容量只能是公称容量的60%以下，否则，因织物过长会出现缠布和织物停滞时间过长等问题。因此，气流染色机给出的最大容布量，一般是针对中厚织物（$195 \sim 315g/m^2$）而言，超过这个克重范围的织物，应酌情进行增减。为了织物匀染和不产生折痕，储布槽中织物的滞留时间一般不宜超过3min。考虑到气流染色的织物运行中的带液量较少，织物运行速度可适当选择高一些，尤其是超细纤维机织物的线速度，这有利于织物的匀染和增加容布量。

2. 织物的入装　装载时的进布速度应减慢，以保证织物在储布槽中能够有序堆积。即使进布完毕后也应慢速运行10min左右，让织物运行顺畅后再提高至所需的运行速度。织物匹与匹之间的接口最好采用缝纫机缝制，没有剖幅的筒状针织物缝头要留约100mm的排气口，以防织物经过喷嘴时形成气泡鼓胀，影响织物运行。但要注意，对于一些容易起皱的针织物，适当有一点鼓胀是有益的，可以不断扩展或改变针织物的折痕形态。

3. 织物环长度　在织物间歇式染色中，每一缸染色都有确定的容布量，而容布量的长度在单位时间内与染液的接触次数是有关系的。当织物的线速度一定时，织物的长度越长，循环的周期就越长，反之周期或时间就短。由于织物的循环周期直接影响到匀染性，所以必须在一定的条件下控制织物循环周期。如果超过设定的循环周期，并且织物的速度已经达到了最大值，那就要控制布长，也就是限制容布量。由于这种染色条件的限制，就使得轻薄织物的容布量比厚重织物减少。另外，对多管染色来说，入布时测定实际布长，均匀分配各管的容布量，以及控制单管的总布长，是保证各管织物的循环周期一致，并消除管差的关键。

4. 织物缝头检测　在每管布环中某一接口上缝制一个聚四氟乙烯外壳的磁棒，当通过设置在喷嘴外部附近的感应装置时，就会发出一个信号，直到下一个信号的发出，就表示了织物循环一周所需的时间，也是织物在储布槽中滞留的时间。这就是缝头检测的功能，主要是为了检测织物循环周期和出布时快速寻找织物匹之间的接缝。织物的循环线速度也可通过织物布环的周长和循环周期来确定，当然织物的实际线速度还应将织物的拉伸变形量考虑进去。有些染色机是以提布辊的转速换算成织物线速度，实际上是不准确的。尤其是织物运行速度较高时，织物与提布辊表面会发生相对滑动，也就是说，织物的实际线速度总是低于提布辊的线速度。随着提布辊速度的提高，这种速度差也就越大。

四、加料过程控制

染色过程的加料也是控制染料对织物上染量和均匀上染的主要手段，一般均采用自动加料控制。在气流染色过程中，不同类型染料的吸附速率、移染和固着方法也不同，除温度控制染料上染速率外，还可通过盐或碱的注入方式来单独或共同控制染色过程。染液的 pH 值变化对上染过程影响也很大，采用在线检测和控制已成为一项重要控制手段。此外，一些敏感色的染色，也必须对加料过程进行有效控制。

1. 加料浓度变化 气流染色的低浴比对染化料的浓度变化影响较大，尽管加料桶溶解染料和助剂的水在总浴比中比例较大，但依然有较高的浓度。而加料过程中，染液的浓度梯度变化也比较大，特别是浓度高的染液首先在喷嘴中与织物接触，相对其他部分织物的浓度差更大。如何保证在整个上染期间染料在织物上的均匀分配，除了织物与染液的快速交换外，就是对加料过程的控制。对于活性染料染色，因需要大量的盐，采用动态溶解和注入的方式可以较好地控制浓度的变化率。此外，染料和助剂在低浴比条件下刚开始加入时，自由染液与被染物所含带的染液存在一定浓度差，应通过单独设置的循环系统进行稀释，以防这种差异存在的时间过长对匀染不利。

2. pH 值变化与控制 传统的染色工艺由于受到设备条件的限制，很少有采用 pH 值检测和控制装置自动调整染液 pH 值，一般都是通过人工用 pH 值试纸测定。这样检测的 pH 值非常不准确，特别是活性染料在固色过程中的 pH 值的波动范围太大，以致活性染料的固着率很低。目前双活性基活性染料的固着率在 75%，主要原因就是 pH 值（一般是 10.5 ~11）范围太宽。有研究表明，染浴的 pH 值控制在 10.5 ~10.8 范围内，活性染料的固着率可达 80%，而这种精度范围依靠人工是无法控制的。所以，目前一些先进的设备上采用了 pH 值检测和控制装置，可以精确地控制染液 pH 值，使得染料的固着率大为提高。

3. 助剂对上染和固色的控制 助剂对染料的上染和固色起着非常重要的作用。目前许多气流染色机采用了全自动加料控制，并且可以实现比例加料控制，使染料对织物纤维呈直线形上染和固色。具体加料过程可根据使用的染料性能，确定加料控制方式。例如具有高活性、中等直接性的染料，在较低温度条件下染色时，初始固色阶段应精确控制碱的加入以保证匀染性。对于在碱性条件下染棉纤维活性较低的染料，直接性好，温度可升至 80℃，通过精确控制盐的加入来促染。

活性染料的上染和固色，可根据其不同特性通过电解质和碱进行控制。活性染料染浅色时，第一次上染的上染量大于 60%，应对电解质（如元明粉或盐）进行计量控制；染中深色时，第一次上染的上染量在 40% ~60%，电解质和碱的添加都应进行计量控制；染深色时，第一次上染的上染量小于 40%，须对碱剂进行计量控制，保证固色阶段的第二次上染的均匀性。对电解质和碱添加方式的控制，目的是为了染料能够呈线性上染和固色，保证织物的匀染性。这种根据活性染料上染和固色规律，对中性电解质和碱注入进行过程控制的方式已成为受控染色的重要组成部分。

4. 敏感色的加料控制 敏感色染料在 50℃蒸馏水中的溶解度为 100g/L，而在有电解质和碱的染浴中，溶解度会下降。对于气流染色机来说，浴比很低，尽管电解质的用量比普通溢喷染色机少,但浓度还是相对较高。所以气流染色机对敏感色控制要求更高一些。鉴于这种影响存在,敏感色的加料方法,一般是先加染料,后加电解质和碱。电解质和碱应采用先慢后快,分三次以上进行非线性加入。此外,还可以在加完染料之后,先预加一部分碱,然后再分三次以上加入元明粉,最后将剩余的碱分三次以上非线性加入。

五、织物线速度

织物线速度可达范围取决于染色机的结构特性,而具体织物线速度的设定又与工艺要求和织物结构性能有关。从匀染性的角度来考虑,当织物长度一定时,织物线速度越高越有利于织物与染液的交换,即可获得较高的交换频率。但织物线速度太快必然会对织物产生过大的张力,同时也容易增加织物表面之间相对摩擦的概率,使一些短纤类针织物表面易起毛起球。所以,织物的线速度必须结合织物循环周期、织物的张力以及织物的起毛性,根据设备的结构特性,设定在一个合理的范围内。

1. 织物线速度设定的依据 织物在染色过程中是否能够均匀上染和不产生折痕,与织物的循环周期有密切关系。一般情况下,织物的匀染和不产生折痕的循环周期以不超过 3min 为宜,一些匀染性较差或者容易起皱的织物循环周期应控制在 1.5 ~2.5min。所以,织物的循环周期一旦确定,织物的线速度设定主要取决于织物可承受的张力,以及设备可达到的织物运行线速度。相对溢喷染色机而言,气流染色机的气流牵引可使织物获得较高的线速度。只要在织物张力的允许范围内,应尽可能加快织物循环的线速度。这样,一方面可以保证织物的匀染性,另一方面可以缩短工艺时间,提高生产效率。

2. 对织物张力的影响 许多弹力织物或者编织比较松弛的针织物,要求在染整的整个加工过程中处于低张力状态,以减少织物的变形或对弹力纤维的损伤。尤其是含有氨纶的针织物在加工中受到的张力过大,不仅会产生变形,而且还会对氨纶弹力造成疲劳损伤,甚至在高温条件下还有可能出现断裂。因此,对于弹力织物(尤其氨纶含量较高的),一定要保证在低张力条件下进行染色加工,并且张力的作用时间应尽可能短。气流染色机的织物在储布槽内与自由循环染液处于分离状态(结构特点),织物在运行中所含带的染液量较少,故对织物产生的张力影响相对较小。

对于高织高密织物或者比表面积较大的超细纤维织物,由于可以承受较大的经向张力,只要在一定的保证措施下(如设备内表面的加工精度、使用中加润滑剂)不产生擦伤,可尽量提高布速,以利于匀染。通常,机织物比针织物可承受较大的经向张力,并且在气流染色过程中的带液量较少,所以,也可适当提高布速。

3. 织物线速度控制 气流染色的织物线速度控制,主要是通过风机变频调节风量大小来控制。一些克重大的织物因所需的牵引力大,需要较大的风量,但织物运行的线速度不一定高;相反,一些克重轻的织物,特别是 $100g/m^2$ 以下的轻薄织物,即使不太大的风量,也可获得较快的织物循环速度。采用变频控制风机转速,可以在较高的风机效率条件下,获得所需的风量和风压。不仅经济性好(效率高、省电),而且具有较好的风量与风压的特性曲线(变化平缓)。考虑到空气在高温下的黏度系数会增大,对织物的牵引力也随之加大,使织物的循环速度加快,可以适当降低风机的转速，保持风机处于恒功率状态，以减少电能的消耗。

气流染色机的提布辊不承担织物循环的主要牵引力，主要辅助织物运行，克服织物经提布辊所产生的转动阻力。一般情况下，只要将提布辊表面线速度与风牵引织物的线速度基本匹配即可。在风牵引织物运行的线速度较低的情况下，应注意提布辊表面线速度不能过快，否则会造成织物缠辊现象。此外，风机与提布辊在启动和停止时有一个先后顺序问题，开机时先启动风机，然后再启动提布辊，停机时则相反，目的是为了防止织物缠辊。这项功能一般都已设置在自动程序中。

六、浴比和入水

染色浴比对气流染色也是非常重要的，应严格按浴比控制入水量。对于混纺织物应根据各组分纤维所占比例计算出实际的浴比，而不应按100%的组分纤维确定浴比，因为这样会增大浴比，影响色光。相对浴比较大的传统溢流或溢喷染色机而言，气流染色机的低浴比染色液位控制要求更高，其波动过大不但影响染料的溶解度，而且还会影响到染料的上染率。因此，气流染色的液位检测必须准确，一般是采用压差式模拟量液位检测。它可根据条件的变化，如织物开始吸水较少，需要一定时间才能够浸透，这时可以进行多次补水，直至达到规定的浴比为止。

气流染色的低浴比对活性染料直接性的影响较大，上染率和固色率都会提高；而染液的浓度、温度变化以及循环状态，在低浴比条件下的波动比较大，对整个染色系统的稳定性也会产生影响。就整个染色过程而言，入水量的计量精度、溶解染化料的回液占总染液的比例、织物含带染液与主体循环染液的比例分配等，都必须进行精确检测和控制。一般是在设备进水管路中设置流量控制器，连接电脑控制系统。根据被染织物的品种、克重、容量以及工艺方法进行设置，整个过程由自动程序去完成。此外，入水计量除了可以准确地控制染色浴比外，还可对水洗过程的每一步水洗量进行控制；并且相同的染色工艺，具有记忆功能。对于压差式模拟量控制，虽可获得较好的控制精度，但有时可能受到温度的影响，即设定的浴比可能因压差计受温度影响产生变动，改变了原来的设定值。所以，一般都配置抗干扰性较好的压差式变送器。

第七节　气流染色中一些特殊工艺控制

气流染色的低浴比工艺条件，对一些本身比较难控制的染色工艺似乎加大了难度。如浅色的上染速率控制、深色的染料浓度对染料溶解度的要求以及敏感色的加料问题等，目前对气流染色过程控制仍然是一个比较难掌握的技术。这些特殊工艺不仅在气流染色中难点，在普通溢喷染色中也同样是不容易控制的。或许一些比较有经验或者已多年使用过气流染色机的印染厂在这方面已经积累了丰富的经验，并已成为成熟工艺。但对更多还没有接触过或刚使用不久的厂家来说，却有可能是一个难以攻克的技术。因此，为了避免减少资源浪费和少走弯路，非常有必要对这方面进行一些了解和认识。总之，对一些特殊工艺，只有在设备控制、染化料选择和工艺方法上采取一定措施，从中找出规律，然后通过自动程序进行控制，才是解决问题的根本方法。本节对一些特殊的工艺控制进行分析和讨论，目的在于提供一个工艺思路，并且举一反三。

一、浅色的染色过程控制

在传统的染色工艺设计中，一般是根据染色深度来确定染色时间和助剂的加入方式。例如染深色时，须延长时间，以保证更多的染料上染，并且要加入较多的助剂和采用分批加入，而染浅色则相反。但是，在人们对颜色品质要求越来越高，并且颜色的种类越来越多的今天，仍然采用这种传统的方法，似乎已不能完全满足客户的要求了。例如对于浅米色、浅灰色、石头色、浅卡其色等，在传统的工艺中是少见的，也没有这方面的经验。如果还是仅仅凭颜色的深浅来设定时间和加料方式，那么肯定会出现染色问题。因此，必须根据染料性能、上染速率以及染料的饱和度来确定染色工艺。对于气流染色来说，这方面更重要。因为还涉及工艺条件的变化，特别是低浴比对染料和助剂在上染过程中的影响。

1. 浅色的染色特点　一般情况下，染色时间的长短对颜色的深浅有一定影响，但更多的时候，颜色的深浅主要决定于染料的性能、上染率以及染料的饱和值。一些染料的上染率和饱和值，不会因为染色浅而提高。如果设定完成染色时间仅仅在染料上染速率最快的时间内，就有可能产生不均匀上染。只有超过染料上染速率最快的时间段，才有可能达到染料上染的饱和值。这时再适当增加一个稳定时间，保证染料与纤维的充分反应，就容易获得匀染和透染，并能达到所需的色光要求。

2. 时间控制　传统染色工艺对浅色的染色时间大多设定在60min左右，而此时正处于上染的敏感时间段，色光很不稳定。例如浅米色、浅灰色、浅卡其色等浅色，采用60min的染色时间，如果每隔3min取一次样，那么就可以发现，一次比一次红而深。如果延长染色时间至80min，并采用计量加料控制，再每隔3min取一次样，则色光、色深度就基本处于稳定状态。

3. 计量加料　对于浅色来说，一般使用的助剂也相对较少，但不能因此而忽视加料的时间和次数。应该根据染料和助剂的性能、纤维与染料和助剂的反应状况，进行时间和定量的控制。由于染料在助剂和温度的作用下，会加快与纤维的反应速度，在短时间内是不能保证对纤维的均匀吸附或固着，所以这时也容易出现染色质量问题。只有采用分批和计量控制助剂的加入，才能够保证染料对纤维的吸附或反应趋于平缓和均匀。因此，在气流染色的低浴比工艺条件下，对于匀染性要求较高的浅色，保证染色质量主要靠温度和加料控制，而不能单独依靠时间来控制。

二、敏感色工艺

在普通溢喷染色机中进行敏感色染色是比较难控制的，尤其是在浴比较低的条件下染色质量更是难以保证。主要原因是混拼染料中各只染料的上染条件存在较大差异，很难在同一工艺条件下达到完全一致的上染量。由于气流染色的浴比非常低，对同一种活性染料，即使在不增加电解质时也会提高其直接性，加快上染速率，所以，气流染色对敏感色的染色，要比普通溢喷染色机更加难控制。曾在一段时间里，气流染色机几乎无法用于敏感色染色。后来经过分析，认为是在主循环泵进口加料，进入到染液喷嘴的浓度太高，造成整体织物的染料上染分配不均匀。所以，就将加料进口改在主回液管中，让染料先经过主回液管与主体染液进行混合并稀释，然后再进入染液喷嘴与织物进行交换。通过这种加料方式，对敏感色有很大改善。但是，染色的“一次成功率”仍然不是很高。

由此可见，敏感色的控制不单纯是设备问题，工艺的影响因素也很大。要真正解决这一染色难题，除了仔细选用配伍性较好的染料组合外，还必须将工艺与设备功能结合起来，开发适于气流染色机新的染色工艺。根据敏感色的深浅程度不同，这里介绍一些敏感色染色工艺。

1. 浅色敏感色的染色 对活性染料来说，浅色的第一次（加碱之前）上染率很高，所以主要是对元明粉加入的控制。一般要求分批缓慢加入，且每段应采用计量控制。元明粉分段加入后运行20min，在低温下一次性缓慢加入碱剂，最后再进行升温和保温。参考工艺曲线如图4－4所示。

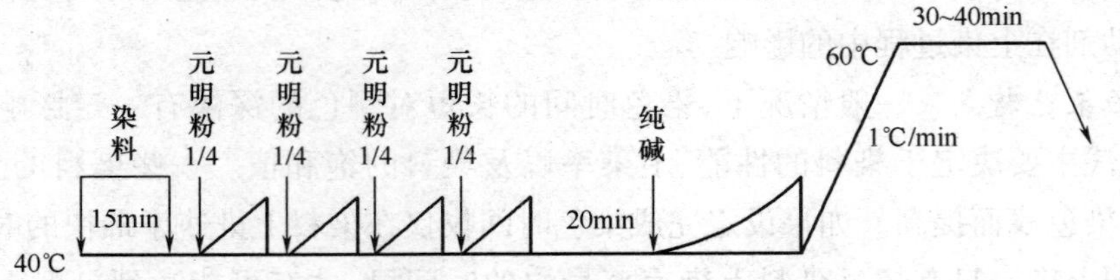

图4－4 浅色敏感色染色工艺曲线

2. 中色敏感色的染色 相对浅色敏感色而言，中色敏感色的元明粉和碱剂对染料上染的影响较大，必须采用分批计量加入。60℃时应分批次加入碱剂，目的是提高一次吸尽率。应注意，溶解碱的水最好用清水，然后边回流边加料，以达到稀释效果。如果是对碱敏感的活性染料，可能在加碱固色的初始阶段，会出现瞬染的现象，容易导致上染不匀，应该采用加碱升温法进行染色。其方法是：在室温下的染液中，加入1～2g/L的纯碱，使染液呈现弱碱性。通过这种方式可以减缓加碱固色初期出现瞬染的程度，有利于提高染料在缓慢升温和保温上染过程中对纤维的上染量和匀染性。在这个过程中，应注意预加碱的量不宜过大，一般中色为1.5g/L，升温速率应控制在1℃/min。对活性黑KN－B、活性艳蓝KN－R、活性嫩黄M－7G等对碱敏感性较强的活性染料，可参考图4－5所示工艺曲线。

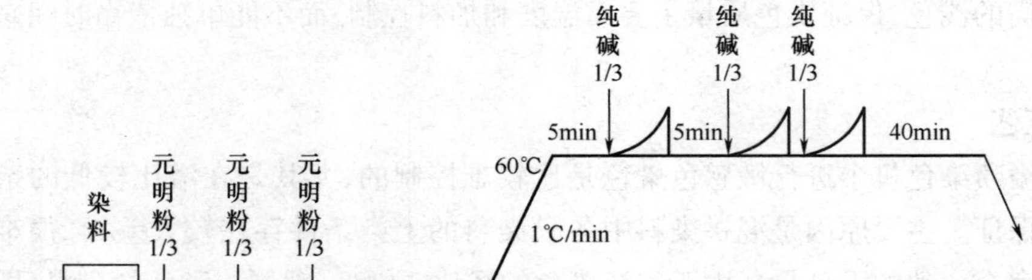

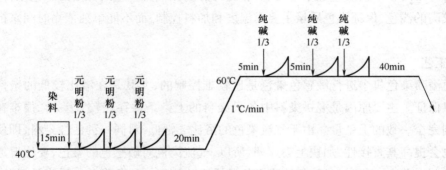

图4－5 中色敏感色染色工艺曲线

3. 深色敏感色的染色　由于染深色所需的盐也相对较多，为了避免出现盐析现象，应注意加元明粉的方式，可采用分批次加入。加碱必须用清水化料，溶解后应边回流边进料，避免浓度过高直接与织物接触。在加盐和碱的过程中，应尽可能提高织物与染液的交换频率。必要时可适当加入一些润滑剂，减少织物之间的摩擦。对于特别敏感的深色，还可加入棉匀染剂，以减缓盐析倾向。参考工艺曲线如图 4－6 所示。

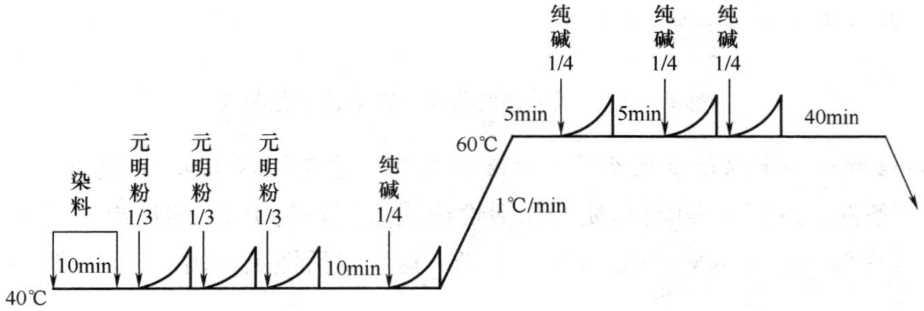

图 4－6　深色敏感色染色工艺曲线

三、对碱敏感的活性染料染色工艺

一些对碱敏感的活性染料，由于加碱控制方式不当，对匀染影响很大。根据活性染料对碱的敏感程度不同，这里介绍三种控制方式。

1. 对碱敏感性一般的活性染料　这一类活性染料在加碱固色的初始阶段，出现的瞬染相对较为缓和。可以采用先加盐中性染浴上染，然后在碱性染浴中固色。这也是传统工艺染色方法。其工艺曲线如图 4－7 所示。

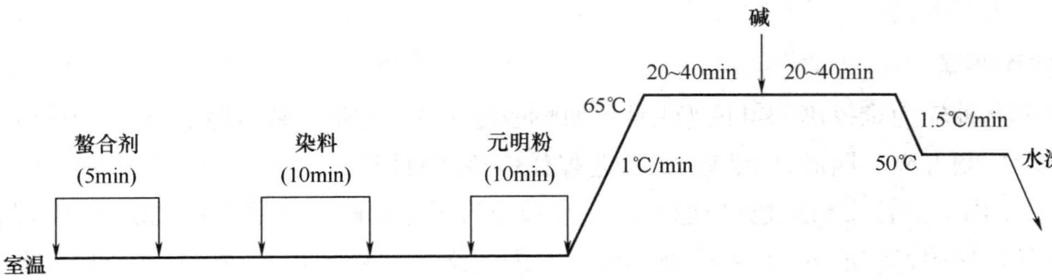

图 4－7　对碱敏感性一般的活性染料染色工艺曲线

2. 对碱敏感的活性染料　这一类活性染料在加碱固色阶段，出现的瞬染现象较为突出，建议采用预加碱升温控制。也就是在室温下染液中，加入 1～2g/L 纯碱，使染液呈现弱碱性。在这种条件下，染料在缓慢的升温和保温过程中，能够有效提高对纤维的上染率；同时也减缓了加碱固色初始阶段出现的瞬染程度，从而容易保证匀染性。在这一控制中，也要限制预加碱量，以及减缓升温速率。像活性黑 KN－B、活性艳蓝 KN－R、活性嫩黄 M－7G 等属于这一类染料，可采用图 4－8 所示工艺曲线。

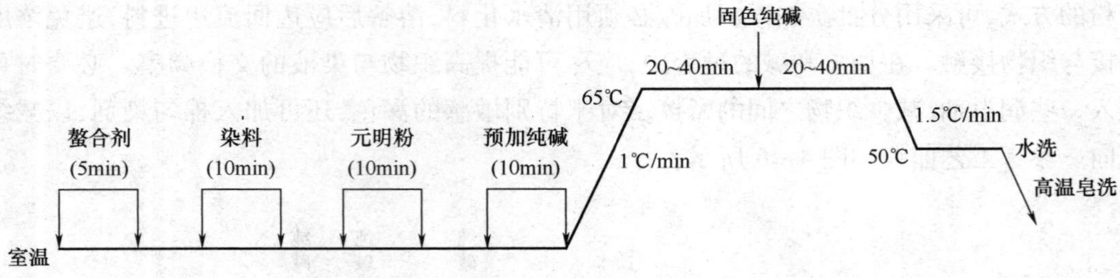

图 4-8　对碱敏感的活性染料染色工艺曲线

3. 由低温活性橙和中温活性黑所拼混的活性染料　这类染料应采用分段染色进行控制，即先在低温 40℃条件下进行上染固色，使低温活性橙先进行均匀上染，然后再升温至 65℃进行保温上染固色，让中温活性黑 KN-B 组分均匀上染。这里以活性黑为例，可选用图 4-9 所示工艺曲线。

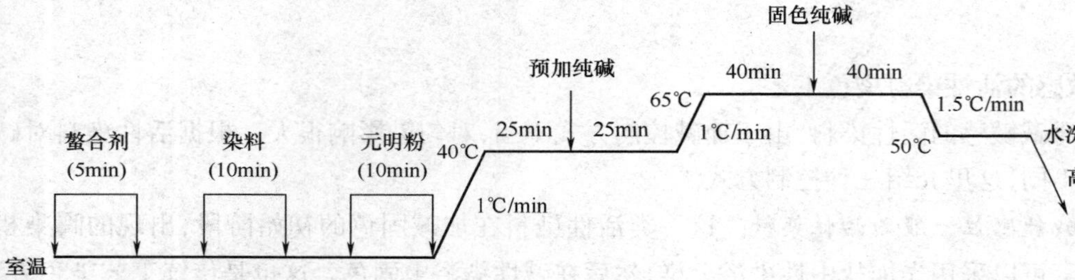

图 4-9　低温活性橙与中温活性黑拼混染料染色工艺曲线

四、工艺操作要素

从以上几种较为难控制的染色工艺来看，无论是敏感色还是对碱敏感的染色工艺，主要是体现在碱剂的控制方面。因此，归纳起来，工艺操作应该注意以下几点：

(1)对中温型活性染料染色，应选用单一纯碱作为固色用碱。其原因是纯碱的 pH 值缓冲能力和范围可以使固色液的 pH 值在较宽的浓度范围内维持并稳定在 11 左右，为染料与纤维发生键合反应提供了所需的碱性条件，并且可减少染料的水解程度。

(2)有应用表明，选单一纯碱作为固色碱，要比单一的磷酸三钠，或纯碱—磷酸三钠、纯碱—烧碱等复合碱得色更纯正，且色光稳定，匀染性更好。

(3)在固色过程中，加碱要采用非线性加入，即先慢后快，使染液的碱性逐步增强，确保染料对纤维呈直线形平缓进行，尽量避免出现瞬染现象。此外，纯碱必须用 60~70℃热水进行充分溶解，必要时可分批次进行溶解。加入时一定要采用计量控制，并且要避免高浓度碱液直接与织物接触。

(4)为了保证染液(特别是含有碱的)与织物充分和均匀地接触，应该加快织物与染液的交换频率,及时更换织物纤维表面动力边界层和扩散边界层的染液,迅速补充向纤维内部扩散所需的染料。

参考文献

[1]宋心远、沈煜如. 活性染料染色[M]. 北京:中国纺织出版社,2009.
[2]宋心远. 新合纤染整[M]. 北京:中国纺织出版社,1997.
[3]刘江坚. 气流染色的过程受控[J]. 印染,2010(6):22-24.

第五章　织物气流染色

气流染色作为织物的一种新型染色方式，部分继承了传统溢流或喷射染色的上染过程，同时在很大程度上改变了染色工艺条件，使织物更容易获得均匀上染。特别是一些传统溢流或喷射染色无法或不容易控制的染色织物，在气流染色机上可顺利实现。气流染色机的小浴比工艺条件，是影响气流染色过程的主要参数。对活性染料染色来说，可以提高染料的直接性，减小了对促染剂（元明粉或食盐）的依存性，并且可减少固色碱的用量，降低染料的水解，提高染料的固色率。因此，气流染色的小浴比工艺条件，为提高活性染料的上染率提供了有利条件。

与传统溢流或喷射染色相比，气流染色的染液与织物的交换条件对染料在织物纤维上均匀上染也起到了重要的作用。染液经雾化喷嘴的雾化作用，颗粒更细，充分弥散在气流中，增大了与织物的接触面积，使染料能够快速均匀地分布在织物纤维上。这种浓度高、交换剧烈的气液两相分散流，不仅可减薄织物纤维表面的染液动力边界层和扩散边界层，而且还可及时向边界层提供新鲜染液，从而保证了织物在每个循环周期中获得充分向纤维内部扩散的染料。因此，气流染色具有非常好的匀染性。

第一节　纤维素纤维织物的气流染色

早期的气流染色主要用于超细纤维和少数几个织物品种。经过近十年来气流染色机的不断改进和发展，人们在常规纤维织物的气流染色方面进行了大量的工艺开发和实验，获得了较大成就。特别是棉和化纤针织物的染色，已在气流染色机得到了普遍应用，而机织物中化纤面料以及棉与化纤混纺织物也获得较好的染色效果。

活性染料是纤维素纤维织物染色应用最多的一类染料，不但色谱齐全，而且色牢度也较好。活性染料的直接性较低，在与纤维形成共价键的同时还伴随着染料的水解。虽然气流染色的低浴比条件，在一定程度上可以提高活性染料的直接性，但染液中仍然会残留一部分未上染和水解染料。所以，染色后还必须通过充分水洗去除这部分浮色，以提高色牢度。

由于纤维素纤维目前主要采用活性染料进行染色，所以本节主要介绍用活性染料对纤维素纤维织物的气流染色。

一、染色工艺条件及控制

在实际生产中，无论采用什么染色方法，一些影响到染色过程的重要因素，一般都要作为染色工艺条件进行控制。例如染料的结构和性能、被染织物纤维结构和染色特性、染色工艺温度、浴比和染液的 pH 值等，必须通过严格的工艺设计和工艺条件控制，才能够顺利保证染色过程的实现。由于不同染料和织物纤维都有其自身的特性和上染规律，并且还有可能受到前道工序的影响，一般在染色过程中是无法随意改变的。所以在实际染色中，更多的情况是对上染条件和染色过程的控制，以满足染料对织物纤维的上染规律。

1. 织物的前处理要求 所有织物的前处理是染色之前必须经过的一道工序。对于浅色的前处理，除煮练外，漂白对颜色的深度影响也很大。对一些要求较高的织物还需进行精练处理，以便充分去除纤维中的油剂和蜡质等疏水性物质，并且使纤维的超分子结构和形态结构得到改善。有时为了提高棉纤维的上染率和光泽效果，还需进行丝光处理。前处理后织物的白度和亮度，对织物的色光也会产生影响。相同的染料上染率和固色率，颜色的明度和色度值也会有差异。这里既有纤维结构变化所引起的结构生色特性的不同，也有织物白度和亮度变化对色光的影响。

2. 染色温度与升温速率 固色温度取决于染料的反应性，反应性强的固色温度低，反之则高。染料上染率和固色率的高低虽然是确定上染和固色温度的依据，但同时还要兼顾染色过程的匀染和透染效果。染料的上染率和固色率随着温度的升高而提高，并且匀染和透染效果也会提高，但染料的直接性会随之而降低。所以，对于同一类染料，它们之间的上染和固色温度也应有所不同。一般情况下，溶解度较低的染料应适当提高上染温度。纤维的性质和织物的组织结构与染色温度存在一定关系，例如具有皮层结构的黏胶长丝，染料向纤维内部扩散的阻力较大，染色温度应适当提高。又如组织结构紧密的织物，也应提高染色温度。为了保证染料的均匀上染，还要严格控制升温速率。对于直接性高、反应性对温度敏感的染料，要采用缓慢升温控制，尤其是低升温速率的严格控制。

3. 染色浴比 活性染料的直接性与染色浴比有非常密切的关系，随着浴比的降低其直接性会显著提高。气流染色的低浴比条件，可提高活性染料的直接性。低浴比增加了染液的浓度，同时也提高了纤维上的染料浓度，加快固色速率，但平衡上染百分率会降低。对于小样染色的浴比（通常浴比较大）向气流染色浴比转换时，可根据染料样本或校正因子进行计算，以求得所需的实际染料浓度。对于染料的配色，应根据染料总浓度曲线查找校正因子，而不应该按照各个染料的浓度曲线查找。

4. 中性电解质和碱剂 一般情况下，为了提高普通活性染料的直接性，在染色过程中都要加入元明粉或食盐。工业食盐中所含有的钙、镁和铁等金属离子，不仅会降低某些染料的上染率和固色率，而且还会影响颜色鲜艳度和重现性。相比之下，元明粉的纯度较高，能够保证颜色的鲜艳度和重现性。因元明粉含有较多的结晶水，所以用量要比食盐高两倍左右。

活性染料依靠中性电解质的钠离子等阳离子的作用，提高对纤维的上染率；同时一些有机阴离子，对活性染料也能起到更为显著的促染作用。因此，选用一些有机盐不仅可以达到很好的促染效果，而且在降低用量的条件下可进行充分上染，有利于减少中性电解质对环境的污染。此外，应控制气流染色低浴比条件下的盐浓度，否则容易对染料产生聚集，降低上染率和匀染性。

活性染料必须在碱性条件下进行固色。不同活性基的反应性不同，应选用强弱程度不同的碱剂。不同碱性的碱剂在10g/L、温度25℃溶液中的pH值如表5－1所示。

表 5-1 碱剂在 10g/L、温度 25℃溶液中的 pH 值

碱性由强至弱	NaOH（烧碱）	Na_3PO_4（磷酸钠）	Na_2SiO_3（水玻璃）	Na_2CO_3（纯碱）	$NaHCO_3$（小苏打）
pH 值（10g/L）	>12	11.4	10.4	10.3	8.4

这些碱剂除了碱性强弱不同外，对染液的 pH 值缓冲能力也不同。其中以 Na_3PO_4、Na_2SiO_3 和 Na_2CO_3 的缓冲能力最强，使染液的 pH 值具有较好的稳定性。一般使用最多的是 Na_2CO_3（纯碱），可以将染液的 pH 值维持在 10.5～11.5，染料能够达到最佳的固色效果。将 $NaHCO_3$（小苏打）与 Na_2CO_3（纯碱）混合起来使用，比较适于再生纤维素纤维和紧密度较高的织物，有利于提高它们的匀染和透染效果。除此之外，可选用少量的纯碱和烧碱进行混合使用（烧碱应后加入），也能获得同样效果。Na_3PO_4（磷酸钠）的碱性较强，而且具有较强的缓冲和软化水的双重作用，但对水资源会造成污染，故现在已限制使用。

5. 染色工艺控制 从以上工艺条件中可以看出，对活性染料固色影响较大的主要是染料、中性电解质、温度和染液的 pH 值。它们之间实际上又是相互有关联的。例如染液提高 1 个 pH 单位，染料的反应速率可提高约 10 倍；而温度升高 20℃，则染料的反应速率也提高约 10 倍。这就意味着改变 1 个 pH 单位所产生的影响，相当于改变温度 20℃所产生的影响。因此，对固色速率而言，提高固色温度，就可以降低染液的 pH 值。但是，温度或 pH 值的提高，固色效率却是降低的。

一般活性染料的染色工艺，是采用一定的缓冲 pH 值，通过温度控制来达到均匀上染和所需的固色率。若以工艺参数形式表达，就如图 5-1 所示。图中表述出染料浓度、电解质浓度、温度以及染液的 pH 值在染色过程中的变化规律。染色的初始阶段，染液中染料浓度最高。随着染色过程的进行，染料不断地上染和固着在纤维上，并且还有部分水解染料的产生，染液中染料的浓度逐渐降低趋于零。在染色开始或进行一定时间后，加入电解质（可分批加入），其浓度基本恒定（染料反应后会有少量形成）。染色温度一般采用逐步升温或者分阶段逐步升温，升温速率

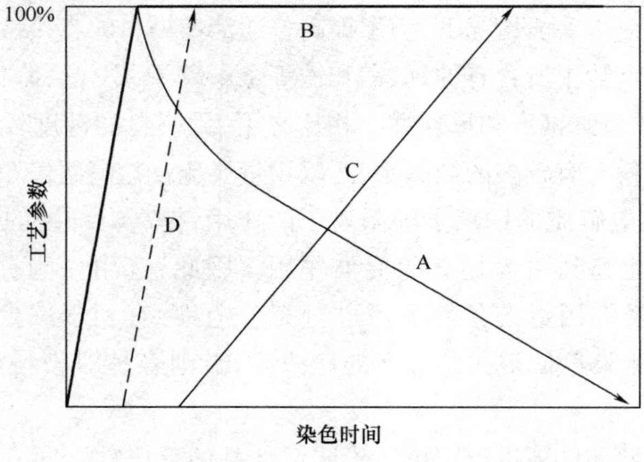

图 5-1 常规活性染料染色工艺控制示意图

A—染料浓度 B—电解质浓度 C—温度 D—pH 值

可根据染料性质、染液与织物的交换状态以及染液的 pH 值进行确定。其原则是在保证良好的匀染、透染效果，以及固色率的前提下，加快固色速率。染料与纤维发生键合反应后，会不断释放出酸性物质，使染液的 pH 值下降。如不控制染液的 pH 值，则会影响到染料与纤维继续键合反应。所以，染料上染一定时间后，需要加入碱剂来稳定染液的 pH 值。

总之，活性染料染色工艺的基本参数主要是染料浓度、染液的温度和 pH 值，而浴比、染液循环状态、加料方式以及织物与染液的交换方式等，则是保证这些基本参数的控制手段或工艺条件。如果采用自动工艺程序控制，那么就包括温控曲线（即温度随时间的变化曲线）、织物的循环周期、染液的循环状态（包括循环频率、喷嘴流量和压力）、气流循环状态、加料控制以及染液的 pH 值检测和控制等。随着控制技术水平的发展和进步，这些基本参数和工艺条件，目前大部分可以通过计算机程序实现自动化控制，并且具有较好的工艺重现性。

二、活性染料染纯棉织物

纯棉织物的纤维为天然纤维素纤维，目前使用的染料主要是活性染料。机织物目前大多采用平幅卷染或连续式轧染，而针织物基本上采用溢流或溢喷染色机进行染色。根据这种加工方式，拥有气流染色机的印染厂，也基本上用于针织物的染色。气流染色机用于纯棉织物染色的工艺流程与传统溢流或溢喷染色机基本相同，主要是对染色处方和工艺条件作出一些调整。这里列举一些常用的纯棉织物气流染色工艺。

1. 染色工艺流程　进布（前处理后）→升温上染（加染料、元明粉）→加纯碱保温固色→清洗→皂洗→清洗→出布

2. 染色工艺曲线

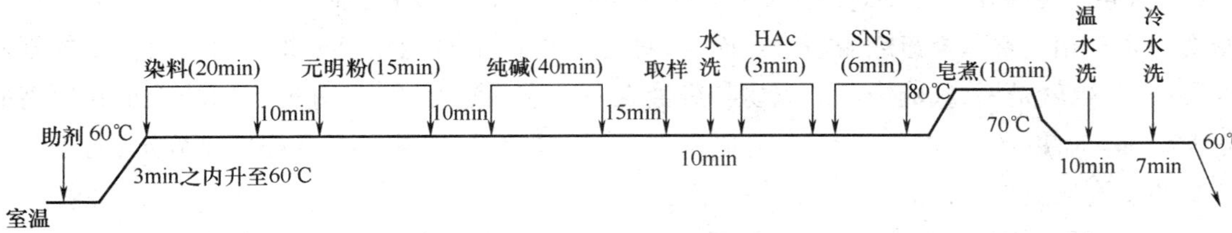

3. 染色处方和工艺条件（表 5-2）

表 5-2　纯棉织物气流染色处方及工艺条件（一浴两步法）

染色处方及工艺条件		用量及设定参数		
		浅　色	中　色	深　色
染色	活性染料（%，owf）	0.3 以下	0.3～2	2 以上
	元明粉用量（g/L）	5～10	10～15	16～50
固色	碱剂用量（g/L）	3～5	5～7	7～10
皂洗	净洗剂用量（mL）	500～1000		

续表

染色处方及工艺条件		用量及设定参数		
		浅 色	中 色	深 色
工艺条件	浴比	1:(3.5~4)		
	pH值	10.5~11.5		
	染色温度(℃)	根据染料类别而定		
	染色时间(min)	35~40		
	固色温度(℃)	根据染料类别而定		
	固色时间(min)	55~75		
	皂洗温度(℃)	80~90		
	皂洗时间(min)	10~20		

4. 染色过程控制 纯棉织物经前处理后,吸水性较强,织物按250%~300%的吸水量计算,剩余的水作为主循环水。气流染色的过程控制主要是温度和加料方式的控制,可通过计算机设定程序,由自动程序控制完成。

(1)温度。上染温度和固色温度一般是由染料的类别所决定。由于气流染色的小浴比可提高活性染料的直接性,并且染液的浓度相对较高,具有较高的上染率,所以宜选用中、低温活性染料。这样既可提高染料的上染率,同时可减少元明粉和碱的用量。温度控制中主要是升温速率的控制,特别低升温速率,必须严格控制温度的波动。气流染色机一般都有比例升温控制,可有效控制升温过程中的温度波动。

(2)时间。主要是对上染、固色以及加料时间的控制,与染料性能、织物与染液的交换状态有密切关系。相对普通溢流或溢喷染色而言,对同一类染料,气流染色的织物与染液交换的剧烈程度要许多;也就是说,气流染色的织物与染液在一个交换过程中,具有更均匀的效果和较高的染料上染率。所以,气流染色的时间,应以染料与织物的交换次数和交换程度来确定,而不应套用传统的溢流或溢喷染色的时间。

(3)织物循环周期。为保证织物的均匀上染,织物循环周期可设定在1.5~2.5min。对于一般颜色的织物循环周期,可相对长一些;而对敏感色以及容易起皱的织物,循环周期应相应短一些。织物循环周期是确定织物具体容布量的主要依据,特别是单管织物周长,是通过循环周期和织物循环线速度来确定的。

(4)风量。气流染色中的风量是控制织物循环速度的,是由风机电机变频控制的,可根据不同织物克重进行调节。通常,克重大的织物,风量也相对较大;反之则相反。对于轻薄织物应注意减小风量,避免对织物表面的影响。对于一些易折痕的轻薄织物,可将提布辊的线速度稍微滞后于风牵引织物的速度。这样织物离开导布管时有一个纬向扩展过程,避免织物纵向折痕产生。由于空气的黏度系数随着温度的升高而增大,在常温下设定的风机风量,在高温下会增加对织物的牵引力,加快织物的运行速度。所以,为了保持织物运行稳定性和风机的恒功率,最好在程序中设定变频率控制。这样既可以减少高温下高速运行,对弹力织物中弹性纤维的张力和布面影响,同时也可节省风机电能消耗。

(5)加料方式。根据活性染料的上染和固色规律,对染料和助剂实现计量加注,保证染料对纤维呈直线形上染和固色。加料控制已成为目前受控染色的重要手段,气流染色机的加料系统可通过计量(或比例)加料,较好地实现这一过程。具体控制过程的要求可参见本书中加料控制部分内容。

三、活性染料染黏胶纤维织物

黏胶纤维属于再生纤维素纤维,虽然化学成分是纤维素,但其超分子结构和形态结构与棉纤维不同,所以染色性能也不同于棉纤维。黏胶纤维也适于活性染料染色,主要采用二阶段染色法和全料一阶段两种染色方法。由于气流染色过程中织物经过喷嘴和导布管后,气流对织物有一个扩展作用,可不断改变织物的折叠位置,所以纯纺黏胶纤维或含有弹性纤维的黏胶纤维针织物可以开幅进行染色。

1. 染色工艺流程　进布(前处理后)→升温上染→保温固色→清洗→皂洗(温度95℃,20min)→清洗→出布

2. 染色工艺曲线　采用二阶段染色法。

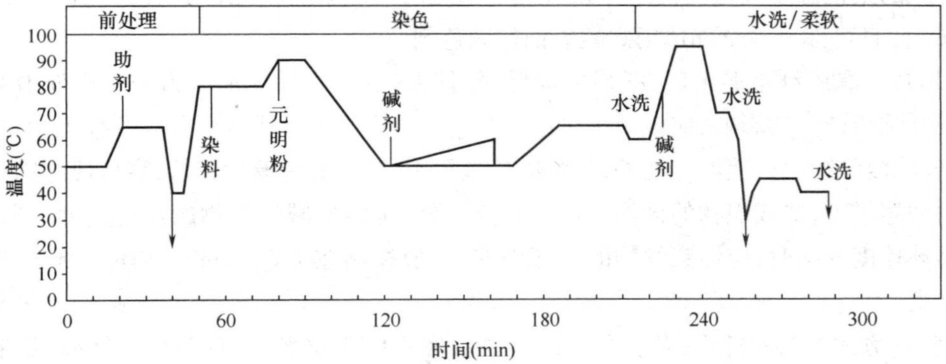

3. 染色处方和工艺条件(表5-3)

表5-3　黏胶纤维织物气流染色处方及工艺条件

染色处方及工艺条件		用量及设定参数		
		浅　色	中　色	深　色
染色	活性染料(%,owf)	0.5以下	0.5~3	3以上
	元明粉(g/L)	5~10	10~15	15~40
固色	纯碱(g/L)	3~5	5~7	7~10
皂洗	净洗剂用量(mL)	500~1000		

续表

染色处方及工艺条件		用量及设定参数		
		浅色	中色	深色
工艺条件	浴比	1:(3.5~4)		
	pH 值	10.5~11.5		
	染色温度(℃)	由具体染料类别而定		
	染色时间(min)	40~60		
	固色温度(℃)	由具体染料类别而定		
	固色时间(min)	30~40		
	皂洗温度(℃)	90~95		
	皂洗时间(min)	10~20		

4. 过程控制 黏胶纤维织物在气流染色中的控制要比棉织物的要求高,主要是由纤维特性所决定的。黏胶纤维遇水后的溶胀性比棉纤维大,吸水率高,且湿强力会降低,故应注意布速的控制。

(1)温度。由于黏胶纤维是皮芯结构,皮层取向度较高,且纤维孔道小,染料扩散较困难,所以黏胶纤维的染色温度应适当提高。如果选用二氯均三嗪染料染色,则染色和固色温度可以提高到50℃,并且可部分或全部选用碳酸氢钠作固色剂。

(2)风速。黏胶纤维遇水后,湿强力降低,延伸度提高,容易变形。为了减小外力对这种条件的黏胶纤维所产生的影响,应该减小风速对织物的牵引张力。所以对黏胶纤维织物,尤其是针织物,应该减慢织物运行速度。此外,气流染色过程中,织物的带液量较低,容易使织物与设备内壁表面的摩擦增大,造成织物的擦伤。从这一点来看,也需要减慢织物的运行速度。但是,在降低织物循环速度的同时,应注意织物的循环周期,一般控制在1.5~2min循环一圈,以保证织物的均匀上染。

(3)加料方式。与棉纤维相比,黏胶纤维具有较高的无定形区,且呈皮层结构,染液的温度和pH值条件对染料的上染和固色速率影响较大。因此,上染过程中,通常要分两次加入电解质,控制均匀上染。加碱固色最好选用纯碱,且用量宜少。一方面可以保证染液pH值的稳定性,另一方面可减少对纤维因溶解所造成的损伤。碱溶解后须在降温后缓慢加入。

第二节 涤纶织物的气流染色

聚酯纤维,即涤纶,采用分散染料染色,目前在气流染色中获得了广泛应用。在室温下,分散染料在染浴中呈悬浮体状态,结晶颗粒的染料和溶解的染料处于动态平衡。分散染料在染液温度为60~70℃时,对涤纶几乎不上染;当温度升至90℃时就开始逐步上染;温度达到110℃时,上染速率迅速增加。分散染料对涤纶上染的过程,首先是溶解的染料被纤维外层吸附,然后再向纤维内部扩散。染料的扩散速度随温度的升高而增加,原因是提高温度会使涤纶中非结晶区的高分子链段松动,增大了微隙,染料分子容易进入纤维内部。对于纯涤纶针织物来说,在聚酯纤维的纺丝和编织过程，为减小摩擦阻力，需要加入润滑剂。而这些油剂对染色有很大影响，故染色前必须先进行去油处理。

分散染料对涤纶的气流染色过程，与普通溢喷染色基本相同，匀染效果要更好一些，主要是染液与织物的交换状态有所不同。但是，分散染料染涤纶深色时，气流染色却普遍存在比溢喷染色得色浅的情况。究竟是什么原因引起的，目前尚不清楚。有关这一问题，后面会进行讨论和分析。

一、染色工艺流程及工艺曲线

涤纶织物的高温高压染色法是在130℃温度下保温染色。因为在该温度下，纤维分子链段的运动非常剧烈，可以加快染料向纤维内部的扩散速率。用高温高压进行涤纶织物染色，染料的利用率可达90%，且遮盖性和耐摩擦牢度也比较好。

涤纶织物高温高压染色工艺流程：去油处理→染色→水洗、皂洗（还原清洗）→热水洗→冷水洗

1. 去油工艺曲线

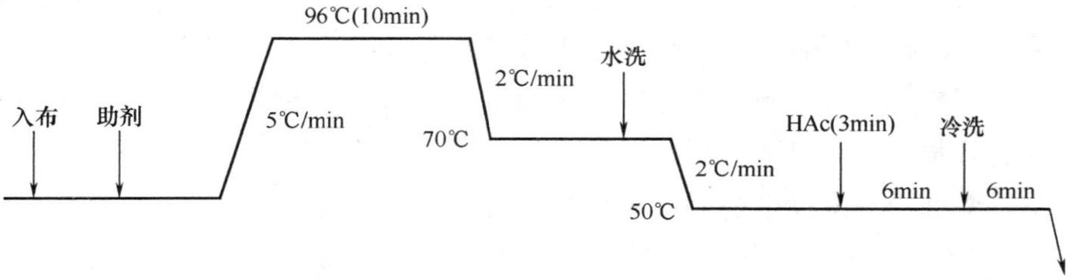

2. 染色工艺曲线

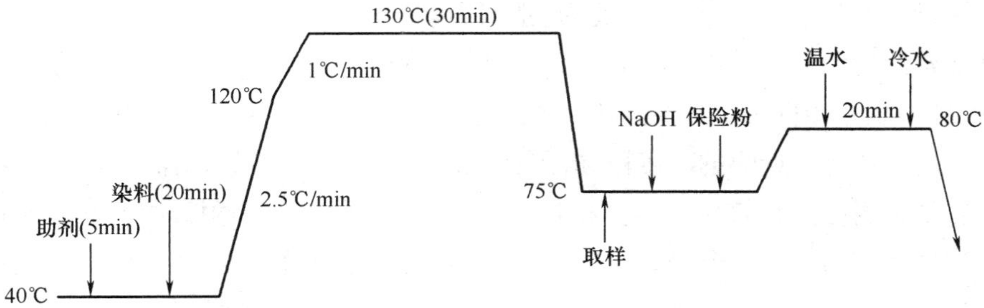

3. 染色处方和工艺条件（表5-4）

表5-4　涤纶染色处方及工艺条件

染色处方及工艺条件		用量及设定参数
染色	分散染料（%，owf）	x
	分散剂（g/L）	0~2
	匀染剂（g/L）	0.5~1.0
	HAc（98%，mL/L）	0.5~1.0

续表

染色处方及工艺条件		用量及设定参数
还原清洗	保险粉(g/L)	1~2
	Na_2CO_3(g/L)	1.0
工艺条件	浴比	1:(2.5~3)
	pH 值	4.5~5.5
	染色温度(℃)	130
	保温时间(min)	20~60
	还原清洗	温度为85℃,时间为20min
	热洗	温度为60℃,时间为10min

二、染色工艺过程控制

涤纶织物的气流染色工艺条件主要是温度、染液的 pH 值及加料方式等。染色过程的控制首先是温度和升、降温速率的控制,控制织物的均匀上染;其次是被染织物循环状态的控制,保证织物不产生折痕。根据分散染料的染色性能,必须对染色工艺条件中一些参数进行控制,才能够达到最终的染色质量要求。具体过程控制主要有以下几方面:

1. 染色温度和时间 提高染色温度可以提高分散染料的上染百分率,但当温度超过130℃以上时,多数分散染料的上染百分率不再有明显增加;相反,温度过高还会引起涤纶酯键产生水解,导致纤维的弹性和强力下降,色光变差。因此,分散染料高温高压染色以145℃为上限,实际染色的温度一般控制在125~130℃。入染温度为50~60℃,然后再逐渐升温。入染温度过高或升温速率太快,可能引起某些染料产生凝聚,造成色斑或染色不匀。高温高压染色过程中,染料的扩散速率随着温度的升高而加快。在一般常规染色过程中,温度90℃以下的升温速率可采用2℃/min;而温度90~110℃时,升温速率应控制在1℃/min,然后以1.5℃/min升至130℃。显然,90~110℃是染料上染最快的温度段,应严格控制升温速率。但是,对温度敏感性小的染料如E型或SE型,尽管温度变化较大,但它们的上染率变化却很小,若采用较高的升温速率也能够获得良好的重现性和匀染效果。此外,除了严格控制升温和保温过程外,还应注意降温过程,否则,容易产生织物折痕。特别是染深色时染色过程还未结束出现堵布或断布时,染浴中还存在着相当数量的染料,如果不是采用逐渐降温而是突然冷却,那么在饱和染浴中已溶解的染料就会在少量尚未溶解的染料粒子周围结晶出来,形成大小超过5μm以上的染料凝聚物。拼色时应选择对温度敏感性较一致的染料,尤其要注意不同类型染料的拼色。

分散染料的上染速率曲线取决于不同染料的染色深度,主要是对入染温度和结束温度的控制,通常的做法是设定升温条件。染色入染温度指的是染料上染率达到20%左右时的温度,而染色结束温度是指染料上染率达到80%左右的温度。这两个温度范围是染料对纤维上染最为复杂的过程,也是保证匀染的关键。为此,人们根据各种染料及染色浓度,总结出了如图5-2所示的三种设定的常规升温工艺曲线。

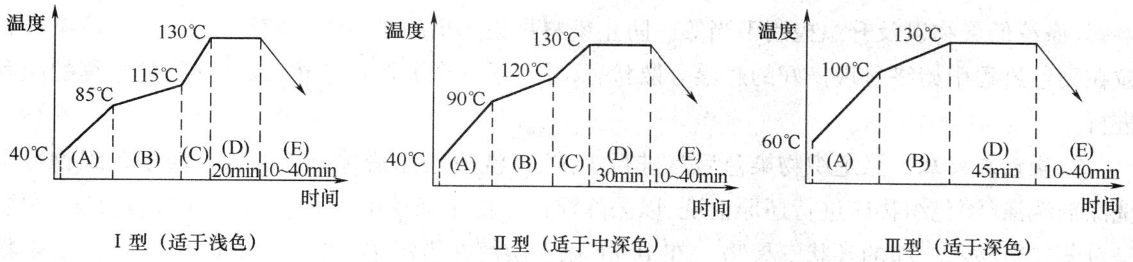

图5－2 各种上染速率的设定升温曲线

温度范围(A)为入染阶段，在入染温度以下进水和织物→加入助剂、调整pH值→加入染料→按曲线升温；温度范围(B)为设定温度范围内，根据染液领域交换论和循环论，并结合设备匀染能力相对应的最佳升温速率进行升温过程；温度范围(C)对匀染影响不大，可根据设备的能力升温；温度范围(D)为保温过程，一般在130℃，时间根据颜色的深浅而定；温度范围(E)为降温过程，对于容易起皱的织物，应控制降温速率不宜太快。

分散染料高温高压染涤纶的吸尽率可达90%～95%，基本上可达到竭染状态。由于涤纶分子的结晶度较高，纤维孔隙小，染料分子很难进入无定形区，所以除了提高温度让分子链段松动外，还需要一定的染色时间，才能达到所需的上染率和匀染性。保温的具体时间取决于染料和纤维特性，一般控制在30～60min(深色时间长，浅色时间短)。

2. 上染速率与入染温度 控制低温时的上染速率和入染温度是提高匀染性和重现性的关键。不同上染速率的涤纶与其最适宜的入染温度存在一定的关系，如表5－5所示，若以标准染色速率$v=1$为基准，则最快的染色速率时，入染温度要比标准染色温度低15℃，反之要高10℃。对于不同线密度纤维的染色，采用相应的入染温度，可以有效控制染料的均匀上染，避免产生染色不匀的各种病疵。如何确定最佳染色温度、时间和升温速率，需通过不同温度下的染色试验来获得。

表5－5 涤纶上染速率与入染温度的关系

涤纶染色速率v	0.25	0.37	0.50	0.75	1	1.5	2	3	4	6	8
始染温度的修正值ΔT(℃)	+10	+7.5	+5	+2.5	0	－2.5	－5	－7.5	－10	－12.5	－15

3. 染液的pH值 在高温碱性染液中，分散染料有可能发生水解被破坏。染色用硬水、商品染料中的分散剂以及织物前处理残留的碱剂，都有可能使染液在高温下呈现碱性，引起某些分散染料分子结构的水解而造成色变。所以，染色时一般要加入一些缓冲剂，如磷酸二氢铵—醋酸、硫酸铵—甲酸、硫酸铵—醋酸等缓冲液，使染液的pH值控制在4～5.5范围内，呈弱酸性。

4. 染料的凝聚 分散染料在上染过程中，就是依靠它的颗粒直径(1～2μm)小于涤纶单纤之间空隙(约5μm)，可自由通过单纤之间空隙而吸附到纤维上的。在正常染色过程中，染料颗粒可以自由通过单纤之间的空隙，但是一旦产生凝聚，染料颗粒就有可能超过5μm而无法再进入单纤空隙，只停留在织物纤维表面并形成色斑。染料产生凝聚的原因很多，如染料颗粒没有完全溶解、涤纶低聚物以及升温控制不当等。防止染料聚集的措施是：通过分散剂的作用保持染料颗粒在染色过程中始终呈现良好的悬浮分散状态，并形成一个分散均匀相，以保证染色过程的顺利进行。

5. 染色后处理 涤纶织物染色后需进行水洗、皂洗或还原清洗等后处理。浅中色织物可用洗涤剂洗涤，深色织物应进行还原清洗，以去除浮色。由于涤纶中含有1% ~4%的低聚物（主要是对苯二甲酸乙二酯的环状三聚物），在100℃以上溶解在染浴中，如果在90℃以下水洗，低聚物又会重新析出，并黏附在纤维表面上，产生白斑疵点，所以染色结束后须先进行沸水洗涤。对于没有高温排放装置的染色机，为安全起见只能在80℃以下排液，此时低聚物会重新黏附在纤维表面上，必须通过还原清洗和皂煮过程来去除。

涤纶的还原清洗有两种方式：即碱性条件下还原清洗和酸性条件下还原清洗。碱性条件下还原清洗的助剂有皂洗剂、还原剂（保险粉或二氧化硫脲）、烧碱或纯碱。皂洗剂为非离子表面活性剂时，可促成浮色的溶解、分散，并防止再次沾色。阳离子表面活性剂能够彻底去除氨纶中吸附的分散染料，可显著提高涤/氨纶染色物（特别是深色）的色牢度。酸性条件下还原清洗的助剂有皂洗剂、还原剂（亚磺酸类）、醋酸。酸性条件下还原清洗可以在染色后降温到80 ~90℃，不排液而直接进行还原清洗。相对碱性条件而言，酸性条件下使用的还原剂被空气氧化消耗要少许多。与碱性还原清洗工艺相比，酸性条件下还原清洗对偶氮分散染料更为有效，但对蒽醌类分散染料有时却不如传统的碱性还原清洗。由于涤纶内部结构紧密及表面电荷的关系，阴离子还原剂不可能渗入纤维内部，因此，还原清洗只能去除纤维表面的浮色，而不会影响已渗透进入纤维内部的染料分子。

第三节　锦纶织物的气流染色

弱酸性染料主要用于蛋白质纤维（如羊毛、蚕丝和大豆纤维等）和聚酰胺纤维（锦纶）的染色。羊毛纤维和锦纶分子中含有羧基和氨基，分子链中间存在着大量的肽键或酰胺键，染料主要以离子键、氢键和范德华力的形式上染纤维。羊毛属于动物蛋白质纤维，纤维主要是由82%的角蛋白质、17%的非角蛋白质以及1%的类脂和多糖类物质所组成。羊毛最外层是角质层，也称鳞片层，约占羊毛总重量的10%。角质层具有较紧密的结构，疏水性强，不容易润湿。角质层之下是皮质层，约占羊毛总重量的90%。羊毛纤维的鳞片层是阻碍染料向纤维内部扩散的主要原因，只有在较高的温度下，鳞片间的细胞膜复合物得到充分溶胀后，才能为染料向纤维提供良好扩散机会。

锦纶结构中含有氨基和羧基，其染色原理与蛋白质纤维基本相似。锦纶在弱酸性介质中带有正电荷的氨基，可与酸性染料的色素阴离子发生盐式键结合，并且还可在纤维酰氨基上产生键结合。锦纶染色不能用强酸浴，只能在pH值4 ~6的弱酸性浴中进行，或在中性浴中染色。锦纶在弱酸性或中性浴中染色，氢键和范德华力具有很重要的作用，染液中的中性电解质起促染作用。

一、酸性染料染色工艺特点

在实际染色过程中，酸性染料染色的工艺特点主要表现在织物纤维特性、染液 pH 值、盐效应和温度效应方面，其中染浴的 pH 值对上染速率和上染率会产生重要作用。尽管弱酸性染料在中性条件下也可在氢键和范德华力作用下上染锦纶，但染料的上染百分率并不高，并且很难达到竭染。

1. 织物纤维特性　锦纶机织物经纬向密度的均匀程度、纱线支数的不等，都有可能影响到它的染色性能。锦纶分子链的末端有一定量的氨基，但在纤维的纺丝加工过程中会产生一些化学和物理差异，而氨基含量的不同会导致上染速率，特别是阴离子染料的最终吸附量不同。这种差异只能通过染色过程的严格控制来减小。织物物理结构的差异主要来自纱线的基本结构和纤维的超分子结构。纱线基本结构的差异包括纱线支数、纱线中纤维的根数或纤维的线密度不同，纱线中单根纤维的末端卷曲或多根纤维末端卷曲之间的差异；纤维的超分子结构包括纤维中的结晶度、取向度的差异，或皮芯结构的不均匀等。这种化学或物理上的差异，往往容易导致锦纶织物在染色过程中产生一种特征性的纬向色条。

2. 染液 pH 值　在 pH 值较低的染液中因酸性强，含有较多的 H^+，羊毛纤维所带正电荷强，对染料阴离子产生较大的吸引力，有利于染料的上染。所以，羊毛纤维对染料的吸附量和吸附速度取决于染浴的 pH 值。不同的酸性染料类别需要选用不同的酸。分子中含有较多磺酸基的染料，水溶性较好，在溶液中以离子状态存在时聚集倾向较小，对纤维的亲和力不大，溶液中必须具有足够的 H^+，才能够抑制蛋白质纤维上羧基的电离，使纤维带正电荷与染料阴离子形成盐式键结合。通常染浴的 pH 值应控制在 2～4，使用硫酸配置酸浴。对于分子中含有较少磺酸基的染料，水溶性低，在溶液中离子的聚集倾向较大，基本上以胶体状态存在，对羊毛纤维的亲和力较高，所以是在弱酸浴（pH 值为 4～6）中进行染色，使用醋酸配置酸液。还有一类称为中性浴染色的酸性染料，其分子结构复杂，磺酸基也比较少，与纤维是以氢键和范德华力结合。染液的 pH 值为 6～7，使用醋酸铵或硫酸铵调节 pH 值。

锦纶染色的染液 pH 值比较高时，染料上染很少，只有染液 pH 值降至一定数值后，染料才开始上染，并很快便达到饱和。如果继续降低染液 pH 值，染料对锦纶上染并不会再明显增加。不过，当染液 pH 值进一步降至 3 时，染料的上染量又会急剧增加，发生了超当量吸附。此外，锦纶在 pH 值很低的条件下染色时，还会产生水解，尤其是发生超当量吸附后，纤维内的 pH 值比溶液中的低，会加快水解。水解后产生更多的氨基，纤维的可及度增加，能够吸附更多的染料，但更容易出现染色不匀。因此，染液的 pH 值应根据实际情况可适当提高。

3. 盐效应　染羊毛纤维过程中，电解质对染料上染作用有两种情况：一是染浴的 pH 值低于羊毛等电点时，染料与羊毛纤维大多以盐式键结合，此时的电解质起缓染作用；二是染浴的 pH 值高于羊毛等电点时，染料与羊毛纤维大多以氢键和范德华力结合，此时的电解质起促染作用。

4. 温度效应　一般浓度的酸性染料在室温下聚集较少，但在同样室温下的弱酸浴和中性浴中却容易发生聚集。随着聚集倾向的加大，受温度的影响也越显著。根据这一温度效应特性，可通过高温染色条件来降低染料的聚集倾向，并且羊毛在高温下更容易发生膨化，能够让更多的染料分子向纤维内部扩散。温度在 50℃ 以上时，对纤维的膨化效果更显著。

锦纶的热塑性特性使温度对染色速率产生较大影响，必须在高于纤维玻璃化温度（35～50℃）以上进行染色。当温度高于玻璃化温度时，纤维中大分子链松动并发生移动，染料容易渗入纤维的无定形区，并与末端的氨基正离子发生反应。但是，若升温速率控制不当，却容易产生染色不匀现象。锦纶在40℃时开始吸附染料，随着温度升高，加快了上染速率，到100℃时基本可以完成上染过程。之后继续升温使染料移染，有利于提高匀染性。

5. 助剂 锦纶用酸性染料染色需加入助剂，以提高匀染性。酸性染料的匀染剂有阴离子型、阳离子型和非离子型三类。阴离子型匀染剂在酸性介质中对纤维具有一定的亲和力，并与染料阴离子对纤维发生竞染作用。虽然阴离子型匀染剂对纤维的亲和力比染料阴离子低但扩散速率却比染料阴离子快。利用这一特点可降低染料的初染速率，达到匀染效果。染色开始时，阴离子匀染剂以较快的扩散速率与染料争夺染座，与纤维上的氨基（$—NH_2$）结合，随后又逐渐被与纤维亲和力大的染料阴离子置换下来。阳离子型和非离子型匀染剂是通过与染料阴离子结合，降低染料阴离子的有效浓度，在上染过程中逐渐释放出染料阴离子而起匀染作用的。

考虑到目前气流染色用酸性染料对纯羊毛染色还存在一些问题，而用于锦纶织物染色较多，所以以下主要介绍锦纶织物的气流染色。

二、锦纶酸性染料染色工艺控制

锦纶染色的工艺较难控制，涉及锦纶特性、染料的选择、染色温度、浴比和 pH 值等工艺条件。由于锦纶的不同纺丝工艺规格使纤维结构差异很大，容易导致染色性能的差别，所以在染色工艺设计或加工过程中，一旦不慎就有可能造成上染不均匀，产生色差、条花和染色牢度差等质量问题。为了保证锦纶染色过程的顺利实现，必须采用合理的染色工艺及加工过程的控制。此外，锦纶长丝织物在高温处理时容易形成折皱，一旦形成就难以消除。在染色前一定要进行预定形，稳定织物形态和尺寸。一般预定形温度控制在140～150℃，时间为30s，并进行适当超喂。

1. 锦纶染色特性 锦纶在纺丝过程中，因加工条件不同，纤维的微结构也会产生一定差异，容易造成上染不均匀。特别是锦纶66，分子量较大、分子间的氢键较多，具有较高的结晶度和取向度，并且无定形区结构紧密，纤维中氨基含量低。这种纤维之间的差异在染色时更容易反映出来，极容易织物产生“经柳”和“横档”的染色疵病。

2. 染料的选择 锦纶中末端氨基的含量较少，故其染色饱和值很低。在拼染浓色时，不同染料间容易出现竞染现象。所以，选用的染料在上染曲线和亲和力方面应尽量相近，以保证在同一染色时间内具有相同的上染机会。对几种染料的拼染，一般应尽量选择同一来源的染料，若选用不同来源的染料相拼，也应尽量选择上染曲线和入染温度，以及对温度和匀染剂敏感性相似的染料，以避免发生竞染。考虑到气流染色对耐湿处理牢度的影响，建议可选用牢度好而匀染性稍差一些的弱酸性染料或1∶2 金属络合酸性染料进行染色。

此外，应注意染料在大、小样竞染中的差异。有些染料在小样染色时竞染并不明显，但在大生产中就表现得特别突出。例如，湖蓝色和孔雀蓝染色时，如果选用酸性翠蓝和酸性黄相拼，就会发生这种现象。其原因是酸性翠蓝的分子结构较大，与酸性黄的上染曲线相差很大，导致发生了竞染。如果改用酸性翠篮与带黄光的酸性绿相拼，基本上就不会发生竞染。

3. 染色温度 温度对酸性染料上染速率影响很大。温度越高，上染速率越快，尤其是在80℃以上时，染料的上染速率会更快，容易造成染色不匀。锦纶具有热塑性，低温下染料的上染速率很慢。当温度超过50℃时，纤维的溶胀随温度升高而不断增加。为了保证匀染效果，锦纶染色可采用逐步升温法。通常50～60℃开始入染，在强酸浴中染色逐步升温至90～95℃，保温45min。当温度超过80℃时，应将升温速率控制在1～1.5℃/min，以保证均匀上染。弱酸浴酸性染料染锦纶的入染温度为50～60℃，升温至沸点下染色。中性浴酸性染料染锦纶与在弱酸浴酸性染料染锦纶相同。

温度对染料上染速率的影响还取决于染料的特性。匀染性好的染料上染速率随温度升高而逐步加快，而耐缩绒染料的上染率，在温度60℃以上才开始随温度的升高而迅速增加，尤其是在65～85℃范围内，上染速率快、移染性差。所以在该温度区域段，应严格控制升温速率。耐缩绒染料染锦纶时，入染温度应从室温开始，在65～85℃温度段，升温速率控制在1℃/min左右。升温过程应采用阶梯升温法，升温至95～98℃，保温45～60min。

4. 染色浴比和染液pH值 对于合纤织物的染色，气流染色的浴比可以在1∶3以下，并且采用模拟量液位控制，浴比的控制精度较高，对染色的重现性不会产生影响。但是，一般情况下，受到小样染色设备的结构限制，小样染色的浴比会要比大生产大很多，尤其是对气流染色的浴比就相差更大。小样浴比过大会降低上染率，大、小样色差较大。所以，轻薄型塔夫绸的小样染色浴比应控制在1∶30以下，较厚重织物的小样染色浴比应控制在1∶20，织物被染液完全浸没即可。

染液pH值对染料的上染率影响很大，上染率随染液pH值的降低会快速增加。染液pH值<3时，锦纶中亚氨基吸酸产生染座，上染量会急剧增加，发生超当量吸附，但水解和强度明显下降。当染液pH=4～6时，染料就以离子键、氢键和范德华力共同作用而与纤维结合，并且可以染深浓色。因此，弱酸性染料染锦纶时，浅色的pH值一般应控制在6～7(用醋酸铵调节)，并适当提高匀染剂的用量，以提高匀染性。但是pH值也不能过高，否则色光就会萎暗。深色的pH值应控制在4～6(用醋酸和醋酸铵调节)，并在保温过程中加入适量的醋酸降低pH值，促进染料上染。

5. 加料控制 由于锦纶在40℃时(接近常温)就可上染，所以应尽量在低温下加入染料。加料的顺序为：按浴比入水并进布，加入匀染剂后运行均匀，最后采用分段加入染料。考虑到刚加入染料因浓度差较大，染料对纤维的上染速率很快，为了保证均匀上染，应在常温下运行15min，然后再按工艺曲线进行升温。

对于染后的修色，应排液后重新追染。因为染色完成后的染液仍有一定温度(约60℃)，而在这个温度下染料很容易继续上染，如果再追加染料，就有可能产生色花。

6. 匀染剂的选用及用量 针对锦纶染色匀染性及覆盖性差的特点，应在染液中加入少量阴离子或非离子型匀染剂，一般以阴离子型表面活性剂为主。匀染剂可在染色时与染料同浴使用，也可以用匀染剂对锦纶进行染前处理。阴离子型匀染剂在染液中可离解成负离子并进入纤维，抢先占据锦纶上有限的染座。在随后的染色过程中，随温度的升高这些负离子就会逐渐被染料所替代。以此可以降低染料与纤维之间的结合速度，达到匀染的目的。非离子型匀染剂在染浴中可与染料发生氢键结合，然后在染色过程中逐渐分解释放出染料，并被纤维吸附，同样可以达到降低染料对纤维的上染速率、提高匀染性的目的。

尽管匀染剂在染色过程中具有匀染和阻染作用，可改善匀染性及覆盖性，但过量的匀染剂，会降低酸性染料的上染速率，导致竭染率的下降。一般情况下，染浅色的匀染剂用量可大一些，而染深色的匀染剂用量应少一些。

第四节　多组分纤维织物的气流染色

随着纺织品的应用发展，多组分纤维织物表现出了单一纤维所没有的许多优良特性，在市场得到了越来越广泛的应用，但也同时给染色加工造成了困难。传统染色工艺面临了新的挑战，气流染色更是没有借鉴的经验，需要开发新的染色工艺。这些组分纤维中，有些本身作为单一组分纤维时就比较难以染色，构成多组分纤维织物时就更是难上加难。因此，从染色的角度来考虑，必须从染料、工艺以及设备控制上采取相应的措施，以获得适于气流染色的工艺。在具体实施中，必须结合气流染色自身的特点和工艺条件，采取相应的控制方法。事实上，近几年来，气流染色在这方面也获得一些成功案例。但由于大部分都是一些有一定技术实力的印染厂，通过自己的不断研发和试验而取得的，所以具有一定的商业保密性。为了让更多的气流染色使用者学习和掌握这项技术方法，这里仅提供一些开发思路和个别经验，目的是能够起到举一反三的作用，而更多的还是需要使用者通过自己探索和试验去总结而获得。

一、二浴法染色

二浴法染色实际上就是分浴染色，与单一纤维织物染色相同，对各组分采用相对应的染料和工艺条件进行控制。这种染色方法的优点是，避免了不同染料和工艺条件的相互影响，容易控制和保证染色质量。缺点是工艺流程长，能耗大，生产效率低。这里仅作为一种方法进行简单介绍，而更适应当前染色节能减排的是向一浴法染色方向发展。

1. 涤/棉织物染色　采用二浴法染色时，涤纶组分纤维只能选用分散染料染色，而棉组分纤维的染色有多种染料选择，但从加工成本和环保方面来考虑，目前主要还是以选用活性染料为主。对于组分纤维染色的先后顺序是，若先染棉后染涤纶，那么在 120 ~ 130℃条件下染涤纶时，棉已上染的色调会发生变化，其原因是染棉的染料在高温下不稳定。如果先染涤纶后染棉，则可以将染涤后残留在棉中的分散染料，通过还原清洗加以去除。也就是说，还原清洗可以在染涤之后，在染棉之前进行。否则，已上染到棉纤维上的染料，在含有保险粉还原剂的碱溶液中会遭到破坏。与此对应，涤纶一经被染色，在含有碱和盐类的溶液中，也会对已上染的分散染料产生不利的影响。活性/分散染料二浴法染色工艺流程是：

分散染料在高温（130℃）条件下染涤纶组分→还原清洗去除沾在棉组分上的所有分散染料→活性染料在常温（40 ~ 80℃）条件下染棉组分→通过皂洗去除棉组分上的水解活性染料

采用二浴法染色，一般是先染涤后染棉，整个工艺过程 5 ~ 8h，其中水洗充分去除水解的活性染料所占用的时间最长。

当采用二浴法染色先染棉后染涤时，活性染料染完棉组分后，用热水皂洗去除棉组分上的盐和碱，然后在高温高压条件下，对涤纶施染分散染料。高温状态下有利于去除残留在棉组分上的水解活性染料，并且涤纶的染浴 pH 值应选择在 6.5 的微酸性条件下，这样可使活性染料—纤维键连接的水解降低到最低程度。即使染完涤纶后，用保险粉进行还原清洗，也不会再对已上染到棉组分上的活性染料产生影响。采用这种工艺可以缩短时间。

2. 棉/锦织物染色 该织物纱线是由纤维素纤维与聚酰胺纤维混纺而成，目前用于纤维素纤维染色的染料主要是活性染料，聚酰胺纤维染色的染料主要是酸性染料。牢固的酸性染料和活性染料进行组合，棉/锦纶织物可获得良好的耐洗牢度。在棉/锦织物中，无论哪一个组分含量的百分比低于 20%，都能够比较容易获得均一的色调。像高密混纺纤维一类的织物，甚至可以仅染其中的主要组分而不染另一组分。混纺比例为 50/50 的棉/锦织物，色调很难控制，主要原因是两组分纤维各自的色调效果差异影响所致。

活性染料和酸性（或中性）染料染色的工艺流程有以下两种：

（1）先染锦纶后染棉工艺流程：

酸性染料染锦纶→水洗→活性染料套染棉（上染和固色）→水洗→皂洗→水洗

（2）先染棉后染锦纶工艺流程：

活性染料染棉（上染和固色，按染棉工艺进行）→水洗→酸洗→酸性染料套染锦纶→水洗→皂洗→水洗

染色温度由 60℃逐步升至 95 ~ 98℃。由于一些在弱酸性浴中染色的酸性染料，在中性染浴中的低温时非常容易聚集，影响上染率，所以入染温度不能低于 60℃。为了减少活性染料的断键发生，宜选用乙烯砜类活性染料。

棉/锦织物在传统的溢喷染色中，除了染色比较难控制外，还容易出现对锦纶的擦伤问题，在气流染色中也有类似情况。因为气流染色过程中，织物含液量较低，喷嘴和导布管内壁之间的摩擦较大，因此要适当控制风速不能过大。

3. 锦/氨织物染色 氨纶和锦纶都有较大弹性，通常用来制作高弹力织物，如泳装、紧身服和医用弹力绷带等。氨纶的弹性更好，以一定比例与其他纤维进行混合，织物可获得良好的服用性。所以无论是机织物还是针织物，含有氨纶的织物已越来越多了。氨纶一般都以长丝作为芯，用其他纤维将其包覆在内，形成一种氨纶包芯纱。氨纶可以用酸性染料或分散染料进行染色，其中分散染料对氨纶的覆盖性比锦纶更均匀。但同样染色的耐湿处理牢度较差，故不能染成深色。酸性染料对氨纶的上染速率在低温条件下比锦纶快，而达到最终染色平衡时，锦纶的上染率还是要高于氨纶。

4. 羊毛/涤纶织物染色 羊毛与聚酯纤维的混纺织物，既保留了羊毛纤维特有的保暖性和手感，同时又发挥出了涤纶的耐磨性和抗折皱性，主要用于制作高档服装的面料。染色过程主要是对羊毛组分的保护，应尽量缩短染色时间，以减轻高温（105℃以上）下对羊毛的损伤程度。此外，长时间的移染过程，不仅分散染料会对羊毛组分沾色，还可能造成羊毛品质的下降。采用二浴法染色时，可先在温度 130℃、pH = 5 的弱酸性染浴中，用分散染料进行涤纶组分染色。涤纶组分染色完成后，应在比较温和的条件下，用非离子型洗涤剂在 70℃下进行皂洗，去除残留在羊毛中的所有分散染料。另外，还可用保险粉的弱碱性氨溶液，或者甲醛—次硫酸盐进行还原清洗，减少对羊毛的损伤。清洗之后，采用酸性染料在弱酸性染浴中对羊毛进行染色。

二浴法染色的两类染料是处于各自的染色条件所完成的，相互影响较小，故对染料选择的限制也少，工艺相对容易控制。但是染色工艺流程长，生产效率低，能耗也大。随着新型染料品种和助剂的不断出现，现在大多已被一浴二步法和一浴法所替代。

二、一浴二步法染色

一浴二步法染色的染液实际上仍然是同一染液，只是根据各组分的染色要求改变工艺条件。例如涤/棉织物的一浴二步法染色，在同一染浴中入染时一次性或分两次加入分散染料和活性染料，然后分别在两个不同阶段对纤维进行上染和固色。根据两类染料上染和固色的先后顺序不同，又可设计出不同的染色工艺。与二浴法染色相比，一浴二步法染色可以缩短染色工艺时间，节省能耗，但对染色工艺的要求更高了。

选用双活性基活性染料与分散染料组合，可用于涤纶（PET）/棉织物的一浴二步法染色。该活性染料分子是由一个特殊连接基连接两个一氟均三嗪活性基、发色团在其两侧所构成的，其分子量较大，对纤维素纤维具有较大的亲和力，可在低盐条件下获得较高的上染率。该染色法可按以下三种方式进行。

1. 先染涤纶后染棉 完成分散染料染色后不经还原清洗可逐渐降温直接进入活性染料染色，最后一起进行皂洗和水洗。为了提高固色率和匀染性，必须采用计量加碱控制，保证染料呈线性固色状态。由于两种染料是分别完成各自的染色过程，相互影响很小，尤其是活性染料是降温后加入，所以染料品种的选择范围比较大。但是，分散染料上染后在染液中还有部分残留物，有可能与活性染料发生反应，并且还有的会与电解质产生凝聚形成色点，染色时应注意控制。

2. 先染棉后染涤纶 先在低温中性条件下进行活性染料染色，然后经过一定时间后加入碱剂（一般用 Na_3PO_4）进行固色。待活性染料染色完成后，加入分散染料，并用醋酸和磷酸二氢钠中和染液 pH 值至 4.5 左右。升温至 130℃进行保温固色。由于活性染料染色实际上是在分散染料的升温过程中完成的，出现了两种染料上染和固色在升温过程中的重叠部分，所以可以缩短染色时间。考虑到该工艺活性染料固色后，还要经历高温 130℃的酸性过程，应该选择耐酸性断键牢度较高的活性染料。除此之外，分散染料是在高温酸性浴中进行染色，活性染料染色所用的电解质和碱剂，在碱性条件下会影响到分散染料的稳定性，甚至造成分散染料的还原破坏。因此，电解质要选用元明粉，而不能选用食盐，碱剂不能选择纯碱。

3. 两种染料同时上染分别固色 将分散染料、活性染料以及中性电解质（如元明粉或食盐）同时加入浴中，先按照分散染料染色温度进行控制，在这个过程中活性染料也同时完成上染，然后再加入碱剂使得活性染料完成固色过程。但是，该工艺容易导致两类染料固色率显著下降，尤其是活性染料在酸性染液中会发生严重的水解。所以，选择活性染料时，应考虑到在高温和弱酸条件下不能产生水解，在低浓度中性电解质存在时不会降低上染率；而对分散染料应考虑到在较高浓度的中性电解质溶液中仍然具有较好的稳定性，并且在这两种染料之间不会发生共价键反应。

另外，分散染料和活性染料同时加入染浴，然后进行温度控制染色，待降温后再加入中性电解质和碱剂。目的是减少中性电解质对分散染料的影响，以及低温染色所带来的时间过长的弊病。它实际上是一种改良工艺。

三、一浴法染色

对于多组分纤维织物染色，由于受到传统工艺、染料及设备控制的限制，很难在同一染色条件下达到染色要求，所以基本上都是采用分浴或一浴分步进行染色。然而，这种染色工艺存在加工时间长、能耗和排污量大、织物表面损伤大的缺陷，与目前的节能减排和产品质量要求极不适应。随着能源和污染形势的日益严峻，研发人员从染化料、设备和工艺的角度开发了一些具有节能降耗的新技术和新产品。其中多组分纤维织物采用一浴法染色工艺，就是以染料和工艺条件为主要研究对象的一项新工艺，如活性/分散染料和活性/酸性染料一浴法染色。虽然这些工艺许多是在传统溢喷染色机上试验或应用而获得的，但也有部分工艺结合了气流染色机的特点，在气流染色机上获得了成功。这里仅就一浴法染色的基本控制要点作一简介，而具体的应用还须结合织物材料性质、染料特性和所用设备去摸索和试验。

1. 一浴法染液的工艺条件 前面讲过，不同种类染料上染条件一般是不同的，例如活性染料是在常温碱性条件下进行染色，而分散染料是在高温弱酸性条件下染色。因此，温度和染液的pH值的差异给一浴法染色带来了很大困难。

对于活性染料来说，我们注意到其反应性主要决定于它的活性基，并且随着染液温度和pH值的变化而变。但是，染液温度和pH值又是相关联的，在碱性条件下，染液的pH值越低，固色的温度就越高。所以，提高活性染料的固色温度，可以在弱碱性，或者中性条件下进行固色。一般来说，活性染料染色的pH值控制在8.5～13，所对应的染色温度是40～100℃；分散染料染聚酯纤维的pH值控制在4～5.5（因为分散染料在高温碱性条件下容易发生水解和还原破坏，只有对一些耐碱性较强的可将pH值调至7.5），染色温度是120～130℃。由反应动力学得知，活性染料的染色温度相差20℃，则对固色率的影响相当于改变一个pH值单位。也就是说，提高活性染料的固色温度可以降低固色的pH值。因此，分散染料和活性染料采用一浴法染色，分散染料的高温染色条件可以降低活性染料的固色pH值。

然而，不同类别的活性染料在不同温度下的水解速率与pH值有关，而且差别较大。例如乙烯砜类染料在60℃，pH≥9时，几乎完全水解；一氯均三嗪类染料则相对稳定，在pH≤9，温度高于90℃时，水解速率并不高；双活性基染料的水解性，即使在中性和弱碱性、温度低于70℃的条件下仍然很稳定，只有温度高于80℃后才随pH值的提高而呈直线增加。所以，用于高温一浴染色的活性染料，既要求较好的高温稳定性，也要求直接性受高温的影响小。

此外，活性染料的电解质用量，随着温度的提高而增加，并且染料浓度越高越显著。但是，活性染料的线性固色率与温度和电解质用量存在一定关系。只有通过适当控制染色温度和pH值，并加入一定的电解质，才能够在分散染料染色的温度和pH值范围内提高活性染料的固色率。

2. 单类活性染料一浴法染色 就活性染料的适用性来讲，均可以用于所有纤维素纤维的染色。但实际上，不同纤维素纤维的超分子结构、形态结构和表面特征均有差异，会影响活性染料的染色。例如纤维素纤维所含的羧基较多时，在水溶液中其表面就会有较多的负电荷，而相对其他含羧基较少的纤维素纤维，对同类活性染料的上染速率、平衡吸附量以及固色率就不相同。如果在相同固色率的条件下，活性染料在纤维上的吸附量不同，或纤维对光的反射、折射和干涉不同，那么就会发生纤维颜色深度和色光的变化。多组分纤维织物在这些因素的影响下，很难达到颜色的均一性。因此，只有通过选择适当的染料和加入一些助剂，并对染色过程进行控制，才能够满足多组分纤维织物的染色要求。

(1)棉/黏胶纤维织物染色。该织物的组分均为纤维素纤维，但两者的结晶度、溶胀性和表面所带的负电荷不同。棉组分纤维的结晶度较高，孔道较大；而黏胶纤维组分的无定形区较高，存在皮层结构，孔道较细。在染色的低温阶段，黏胶纤维的上染速率低，棉纤维较高；而在高温阶段，黏胶纤维的上染速率却会提高。黏胶纤维表面所带的负电荷相对较多，在含有电解质的水溶液中对染色会产生影响。黏胶纤维在碱性溶液中的溶胀性较大，湿强力随之下降，必须在弱碱性溶液中固色。对于棉和黏胶纤维的不同物理特性，为获得同浴中的染色效果，一般是通过染料和助剂的合理选择，并采取精确的染色过程来加以控制。

(2)棉/麻纤维织物染色。相对棉纤维而言，麻类纤维具有较高的结晶度和取向度。在相同染色条件下，染料在麻纤维上的扩散速度和上染率较低，只有在较高的温度下才能达到所需的上染率。麻纤维的超分子结构特征往往会影响色光，特别是对某些二色性强的染料更明显。因此，为了提高麻纤维的固色率，一般要求在染色之前进行浓碱或液氨处理，使纤维充分溶胀。

3. 活性/分散染料一浴法染色 由纤维素纤维与聚酯纤维混纺而得到的织物，是目前多组分织物用量最大的一类。其染色工艺必须针对各自的纤维结构和染色性能，采用两类染料进行染色，而活性染料和分散染料又是应用最多的两类染料。其中活性染料染纤维素纤维组分，分散染料染聚酯纤维组分。采用一浴法染色，必须根据它们各自的染色工艺条件进行控制。

(1)弱酸性一浴法染色。在活性染料和分散染料同浴的弱酸性染液中，活性染料固色和水解反应之后，染液的 pH 值还处于基本稳定状态，能够在 100～130℃温度范围内与分散染料共同染色。活性染料在一定的电解质作用下，还要求具有耐高温的稳定性和直接性。染色过程是，全速升温至 70℃入染，在 30min 内加入活性染料、分散染料、电解质以及 NaH_2PO_4 和 Na_3PO_4 等。在这个过程中，先加入活性和分散染料，电解质也先加入，然后循环几圈，最后再加入缓冲剂和碱剂。染液的 pH 值不宜过低，一般应大于 5。该工艺主要用于染浅色工艺，但不适于酸水解稳定性差的活性染料。

(2)弱碱性一浴法染色。弱碱性染液显然有利于活性染料的染色，除适于染浅色外，还适于染中、深色，但对分散染料的耐碱稳定性要求较高，所以分散染料的适用性受到了限制。为此，一些染料制造商开发了适于碱性工艺条件的分散染料，较好地解决了这一矛盾。采用碱性染色，对超细聚酯纤维和纤维素纤维混纺织物，可以获得较好匀染性和织物手感。这是因为聚酯纤维的低聚物或碱减量所残留的水解物，在碱性染色条件的作用下，实际上经历了一定的精练过程。

(3)分别弱酸和弱碱一浴法染色。实际上是根据聚酯纤维和纤维素纤维各自的上染条件，给予相对应的 pH 值，以满足各自纤维的染色要求。例如先在弱酸性染液中进行染色，温度升至

130℃后降到适于活性染料固色温度,然后加碱进行固色。该工艺与一浴两步法所不同的是,两种染料在染色升温之前同时加入,省去了中途加活性染料的步骤,而仅仅加入碱剂即可。该染色过程是:在升温至130℃之前,染液的pH值控制在5~6(最佳值是5.5),以保证两种染料的稳定性,并减少130℃时的水解破坏程度。染色完成后进行冷水洗、中和、皂洗、再热水洗,最后再冷水洗。由于该工艺染色后期都是在碱性浴中进行的,并有防沾染剂的作用,皂洗后其各项色牢度都比较好,所以特别适于直接性较高和低盐的气流染色。

(4)中性一浴法染色。尽管活性染料能够在弱碱性、中性,甚至弱酸性条件下进行固色,但还是需要加入碱(或质子接受体),以降低因释放出盐酸或氢氟酸所造成的染浴pH值下降。只有用含季铵盐活性基的活性染料,发生固色反应后不产生酸或仅产生弱酸、弱碱性物质,才可不加碱剂或质子接受体。中性固色的温度一般相对较高,染色性能、稳定性和重现性还存在一定问题。

(5)滑移pH值一浴法染色。该方法是通过加入一种称为pH滑动剂,两类染料在升温过程中,完全按照自己的上染的pH值条件进行。由于活性染料的上染温度低于分散染料,所以在升温过程中pH值是从碱性向酸性滑动,活性染料先对纤维素纤维进行上染和固色,当温度升至90~110℃时,分散染料在酸性条件下,对聚酯纤维进行上染。该方法没有降温或升温、中间加料和调节pH值的突然变化过程,并且活性染料上染和固色温度是借助分散染料的升温阶段。所以不仅两类染料的固色率高,而且节省能耗。但是,pH值的滑动速率与温度、染料释酸速率以及水的质量有关,需根据实际情况选用pH滑动剂。

4. 活性/酸性染料一浴法染色 活性染料和酸性染料染色工艺条件的最大区别是染浴的pH值不同。活性染料染纤维素纤维组分需在弱碱性染浴中进行,酸性染料染蛋白质纤维或聚酰胺组分需在酸性染浴中进行。在酸性条件下,活性染料难以固色,还会造成已固色的染料断键掉色,加速水解。该两类染料同浴染色,同样会出现沾色问题,严重影响色牢度和色光的重现性。除此之外,电解质对这两类染料上染作用相反,对活性染料上染纤维素纤维组分起促染作用,而在等电点以下时,却对蛋白质或聚酰胺组分起到缓染作用。

解决活性/酸性或活性/中性染料一浴法染色,必须通过染料的开发,采用新型染色助剂,并对纤维进行改性来实现。新型染色助剂中的pH值滑动剂,可以随染液温度的提高不断放出质子,使得染液的pH值由碱性滑向中性和弱酸性。这样就能较好控制在活性染料固色后加速酸性染料的上染。值得注意的是,pH值滑动剂中通常还混配有匀染、增溶或分散等作用组分,选用时应了解它专用性。有关活性/酸性染料一浴法染色在气流染色机上具体应用,还有待于使用者的进一步实验和尝试。

5. 一浴法染色的水洗处理 一浴法染色后最大的问题是沾色,在棉纤维上总是会存在未转移的分散染料、两类染料的反应物,以及染液中的助剂。通常要用保险粉或其他还原剂的碱溶液,对纤维维素纤维上的分散染料还原破坏后去除。有实验表明,还原清洗并非是最理想的。其原因是,还原清洗会破坏活性染料。只有选用合适的洗涤剂加入到碱性溶液,然后再适当提高洗涤温度进行皂洗,才能够达到较好的湿处理牢度。

减少多组分纤维织物染色工艺的能耗和缩短过程时间,是节能降耗、提高生产效率重要措施之一。对于气流染色来说,积极开发和应用一浴法染色,特别是中性一浴法和滑移 pH 值一浴法,可以减少浴数,缩短工艺时间。如果再结合气流染色机的连续式水洗功能,采用受控水洗,那么就可以达到更加节能的效果。表 5-6 是双组分纤维织物染色中具有代表性的活性/分散染料,采用不同染色工艺的浴数和时间对比。

表 5-6 活性/分散染料不同染色工艺的浴数和时间对比

染色工艺		浴数	工艺时间(h)
二浴法染色	活性/分散染料染色	7	9
	分散/活性染料染色	7	9
一浴两步法染色	活性/分散染料染色	7	8
	分散/活性染料染色	8	8.5
一浴法染色		4	6.25
滑移 pH 值一浴法染色		4	6.5

第五节 新型纤维织物气流染色

新型纤维的出现是纺织纤维发展的必然结果,它不仅满足了社会物质文明不断发展的需要,同时还迎合了人们对生活质量品味的追求。与常规纤维所不同的是,新型纤维具有很多功能性特征,甚至在一种新型纤维中可以体现出几种常规纤维(包括天然纤维)的物理特性。不仅为人们提供了多种用途,还可以在废弃后进行降解,起到了生态保护作用。

新型纤维的开发从生产原料、纤维加工流程以及废弃后的降解或循环利用,都是围绕资源的利用、生态环保以及保健功能方面去进行的。如果这些纤维在后续加工中不考虑生态环保方面的要求,那就失去了它们最初开发的意义。因此,对于新型纤维织物的染整加工,必须从染化料、工艺和设备等方面详细制订一套科学合理的方案和措施,严格控制整个生产过程和可能影响生态环保的因素,保证纺织品的品质完全建立在生态环保、保健和多功能的基础上。

新型纤维的种类很多,具有代表性并已大量用于纺织品上的有:海岛型超细纤维、聚对苯二甲酸丙二醇酯(PTT)纤维、生物基聚对苯二甲酸乙二醇酯(PDT)纤维、聚乳酸(PLA)纤维、聚氨酯纤维和竹纤维等。这些纤维的一般特性不同于常规纤维,特别是染整性能发生了变化。

一、海岛型超细纤维织物

超细纤维属于差别化纤维,最典型的是海岛型超细纤维。它是将两种热力学非相溶性高聚物以一定比例进行复合或共混后纺得的复合纤维,即海岛型纤维,其中一种组分为分散相(称为岛组分),另一种组分为连续相(称为海组分)。岛组分纤维极细,被海组分所包围。海岛型超细纤维可通过溶离开纤去除海组分,保留岛组分而获得的。海组分与岛组分有不同组合,目前岛组分以选用聚对苯二甲酸乙二醇酯纤维(PET)、聚酰胺纤维(PA)或聚丙烯为多,海组分可选用阳离子染料可染的聚酯(COPET)、超分子量聚乙烯纤维(PE)、PA、聚苯乙烯纤维(PS)和 PET 等。

海组分应选用易被溶剂溶去的原料,同时要兼顾海岛两组分聚合物的熔融温度和纺丝温度的相互适用性。通常,海组分所占比例为20% ~50%,但在技术上,海组分比例也可达到2% ~10%,甚至可降低到3%左右。减少海组分可减小溶去量,降低成本,但纤维之间的空隙减少,会对织物风格产生一定影响。目前生产的海岛型超细纤维主要有PET/COPET和PA(COPET或PET)两种,前者主要制成长丝型,用于生产各种纺织品;后者主要制成短纤型,用于生产合成革基布。

1. 纤维的染色性能　与普通聚酯纤维(即PET)相比,染料在超细纤维上的吸附和扩散时间较短,并且在较低的温度下就有较快的上染率。超细纤维这种特殊的染色性能,对染料的选用有一定要求,如上染率、提升性、匀染性、移染性、配伍性和各项色牢度等,都应作出综合评价,慎重选择。

(1)上染速率。超细纤维的线密度低,比表面积大,纤维无定形区含量高,故具有较快的上染速率和上染率。

(2)匀染性和透染性。超细纤维越细,上染速率越快,匀染性也就越差;但纤维半径小,染料扩散进入纤维的路程短,扩散时间短,容易染透。

(3)移染性好。超细纤维越细,移染性越好。适当延长染色时间,可以提高移染程度,改善匀染性。但由于纤维结构、粗细和开纤不匀引起的染色不匀,延长染色时间也无明显效果。

(4)显色性差。超细纤维线密度低,比表面积大,并且形状不规则,对光的反射和散射加强。此外,光在纤维中的光程短,发生界面反射和折射次数多,也使得显色性变差。

(5)染色牢度。由于超细纤维比表面积大,且表面不光滑,需要较多的染料用量,形成的浮色也多,所以其染色湿处理牢度比常规纤维低。另外,超细纤维的无定形区含量高,受热后的染料容易从纤维内部扩散到表面,导致摩擦牢度降低,但可通过染后还原清洗加以改善。

2. 染色工艺　海岛型超细纤维织物染色主要是对岛组分的染色。而岛组分大多选用PET或PA,所以适于PET或PA染色的染料可用于海岛型超细纤维织物的染色。超细纤维的比表面积很大,对染料的吸附速度远大于普通纤维。实验表明,即使在较低的温度下也会有相当一部分染料固着在纤维上。当温度大于涤纶的玻璃化温度T_g(81℃)时,例如90℃,就有68%的染料固着在纤维上,而普通涤纶仅有11.5%的染料固着在纤维上。此外,同样深度的颜色,超细纤维所需的染料用量也比普通纤维高,特别是深色的染料用量要达到2~3倍。其原因是,超细纤维较大的比表面积,产生较大的白光反射,因而给人们的视觉造成颜色浅的感觉。正因为如此,所以要求超细纤维织物染色时,应有较高的织物运行速度;同时又不能对织物产生很大的冲击力。气流染色就具备了这种条件,可通过织物与染液的快速交换,以及每次交换的剧烈程度而获得匀染效果。事实上,早期气流染色机就是针对超细纤维织物的染色而引发的,并得到了普通溢喷染色机所达不到的染色效果。

二、PTT纤维织物

该纤维属于典型的聚酯纤维,学名是聚对苯二甲酸丙二醇酯,兼有PET纤维和聚酰胺纤维的许多特性。PTT纤维分子的化学结构单元与PBT和PET纤维主要区别在于苯环间的亚甲基个数不同,PET纤维的亚甲基个数为偶数,而PTT纤维的亚甲基个数为奇数。这种所谓"奇碳效应”,恰恰使PTT纤维具有较高的弹性和较低的结晶度。PTT切片经真空干燥含水量低于30mg/kg时,不需要预结晶就可直接纺丝,并且可在PET纺长丝或短纤纺丝机上进行。按相同的工艺,仅适当调整一下技术参数就能够获得PTT的预取向丝POY、未牵伸丝UDY和牵伸丝SDY(又可分为取向丝HDY和全牵伸丝FDY)等。

1.纤维的染色性能 与PET纤维的染色性相比,PTT纤维的玻璃化温度要低约25℃,采用分散染料具有较好的染色性能,但上染速率较快。

(1)染色温度。PTT纤维的玻璃化温度(55℃)比PET纤维(81℃)低,因此,它的染色性比PET纤维好许多,可在常压下沸染。选用低温型染料染PTT纤维,其临界染色温度范围(即染料上染率由10%~90%的温度范围)为60~90℃。为了保证匀染性,应控制升温速率。相对PET纤维,最高温度低(PTT为110℃,PET为135℃),保温时间短(PTT为14min,PET为20min)。染色的初始温度低于一般PET纤维约20℃,最佳温度范围为110~120℃。

(2)匀染性。PET纤维因线密度小,故上染速率快,容易产生染色不匀现象。通常PTT纤维的升温速率仅为PET纤维的二分之一,并且应注意加料控制。

(3)上染率。PTT纤维织物在绳状染色中,为了保证匀染,在临界染色温度范围内,应控制织物每循环一圈,染料的吸附量不要超过2%。有试验表明,PTT纤维在60~80℃和90~100℃两个温度区域的上染速率很快,温度在110~120℃范围内,可获得最高的染色深度,而再提高温度反而降低了染色深度。这为低温染色提供了条件。

(4)染浴pH值的影响。在合适的温度范围内染色,染浴的pH值对分散染色的稳定性影响不大。故PTT纤维可在中性染浴中染色,不需要用酸或酸性缓冲剂调节pH值。这不仅可以减少化学品的消耗和排污,而且还有利于与其他组分纤维的同浴染色。

2.染色工艺 PTT纤维仍属于聚酯纤维,可以用分散染料进行染色。但是由于PTT纤维在60~80℃和90~100℃两个温度区域的上染速率最快,在110~120℃范围内可获得最高的染色深度,所以PTT纤维的固色温度应控制在110~120℃。考虑到PTT纤维上染速率较快,在保证织物不产生擦伤和起毛的情况下,应尽可能加快织物与染液的交换频率。

三、含有聚氨酯纤维的织物

聚氨酯纤维的商品名为氨纶,学名是聚氨基甲酸酯弹性纤维。氨纶是一种高弹性合成纤维,纺丝的方法有干法、湿法、反应法和熔体法,其中应用最多的是干法纺丝,约占整个弹性纤维生产的80%以上;其次熔体法纺丝也在逐步增多,这与它的一些优点有关。氨纶具有优异的服用性能,广泛用于休闲服装、高弹力时装面料,其高档针织品的应用领域还在扩大。

1.纤维的染色性能 含氨纶织物因氨纶化学结构的特殊性,目前还没有完全适于氨纶染色的染料,但在对与它交织的纤维染色时,容易对其造成沾色,所以也要考虑氨纶的染色性能。氨纶的组织结构决定于所用的原料及纺丝方法,并可表现出它的染色性能。

(1)疏水性。氨纶分子中基本上没有离子基和强亲水基团,只有较多疏水性的亚甲基链和少量的芳基。所以氨纶属于疏水性纤维。

(2)可染性。氨纶的分子中含有较多的脲基和氨基甲酸酯基,聚醚型纤维中具有较多的醚基,聚酯型纤维中有较多的酯基。这些弱极性基团能够与染料分子中的有关基团产生偶极力和氢键结合,使得氨纶具有一定的可染性。氨纶的嵌段共聚结构在纤维中呈现不均匀的分布,硬段虽含有较多的极性基团,但结构紧密,并且大部分呈结晶态,染料难以进入;而软段是醚链或聚酯链,结构松弛,容易拆开结晶使染料进入或出来。

(3)透染性。氨纶的形态结构取决于不同纺丝方法,采用化学反应法可获得化学交联和皮芯结构;而采用湿法纺丝制成的只具有一定的皮芯结构。这种纤维形态结构的差异会影响氨纶的透染性。

氨纶的结构特征表明了可以用酸性染料、中性染料、酸性媒染染料和分散染料进行染色,但从氨纶的结构来考虑,选择分散染料更为适合。其原因是分散染料不仅能够与氨纶中的非离子极性基团以氢键和偶极力结合,同时还能以色散力与氨纶的疏水性基结合。

2. 含氨纶织物的染色工艺　氨纶具有较好的弹性,一般都是与其他纤维进行混纺或交织而成,并且含量不高,所以染色主要是针对组分比例较高的其他纤维进行染色。与氨纶混纺或交织的纺织品主要有锦/氨、涤/氨、棉/氨和羊毛/氨纶等,其工艺主要有:

(1)锦/氨织物的染色。常选用酸性和中性染料,主要是对锦纶进行染色,不过对氨纶也会造成一定的沾色。所以相对纯锦纶染色而言,应选用牢度较好的酸性染料。由于酸性染料对锦纶的上染速率较快,为了保证匀染性,应加入一定的缓染剂,并且要降低染色的入染温度。汽巴(Ciba)公司推荐了染浅色和染特深色的两种工艺,如图 5-3 和图 5-4 所示。

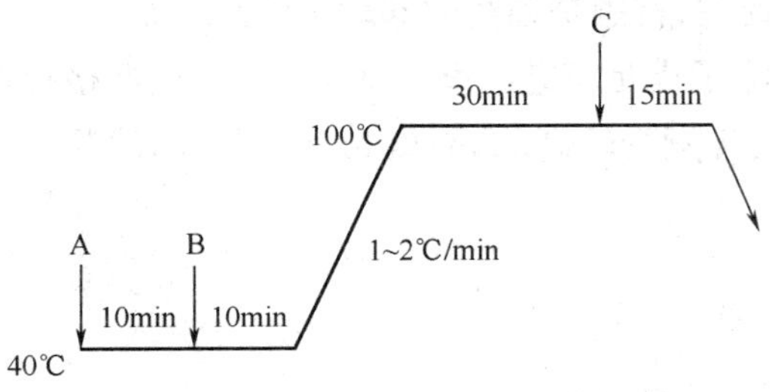

图 5-3　染浅色工艺曲线

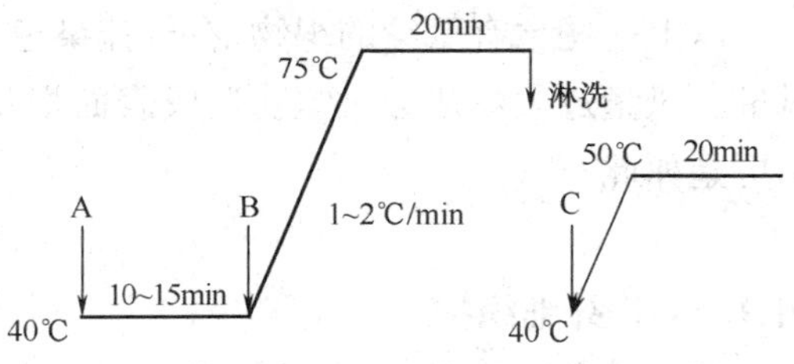

图 5-4　染特深色工艺曲线

①染线色工艺(图 5-3)。染色处方为:

Cibaflow CR(A)	0.5g/L
Univadine PA/Albegal SET	1~2g/L
Na_2HPO_4(B)	2g/L(调节 pH=8~8.5)
Lanaset(或 Erinyl A)	视具体情况而定
稀醋酸缓冲液(C)	视具体情况而定
Ciba PAS(A)	20%
稀醋酸(B)	调节 pH=4~4.5
Cibafix ECD(C)	3%

该染料的匀染性较差,入染时将染液的 pH 调整得较高,并减慢上染速率;染深色时,可用醋酸将染浴的 pH 值调至 6~6.5;选用 Lanaset 染料染浅色可省去固色过程。

②染特深色工艺(图5-4),如黑色或藏青色,须进行两次固色处理,并分浴进行,以防发生沉淀。染色处方为:

Ciba PAS(A)	20%
稀醋酸(B)	调节 pH=4~4.5
Cibafix ECD(C)	3%

(2)涤/氨织物的染色。主要是选用分散染料对涤纶染色,但是对氨纶也会产生沾色。由于涤纶的染色温度需要130℃,而氨纶在该温度下容易造成纤维损伤,并且纤维收缩也很大,染色温度必须降低。因此,用于涤/氨织物染色的染料,必须具备一些条件,如对涤纶的色牢度要高,对氨纶的沾色要小,且容易还原清洗,在低温下对涤纶具有较好的提升性和上染率。为了满足这些要求,汽巴(Ciba)公司开发了一种促染剂 Univadine PB,采用 Terasil W 类染料染色时,染色可在120~130℃温度下进行,温度高染色时间就短,反之时间就长。例如130℃下染色,时间只要15~30min。

此外,为了去除氨纶的沾色,提高湿处理牢度,染色之后要进行还原清洗。还原清洗的温度为70~80℃,加入保险粉和烧碱,并可适当加入一些助洗剂,以减少分散染料对氨纶产生二次沾色。

(3)棉/氨织物的染色。实际上是纤维素纤维与氨纶混纺或交织纺织品的一种,目前以棉/氨织物所占的比例最大。一些适于纤维素纤维染色的染料均可用于棉/氨织物染色,但对未改性的氨纶不能上染。由于棉纤维用活性染料染色是在高温碱性条件下固色的,对氨纶会造成一定损伤,所以棉/氨织物不宜在高温强碱下进行长时间处理,特别是染浴的 pH 值不能太高。

以上一些含有氨纶的织物,在气流染色过程中,除了满足工艺一些要求外,还必须严格控制风量。风量过大往往会对织物造成表面损伤,特别是含氨纶较高的锦/氨和涤/氨类的泳装针织物更是如此。

四、Lyocell 纤维织物

其商品名称叫天丝,由植物纤维素制成。该纤维是选用速生长木材作为原料,先将木材刨成片,经蒸煮、漂洗后得到一种纯度较高的 α-纤维素(其含量大于96.5%,聚合度大于600)木浆粕,然后以 N-甲基吗啉-N-氧化物(NMMO)为溶剂,将木浆粕溶解,再经湿法纺制而成。Lyocell 纤维的生产过程比黏胶纤维的生产过程可缩短1/3~1/2,与传统的黏胶纤维及铜氨纤维所不同的是,生产过程中不存在二硫化碳和氨。按 Lyocell 纤维生产方式的不同,可分为长丝和短纤维。长丝有 Newcell,短纤维又可分为普通型(未交联)和交联型。普通型有 Tencel、Lenzing Lyocell、Cocel 等,交联型有 Tencel A100、Lenzing Lyocell LF 等。Lyocell 纤维服用性能优异,可纯纺也可与棉、麻、丝、毛及合成纤维和黏胶纤维混纺。

1. 纤维的染色性能 由于 Lyocell 纤维的力学性能以及原纤化特征不同于其他再生纤维素纤维,所以 Lyocell 织物的染整加工也有其自身的一些特点。主要体现在以下几方面:

(1)上染率。在相同或相近纱线线密度、紧密度和织物组织规格的条件下,染料对 Lyocell 织物的上染率、固着率和染色深度均明显高于黏胶纤维,显著高于棉纤维。

(2)匀染性。普通型 Lyocell 织物在低温区的紧绷结构,使得染液对纱线的渗透性降低,因而影响了上染速率和匀染性。虽然可以通过移染来提高染色均匀性，但染料在 Lyocell 纤维上的移染性较差。因此，在染色过程中，应适当提高最终的染液温度或延长保温时间，让染料有足够的时间进行移染，或者再利用其他辅助措施来提高匀染性。

（3）酶作用。利用纤维素酶处理去除初级原纤化过程中形成的绒毛，可提高针织物表面的光洁度，并获得良好的手感柔软效果。由于染色后进行酶处理可能会引起织物的色光变化和表面颜色深度降低，并且许多染料会影响纤维素酶的活性，因此酶处理宜放在染色之前进行。

2. 染色工艺　Lyocell 纤维属于再生纤维素纤维，可选用适于纤维素纤维的染料进行染色，目前使用最多的就是活性染料。与普通型 Lyocell 纤维相比，交联型 Lyocell 纤维的溶胀性虽然有所下降，阻碍了染料的扩散渗透，但它却改变了纤维的化学成分。它是将一定数量的交联剂引入到分子链间，增加了染料与纤维分子间的结合力，即提高了染料的上染率。普通型 Lyocell 纤维和交联型 Lyocell 纤维的染色条件有所不同，尤其是选用多活性基染料，即可提高固色率、染深性和色牢度，又可通过染料在纤维分子间交联来减少纤维的原纤化。

有应用表明，通过提高染色温度可以改善 Lyocell 纤维的移染性和匀染性。尽管 Lyocell 纤维属于再生纤维素纤维，但其移染性要比棉纤维和黏胶纤维差。染色深度对元明粉用量的依存性较强，而元明粉用量的增加又降低了染料的移染性。所以，只有通过提高第一次吸尽时的染色温度，才能够获得较好的移染性。有人提出，第一次上染温度应超过 70℃，就能够获得较好的匀染效果。此外，考虑到 Lyocell 纤维织物在绳状染色过程中容易产生折痕和擦伤，应在 60℃时进布，并可在染浴中适当添加一些润滑剂。以下介绍几种活性染料染 Lyocell 纤维织物的气流染色工艺：

（1）选用一氯均三嗪/亚乙基砜型活性染料染色。根据日本住友化学和大森企化株式会社对 Lyocell 纤维所进行染色试验，建议采用等温（或恒温）染色法和降温染色法两种工艺。

①等温（或恒温）染色法。

升温至 70℃或 80℃→加入染料，时间 5 ~ 10min→分批次加入元明粉，时间 30min→分批次加入碱（70℃染色时，选用碳酸钠；80℃染色时，选用碳酸氢钠和碳酸钠混合剂），固色 40 ~ 60min

由于 Lyocell 纤维对碱较为敏感，所以应严格控制升温和加料过程。Sumifix Supra 染料的等温法染色工艺曲线见图 5 – 5。

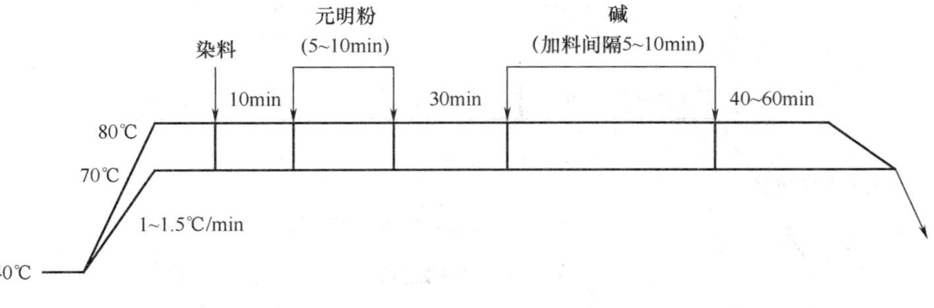

图 5 – 5　Sumifix Supra 染料的等温法染色工艺曲线

②降温染色法。

升温至85℃或95℃→加入染料，时间5～10min→分批次加入元明粉，染色5～10min后在20min内降至70℃或80℃→分批次加入碱（70℃染色时，选用碳酸钠；80℃染色时，选用碳酸氢钠和碳酸钠混合剂），固色40～60min

由于入染温度较高，所以能够获得更好的匀染性，比较适于织造密度较大的Lyocell纤维织物。Sumifix Supra染料的降温法染色工艺曲线见图5－6。

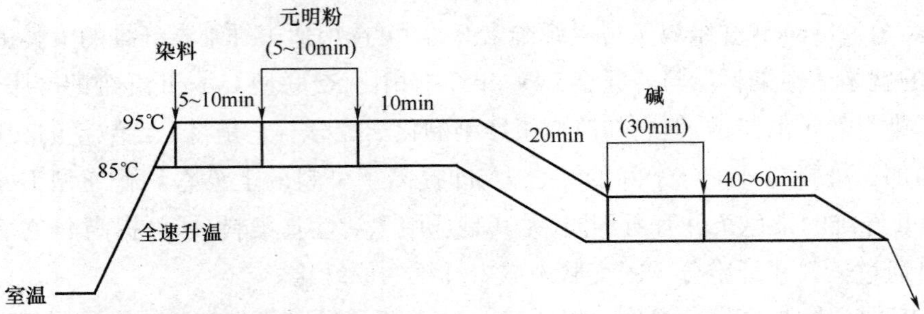

图5－6　Sumifix Supra染料的降温法染色工艺曲线

Sumifix Supra染料染色后的水洗和皂洗工艺为：

温度40～50℃水洗5～10min→加酸（48%的醋酸2～4mL/L）中和5～10min→升温至90～100℃热水洗5～10min→降温至20～30℃冷水洗5～10min→升温至40～50℃温水洗5～10min→升温至90～100℃皂煮5～10min→降温至40～50℃温水洗5～10min→冷水洗

（2）选用一氟均三嗪/亚乙基砜型活性染料染色。用于浸染的这类典型商品染料有原汽巴精化的Cibacron FN。该染料属于中温型，具有良好的扩散性、配伍性，直接性也相对较高。气流染色可以采用高温移染法，能够改善染料的移染性和渗透性，并可防止折痕的产生。

染色工艺：先在80℃高温移染30min，然后降温至60℃加碱固色。工艺曲线见图5－7。

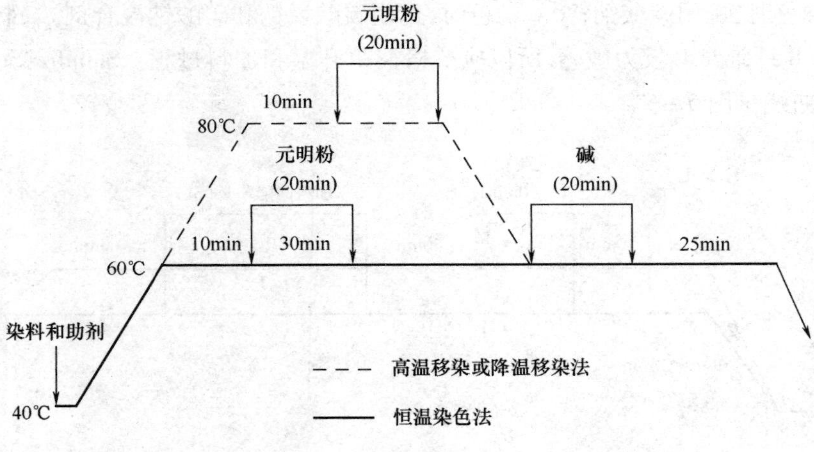

图5－7　Cibacron FN染料的染色工艺曲线

(3)选用双一氟均三嗪型活性染料染色。原汽巴精化的 Cibacron LS 属于这类染料。具有直接性、固色率高,湿处理牢度好和用盐量低等优点,是准高温型染料。用于 Lyocell 纤维织物染色可采用高温移染法。

染色工艺:先在 80 ~90℃染色,然后降温至 70℃加碱固色。工艺曲线见图 5 -8。

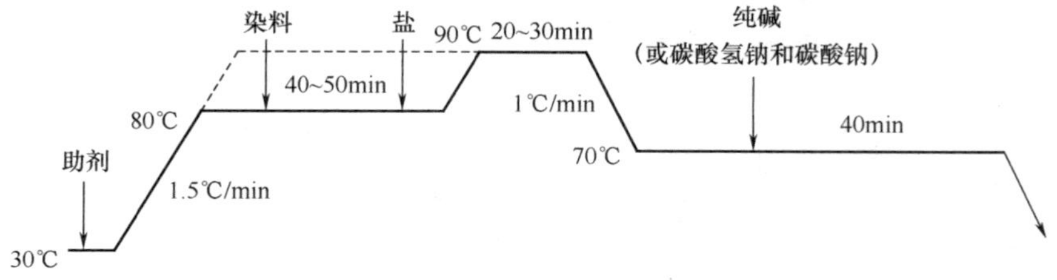

图 5 -8 Cibacron LS 染料的高温移染法工艺曲线

汽巴精化的 Cibacron FN 和 Cibacron LS 染料染色后的水洗工艺为:50℃水洗 10min→升温至 70℃加酸中和水洗 10min→升温至 95℃皂煮 10min(洗涤剂 Cibapon R 2g/L,浴中润滑剂 Cibafluid C 2 ~3g/L;浅中色皂煮一次,深浓色皂煮二次,共 20min)→降温至 70℃水洗 10min→冷水洗 15min。对于深浓色品种,可在水洗后加固色剂进行固色。

(4)选用双一氯均三嗪型活性染料染色。最著名的是巴斯夫公司的 Procion H - EXL,属于高温型染料。该染料具有较高的直接性和优良配伍性,故具有超级匀染性能的美誉。其工艺有:分步加盐法、eXcel 标准染色法、eXcel 等温染色法、eXcel 移染法等,其中以 eXcel 移染法最适于 Lyocell 纤维织物染色。工艺曲线见图 5 -9。

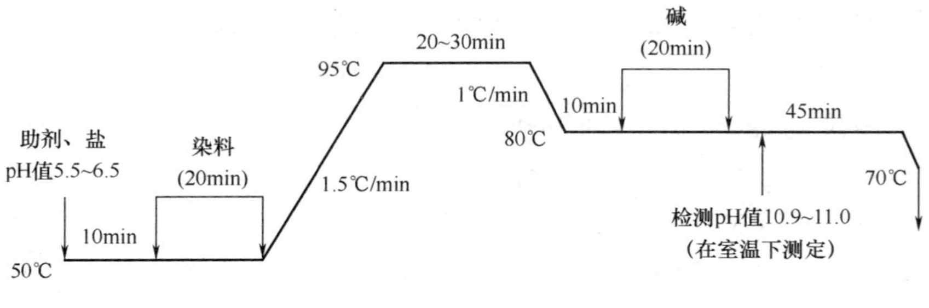

图 5 -9 Procion H - EXL 染料的移染法工艺曲线

(5)选用烟酸型活性染料染色。日本化药公司的 Kayacelon React CN 和国产的 R 型活性染料是属于这一类染料。该类染料原来主要用于聚酯纤维与纤维素纤维混纺织物,采用分散/活性染料中性一浴法染色。其主要特点是活性染料可在中性条件下,不需要碱进行固色,是现有活性染料中高温上染性能和稳定性最好的一种。Lyocell 纤维织物选用这种染料进行气流染色,可在染色的过程中同时发生一次原纤化,大大缩短了 Lyocell 纤维织物的染整工艺流程。采用这种组合式工艺可以适于 Lyocell 纤维纯纺和涤纶与 Lyocell 混纺或交织物的染色。

此外,烟酸型活性染料除了可在高温下染色之外,还可在常温下进行染色。可通过滑移剂在升温过程中，将 pH 值由弱酸性向弱碱性滑移，即 80℃以下的 pH 值小于 7，温度到 90℃以后，pH 值为 8.5。Kayacelon React CN 染料的染色温度与所对应的保温时间如表 5－7 所示。

表 5－7 Kayacelon React CN 染料的染色温度与保温时间

pH 值调节剂	保温温度(℃)	不同染料浓度(%，owf)下的保温时间(min)			
		0.5 以下	0.5～1.5	1.5～4.0	4.0 以上
Kayaslide PH－509	90	30	45	60	60
	98	15	20	30	40
Kayaku Buffer P－7	110	10	15	20	30
	120	0	5	10	15

五、莫代尔(Modal)纤维织物

Modal 纤维是一种具有高湿度模量的再生纤维素纤维。原料采用欧洲的榉木，先将其制成木浆，再纺丝加工成纤维。由于原料全部来自自然界，对人体和环境无害，并能够自然分解，所以是一种环保型纤维。Modal 纤维克服了普通黏胶纤维湿态时被水溶胀、强度明显下降、织物洗涤揉搓时易变形、干燥后易收缩、使用中逐渐伸长和尺寸稳定性差等缺陷。具有较高的强度、较低的伸长度和膨化度、较高的湿强度和湿模量。Modal 纤维的总体性能优于棉和普通黏胶纤维，具有 Lycoell 纤维的部分特性。此外，Modal 纤维还具有干、湿模量高，湿伸长小，干、湿强度高和原纤化程度低等优点。不仅具有天然纤维的吸湿性，而且还有合成纤维的强伸性。高湿模量纤维可分为两种：一种是波里诺西克(polynosic)纤维，我国商品名为富强纤维；另一种是变化型高湿模量黏胶纤维，其代表是奥地利兰精(Lenzing)公司的莫代尔(Modal)纤维。国际人造丝和合成纤维标准局把高湿模量黏胶纤维统称为 Modal 纤维。

Modal 纤维可纯纺，也可与其他纤维进行混纺。主要织物品种有纯纺、Modal/棉、Modal/涤以及与亚麻、棉的交织产品。Modal 超细纤维的纱线可织造成仿真丝、桃皮绒、麂皮绒、摇粒绒等高档面料，具有丝绸的柔软光泽和触摸感、轻薄飘逸和透气吸湿等许多优点。

1. Modal 纤维的染色性能 Modal 纤维具有优良的可染性及鲜艳的色泽，经多次清洗仍保持绚丽多彩。Modal 纤维对染料的吸附速率比棉纤维快，且吸收率高。

2. 染色工艺 Modal 纤维也属于再生纤维素纤维，可选用适于纤维素纤维染色的染料，如活性染料、还原染料等。前处理与传统纤维素纤维基本相似。Modal 织物在染整加工生产中易出现色花、色斑、折痕、破洞和布面易起毛、起球等质量问题，在工艺上应采取必要的措施，包括织物的前处理。

(1)工艺流程：

进布→前处理→染色→水洗

(2)染色处方和工艺条件。染色处方及工艺条件如表 5－8 所示。

表 5-8　Modal 织物气流染色处方及工艺条件

染色处方及工艺条件		用量及设定参数
染色	活性染料(%, owf)	*X*
	元明粉(g/L)	10~50
	非离子表面活性剂(g/L)	0.2
	浴中宝 C(g/L)	0.1~0.2
固色	纯碱(g/L)	3~15
皂洗	净洗剂用量(mL)	0.5~1.5
工艺条件	浴比	1:(3.5~4)
	pH 值	10.5~11.5
	染色温度(℃)	由具体染料类别而定
	染色时间(min)	10~25
	固色温度(℃)	由具体染料类别而定
	固色时间(min)	10~25
	皂洗温度(℃)	85~95
	皂洗时间(min)	10~15

(3)工艺控制要点。Modal 织物活性染料染色,应选择配伍性、重现性和匀染性较好的染料,如双活性基团一氯均三嗪(耐碱性)、β-硫酸酯乙烯砜基(耐酸性)等。由于 Modal 织物容易产生色花和色斑,所以宜先加部分电解质,织物运行一段时间,再缓慢分次加入染料。这样可以使纤维缓慢接触染料,保持均匀上染。

Modal 织物染暗淡颜色的前处理,只需对其进行煮练去除纺丝和织造过程中上的油剂和浆料即可;若染鲜艳色,则应采用煮练浴中加入双氧水的煮漂一浴法工艺。由于 Modal 纤维容易产生折痕和破洞,所以要采用比棉织物温和的煮漂浮工艺条件,一般应选用碱性弱的纯碱。为了取得更好的效果,在煮漂浴中可加入防皱剂 LBH 和抗起球剂,并采用缓慢的升温过程,煮漂完毕应自然降温至 70℃才能进行水洗。

六、竹原纤维和竹浆纤维织物

竹纤维是以天然竹子为原料,通过不同的选料和加工工艺而分别得到的竹原纤维和竹浆纤维的总称。竹原纤维是采用物理、化学相结合的方法,将竹材制成竹片,进行蒸煮、生物酶脱胶、分丝、梳理纤维和筛选等工序,去除其中的木质素、多戊糖和果胶等杂质而获得的。竹浆纤维的制作工艺与黏胶纤维大致相同,先用化学方法将竹片制成浆粕后,再经湿法纺丝而制成。与竹原纤维制作工艺相比,竹浆纤维在加工过程中破坏了竹子的天然特性,使得纤维的除臭、抗菌和防紫外线功能明显下降。竹原纤维可以进行纯纺和混纺,例如用亚麻 25.64tex(39 公支)和竹原纤维 25.64tex(39 公支)进行交织,面料不仅可保留麻产品风格,而且还增加了抗菌除臭的功能。竹原纤维纯纺线密度可达 16.67tex(60 公支)。

1. 竹纤维的染色性能 竹原纤维织物的染色性能与棉、麻织物相似,竹浆黏胶纤维的染色性能与普通黏胶纤维的染色性能相似,可用的染料有直接染料、活性染料、还原染料和硫化染料等。

对竹纤维从染料上染速率、直接性以及表观深度 K/S 值进行分析得知,直接染料对天然竹纤维的直接性、上染速率、提升性能比棉纤维差。相同深度的颜色,竹纤维所需的染料更多。但经过强碱处理后,竹纤维对染料的吸附能力却增强许多,当采用浓度 190g/L 以上的强碱处理后竹纤维可获得与经碱处理的棉纤维相同的平衡上染百分率和染深性。

2. 染色工艺 竹原纤维和竹浆纤维织物目前已从纺纱、织造和染整方面获得了成功的方法和工艺,开发出了纯纺或多种混纺(交织)的针织和机织物。例如原竹/绢丝针织物,具有良好的内衣服用性和抗菌性。竹原纤维织物染色工艺可参照棉纤维织物染色工艺,但应注意竹原纤维的结晶度和取向度较高,上染和固色速率慢,染后的颜色饱和度相对要差一些。竹浆纤维的染色工艺与黏胶纤维的类似,但应注意该纤维的皮层结构对染料扩散的影响,需适当提高染色温度。此外,考虑到竹浆纤维中存在较多的孔隙和裂缝,湿强力较低,要控制在较强碱性条件下的处理时间,并减小加工中所受的张力。染色工艺流程为:

前处理(精练、漂白)→染色(一浴法)→固色→皂洗→水洗→柔软

精练和漂白可采用一浴法,工艺处方及工艺条件为:

精练剂	1~2g/L
渗透剂	0.5~1g/L
纯碱	3~5g/L
30%双氧水	4~8g/L
稳定剂	2~3g/L
温度	98℃
时间	60~90min

第六节　针织物气流染色

与传统的溢流或喷射染色的大浴比相比,气流染色的小浴比染色条件对织物染色控制有所不同。气流染色的织物不是浸没在染液中,在升温或加料过程中,染液温度和浓度的变化差异较大。如果这种差异在被染织物某些部位保持过长,就有可能出现染色不均匀,并且很难通过移染来达到匀染。除此之外,针织物在编织过程中形成的内应力,当遇热时会进行释放,如果在绳状加工中受力或堆积不均匀,就容易产生折痕。在传统的大浴比溢流或喷射染色中,储布槽中织物大多是悬浮在染液中,织物内应力可以得到自由释放,而气流染色小浴比储布槽中的织物相互挤压现象严重。如果不及时改变织物这种堆积状态,就容易产生永久性折痕。因此,针织物(特别是合纤长丝)在气流染色中,应充分考虑到针织物遇热收缩时的受力均匀性。一般情况下,对合纤长丝编织的针织物或容易产生折痕的弹力针织物,最好进行一次染色之前的预定形或松弛回缩处理,消除织物的内应力,以及前处理中可能已产生的折痕。

除此之外,要保证针织物染色质量,除了满足常规间歇式染色工艺对针织物原坯、染化料、水

质、染色工艺和操作规程等要求外，还要根据气流染色工艺的特点，进行染色全过程控制。相对机织物而言，针织物的气流染色控制要求更加高一些，如张力和时间在整个加工过程中应处于最低和最短的状态，否则，不但会出现染色条痕而且还会导致织物的变形。因此，为了气流染色能够成为针织物具有高附加值和节能减排的有效加工方法，必须针对针织物湿加工的特点和要求，结合气流染色的特性设计出一个有效的过程控制，以达到被染物、染色工艺和设备的最佳统一。

一、针织物湿加工的特点和要求

针织物因编织的组织结构原因成形较差，并且具有一定内应力，因此在整个湿加工过程中要求外界施加的作用力要尽可能小，作用的时间也要尽可能短，通常都是采用间歇式松式绳状加工。为了满足针织物湿加工的要求，我们先来了解一下有关针织物的一些特点和湿加工要求。

1. 针织物的内应力 与机织物不同，针织物的编织组织比较松弛，同时又因纱线在编织过程中的变形而产生了一定内应力。这种内应力在一定的条件下会释放出来，容易在针织物的以绳状堆放加工中形成折痕。如果针织物堆放的形状位置长时间不改变，那么，在绳状染色过程中就会出现染料上染不均匀现象，最终造成颜色深浅不一的条痕。因此，针织物在后续的湿加工之前，最好增加一道松弛回缩过程，让织物的内应力充分释放。若对弹力针织物（含氨纶或合纤长丝）进行一次预定形，那将更有利于后续的湿加工。

2. 针织物的吸水性 针织物的松弛组织具有较高的吸水性，主要是纱线之间吸附的非结合水量大。所以针织物在一般的湿加工中不能进行快速运行，以免产生过大的拉伸和变形。为了保证织物的匀染性和不产生折痕，所需的织物与染液的快速交换一般也可通过加快染液的循环频率，以及减少针织物在运行过程中的含液量来实现。气流染色机的储布槽中织物，与主体染液是处于分离状态，织物在动程中所夹带的染液较少。所以，气流染色可以在针织物含液量较低的条件下选用比传统溢流或溢喷染色较高的织物线速度运行。

3. 针织物的张力 针织物在湿加工中的另一个特点就是不能长时间处于某一具有张力的相对运行过程中。其原因是，针织物是由线圈套结而成，初始模量低，具有较好的延伸性，容易受外力作用而伸长。在湿加工过程中，长时间的张力作用下，特别是纵向张力拉伸，线圈会转移，圈弧曲率半径变小，引起织物纵向伸长，幅宽变窄。而这种纤维弹性变形得不到回复就会产生塑性变形（即织物形态变化后无法恢复原状），虽然可以通过最后的拉幅定形得到缓解，但严重的经向拉伸变形，即使通过较大的超喂整理也是无法消除的。所以，针织物的湿加工应减少张力，并且要尽量缩短加工时间。

4. 针织物的卷边 纬编筒形针织物剖幅后容易产生卷边，这是由弯曲的纱线在自由状态趋于伸直所造成的。在针织物的绳状加工过程中，如果其卷边严重，就会使布边上染不匀或者上染颜色浅。含有氨纶的纬编筒形针织物更容易出现卷边现象，双面针织物因正反面线圈弹性力相互抵消，卷边情况较好。对针织物的卷边，一般可通过预定形进行改善。但卷边严重的针织物，只有采用筒状进行绳状染色。气流染色机因针织物通过喷嘴和导布管后，气流的自由射流对针织物卷边有一个吹开扩展作用，所以易卷边针织物更适于在气流染色机中加工。

5. 针织物的加工要求 对于针织物在湿加工中表现出的特性，必须充分考虑到采取的加工方法所具备的条件，要求能够在加工过程的时间尽量短、运行中产生的张力尽可能小。根据这个加工要求，气流染色通过设备的结构性能和控制程序，采用相应的染色工艺，对所有影响到染色质量的参数进行控制，可最终满足染色质量要求。

针织物在气流染色中的质量控制，主要取决于针织物原坯、染化料、染色工艺、染色设备、操作以及生产管理等方面，仅仅依靠几方面的控制是远远不够的，必须实现全过程控制才能达到一个良好的质量控制水平。在染色过程中，对已知的主要影响因素进行控制可以减少或者避免染色过程产生的质量问题。随着气流染色技术应用的推广，适用的针织物的染色工艺范围还在不断扩大，同时也伴随着新问题的时常出现。只要我们认真去分析和探索规律，就一定能够找到产生问题的原因和解决的方法，最终让气流染色充分发挥出更为有效的作用，使之成为高效、节能、环保的加工手段。

二、针织物的前处理

针织物前处理主要是煮练（或精练）和漂白，目的是去除天然纤维素纤维中的棉籽壳、果胶、蜡质、色素和含氮物质等天然杂质以及化学纤维上的油剂。对一些高档的棉针织物，还需要经过烧毛和丝光处理，以提高针织物的外观品质和服用性。随着针织物品质要求的不断提高，前处理已成为染整加工中不可缺少的组成部分，尤其是前处理对染色品种的影响，已经得到了人们的高度重视。与此同时，前处理除了满足织物品质要求之外，使用者更多的是关注设备对针织物前处理效率和节能减排效果。而这几年气流染色机的前处理应用表明，无论是织物的处理品质和效率，还是节能减排效果已明显优于传统的溢流或溢喷染色机。

1. 纤维素纤维针织物前处理　该类纤维具有亲水性和热湿可塑性，其针织物的结构松弛，容易产生塑性变形，加工后的缩水率较大。为此，应采用松式低张力加工，并且应尽量缩短加工时间。对于特白色针织物，前处理工艺主要是煮练、漂白，或者需要时进行二次漂白；中、浅色针织物的前处理，一般是煮练和漂白；深色针织物的前处理仅进行煮练，不需漂白也可。一些用于高档T恤衫面料的针织物，还需进行烧毛和丝光处理。

（1）煮练（精练）。天然纤维素纤维针织物的煮练主要是去除其共生物，如果胶质、蜡质、色素、含氮物质和棉籽壳等。煮练方法一般有化学法和生物法。化学法就是传统的碱煮练法，以烧碱为主练剂，以硅酸盐、亚硫酸钠和磷酸钠等为助练剂，再加表面活性剂（精练剂），对纤维中的天然杂质进行物理和化学作用，去除这些杂质，以提高纤维的毛细效应。表面活性剂能够降低煮练液的表面张力，使织物能快速和均匀地被煮练液润湿和浸透。此外，表面活性剂还具有很好的乳化、分散和净洗作用，可将蜡质中不能皂化的部分乳化，并分散到煮练液中。

（2）漂白。天然纤维素纤维针织物经煮练之后，已去除了大部分共生物，并且提高了毛细效应，但仍然还残留着少量的色素，对染浅色有较大影响。因此，还要通过漂白进一步提高纤维白度，以获得良好的染色效果。一般深色品种不需再漂白，仅对特白或染浅色的品种进行漂白。漂白的方法主要有次氯酸钠、亚氯酸钠和过氧化氢（双氧水），其中次氯酸钠漂白的织物白度和手感较差，对纤维的损伤也大，并且有很大的污染性，所以已被淘汰。亚氯酸钠虽然漂白效果较好，但对环境和设备也有很大影响，已被列入禁用之列。过氧化氢具有很好的漂白效果，对纤维的损伤小，对环境造成的污染也小，所以目前主要采用过氧化氢漂白，简称为氧漂。

（3）去氧处理。经氧漂后的针织物，须将织物上所残留的双氧水通过充分水洗去净。否则，带有双氧水的织物进入染色，会将活性染料的活性基团氧化分解，导致颜色变浅或色相变化产生。由于氧漂后的残留双氧水去除较困难，所以，一般采取以下三种方式进行：

①高温水洗。其工艺是：

氧漂完成降温至 80℃ 排液→入水并升温至 90 ~ 100℃，循环 10 ~ 20min 排液→入水加醋酸中和，升温至 40℃，循环 15min 排液→入水冷洗 20min 排液→入水升温至 80℃，循环 30min 排液→水洗 30min

②加还原剂。在氧漂完成之前 10min 加入 0.5g/L 保险粉运行，去除残留双氧水。

③生物除氧。采用专用的双氧水酶对双氧水进行分解，达到去除的目的。其工艺是：

氧漂完成降温至 80℃ 排液→入水加醋酸中和（pH = 7）→加入 0.07g/L 的 Terminox Ultra 50L（诺维信公司产品），常温处理 20min

上述三种方法中，前两种方法不是耗水、污染大，就是不容易控制，只有生物除氧既能达到较好的除氧效果，又不会对染料和环境造成危害，而且生产效率高。因此，对缓解目前印染加工的污染矛盾，是一种非常好的除氧方法。

此外，目前针织物前处理中还广泛应用一种碱氧一浴法练漂工艺。就是将氢氧化钠和过氧化氢同浴对针织物进行精练和漂白，大大缩短了工艺流程。考虑到该练漂液中强碱对过氧化氢的强烈分解作用，会对纤维素纤维造成损伤。所以，首先要选用稳定性较好的氧漂稳定剂，保证过氧化氢在强碱条件下的稳定性；其次要选用高效精练剂，以获得较好的精练效果。

黏胶纤维针织物因纤维在纺丝过程中，已经过去除杂质、洗涤和漂白处理，大部分杂质和色素已被去除。所以只要经过精练处理，去除纺丝和编织过程中所施加的油剂。精练处理一般选用纯碱（Na_2CO_3），而不能用烧碱（NaOH），以免损伤织物。

2. 合成纤维针织物前处理　合成纤维基本上不含影响染色的杂质，主要是纺丝和编织过程中所加入的润滑油剂，通常只要进行精练处理即可。双氧水对合成纤维的漂白作用不大，一般不进行漂白处理，对特白品种一般是采用荧光增白处理。但是，合成纤维必须做精练处理，目的是对织物进行松弛，以消除纤维或织物中的内应力。所以，合成纤维针织物的前处理主要是精练和松弛处理。

（1）精练。对于涤纶针织物的精练，主要是在加入非离子型净洗剂的温和条件下进行。只有对沾污严重的才可加入少量的纯碱（Na_2CO_3），乳化污物，但不能使用烧碱，以免对纤维造成损伤。精练后进行充分水洗，将残留碱洗净。在气流染色机中进行精练时，要控制布速不宜过快，以免对织物产生过大张力。精练处方和工艺条件为：

纯碱	0 ~ 0.5%（owf）
净洗剂	0.5% ~ 1.0%（owf）
浴比	1∶2.5 ~ 3
温度	80 ~ 90℃
时间	40min

(2)松弛。涤纶属于热塑性纤维。在纺丝过程中要经过牵伸,以改变纤维的线密度和取向度的排列,增大纤维的抗拉强力。经过纺丝牵伸后的涤纶存在很大的内应力,尤其是长丝的牵伸倍数更大,所残留的内应力就更大。这种内应力在一定的温度(玻璃化温度)条件下会释放出来,如果有不均匀外力的作用,就会出现回缩不均匀,例如在绳状加工中就容易造成折痕。所以,涤纶针织物在染色之前必须经过松弛处理,在一定的温度条件下,让织物处于松弛状态,充分释放内应力,以获得较好的尺寸稳定性、回弹性,并减小染色中的折痕和卷边量。

在气流染色机中进行松弛处理,应尽量减慢织物运行速度,避免产生过大张力,造成纤维回缩不均匀。热水可起到增塑作用,可在水中加入适量低泡高效洗涤剂。在一定的工艺条件保证下,也可精练和松弛同浴进行处理,可缩短工艺流程,减少织物承受张力作用的时间。不过,应注意可能引起纤维卷缩膨化现象,夹在纤维空隙中的杂质不容易被去除。

3. 混纺和交织针织物前处理 相对纯纺针织物,混纺和交织针织物的前处理必须同时兼顾各组分纤维的化学性能、混纺或交织比例,并且对一种组分纤维处理还不能损伤其他组分纤维。例如涤/棉针织物的前处理,主要是针对棉纤维,一般是采用与纯棉前处理基本相同的工艺。但考虑到涤纶的耐碱性较差,容易在碱性高温条件下产生水解,所以应采用比纯棉前处理较为缓和的工艺。

4. 含弹力纤维针织物前处理 该类针织物的弹力纤维主要是氨纶,其中以棉/氨、锦/氨针织物居多。氨纶在整经和织造过程中,要受到较大的张力作用,产生一定的拉伸变形。这种弹性变形的一部分是缓弹性变形,需要一定的回复时间。由于氨纶的弹性模量较小,且回弹力也很小,使得氨纶在回复过程中受到相接触纤维的阻止,在织造完成后仍然还残留着较大的内应力,对后续的染整加工产生很大影响,所以必须通过松弛预缩处理加以改善。考虑到氨纶在高温下长期受到张力的作用,会丧失弹性,为此,含氨纶的针织物在前处理过程中应处于低张力,并且尽量缩短加工时间。

(1)棉/氨针织物。棉/氨针织物的前处理主要是去油预缩和漂白。去油主要是去除氨纶在纺丝过程中所加的油剂(含油量5%~13%),漂白是为了提高棉纤维的白度。一般选用过氧化氢做漂白剂,漂液可加入 NaOH 调节 pH 值为 10.5~11。

(2)锦/氨针织物。锦/氨针织物的前处理主要是松弛预缩,并伴随着精练过程。锦纶和氨纶在纺丝过程中,都存在残留内应力,在染色之前通过松弛预缩处理,可以充分释放出残留内应力,避免产生折痕。松弛预缩和精练可采用一浴法进行,要求织物运行速度尽可能慢,以减少对织物产生的张力。

三、针织物气流染色过程的控制

针织物在气流染色过程中控制要求比机织物高,主要是对张力和张力所作用的时间控制。对于化纤长丝纬编或经编织物,考虑到化纤长丝在纺丝和编织过程中残留较大的内应力,而这种内应力在一定温度和湿度条件下会产生收缩。如果织物处于不均匀的外力下,就会产生不均匀的收缩,特别是织物呈绳状更容易产生皱纹。因此,对于这类针织物,应该在气流染色或绳状前处理之前进行一次平幅预定形。通过一个松弛回缩过程,让纤维中所残留的内应力在平幅均匀受力状态下进行充分释放并消除染色之前产生的折痕。

气流染色过程的控制主要是对染料上染过程产生影响的因素进行控制，通常可通过一组工艺参数来表述，例如温度、时间、升降温速率、浴比、染浴 pH 值和织物运行线速度等。温度是控制染料上染速率重要参数，其中包括升温速率的控制；时间是每一个参数的实施过程长短，例如在固色过程中，时间长短对固色深度的作用；浴比主要是对活性染料直接性的影响、助剂的用量以及工艺的重现性的影响；染液染浴 pH 值主要影响染料的上染和固色过程；织物运行线速度主要是控制织物的循环周期，以及对织物张力的影响。针织物气流染色的工艺参数与所用的染料性质、织物纤维性能等有着密切的关系，具体如何设置和控制在相关的章节中均已谈到。这里仅对针织物线速度可能引发的一些问题，提出控制要求。

1. 针织物线速度设定的依据　由于针织物组织结构比较松弛，容易变形和产生折皱，特别是合纤长丝在高温会产生热收缩，释放内应力，所以在开始遇热和遇湿状态下，一定要处于松弛状态，在整个加工过程中应尽量减少张力的影响。对于气流染色来说，减少针织物张力的主要措施就是控制织物线速度。从染色的角度来考虑，织物获得匀染和减少折皱产生的循环周期是 2～2.5min。因此，针织物线速度是以织物的张力和染色循环周期为依据的，并根据设备的使用特性，控制在一个合理的范围内。一般情况下，针织物线速度设定在 250～300m/min。对于轻薄织物，可适当加快一些。

2. 针织物线速度对布面的影响　有些针织物虽然线速度可以满足张力和匀染的要求，但是对布面可能会影响。例如高弹力针织物表面起毛，或者毛圈被气流吹起。对于这种情况，应适当降低织物线速度，减小风速对织物表面产生的影响。对于毛绒类针织物，也应注意控制风速对绒毛的影响，避免出现倒绒或乱绒现象。

3. 针织物线速度对温度的影响　既然针织物线速度受到限制，而染色过程中的温度变化又是依靠织物与染液的交换而达到热平衡的，那么，针织物线速度慢时，就会延长热平衡的时间。所以，针织物染色过程中的升温速率在染料上染较快的温度段内应尽可能低，必要时还应增加一个短时间的保温段，以控制升温过程中织物各部分之间的温度差。

四、针织物在气流染色中的常见问题及解决方案

从目前气流染色的应用来看，用于针织物的较多。一是针织物的产量逐年在增长，已经超过机织物；二是针织物的品质要求较高，尤其是含有弹力纤维的针织物，在普通溢喷染色机中加工质量不易有保证。但是，通过市场调查，在针织物的气流染色过程中也出现过一些问题。这其中既有设备结构性能上的缺陷，也有设定工艺与气流染色工艺条件不协调的地方。这里根据针织物品种或出现的现象，结合气流染色机的特点作一简单讨论，目的在于提供一个解决问题的思路。

1. 常规针织物　常规针织物是指由天然纤维以及与合成纤维混纺的纬编织物，也是在针织物所占比例最大的纺织品。与机织物相比，针织物的线圈套结编织比较松弛，无论什么纤维材料，都应该控制织物线速度，避免产生过大的纵向张力。常规针织物中轻薄织物，如汗布类，抗皱性比较差，应注意织物的堆积状态和运行中位置不断变换。对于容易起皱和剖幅后易卷边的纬编织物，最好采用筒状加工。让织物在通过导布辊后有一个适当的“吹鼓”效果，以撑开扩展织物面，展平织物上的折痕。

对于黏胶类针织物，应注意到遇水湿强力下降的问题，布速不宜太快。在加工敏感色时，须采用特殊的加料方式，包括进料的稀释状况和与主循环液的接触方式，特别是染料的非线性加料控制。整个加料过程必须采用全自动程序控制。

2. 弹力针织物 弹力针织物主要是指针织物纤维中含有弹力纤维或弹力长丝的经编和纬编织物。张力和染色过程的时间，尤其是织物中的弹力纤维处于高温条件下长期受到张力的作用，往往是造成弹力纤维损伤的主要原因。气流染色过程中，因织物在动程中所含带的自由染液量较低，对织物产生的张力相对较小。但与机织物或其他不含有弹力纤维的针织物相比，无论是织物的循环速度，还是风量大小，还是要控制在一个合理的范围内。因为气流染色机过大的风量，还会对织物表面产生起毛现象。

3. 长丝经编针织物 这类针织物包括网眼布、泳装弹力针织物。由于合成纤维长丝在纺丝过程中都经历了很大的牵伸倍数，具有很大的残余内应力，在第一次遇热中会产生应力释放，如果受到的外界作用力不均匀，就会产生不均匀的收缩，容易产生折痕。因此，对于这类针织物必须先经过预定形处理，否则，在气流染色机前处理(去油精练)时就会产生永久性折痕，染色时折痕处染料的上染量会出现差异。

4. 针织物的收幅 对同样规格的纬编织物，有不少厂家反映，经气流染色后的织物纬向收幅要比普通溢喷染色窄 3 ~ 5cm。这对既有气流染色机又有溢喷染色机的印染厂来说，在定形过程中要进行分别控制，给生产和工艺管理造成麻烦。从理论上讲，气流染色的织物带液量较低，从储布槽被提升至喷嘴段，应该比带液量高的溢喷染色产生的纵向张力小。显然，这一段动程对织物纬向收缩的影响应该小于溢喷染色。那么，事实上的织物纬向收缩，就有可能发生在提布辊和气流牵引段。设想，如果提布辊表面的线速度小于气流牵引织物运行的速度，势必会导致这段运行过程的张力过大。因此，对于这种情况，应该注意控制气流牵引织物的速度与提布辊表面的线速度的同步，两者的速度差不能太大，否则，对织物就会产生过大张力。

参考文献

[1]宋心远、沈煜如. 活性染料染色[M]. 北京:中国纺织出版社,2009.

[2]杜方尧,李昌华. 气雾染色技术的探讨[J]. 针织工业,2005(6):47 - 49.

[3]缪毓镇. 活性染料棉针织物气流染色机染色[C]. //全国印染行业应对危机与产业升级研讨会论文集. 上海:全国印染科技信息中心,2009:199 - 2003.

[4]宋心远. 新合纤染整[M]. 北京:中国纺织出版社,1997.

[5]唐人成,赵建平,梅士英. Lyocell 纺织品染整加工技术[M]. 北京:中国纺织出版社,2001.

[6]范雪荣,王强. 针织物染整技术[M]. 北京:中国纺织出版社,2004.

[7]N. Bal M. Dirican. 黏胶及黏/弹性织物的超低浴比染色[J]. 国际纺织导报,2010(12):31 - 34.

[8]梅士英,唐人成. 新型多组分纤维纺织品染整[J]. 印染,2009(17):43 - 44.

[9]刘江坚. 气流染色机对针织物湿处理的功能[J]. 针织工业,2010(04):25 - 27.

[10]刘江坚. 针织物气流染色的质量控制[J]. 针织工业,2009(02):53 - 57.

第六章　气流染色工艺设计

气流染色仍属于竭染的范畴，染料对织物纤维的上染是通过吸附、扩散和固着三个基本过程来完成。但与传统溢流或溢喷染色相比，气流染色的工艺条件却发生了较大变化，如浴比非常小、染液与织物的交换形式、织物和染液的循环速度等。这种染色工艺条件的变化，使染料对织物纤维的上染速度也产生了一定影响。因此，气流染色工艺必须根据其自身的工艺条件进行设计，而不能完全套用传统溢流或溢喷染色的工艺。实际应用表明，只要采用技术成熟的气流染色机和染色工艺，其匀染性和工艺的重现性远高于传统溢流或溢喷染色机，并且对含有弹力纤维的织物和一些新型纤维织物的染色效果具有更显著的优势。

与所有竭染过程的染色工艺设计相同，气流染色工艺应明确染色过程中各步骤的控制要素和工艺条件，如染料和助剂的选择、始染温度、浴比、升降温速率、固色温度、加料方式、水洗以及各工序的时间和顺序安排等。一般以温度—时间的对应曲线和文字进行表述，然后将程序输入至染色机计算机，由 PLC 自动完成染色过程。工艺设计通常包括染色工艺流程和染色工艺条件两方面内容，采用最佳的工艺流程达到染色质量要求、提高生产效率和节能减排是对气流染色工艺设计的基本要求。气流染色工艺设计必须是建立在充分了解和熟悉各种织物纤维特性、染化料性能、仿样方法和染色过程控制的基础上部分借鉴溢喷染色工艺方法，再结合气流染色过程和设备的一些特点，才能够给出具体的染色处方和工艺条件。

气流染色工艺设计除了给出染色处方外，主要是确定染色工艺流程、工艺条件和过程控制。通常要根据染料品种、织物纤维种类和染色特性，对温度、浴比、时间、织物与染液的交换状态以及加料的方式等给出具体参数值，并提出控制要求和方法。由于气流染色目前还没有一个统一和比较完整的设计方法，一些较好的气流染色工艺都是由使用者经过应用实践而获得的，具有一定的商业保密性，所以这里只能就一些通用的方法和已经公开的成熟经验进行简单介绍，而更详细或特殊情况还有待于使用者在具体实践中进行总结和完善。

由于气流染色仍适于浸染方式，所以在过去相当一段时间内，绝大部分使用者都是参照传统溢流或溢喷染色工艺进行的。对于常规织物的染色，也基本能够满足其染色品质的要求，但对一些较难染或一些特殊品种，也出现了不少问题。这里既有设备结构性能本身的原因，也有工艺人员对设备工艺条件的理解问题。但更多的是染化料、工艺和设备性能没有形成一个较好的协调关系。为此，本章结合染化料、浸染新技术的发展水平，以及气流染色机所具备的工艺条件，提出一些气流染色工艺设计的基本思路和方法。

第一节　气流染色工艺设计的基本要求

气流染色工艺设计首先是以满足织物染色品质要求为准则，然后再根据气流染色过程的特点,对被染织物、染化料和工艺条件给出控制要求,最终达到高效、优质、低能耗的加工目的。气流染色工艺设计的基本内容主要包括:来样审查、染料的选用和混拼、对织物染色前的要求、确定染色处方和工艺条件等。

就目前国内大部分印染厂工艺流程而言,气流染色机都是兼做前处理(退、煮、漂)使用,并且还有不少印染厂是将染色和前处理在同一台机上进行,甚至采用前处理和染色一浴法加工。当然,从节能减排、提高生产效率的意义上来讲是十分有益的。但考虑到这种工艺路线对染色的影响很大,还必须同时制订出有效的前处理工艺。因此,气流染色工艺设计已经延伸到前处理的各个工序中,必须结合织物的纤维组分、结构特征以及染色性能,确定前处理的各项内容,并对重要工序的过程和影响因素提出控制要求。

相对传统溢流或溢喷染色而言,气流染色的应用时间较短,并且在过去的十多年中,无论是设备还是工艺都处于探索之中。虽然可以借鉴一部分传统溢喷染色工艺,但更多的是应注意到气流染色机工艺条件的变化,而这种变化恰恰是影响工艺过程的关键因素。因此,只有充分地利用气流染色机现有的工艺条件,开发出适于气流染色机加工的工艺,才能够发挥出气流染机现有或潜在的优势。这项工作在今后相当一段时间里,还需要广大的工艺人员在实际应用中去不断地总结和发现。从这种意义上讲,气流染色工艺设计是一项长期、持续、探索和发掘的工作。

一、织物及染色要求

无论是来料加工还是自主加工,染色之前首先必须了解被染织物的纤维特性和组织结构,然后对颜色以及色牢度的要求进行确认。对来料染色加工的企业在正式签单之前,首先是针对客户所提供的样品进行沟通和确认,其内容包括对织物的颜色、风格及染色坚牢度等要求。在接下来的染色工艺方法及要求,均以来样的要求为依据,并通过各种工序重现来样。也就是说,要准确地重现样品的染色工艺,必须对来样进行充分地了解和确认。而对来样织物纤维和组织结构确认,以及对织物染后的色泽和牢度满足程度,是整个确认过程中最为关键的内容。

1. 织物纤维与结构 众所周知,各类织物纤维具有不同的染色特性,而同一种纤维的物理结构一旦发生变化,也会改变其染色特性。就聚酯类纤维而言,超细纤维与常规纤维相比,因密度不同,两者的上染速率也不同。而对不同组分的纤维进行染色,就会因各组分纤维所适应的染料和染色条件不同,需要制订出不同的染色工艺。此外,气流染色的工艺条件相对普通溢喷染色而言发生了较大变化,特别是染色浴比对活性染料直接性的影响,即使满足溢喷染色某一工艺条件的同一织物,在气流染色的工艺条件下,未必能够达到相同的染色效果。因此,在制订气流染色大生产工艺之前,对织物纤维特性和结构组织,更应该结合气流染色的工艺条件提出相应的控制要求,而不应该盲目照搬普通溢喷染色的原有工艺。

2. 颜色及牢度的要求 织物经染色加工以后,颜色及色牢度都必须满足客户的要求。对于众多的颜色,可通过 2 ~ 3 种染料进行配色获得,但能否满足被染织物的最终使用要求,却要对染料的选择提出具体要求。例如用于制作高档衬衫的棉织物,需要满足耐洗和中度耐光牢度要求,就要选择具有耐洗和耐光牢度的活性染料进行染色;而对用于制作大衣衬里的醋酯纤维织物,就没有那么重要。因此,对颜色的要求应从满足色调和最终用途的色牢度两方面的要求进行选择染料和制订相应的染色工艺。

二、染料的选配

由于气流染色的工艺条件发生了变化，一些适于传统溢喷染色的染料，对同一织物品种或颜色，在气流染色机中就不一定能够达到满意的效果，所以必须针对气流染色的工艺条件，进行染料的选配。此外，染料的选配在满足气流染色的工艺条件下，还应考虑到不同种类染料的上染及染后的特性是不同的，对不同纤维的染色也就有一定的适应性。例如多组分织物需要采用不同的染料进行套染，选择染料和助剂之前必须充分了解和确定被染物纤维各组分的上染特性，才能够达到所需的染色效果。因此，确认织物纤维组分和结构以及染色特性，对所选用染料的上染性能、配伍性、颜色鲜艳度、色牢度以及成本等作出综合判断，是获得织物最终染色要求和加工经济性的基本要求。除此之外，对更多的染料，还要依靠染料制造商提供的使用指导，进行染色工艺验证，以获得正确的使用方法。

1. 染料的选用　针对某一具体所需的织物颜色，选用染料是一项细致而复杂的工作。通常要结合被染织物的纤维特性、色泽及牢度、染色方法和最终用途等，进行全面综合考虑，以便在可能的染料选择范围内，选择出所需的染料。即便这样，也还有可能在实际试染或大生产中，出现预先没有考虑到的情况，需要重新调整最初所选的染料。在传统的染色工艺中，更多的是依靠人们的经验和试样过程确认染料的选用。随着科学技术水平的不断发展和进步，目前许多印染厂已经采用了电脑测色配色仪，能够快速准确地确定所需颜色的染料种类。既减少了完全依靠人的经验可能出现的差错，同时也提高了染料的选配效率。有关这方面的具体内容和要求在后续章节中还会涉及。

2. 染料的配色（拼色）　在大多数染料选择过程中，有时从原色、二次色、三次色等色泽中无法找到满足某种色泽要求的染料，就需要通过配色（也称拼色）来达到预定的色光和深度。配色染料大多是红、黄、蓝的混合色，为了获得所需的色相，要求在给定的染色条件下具有接近的上染速率。如果配色染料中各只染料的上染速率快慢不一，那么色相就会不断地从吸收较快的向吸收较慢且在染浴中停留时间较长的染料进行相转变。因此，在配色过程中，首先应根据织物颜色、染料色卡、拼色三角试验等要求，确定适当的配色染料、配色比例和配色浓度，然后再通过小样实验，对实验样与产品标样的颜色进行比较，确定第二次实验处方。最后再进行配色，直至配出所要求的颜色。在具体的染料配色过程中，应考虑以下几个方面：

（1）染料配色所选用的染料、色别和种类应最少。如果能够在同类染料中，可用一种染料得到所需要的色泽，并且可采用同一染色方法，那么是最理想的。

（2）配色的染料应具有相似的染色性能，如染色温度、亲和力、扩散性、坚牢度等。这样可以保证染色后获得所需的色光和色牢度。

（3）选择配色染料的只数要尽量少，以不超过三只染料配色为宜。假如染料本身是已由几只染料拼混而成，并要以这种染料作为主色，那么，所选用的配色染料应尽可能与染料拼混的成分相同，以便减少配色染料的只数。

（4）利用余色原理，即两种颜色有相互消减的特性。例如对一个红光太重的红光蓝色，可以通过加些红色的余色(绿色染料)来消减。不过,应用余色原理要注意,只能微量调节色光,用量过多会影响色泽深度和鲜艳度。

三、对织物染色前的要求

实际应用表明,工艺流程中的每一个过程对染色的质量都起着重要的作用,并且上一道工序的质量好坏直接影响到下一道工序的品质。上染和固色实际上是真正的染色阶段,对染色质量影响最大。但染色之前的任何工序,若处理不当也可能引发染色质量问题,最终导致染色过程的复杂化。因此,气流染色工艺设计应对织物染色前提出要求,一般是通过前处理来保证。

织物的前处理主要包括烧毛、退浆(对机织物)、煮练(精练)和漂白等工艺,其中针织物和弹力织物内残留内应力还必须通过预定形或松弛回缩加以消除,以避免产生折痕。前处理是保证织物染色质量的重要前提,没有好的前处理不可能获得最终的好的染色品质。前处理的目的是去除天然纤维上的棉籽壳、果胶、灰分、油脂和色素等杂质,化纤上的油剂,以及织物织造中的浆料,提高织物纤维的毛细效应和白度,保证染料对纤维的充分和均匀上染。经过前处理后的织物,还须通过充分的水洗,将前处理中所脱离的杂物和残留的各种助剂洗涤干净,使织物的 pH 值在染色之前呈现中性。前处理后的水洗分为酸洗和净洗剂清洗两种。酸洗是用来调节织物的 pH 值,如用烯醋酸溶液洗蚕丝类织物,对涤纶织物练漂后残留碱剂中和调节等。洗剂清洗是利用平平加 O 的净洗和缓染双重作用,对织物进行净洗的同时还为后续的染色提供匀染条件。

1. 织物纤维的洁净度 经织造后的本色坯布,无论是天然纤维还是合成纤维,总会存在各种天然杂质、油剂或浆料等,对纤维的色泽和吸水性影响很大,必须通过练漂将纤维精练提纯才能进行后续的染整加工。在传统的染色加工过程中,有相当一部分染色质量问题都是由于织物前处理不充分而造成的。对织物染色产生影响的纤维本身因素主要有毛细效应、pH 值和白度。织物纤维的毛细效应直接影响到染料对纤维的上染能力,织物染色之前所呈现的 pH 值不同会影响染料初始上染量的大小,织物的白度差异会造成颜色明艳程度不同。所以,对同类织物,必须通过规定的前处理过程,达到基本一致的洁净度才能够获得相同的染色质量。

2. 织物纤维和纱线的表面 纤维在纺纱过程中,加捻时会有许多松散的纤维暴露在纱线表面;在织造中,纱线之间要承受较大的摩擦,也会在织物表面上留下短绒毛。它们的存在给后续加工带来一定影响,如绒毛掉入染液中,影响染色质量。因此,织物在染色之前一般都要经过烧毛处理,以提高织物表面的光洁度。烧毛过程中应注意,既要将短毛绒去除,同时又不能损伤织物,特别是熔融的涤纶端梢小颗粒应彻底消除,否则,这些小颗粒往往会使纤维染得更深而在织物表面形成斑点。

对于棉织物有时还要进行丝光处理,以达到改善纤维性能的目的。该工艺是在棉织物施加一定的张力,用浓烧碱或其他化学剂进行处理。与普通棉织物相比,经丝光后的棉织物具有以下一些特点:

(1)纤维排列更整齐,对光线的反射更有规律,增强了织物表面光泽。

(2)丝光后的纤维结晶区减少,无定形区增加,染料更容易进入纤维内部。棉织物的上染率比没有经过丝光的提高了约 20%,并且提高了鲜艳度。

（3）丝光后纤维的强力提高，增加了纤维的反应能力。

（4）丝光对织物具有一定的定形效果，可消除条状折痕。其中最重要的是，织物经过丝光后，伸缩变形的稳定性有了很大提高，从而大大降低了织物的缩水率。

棉织物丝光的先后次序及方式依加工品种的不同而不同。有原坯丝光、漂前丝光、漂后丝光、染后丝光、干布丝光和湿布丝光等多种。先漂白后丝光是目前使用最多的工艺，其优点是可以获得良好的丝光效果，并且有一定的定形作用，消除皱痕。但由于碱液中杂质的影响，白度和渗透性稍有降低。

3. 释放织物的内应力　含有弹力纤维或长丝的针织物，在长丝纺丝或针织编织过程中残留了很大的内应力，而在后续的湿热加工中又会释放出来，特别是在绳状湿加工（如前处理和染色）中，受到不均匀拉伸或过分挤压容易出现折皱印。纯棉针织物通常在50～60℃之间，内应力就开始释放，如果这时织物受到外界纵向拉伸力作用，就容易形成纵向折痕。染色时在折痕印处的染料吸附与其他部位不同，造成颜色差异，外表就形成视觉上的条痕。因此，针织物在后续的湿加工之前，最好增加一道松弛回缩过程，让织物的内应力得到充分释放。织物的松弛处理运行时所受到的纵向张力一定要小，最好是采用平幅松弛处理。

4. 织物的预定形　织物经过湿前处理后，尤其是采用绳状加工方式，容易发生变形或起皱。而含弹力纤维（如氨纶）较高的针织物以及一些容易起皱的织物，本身就残留着织造或编织时所形成的内应力，尺寸不稳定，在湿加工之前就有可能已经形成折痕。对此，应该在染色之前予以消除，否则就会影响染料的均匀上染，并造成折痕或条印。一般是通过预定形来提高织物尺寸稳定性，消除织物染色之前已形成的折痕，特别是针织物的细皱纹。应用证明，易起皱织物的折痕，有相当一部分是在染色之前就已形成，只是没有被发现而已。织物染色之前残留的内应力往往会对湿加工（包括湿前处理和染色）产生很大影响。对易起皱针织物和弹力织物必须在染色前增加一道预定形工艺，消除织物折痕和稳定尺寸。

针织物的组织结构比较松弛，并且在编织过程中的纱线之间的相互套结会产生一定内应力。这种内应力在第一次遇热中就会释放出来，而在绳状染色过程中织物受力往往是不均匀的，容易形成折痕，造成染料上染不均匀现象，最终造成颜色深浅不一的条痕。因此，针织物在后续的湿加工之前，有必要进行一次预定形，让织物的残余内应力充分释放出来。

此外，由氨纶或锦纶长丝所织造的弹力织物，因在织造或编织过程残留的内应力可能更大，对后续的染色加工（特别是绳状加工）也会产生折痕，所以在染色加工之前也应进行一次松弛定形处理，让织物内应力得以充分释放。弹力织物在预定形过程中，通常在经向要有一定的超喂量，其大小由弹性纤维含量的多少来确定，目的是让织物在经向能够得到充分回缩。

四、染色用水

织物前处理和染色用水的质量对染色有很大影响，尤其是染色用水对染料上染和聚集所产生的影响，又是导致染色质量问题的根本原因，往往被人们忽视。染整用水主要取自江河、湖泊的地表水和井中的地下水，这些天然和未处理的水中会含有各种化学物质，如钙（Ca^{2+}）、镁（Mg^{2+}）和钠（Na^{+}）的碳酸盐（CO_3^{2-}），碳酸氢盐（HCO_3^{-}），硫酸盐（SO_4^{2-}）和氯化物（Cl^{-}）等。

当水中的钙、镁和铁等金属离子达到一定程度,会严重影响到染料的溶解性、上染率和固色率,以及颜色的鲜艳度和牢度,严重时造成染料沉淀。虽然目前有许多染厂采用离子交换树脂来降低金属离子的浓度,但同时也产生了碳酸氢盐,其阴离子的存在会造成染液的 pH 值不稳定。当选用 NaOH 或 KOH 作为碱固色时,碳酸氢盐就会与这些碱作用形成碳酸盐,使染液的 pH 值降低,影响染色的重现性。

硬水中含有较高的钙(Ca^{2+})离子、镁(Mg^{2+})离子,它能使染料和助剂发生沉淀,造成染色不均匀,色泽鲜艳度下降,影响颜色深度。染料的沉淀不仅会沾污织物,形成色斑,降低色牢度及手感发硬,而且还要增加染化料的消耗量。因此,染色用水不论是取新鲜的,还是现在提倡的中水回用,对水质都提出了一定的要求。

第二节 气流染色处方及工艺条件

根据纤维染色特性及使用要求选定具体染料类型之后,就是制订染色处方和确定工艺条件。如何准确、合理地制订出染色处方是提高配色效率,减少处方调整次数的关键。然而,在实际应用中,由于受到染料浓度和色泽选择的多样性,以及人为等因素的影响,通常都要经过几次调整之后才能够达到要求。显然,染色处方制订越准确,后续的处方调整次数越少,配色的效率也越高。所以,在正确选择染料和助剂的基础上,浓度、色泽和浴比准确控制,是制订染色处方的重要内容。

传统染色处方和工艺条件的制订,主要是依靠工艺人员的经验,并通过小样试验来获得。这种方法对人的依赖性较大,不仅存在经验上的差异,而且还受到责任和试验环境的影响。这种重现性和准确性的差异,往往会导致产品质量的不稳定。为了克服这种缺陷,目前很多印染厂都采用的计算机测色和配色系统,不仅提高了染色处方的准确性和重现性,而且还提高了配色效率。

一、染色处方的制订方法

就人工染色处方制订而言,主要是建立在人们长期的经验积累基础上而得到的。依靠丰富成功经验而获得的染色处方可以经过最少处方调整次数,染出与来样色泽相符合的布样。否则,经过多次调整才能对样,或者需要多次重复打样的染色处方,就影响生产进度,甚至影响交货期。

制订常规的染色处方主要是根据用户来样的要求如色泽、染色牢度、使用及环保等,通过已有的染色加工能力和方法去满足这些指标的要求。一般是先分析色泽,通过对色方法进行比较,从已有的色卡中寻找出与来样色泽相同或相近的处方,并按照配色规律对所需颜色进行配色,然后确定染料的类型。在实际制订过程中,既要考虑到色泽的鲜艳,同时还要以最少的染料只数来进行配色,以减少可能受到的工艺条件影响。为此,可先从一次色样中进行选择,没有时再依次从二次色或三次色样中寻找,但通常不宜超过三次色样,否则,会给染色工艺操作造成困难。

与传统溢喷染色相比,气流染色的低浴比条件使得染液浓度相对较高,活性染料的上染速率以及上染量都高于传统溢喷染色。对某一颜色浓度相差不大的染色处方,可能在实际染色处方设计中,要从选择间隔的比例更小的范围中寻找。根据配色规律,所有单色或配色染料可呈现出无数种色泽(即色的多样性),而在一般的单色样卡或者三原色拼色样卡中,样卡都是按照具体情况预先制作的,其浓度大小和间隔的比例都是有限的。也就是说,标样的选择范围是有限的。因此,在实际应用中,与来样的色光和深度完全相同的处方是很少的,尤其是传统的人工配色更是如此。相比之下,采用目前比较先进的测色分光光度计能够得到更接近的染色配方。

此外,来样的组织结构与色卡织物的组织结构的差异也可能表现出不同的染料吸收量和色泽。如果采用同一染色处方对不同织物染色就会出现色光差别。例如缎纹织物与绉类织物的反射光程度不同,染料在缎纹织物上的色泽鲜艳度就好一些,在染色后的织物外观上,两者就有较大差异。与平纹、斜纹和提花织物相比,染料在缎纹织物上所呈现的色泽鲜艳度也要好,仅仅是颜色深度差一些。对于这种情况,可通过适当调整染色浓度来加以改善。

二、染色工艺条件

染料对织物纤维的上染必须借助一定的工艺条件才能够顺利完成。染色工艺条件主要包括浴比、温度、织物与染液的交换、加料以及过程控制等。这些条件中每项内容或参数对染料的上染过程都会产生一定影响。因此,染色工艺的制订必须提出具体的工艺条件,由设备结构功能和控制程序根据工艺条件的具体要求去实现。

1. 染色浴比　染色浴比是气流染色工艺条件中的一个关键参数,它涉及到染料的选择和加料方式控制。相对传统溢喷染色而言,尽管气流染色的浴比已经降至很低,但是在具体的染色工艺设计中,还是要根据染料、织物以及染色深度确定所需的实际浴比。由于活性染料的直接性随着浴比的降低而提高,对促染剂(中性电解质)依存性降低,并且同一染色深度比溢喷染色机的染液浓度要高许多,所以应选用直接性较低的活性染料进行染色。与此同时,还应考虑到低浴比对染料的溶解性,特别是加料时的化料溶解度,以及中性电解质浓度对活性染料的凝聚影响。

(1)染料性能。气流染色的低浴比对染料的溶解性有很大影响,溶解性好的染料,在染液中可以保持稳定性和均匀分布,染料比较容易获得均匀上染;而溶解性差的染料则有可能因染料浓度过饱和而析出,或者与水中的钙、镁离子结合产生沉淀,最终导致产生色点或色花。因此,所选用的染料应有较好的溶解性,能够在气流染色的低浴比条件下达到充分溶解。

对于活性染料来说,其直接性随着浴比的降低而提高,会增加对纤维的上染率,但也同时有可能因吸附过快而导致上染不匀。这就需要织物与染液具有较强的交换能力,在尽可能短的时间内使染料达到均匀分布。提高织物与染液的交换频率,并保持染液在温度和浓度的变化过程均匀分布,是气流染色工艺控制和设备性能的关键。对于同类活性染料,气流染色应选择直接性较低的为宜。

(2)织物组织结构。同种纤维织物的克重取决于织物的组织结构、纱线线密度以及克重规格。由于染色浴比是染液容积相对被染织物质量之比,所以浴比一定时,轻薄织物的体积或长度要大于厚重织物,在相同的工艺条件下与织物的接触的概率要小,容易出现色花现象。但是,气流染色与传统溢喷染色不同,染液的浓度相对较高,染液与织物的交换频率也比较高,这种影响要相对小一些。

2. 染色温度　织物经过前处理后可进入染色过程,并通过一定控制程序和要求来保证染色过程的顺利实现。染色实际上就是让染料在一定工艺条件下,对织物纤维进行均匀上染和固着,并达到一定牢度要求的过程。实施染色过程主要是根据染料对纤维的上染规律,控制过程温度变化、加料时间和加入量。一般以温度—时间的变化曲线来控制这一过程,并将加料(包括染料和助剂)量和次数也反映在这个曲线中。由于温度变化对染料的上染速率有很大的影响,而且与被染织物纤维性能、染料的特性和染色深度有密切的关系,因此,在综合考虑各种影响因素的前提下,主要是对染色过程的温度控制。染色过程的温度大致分为入染、升温和保温三个阶段,每个温度阶段对温度变化率具有一定要求。

(1)入染温度。染色温度首先是确定入染温度(即起始染色温度)。根据一般染料的上染规律,染料在染液中的化学位高于在织物纤维中的化学位,染料会自动向纤维上吸附转移。并且染色开始时,染液中染料的浓度高于织物纤维。与此同时,在起始上染阶段的温度和染料浓度分布的均匀程度,也会影响到染料对纤维的均匀分配。因此,染料的初始上染阶段,往往上染速率较快,必须通过一定的入染温度来控制染料的均匀上染。如果入染温度过低,染料对纤维的上染速率就会慢,虽然对匀染有好处,但影响生产效率。若入染温度过高,染料对纤维的上染速率就快,容易导致上染不均匀。为此,设定入染温度时,应考虑以下一些因素:

①纤维特性。从纤维方面来考虑,一些亲水性纤维如纤维素纤维、蛋白质纤维等,具有良好的吸水性,即使在低温染液中也能够使纤维获得膨润,并扩大纤维孔道。所以这一类纤维在较低的入染温度下对染料也具有足够的吸附速率。一般情况下,棉织物的入染温度可设定在40~50℃,蚕丝类织物设定在50~60℃。对于疏水性纤维,特别是合成纤维,纤维大分子量结构在玻璃化温度以下的排列是很紧密的,染料分子无法进入纤维中,只有将入染温度设定在接近该纤维的玻璃化温度时,纤维大分子链松动后,染料才能进入纤维的非结晶区。所以对这一类纤维的入染温度设定要高一些。例如锦纶织物在弱酸性下染色,温度在50℃以下时的上染较慢,而在高于60℃以后的上染率随温度的升高而迅速增加,故将入染温度设定在50~60℃。又如分散染料在80℃以下对涤纶织物几乎不上染,而在高于90℃后,其上染速率却随温度的升高而迅速增加,所以入染温度应控制在70~80℃。

②染色深度。同类染料染不同深度,特别是浅、淡色,浴比对得色的深浅具有较大影响。对于深、浓色,因染料浓度相对较高,染料在纤维上基本可以达到饱和值,一般容易获得所需的深度和匀染性,但会浪费一些染料。对于浅、淡色,小样染色的浴比大于气流染色时,从小样过渡到大生产就会增加染色深度,得色较深。如果染液循环不均匀,或者与织物的交换状态不好,就有可能产生上染不均匀的现象。对气流染色的低浴比来说,这种影响可能更大一些。因此,对浅、淡色应注意大生产处方染色深度的调整。如果在设备性能和相同的浴比下,深色的入染温度可适当设定高一些,以提高上染速率,缩短染色时间;而对中、浅色的入染温度应适当设定低一些,并控制升温速率和加料,以保证获得充分的匀染性。对于敏感色的加料控制,要求更严格一些。一般要通过设备的加料控制系统以及加料方式来保证,但目前对气流染色而言,可能难度要更大一些。其原因是气流染色的低浴条件,使染液中的染料或助剂的浓度都相对较高,不仅两者之间的影响较大,而且在加料的初始阶段对被染织物的接触也很难保证均匀分配。

③染料的直接性。一般情况下,染料的直接性对匀染性的影响较大,直接性高的染料对纤维

具有较强的亲和力，比直接性低的染料对纤维的上染速率快，容易产生上染不均匀。然而，气流染色的低浴比条件，会在一定程度上提高活性染料的直接性，在其他工艺条件不变的情况下，具有更快的上染速率。这时只能在相对同类染料存在直接性高、低时，将直接性高的活性染料入染温度设定低一些，而直接性低的活性染料入染温度则可设定高一些。但总体来说，气流染色所选用的活性染料直接性应低一些，以避免因上染速率过快而造成的染色不匀现象发生。

(2)升温阶段。在染色过程中，必须保证染料对纤维具有一定的上染速率。而升温速率对染料的上染速率有直接影响，升温速率快也加快了染料的上染速率。为了保证染料对纤维的均匀上染，需要设定一个既能够保证匀染性，又可以缩短升温时间的升温速率。通常是采用温度控制曲线来实现的。它是根据具体使用染料的上染规律，通过温度变化来保证染料对纤维的均匀上染，其中升温阶段往往是控制均匀上染的关键步骤。

升温阶段通常可采用两种方式进行控制，一是恒速升温，即从入染温度到保温开始这一阶段，采用恒定的升温速率；二是分段升温，对不同温度区域内染料所具有的不同上染速率，采用不同的升温速率。恒速升温是传统染色工艺主要采用的方式，比较容易控制，对工艺条件和设备性能要求不高。但根据染料的上染规律，恒定的升温速率仅仅在染料上染最快的温度区域内有效，而在其他(前、后)温度区域并没有明显作用，仅仅是一种时间的消耗。相比之下，分段升温的升温速率是完全针对染料上染规律而设定的，对染料上染最快的温度区域内进行速率控制，而对其他温度区域却采用尽可能快的升温速率，以此达到缩短工艺时间的目的。当然，在实际操作中，还必须设计有效的加料方式，才能够达到均匀上染要求。因此，分段升温的方式对染色机的控制要求更高一些，也是控制染色工艺的关键阶段。

对于分段升温的控制，如果用于分散染料染涤纶织物，就可将分散染料对涤纶上染最快温度90～110℃的升温速率设定在0.5～1.0℃/min，而其他温度区域内的升温速率可以提高至2.0～3.0℃/min。对于锦纶织物采用分段升温控制染色，可以在染料上染速率最快的65～85℃温度段，控制升温速率，而其他温度段可以相对加快升温速率。显然，采用分段升温的控制不仅可以保证织物的匀染性，而且还可以缩短染色工艺时间，并减少易起毛织物因染色运行时间过长所产生的损伤。

(3)保温阶段。当染料经历升温过程达到一定的上染率时，就进入固色阶段，也就是通过一定助剂、温度和时间完成染料与纤维的固着过程。通常将这一温度视为染色的最高温度。保温阶段的温度和时间设定主要与染料性能有关，但与染液的pH值变化和控制也有一定关系。对于活性染料来说，主要是三方面：一是活性染料的固色阶段并不意味着达到了所需的染料上染率。因为活性染料存在一个二次上染的问题，并且颜色浓度(即深浅)的不同，二次上染率也不同(有关这方面的内容可见第五章第五节受控染色工艺部分)；二是活性染料的直接性随着温度的升高而降低，为了保证足够的上染率，直接性高的活性染料应选择较低的固色温度，而直接性低的则相反；三是染料的反应性与温度也有很大关系，通常反应性强的染料的温度应低一些。除此之外，活性染料在染纤维素纤维时，存在活性基的活泼性和水解问题，为了减少染料的水解，对不同活性基应考虑染色温度有所不同，通常以选择中、低温染色为宜。

至于染液pH值变化的影响，对活性染料来说，染液提高一个pH值，相当于升高温度20℃对染料固色的影响。所以,对相同固色率的条件下,较高固色温度的染液 pH 值应低于较低固色温度的染液 pH 值,并且低温下有利于提高活性染料的直接性。

3. 染色时间 在气流染色过程中,染料对纤维的上染率是随着时间而逐步提高的,温度的变化和加料的过程也是通过时间来控制的。由于气流染色中织物与染液的交换频率较快(平均 1.5~2.5min 循环一次),具备了较好的匀染条件,如果活性染料仍然按照传统溢喷染色工艺,试图通过延长时间来达到移染的目的,那么,就有可能加剧染料的水解,甚至导致已在纤维上固着的活性染料发生断键现象。所以,对气流染色染色时间的控制,不仅为了提高生产效率,更重要的是应该满足染色过程的要求。

控制染色过程的主要手段之一,就是对温度的控制。升温速率的快慢、入染和固色温度的高低以及是否在升温过程中设置暂短保温段,都须根据染料特性和被染织物纤维的染色性能来确定。温度与时间的关系通常是以工艺曲线来表达,升温曲线的斜率表示升温速率的快慢,保温曲线表示保温的温度和时间。工艺曲线是保证染色过程完成的关键程序,它与工艺配方和设备结构性能密切相关,在某种程度上反映出了染色加工水平的高低。

染色的时间与染料、被染织物的染色特性、染色工艺以及设备性能密切相关,如果涉及染料和被染织物的染色特性方面,时间不宜随便增减。例如恒温固色时间,即使在该温度下织物运行较快也不宜缩短时间,因为要保证所需的染色牢度。这种固色时间也称作必要时间,通常是由试验获得。表 6-1 为一般情况下固色温度与时间的关系。

表 6-1 固色温度与时间

被染织物及染色深度	固色温度(℃)	固色时间(min)
棉,深色	60	60
	80	60
涤纶,深色	130	60
	135	30
	140	20
涤纶,浅色	130	20
	135	10
	140	5
锦纶,深色	97	60
	105	40

在染料上染最快的温度阶段,对纤维的匀染性具有很大影响,其时间长短与染料性能和织物纤维染色特性有关。升温速率慢,时间相对较长;升温速率快,时间则短。当然,在一定的设备控制和工艺条件保证下,也可根据织物循环频率的快慢适当缩短或延长时间。降温的时间主要控制降温速率,避免织物在玻璃化温度之上骤然遇冷,产生不均匀收缩。例如涤纶经过玻璃化温度转换点(涤纶第一次玻璃转换点为 80℃,涤纶第二次玻璃转换点为 120℃,锦纶的玻璃化温度转换点为 70℃)时,温度范围为 120~80℃,降温速率应控制在 1℃/min,时间 40min。该温度区域

也可根据织物循环频率的快慢进行适当调整。总而言之，除恒温固色、染料上染敏感区和防皱降温三个区域外，其余均可作为一般控制区域，可根据染色机升降温能力尽可能缩短该区域的时间，以便提高生产效率。

4. 织物与染液的交换 与其他竭染方式相同，在气流染色过程中，织物与染液是处于相对运动之中。织物与染液主要是在染液喷嘴中进行交换，并通过一定交换次数完成染料对织物纤维的上染。染液喷嘴在向织物提供所需的染料上染量的同时，还具备染料上染过程所需的温度条件。根据间歇式织物浸染的规律，织物以 1.5～2.5min 循环一周即可获得良好的匀染性，并且可以减少织物的折痕产生。因此，不同克重织物的容布量和织物循环线速度，都是以织物循环周期为依据来确定的。轻薄织物通常线速度可设置快一些，主要出于织物长度对容布量影响的考虑。由于织物的线速度主要是通过风速来控制的，过大的风速可能对一些表面娇嫩的织物产生起毛，或者将针织物的毛圈吹出，所以，对这一类织物的线速度控制，还要兼顾到这种影响，调整到一个合适的速度下。对染液循环的控制，要考虑到总体染液的循环状态，以满足在升温和加料过程中，能够获得温度和浓度均匀分布的要求。

5. 加料控制 在染色过程中，染料对纤维的均匀上染除了需要温度控制外，还要通过加料进行控制。根据活性染料的上染规律，温度对固色率控制的效果不大，只有通过助剂才能够达到控制固色率的目的，而上染率与温度和助剂都密切相关。助剂对染料上染率和固色率的作用是通过加料控制来实现的。主要包括：加料的次数、每次加入的量、连续加入时的流量、加料方式等。通常要在工艺曲线中反映出来，由设备的程序控制去执行。加料控制可满足以下染色过程：

(1)控制上染速率。上染速率较快的染料容易导致上染不均匀，需要加入适量的缓染剂，以减缓上染速率。为了能够在织物接触染料之前，有一个均匀缓染的环境，缓染剂一般是在入染开始前就加入。有两种方法：一是对具有净洗和缓染双重作用的缓染剂（如平平加 O），可先加入与前处理同时进行，然后直接加入已化好的染料进行染色；二是在化好的染料中同时加入缓染剂，然后再一起加入到染缸中。

相比之下，在活性染料染色中，由于活性染料的直接性较低，上染速率比较缓慢，并随着染色过程的延长更趋于缓慢，所以必须通过加入促染剂（如食盐或元明粉）来提高上染速率和上染率。但是为了获得均匀和较高的上染率，还必须针对所用染料的具体性能，采取相应的加料方式。例如对具有较好匀染性的活性染料染色，可以较早加入促染剂，甚至开始就可以加入；而对于匀染性较差的弱酸性染料染色等，只能在染色过程的中、后期加入促染剂。对于染深色，考虑到气流染色的浴比很低，染料的浓度较高，所需的促染剂用量较高，还必须采用分批加入，以避免对染料产生凝聚。

(2)二次上染控制。碱剂对活性染料的固色率和匀染性均产生较大影响。前面讲到，活性染料在碱剂的作用下，与纤维发生键合反应的同时，还会促使染料产生二次上染。由于活性染料与纤维形成共价键结合后很难再发生移染，如果不能保证固色的均匀性，那么就无法再通过移染来达到匀染。因此，必须对染色过程中加碱方式进行精确控制，一般可采用一浴两步法，即染色一定时间后对碱剂进行分批、变化加料速度（如先快后慢或先慢后快）加入。

(3)固色处理。活性染料在纤维素纤维中的固着,实际上是在一定碱性(pH 值为 10.5 ~ 11.5)条件下,染料与纤维发生反应形成共价键结合的过程。但固色的同时还会加快染料的水解(实际水解的速度比固色速度要慢许多),而水解后的染料会吸附在纤维孔道或表面上,造成牢度下降,必须通过水洗予以去除。这实际上意味着染色深度的下降和染料的浪费。为了解决这一矛盾,目前出现了一些处理工艺,就是将染色后的织物再通过适当的固色剂(如阳离子固色剂)来降低染料的水溶性,以减少染料的水解;或者在织物表面上形成无色透明薄膜,将水解染料封闭起来,以提高染色牢度。这种固色过程实际上是一种染色后处理方法。

总而言之,染料和助剂的加入方式对染料的均匀上染起着非常重要的作用,目前都是采用计量控制。根据染色动力学的相关规律和方程设计加料曲线,然后由染色机的电脑程序自动完成加料过程。

6. 染色工艺条件对盐和碱用量的影响 在纺织品的浸染技术方面,这些年开发出的新技术如受控染色、活性染料的催化染色、活性染料的中性或低碱染色、活性染料的低盐或无盐染色等,都可以应用到气流染色中。这些新型染色技术的共同特点,就是如何在少用或不用有污染性助剂的基础上,提高染色加工的"一次成功率",但对设备的功能和工艺条件的要求更高了。不仅要有多项控制功能(包括一些在线检测),能够实现自动控制,而且还要求具备染色全过程的动态质量控制,使整个染色过程处于受控状态。

气流染色工艺条件中温度、浴比、加料方式、织物与染液的交换状态、气流对织物渗透压和扩展等,对织物的染色过程会产生很大作用。如何利用好这一工艺条件开发出更多的气流染色工艺以及适于织物染色品种,是气流染色机和工艺适于染色新技术发展的主要目标。

(1)工艺条件对染色用盐量的影响。由于活性染料的直接性较低,必须依靠中性电解质来促进染料的上染,特别是浴比较大的染色更是如此。盐对活性染料的作用是多方面的,但最主要的作用是产生电荷屏蔽效应。在纤维素纤维的染色过程中,碱性溶液使纤维表面带负电荷,而活性染料呈阴离子状态。当染料阴离子被吸附到纤维后,纤维就会带有更多的负电荷,阻止活性染料阴离子的继续上染。所以,必须在染液中加入中性电解质,通过它的阳离子作用产生电荷屏蔽效应,减少染料阴离子与纤维负电荷的斥力,提高上染率。这种盐效应与阴离子和阳离子有关,其中有机盐的阴离子结构对染料的上染具有很重要的作用。气流染色工艺条件对盐的作用,主要是温度、低浴比和程序控制加料。

①温度。前面讲过,活性染料的直接性除了与其性能有关外,还受到染色温度和浴比的影响。染色温度越低,染料的直接性就越高,对中性电解质依存性也越低。因此,在上染后期降低染色温度,对随时间而降低上染率的染料来说,可以提高其直接性或上染率,减少中性电解质的用量。这样可使活性染料在整个上染过程中处于一个低盐染色状态。

一般情况下,不同染料浓度(或染色深度)的染色温度与中性电解质浓度具有图 6-1 所示的关系。由图得知,达到相同上染量的盐用量,会随着温度升高而迅速增加。染料浓度较高的尤为显著,染料浓度较低的相对缓和得多。但是,这种变化关系还与染料的结构有关。过低的温度会影响到染料的溶解度和上染速率,一般还要适当加入一些有利于改善染料溶解度和上染速率的助剂。

②低浴比。相对普通溢喷染色而言，气流染色的最大特点就是可实现低浴比染色过程。由于活性染料的直接性随着浴比的降低而提高，所以在这种工艺条件下，一方面减小了活性染料对促染剂的依存性，减少了中性电解质的用量；另一方面在同等盐液浓度下，水量的减少也意味着盐用量的减少。综合两种影响因素，中性电解质应该在浓度上也应相对减少，而不应该是维持浓度不变。对于碱剂的用量也是如此，在同等盐液浓度下，还要考虑到低浴条件在提高染料直接性（或上染率）的同时，也会提高固色率，减少碱剂的用量。

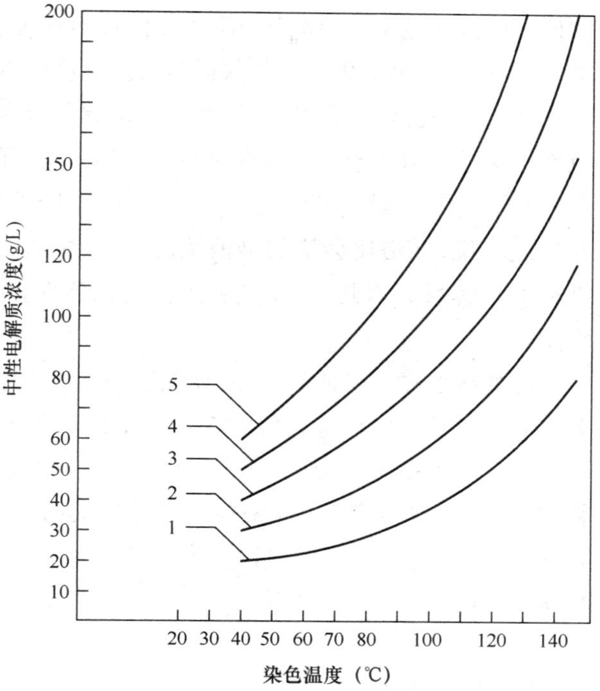

图 6－1　染料浓度的温度与电解质浓度关系

染料浓度(owf)：1— <0.2%；2—0.2% ~0.5%；3—0.5% ~1%；4—1% ~2%；5— >2%

③加料程序。在染色过程中，盐效应还与加盐的程序有关。染色开始阶段，染液的浓度较高，染液与纤维的浓度差很大，即使在没有盐的条件下，染料的上染速率也很快。如果此时加入过多盐，上染速率会更加快，不仅上染不匀，而且还会导致染料的聚集，甚至产生盐析现象。只有在染料上染一段时间后，因染液的浓度逐步降低而引起上染速率降低时，再逐步增加盐浓度，提高盐效应，以保持较高的上染速率。当纤维上的染料达到一定程度，并接近平衡时，盐效应已不明显了，此时应停止加盐。为了满足这种上染要求，应采用计量程序控制加盐。目前较先进的气流染色机都配置全自动程序控制加料，可以较好地实现这一功能。

（2）工艺条件对染色用碱量的作用。纤维素纤维在碱性条件下，可以形成较多的纤维素阴离子，与染料发生亲核反应，使染料与纤维形成共价键而固着在纤维上。此外，染料在与纤维反应后，还会释放出氢氯酸、氢氟酸和硫酸等酸性物质，使染液的 pH 值降低，影响到染料与纤维的继续结合。所以，在固色阶段必须加入碱剂，中和这些酸性物质，控制染液的 pH 值范围。染料的浓度越高，碱剂的用量也越大。

然而，活性染料在碱性条件下固色，对染色过程也带来许多不良影响。例如，染料在固色的同时，受碱的作用还会产生水解，甚至与纤维已形成的共价键也会发生水解断键。并且随着碱性的增强，水解速度也加快，造成固色率下降。此外，过强的碱性条件，会对一些如蛋白质纤维造成水解破坏。因此，为了解决这一矛盾，近年来人们开发出了一些中性或无碱染色技术。除了对染料性质、纤维性能和反应介质的研究外，还对固色工艺条件提出了要求。对气流染色来说，工艺条件中的温度、染液 pH 值、浴比等，构成了部分固色反应条件。

①温度。在中性条件下固色，因染液的 pH 值较低，纤维素阴离子浓度也比较低，所以固色率低。由于固色反应速度与 pH 值和温度有关系，并且温度升高 20℃ 对应提高一个单位的 pH 值，所以适当提高温度可以加快固色反应速度。具有季铵离去基的高反应性染料，其活性基中的离去基具有较强的电负性，与它相连的碳原子带有较多的正电荷，在中性条件下可获得很高的固色率。这类染料适于中性高温染色，并且固色时间随着温度的升高而缩短。

②浴比。在保持碱浓度不变的条件下，降低浴比显然要减少碱用量。对于相同的活性染料浓度来说，低浴比会增加染液浓度，使染料直接性（或上染率）和固色率提高，同时也会减少染料的水解量。因此，气流染色的低浴比条件，对提高固色率，减少碱剂的用量具有较明显的作用。

③加料程序。与加盐一样，加碱采用计量程序，保证染料固色曲线呈直线形也非常重要。有关这方面的具体要求参见第六章节第五节受控染色工艺部分内容。

以上除了小浴比染色工艺和受控染色已得到了应用外，其余如活性染料的催化染色、活性染料的中性或低碱染色、活性染料的低盐或无盐染色等，在气流染色中还没有得到广泛应用。但是，根据这些染色新技术的工艺要求，气流染色的工艺条件在许多方面都是适应的，有些只要在具体的应用中作适当调整即可。

三、染色工艺流程

织物在气流染色过程中仍然是以绳状进行染色，可根据不同染料类别和工艺进行一浴法和二浴法染色。气流染色工艺流程主要是反映在染色工艺条件的设计上，特别是温度、浴比、时间、染液循环、织物运行状态以及加料方式等的选择和设定。气流染色实际上就是染液与被染织物通过一定的交换（或接触）次数，来完成染料对织物纤维的均匀上染和固着，并达到所需牢度的过程。

气流染色机进行前处理具有效率高、处理效果好、节省助剂和能耗等特点，主要是织物在处理过程中，可以处于一个“汽蒸—热水浴—汽蒸”的循环状态，对织物纤维的膨润和助剂的渗透反应均起到了很重要的作用。染色过程中，织物与染液具有较高的交换频率，不仅可以充分保证织物的匀染性，还可以避免一些易起皱的织物产生细皱纹或折痕。气流染色的整个工艺过程采用了程序控制，具有较好的染色工艺重现性。常用染色工艺流程为：

织物绳状入布→前处理（也可在专用前处理设备进行）→水洗（前处理后）→上染→固色→水洗或后处理→柔软处理→出布→脱水→烘干或定形

目前一些品质要求较高的纯棉织物需要进行丝光处理，如果该工艺放在染色工艺之前，会提高棉纤维的上染率，应注意染色过程的上染速率控制。对含有弹力纤维（如氨纶）的织物，以及一些化纤长丝织物（尤其是经编织物），应在湿处理（练漂、染色）之前，进行一次预定形处理。目的是消除织物纤维在纺丝和织造过程中所产生的内应力，避免在绳状染色过程中产生折痕。此外，一些新的湿处理工艺，如海岛型超细纤维的碱溶离开纤、Lyocell 纤维的原纤化处理、生物酶抛光，以及涤纶的碱减量处理等，均可根据具体要求安排在染色工艺流程中。

四、染色后水洗

织物经染色获得了所需的色泽后，在织物中总会残留一部分未上染的染料、水解染料和电解质等，对日后的使用牢度和色光变化都会产生很大影响。因此，对染色后的织物还须经过充分的水洗，以便获得所需的染色牢度和色光的稳定性。未经水洗或水洗不充分的染色后织物存在以下一些不利影响。

1. 浮色 染料经过固色后，虽然大部分已固着在纤维上，但仍然会残留一部分未上染的染料和水解染料（包括对其他纤维沾色的染料）在纤维表面上或纤维孔道中。如果固色时间过长，可能还会有已与纤维形成化学键的染料发生断键。这些残留的浮色由于没有与纤维形成稳定的化学键，在后续加工或使用中一旦遇到热、光和后整理化学药品，或者受到环境的酸碱性、温度和湿度等影响，就容易剥落或发生色光变化，严重影响使用性能。因此，必须通过染色后的水洗，才能够去除织物上的浮色，以满足织物最终的使用要求。

2. 织物的酸碱性 织物染色后的水洗不充分，若织物中还带有酸性或碱性，对织物已上染的染料也会产生影响。对活性染料染色来说，如果染后的织物呈现一定酸性或碱性，那么在温度和湿度较高的烘干条件下，就会造成已键合染料的水解断键，并在织物纤维表面发生严重的泳移现象，最终导致织物表面色光的变化和色牢度的严重下降。对多组分织物染色，主要是一种组分的染色过程结束后，对另一组分染色条件的影响。例如涤/棉和棉/锦织物染色，一般是先用分散染料染涤纶或锦纶，然后再用活性染料染棉纤维。无论哪一组分染色后若存在浮色或沾色现象，一旦使用中遇到酒精、丙酮类有机溶剂就会发生萃取，溶解纤维上的浮色或沾色，当有机溶剂挥发后就会在织物表面上留下色点或色斑。因此，染色后的织物一定要进行充分水洗，并保持染色织物呈中性。

3. 织物色光的稳定性 染色后的织物经过后整理之后，在一定时间内其色光是处于亚稳态，经放置一段时间后还会发生不同程度的变化。主要原因有三种可能：一是织物所处的温度和湿度变化状态，二是织物在整个加工过程中所残留的矿物质、重金属化合物（主要来自水质）和后整理剂等，与染料发生了缓慢的化学反应，三是织物所放置的环境可能呈现酸碱性。

分析和了解织物染色后存在影响色牢度或色光的情况后，应该设置满足水洗要求的工艺条件和方法。实际应用表明，通过水洗的温度和水流方式可以达到较好的效果。对于溶解性好、染色牢度差的染料，水洗温度可选择低一些，用冷水或50℃以下的温水为宜。对于染色牢度较好、浮色难去除的染料可用热水，甚至选择皂洗或还原清洗。为了以消耗最少的水量达到充分的水洗效果，必须对水流、温度以及适当的助剂添加进行程序控制。对于兼有水洗功能的气流染色机来说，如何在低浴比条件下达到高效和节水的水洗目的，是气流染色机的技术关键，也是气流染色机实现低浴比染色、节能降耗主要功能所在。有关水洗控制方式及要求可详见第七章受控水洗过程的内容。

五、前处理与染色一浴法工艺

将传统的分浴或分步依次进行的退、煮、漂前处理与染色进行同浴完成，以达到织物所需的不同加工要求。这种加工方法就是前处理与染色一浴法工艺。该工艺不仅可以缩短工艺流程，减少对织物的损伤，同时还可达到节能减排的效果。但是，对染化料的选择、设备和工艺控制要求更高了。目前这种工艺在普通溢喷染色机中已得到应用，且获得了较好的经济效益。对气流染色机来说，除了与普通溢喷染色机有相似的工艺条件外，更主要的是还具有自身的一些结构特征。例如前面讲到的近似汽蒸效果，以及织物与液体的交换状态，无论是对织物纤维本身的作用（如溶胀性）还是对加快助剂的反应性方面，都具有普通溢喷染色机所不具备的优势。因此，用气流染色机进行煮、漂与染色一浴法是完全可行的。事实上已经有许多厂家采用了这项工艺，也取得了良好的经济效益。但是，可能缺乏对气流染色机特点进一步了解和认识，也出现过一些新的问题。这些还有待于人们从染料和助剂性能、设备工艺条件调整以及工艺方法上加以总结和试验。

1. 棉织物煮练（或精练）、染色一浴法 对于棉织物染深色，一般采用煮练去除纤维杂质（提高纤维毛细管效应）后，可不经漂白直接进行染色加工。该工艺主要是助剂的选用，温度和加料的控制。对助剂的要求是：首先要具有良好的渗透性和去杂质效果，可乳化并分散已脱离纤维的油脂，避免再次沾污；其次在可适当控制染料的初始上染速率的同时，能够保证最终所需染料上染率；再次在盐和碱的溶液中具有较好的稳定性。一些染料开发商推出了适于活性染料煮染一浴法加工的专用助剂，已获得了实际应用。

温度的控制主要是针对一些染料，如 Sumifix Supra 活性染料，随着温度升高，染色深度会下降（相差 10%～15%）。所以应控制染色的温度不能过高。为了避免助剂之间的相互作用和影响，应采用加料程序控制。可先加入煮练剂，使织物得到充分润湿，然后加入染料，最后再逐步计量加入元明粉和碱剂。

2. 涤纶织物煮练（或精练）、染色一浴法 涤纶针织物的前处理主要是去除纺丝和编织中所用的油剂，一般用表面活性剂即可去除。对于涤纶机织物，除了油剂外，还有织造中所用的浆料（如 PVA），要用碱剂进行溶解后，再用表面活性剂乳化、分散去除。但是，采用一浴法加工，通过这种简单的加入是无法满足各自加工过程的要求的，甚至还会出现退浆不净、染料分解等现象。因此，必须采用专用的煮练（精练）染色助剂，才能够达到加工目的。

3. 煮练（精练）、漂白、染色一浴法 对于棉织物的活性染料染色，应注意选择不易被过氧化氢分解的活性染料，而助剂的选择除了满足煮染一浴外，还不能促进过氧化氢的分解，并且不影响拼用稳定剂的作用。

与传统的分步或分浴工艺相比，前处理与染色一浴法工艺中确实存在工艺条件和助剂的相互影响等复杂问题。如何将一个不同处理过程统一到相同的工艺条件下，不仅仅是设备和工艺就能够做到的，而是一个系统工程。必须从染化料性能、适应的工艺条件以及控制过程上，采取能够达到相互协同效果的措施，才能完成所需的染色过程。否则，又会出现新的问题，甚至无法控制的状态。

六、气流染色专用工艺

气流染色的工艺条件与传统溢流或溢喷染色差别较大，特别是染色浴比的降低，对活性染料的直接性，以及染料对电解质的依存性产生了很大影响。染色过程中被染织物与染液的交换状态，也与传统溢流或溢喷染色有很大不同。尽管每次织物在喷嘴中与染液的交换时间非常短暂，但足以获得浓度较高的染液量，保证织物边界层在一个循环周期中所需的新鲜染液量。因此，为了满足气流染色的工艺条件和染料上染过程，应该开发一些适于气流染色条件的专用工艺。根据气流染色的基本特性，可从以下几个方面进行气流染色工艺的开发或拓展。

1. 缩短染色周期 在织物的竭染过程中，实际上是通过染液与被染织物周期性的交换（接触）来完成染料对织物纤维的均匀上染。显然被织物与染液的接触次数和状态，就决定了织物完成染色过程的时间长短。传统溢流或溢喷染色中，织物从储布槽中提起，其中含有大量的自由染液，提升的速度以及高度，都会对织物产生过大的张力，而对针织物或弹力织物来说，长时间的过大张力，对织物形态和纤维会产生很大的损伤。所以通常对织物的运行速度都有限制。相比之下，气流染色的条件要好得多，织物循环过程中所含带的液量低，即使采用较快的织物线速度，也不会对织物产生过大的张力。这实际上就为织物提供了一个与染液快速交换的条件，如果再加上染液与织物交换的剧烈程度，以及纤维表面染液扩散边界层染料浓度梯度，那么缩短气流染色的周期对匀染性和上染率是完全有保证的。所以，缩短气流染色周期，不仅能够提高生产效率，而且还能够减少染料的水解，提高上染率。

2. 织物与染液的交换量 实验证明，棉织物在30%的临界含水率状态下，纤维的膨化程度最大。此时纤维结构单元均浸满了水分，且达到纤维尺寸稳定的最大值，染液能以最大限度地进入纤维内部，并可达到最高上染率。若织物的含水率超过30%，纤维孔道中自由水量增多，不仅影响染料的上染率，反而还会增加染料的水解。根据染料对棉纤维上染的这一特点，再结合小浴比的高浓度染液，可控制喷嘴中染液对织物供液量（每一个循环周期），以达到纤维最高的均匀上染率。这实际上意味着，在气流染色过程中，可在较少的织物循环周期下减少染料的水解，达到所需的染料上染量。因此，气流染色本身具有传统溢流或溢喷染色所不具备的匀染条件，织物与染液单次交换的染液量过多，非但不能提高上染率，反而会因染料的水解而造成上染率的下降。

3. 快速染色 结合快速染料特性，开发快速染色工艺，进一步提高节能降耗效果。快速染色工艺在20世纪80年代初期，曾在欧洲一些先进染色机上应用过，并有相应的染料。对设备的要求主要是能够快速升温，以及织物与染液的快速交换条件。由于当时设备的浴比还是在1:10以上，要实现织物与染液的快速交换，主要是通过染液的快速循环，需要增加主循环泵的功率。根据快速染色对设备的要求，气流染色机完全具备了染液快速循环的条件，并且织物也可以进行快速循环，最终达到两者快速交换的目的。

4. 泡沫染色 对于一些易起皱织物，在气流染色的低浴比条件下，因储布槽中织物的相互挤压，更容易出现折痕。20世纪70年代，瑞士山德士染料公司首先推出了Sancoad泡沫染色法，后来美国加斯顿·康蒂（Gaston County）公司的Aqualuft型溢喷染色机引用这项工艺技术。它是通过设备上附加一个泡沫发生器，在小浴比条件下，泡沫像垫子一样可以减轻织物之间的相互挤压。对于一些容易起皱织物或比较敏感的染料染色，通过泡沫染色可以获得较好的效果。借鉴这种泡沫工艺条件，可以引用到气流染色机中。如果利用助剂产生一定的泡沫，并能够控制泡沫的大小和产生泡沫的阶段，就可以改变织物在储布槽中相互挤压状态，减少织物折痕的产生。

5. 低浴比绳状精练和松弛工艺 对于纯涤纶针织物来说,含有大量的油剂,必须在染色或者预定形之前经过精练加以去除;同时涤纶,特别是长丝在纺丝的牵伸过程中残留着内应力,须通过松弛处理进行充分释放回缩,以避免在染色中产生折痕。传统工艺除了在专用的平幅松弛精练机中进行外,也有在浴比较大(通常浴比在1∶12以上)溢流或溢喷染色机中进行。如果采用气流染色机进行松弛精炼处理,在没有一定措施保护下,会因浴比太低而引起织物的收缩不均匀,反而产生永久性折痕。为此,应该结合助剂开发,开发气流染色机的小浴比松弛精练工艺。至于工艺条件,除了小浴比外,可以从织物循环状态、温度和湿度变化上进行控制。

第三节　气流染色用染料和助剂选择

在过去相当一段时间里,考虑到气流染色仍然属于竭染方式,其上染过程遵循竭染的规律,所以基本上都是采用传统溢流或溢喷染色所适用的染料,并且对大多数织物的染色也是能够满足要求的。然而,事实上气流染色的工艺条件,尤其是浴比发生的显著变化,致使那些对浴比具有较大依存性的染料(如活性染料)产生了较大影响。出现了传统溢流或溢喷染色而不容易出现的染色问题,如对敏感色出现的质量问题较为普遍。随着人们对气流染色工艺及设备的深入研究发现,主要是气流染色的低浴比使染液的浓度较高,加快了染料对纤维的上染速率所致。因此,解决这一问题的根本方法应从两方面着手,一是染料的直接性,二是加料方式的控制。这里结合染料和助剂的一些基本特性,对用于气流染色的染料和助剂进行讨论。

一、染料的性能及选用要求

1. 染料的基本性能 染料的基本性能反映在染料的力份、色光、溶解度、直接性、扩散性和配伍性等方面,即使是同种染料之间,也存在着染色性能方面的差异,对染色的效果会产生很大作用。因此,在具体使用中,应按照产品的质量要求作出正确选择。对于颜色需要拼色的染料选配,应该尽可能选择性能相近的染料进行拼色,以利于染色工艺条件和质量的控制。

(1)溶解度和高温分散性。大部分活性染料的溶解度比较高,通常在100~400g/L。活性染料的溶解性主要是依靠染料分子上的可溶性基团磺酸基,以及β-乙基砜基硫酸酯盐,其中β-乙基砜基硫酸酯盐的溶解性要高于磺酸基。活性染料的溶解度主要取决于三方面:首先是染料分子上的磺酸基团和β-乙基砜基硫酸酯盐的数目,溶解基团越多,溶解度就越高;其次是染料母体的亲水性的大小也会影响溶解度,亲水性大的染料溶解度就高;第三是染料分子的结构越小,则溶解度也越大。

除此之外,活性染料的溶解度还与染色工艺条件有关,其溶解度随着染浴的pH值的提高而增加。不过,此时染料的水溶性基团也随着pH值而变化向非水溶性基团转移,降低了染料的水溶性。以不同的碱获得相同的pH值,对染料的水溶性也会产生不同的影响。例如用纯碱和代用碱获得相同的染液pH值,纯碱的用量高,会降低染料的溶解性;而选用性能较好的代用碱,因无机盐的含量要少,对染料还会起到一定的助溶作用。

分散染料在水中的溶解度很低(130℃时的溶解度仅为5~30mg/L),通常它是以细小的微粒

(小于 1μm)悬浮在水中并呈分散状态。当受到外界因素影响时,尤其是在高温条件下的相互碰撞就容易形成集合体,进而导致整个体系的不稳定,最终影响匀染性。因此,对这一类染料要求具有较稳定的高温分散性。一般分子量大、含极性基团少的染料溶解度很低,而具有—OH 等极性取代基的溶解度比较高一些。分散染料溶解度随着温度的提高有不同程度的提高,特别是高于 100℃时其效果更明显。分散剂在溶液中超过临界胶束浓度后可形成微小的胶束,它可将部分染料溶解在其中,产生所谓的增溶现象,依靠这种溶解方式可以增加染料在溶液中的表观浓度。分散染料的溶解度还与其晶格结构有关,有些分散染料能够形成几种晶型,同时也有可能发生晶型转变。由不太稳定的晶型转变为稳定的晶型,使得溶解度下降,造成染料的上染速率和上染量降低。此外,分散染料的颗粒大小也会影响它的溶解度,如颗粒越小溶解度就越大。

(2)直接性和配伍性。所谓直接性是指染料在一定的条件下对被染纤维的上染能力。直接性高的染料对新型合成纤维,特别是超细纤维,可以用较少的染料而获得较深的颜色,而对活性染料来说,可以提高上染率。各类染料的染色性能不同,使得温度、溶解度和上染率等不同,从而影响最终的染色效果。染料的拼混应考虑各只染料的配伍性,尽可能选择性能相近的染料,并且越相近越好,以便工艺条件的控制和染色质量的稳定。

(3)依存性和重现性。直接染料、活性染料等,必须借助电解质来提高其上染率。一些上染速率较快的染料,还必须加注缓染剂,有意识减缓染料的上染速率。活性染料对织物的上染率,虽然具有一定的依存性,但不同特性的染料和染色工艺条件(如浴比不同)却有一定程度的变化。这种变化对同一颜色或染色工艺的重现性有很大影响。此外,由于气流染色的低浴比增加了活性染料的直接性,所以拼混染色时,更要注意选用对浴比依存性相近的染料,以便获得较好的匀染性和重现性。

(4)染料的兼容性。新型合成纤维中有许多是线密度小、比表面积大、热效应不同的纤维所组成混合丝,上染速率较快;而复合纤维(如海岛型超细纤维)的碱溶离开纤,以及染色之前处理过程中的受热和张力的不均匀,特别是异收缩混合丝,都容易引发染色不匀。因此用于这些纤维的染料拼混染色,应具有较好的兼容性。

(5)染料的坚牢度和移染性。染料的颜色强度高、力份大,对线密度小、比表面积大的纤维,可用较少的染料获得深色;并且还可避免在染后的热整理(如定形)过程中,纤维上已染着的染料发生再扩散,由高温侧纤维表面发生泳移和积聚现象,降低纤维表面的坚牢度。对于一些初始上染速率较快、易出现吸附不匀,并且最终染色温度又比较低的纤维来说,具有一定移染性的染料可获得较好的匀染效果。

2. 染料的凝聚现象　一些染料在上染的过程中,由于受到助剂浓度和染料本身溶解度的影响,有时会发生凝聚现象。而凝聚后的染料不仅会减少上染量,而且还会影响匀染性。所以应根据染色的工艺和设备条件选择适当的染料,减少和控制染料的凝聚产生,尤其是活性染料和分散染料的凝聚。

(1)活性染料的凝聚。活性染料分子上的磺酸基团和 β - 乙基砜基硫酸酯基赋予其良好的水溶性,其溶解度均大于 100g/L。然而,在染色过程中,也会因各种影响因素使溶解度下降,甚至不完全溶解。染料溶解度的下降,会使部分染料从单只的游离态负离子转变为粒子,而这种粒子之间的电荷斥力大大降低,导致粒子与粒子之间相互吸引产生凝聚。其形成过程首先是染料粒子集合成凝聚体,然后在染液剪切力的作用下很快形成集聚体,最后转变为絮聚体。这种絮聚体虽然是一种松弛结合,但由于其周围存在由正、负电荷所形成的双电层,即使一般染液循环所产生的剪切力也很难将其分解,从而使它容易沉淀在织物上,形成织物表面上的色花、色斑及色渍,并使色牢度明显下降。对于一般杂环结构的染料,其絮聚体在染液的剪切力作用下会进一步加快集合,出现脱水盐析现象。一旦发生盐析,会使上染颜色变浅,甚至不上色。

活性染料产生凝聚现象的原因很多,但电解质的影响最大。电解质是作为活性染料染色的促染剂,如元明粉和食盐,其分子结构中均含有钠离子。实际应用的染料分子中的钠离子摩尔数,远低于促染剂的钠离子摩尔数,在正常染色过程中,促染剂浓度对染浴中的染料溶解度不会产生太大影响。只有在促染剂用量增加时,溶液中钠离子的浓度也相应增加,而过量的钠离子会抑制染料分子溶解基团上钠离子的电离,降低染料的溶解度。当促染剂浓度超过200g/L以后,大部分染料会发生不同程度的凝聚。如果促染剂浓度超过250g/L时,染料的凝聚程度将会进一步加剧。因此,气流染色中,无论是从活性染料的直接性提高上,还是促染剂的浓度上,都应该降低促染剂的用量。

(2)分散染料的凝聚。在用分散染料进行聚酯纤维染色时,通常随着染色温度的升高,分散染料会逐步溶解后上染纤维。如果在染色过程中存在影响染料分散的因素,那么分散染料颗粒就会发生凝聚,形成染料凝聚物。不过,这些染料凝聚物的一部分会随着染色时间的推移,在水中溶解后上染于纤维。只有在发生少量凝聚时,凝聚物在染色结束后才基本消失。一般情况下,冷却将会使染料的溶解度降低,凝聚物在染浴中可能再一次发生凝聚。分散染料的颗粒直径小于1μm,而涤纶单丝间的空隙距离为数个微米,织物组织纤维间隔距离约为10μm。若在容易发生高温凝聚的条件下染色,染料凝聚物的大小有可能达数十微米,不能从纤维的空隙间穿过,造成染料堵孔,就会出现染疵。大颗粒的凝聚物不仅会引起染料的堵孔现象,而且它还不具备在水中均匀分散的能力,容易附着在疏水性纤维的表面形成浮色,造成色牢度下降,同时还会沾污染色机缸壁。

有研究和试验表明,高速流动的染液和过快的升温速率也会导致分散染料的凝聚。气流染色机的雾化喷嘴对染液的雾化作用,对匀染性来说,染液细化的颗粒越小,越有利于匀染。但雾化喷嘴对染液也同时产生了很大的剪切力,如果能够足以破坏包覆在分散颗粒外面的分散剂,那么就会发生凝聚。有应用表明,分散染料在气流染色机中染深色要比普通溢喷染色机浅两成。其原因就是这部分染料产生凝聚所造成的。此外,升温速率对分散染料凝聚的影响主要是发生在80℃时,并且随着升温速率的加快,染料的凝聚程度也越剧烈,它会不均匀地沉积在织物上形成色斑。

对于分散染料的凝聚,应从以下几个方面来控制。首先是要了解染料的化学结构和物理性能,如熔点及在水中的溶解度,染料分散颗粒的物理性能,如形状、大小,染料中所含的分散剂的性能等;其次要了解被染物的易染性、组织密度、低聚物含量、油剂及糊料等的附着量,然后确认染色条件,如染色深度、助剂(分散剂、匀染剂、诱导体等)的性能及用量、染浴的pH值、水质、染色工艺条件(温度、时间、浴比和染液循环状态等)等。尤其是染液的循环速度涉及与织物的交换频率，既要保证均匀的上染速率，又要兼顾染料悬浮体的稳定性。

3. 染料的选择及要求　染料类型的选择主要是以满足纤维的染色性和所需的色牢度要求为依据，并通过一定的染料浓度来达到所需的染色深度。所以染色深度与染料性能、染色工艺条件、被染织物纤维的吸色特性及织物组织结构有关。要获得所需的染色深度，就必须根据具体情况来确定染料浓度。一般可根据来样色泽与样卡或资料对色程度的不同作出选择。对于能够与已有的某个处方相对应的，可直接采用该处方的染料浓度进行打样；而对于色泽深浅介于两个已有的处方之间的，就应根据两者色泽差异程度，参考已有成熟的处方进行拼色，或者单色进行调整。

就目前染棉应用最多的活性染料而言，染料品种较多，各家产品特性和质量存在很大差异，即使同批号的染料也可能出现不同的色光，给气流染色工艺控制带来了很大困难。为了保证染色工艺顺利实现、提高染色一次成功率，对用于气流染色的活性染料提出以下几点要求：

(1)具有两个以上活性基。在活性染料中，均三嗪类活性染料与纤维素纤维发生反应后形成酯键，在酸性介质中的稳定性差；而乙烯砜类活性染料与纤维素纤维发生反应后形成醚键，在碱性介质中的稳定性也差。相比之下，双活性基和多活性基的活性染料在酸、碱介质中均有较高的稳定性，其上染和固色百分率比单活性基的高20%。

(2)溶解度较高。气流染色的浴比很低，染液的浓度相对较高，要考虑到尽可能选择溶解度较高的染料。气流染色的低浴比，对一些溶解度较低的染料来说可能产生的影响更大。一般情况下，为了达到所需的染色深度，应尽可能选择溶解度较大的染料。但在确实没有溶解度较大的染料时，也可适当加入一些助溶剂以提高染料的溶解度和稳定性。对于一些同时兼有软化水质和对纤维具有溶胀作用的助溶剂(如纯碱)，可与化料同时进行，也可预先加入到水中。

(3)直接性较小。活性染料的扩散性随着直接性提高而变差(如乙烯砜基活性染料)。直接性太高的活性染料因扩散慢，有很大一部分积聚在织物纤维表面上，向纤维内部迁移困难，形成大量浮色难以去除，造成色牢度下降；而直接性太低的活性染料也会影响固色率。对于气流染色的低浴比条件，本身就能够提高活性染料的直接性，为了保证染料的扩散性，应选择直接性较低的活性染料。其具体大小值可根据供应商提供的技术数据或染料的特征值(SERF)进行选择。

二、助剂的影响及适用条件

与传统的溢喷染色相比，相同的织物品种和染色深度在气流染色的低浴比条件进行染色，助剂的用量要减少许多，尤其是活性染料所需的电解质用量会大幅度降低。主要原因是浴比的降低，提高了活性染料直接性，减小了对电解质的依存性。但是助剂的种类以及浓度，对染色过程产生的影响依然存在，只是作用的程度和条件发生了一定的变化。所以对于气流染色的助剂选择，仍然要以工艺条件和满足染色性能为主要依据，充分考虑到与染料和织物纤维性能相适应的使用条件，以及助剂与助剂(大多数情况是两种以上不同助剂)之间的相互影响。

1. 助剂浓度对纤维的影响　一般情况下，助剂的品种和用量由具体的染色条件来决定。但是，同种染料对不同纤维的上染特性可能存在较大差异，需要通过助剂品种的选择和浓度的调整来加以改变。如果用等量的分散染料分别染涤纶和锦纶，那么锦纶的颜色不仅要深一些，而且锦纶长丝因纺丝过程横截面不均匀,会产生色条。所以,为了提高匀染性并对不均匀上染产生一定的遮盖性,用染涤纶的处方来染锦纶,应该适当增加缓染剂的用量。此外,活性染料染色对不同纤维的直接性也有差异,对促染剂的用量应有所不同。例如活性染料对纤维素纤维的直接性较低,而对蚕丝的直接性就比较高,所以使用相同的元明粉作促染时,对纤维素纤维染色所用的元明粉量就要比蚕丝高10倍左右。

2. 适于染料对纤维的上染条件 在气流染色过程中,染浴中的染料、助剂和被染织物之间总是存在相互作用和影响。助剂的主要作用在于提高染料对纤维的匀染性,并防止染色过程中可能发生的染料稳定性或纤维性质的变化对染色质量的影响。由于各种助剂的作用程度还与其用量有一定关系,所以对所选择的助剂还要控制其浓度。在活性染料染色中,作为促染剂的中性电解质(食盐或元明粉)浓度过高,会使染料或助剂发生凝聚,甚至出现盐析现象,导致织物色花或者不上色。分散染料是在酸性条件下进行染色,如果染液的pH值过高偏于碱性,就会引起染料的色变,并且还会导致涤纶的强力下降。气流染色的低浴比工艺条件,往往对助剂的浓度变化更敏感。因此,正确选择助剂品种和助剂浓度,为染料提供一个有利的上染条件,对顺利实现气流染色是十分重要的。

三、适用于气流染色的染料和助剂

气流染色的低浴比可为染料对织物纤维的竭染提供有利条件,可在元明粉和碱消耗较低的状态下提高固色率。目前市场上供应的大部分适于溢喷染色的染料和助剂,主要是针对浴比在1:8以上的溢喷染色机。对活性染料主要是考虑以提高直接性而研发的,而针对气流染色低浴比染色条件的,用户必须作出慎重选择。由于气流染色低浴比减少了活性染料的对电解质的依存性,如果再选用适于高浴比的活性染料,那么就有可能进一步提高其直接性。对温度和加料的控制都会带来很大困难,甚至对一些常规染色也会造成不利影响。因此,开发和推广应用满足气流染色低浴比染色的染料和助剂,已成为当前气流染色机应用普及的关键。

1. 染料

(1)活性染料。在浴比较大的工艺条件下,为了提高活性染料的上染速率,需要借助大量中性电解质来促染。而活性染料的直接性是随着浴比的降低而提高,即对电解质的依存性降低。因此,为了适于气流染色的小浴比,活性染料应满足两个主要条件:一是直接性要低,以保证匀染性;二是具有较高的溶解度,并且减少在碱性条件下水解性。例如Novacron FN染料含有2~5个磺酸基和1个硫酸酯暂溶性基团,具有良好的水溶性,在中性电解质或无盐条件下,其溶解度大于200g/L。

(2)分散染料。对分散染料而言,在小浴比条件下,应具有更好的分散性和高温稳定性,上染率要高,且色牢度好。德司达(DyStar)染料公司曾与德国特恩(Then)公司共同开发了适于涤/棉织物气流染色的Dianix XF型和SF型染料,具有很好的分散性和固着率,并且可以在染色后不经还原清洗而保持很高的色牢度。活性染料是Levafix CA型,具有中等亲和力,良好的耐碱性和优良的净洗性,固色率可达90%。使用时先进行分散染料染色,然后在染液中进行还原清洗,水洗后再进行活性染料染色。

(3)适于快速染色的分散染料。20世纪80年代曾有溢喷染色机可实现快速染色工艺,对染色机的要求主要是染液的循环频率要高,是普通溢喷染色机的4~5倍。而当时的溢喷染色机浴比都比较高(1:8以上),要加快染液的循环频率,只有采用大流量的混流泵作为主循环泵,功率消耗很大。相比之下,气流染色机的浴比很低,可以提高染液的循环频率,同时织物与染液的接触状态均匀,为快速上染提供了有制的工艺条件。

根据界面移染理论提出的界面移染率(*IM*率)概念,当分散染料的*IM*率大于60%时就可以进行快速染色。一些典型的快速型分散染料都是复配拼混而得的,例如亨斯曼(Hunstman)公司的Terasil SD型染料、科莱恩(Clairant)公司的Foron RD型、住友公司的Sumikaron RPD型染料等。这些染料通过复配增效作用,具有较好的相容性和分散稳定性,可以采用快速升温。

2. 助剂 一些纯化纤针织物如涤纶长丝经编织物、网眼纬编等,由于涤纶长丝在纺丝过程中的牵伸倍数较大,残留了很大内应力,在染整中的第一次遇热会发生强烈的收缩。为了避免收缩过程受到不均匀的制约而产生折痕,一般都要进行预定形或平幅精练回缩处理。而大多数厂家认为这样做会增加生产成本,宁愿采用浴比很大(至少1:12以上)管式溢喷染色机进行前处理。有人曾经在气流染色机进行处理,但织物不像浴比较大的管式溢喷染色机悬浮在液体中,所以容易造成织物收缩不均匀,产生折痕。对此,应考虑开发一种能够适于低浴比的防皱剂,解决这类织物在气流染色机中的起皱问题。

四、染料和助剂在气流染色中的用量

气流染色的工艺条件与传统溢流或溢喷染色差别较大,特别是低浴比对活性染料的直接性以及溶解性影响很大,并且对助剂反应的稳定性也有较高要求。在染料和助剂的选择中,还应遵循Oeko-Tex Standard 100标准。生产应用中,人们大致总结气流染色在一定染料浓度条件下的助剂用量。表6-2为气流染色传统与溢流或溢喷染色助剂用量的对比,其中染料的用量为:浅色0.7%以下,中浅色为0.7%~1.5%,中深色为1.5%~3.0%,深色为3.0%~4.5%,特深色为4.5%以上。

表6-2 气流染色与溢流或溢喷染色助剂用量对比

助剂名称		纯棉织物		含氨纶棉织物		涤/棉织物	
		气流染色	溢流或溢喷染色	气流染色	溢流或溢喷染色	气流染色	溢流或溢喷染色
氧漂	双氧水(%)	3.5~4.0	5.5~6.0	3.0~3.5	4.5~5.0	2.5~3.0	3.5~4.0
	碱剂(%)	2.5	4.0	2.0	3.0	1.8	2.2
	9703(%)	0.4	0.6	0.4	0.6		
	去油剂(%)	0.30	0.45	0.50	0.75	0.50	
	冰醋酸(%)	0.2	0.3	0.2	0.3	0.2	0.3
	脱氧酶(%)	0.10	0.15	0.10	0.15		
染色	540(%)	0.80	1.2	0.8	1.2	0.8	1.2
	WL(%)	0.50	0.75	0.50	0.75	0.40	0.60

续表

助剂名称			纯棉织物		含氨纶棉织物		涤/棉织物	
			气流染色	溢流或溢喷染色	气流染色	溢流或溢喷染色	气流染色	溢流或溢喷染色
后处理	冰醋酸（%）	浅色	0.30	0.50	0.30	0.50	0.20	0.30
		深色	0.50	0.80	0.50	0.80	0.30	0.45
	SNS（%）	浅色	0.30	0.45	0.30	0.45	0.20	0.30
		中浅色	0.80	1.2	0.80	1.2	0.30	0.45
		中深色	1.2	1.80	1.2	1.80	0.60	0.80
		深色	1.5	2.1	1.5	2.1	0.70	1.0
		特深色	2.4	3.2	2.4	3.2	1.0	1.3

活性染料在气流染色过程中元明粉和碱的用量见表6-3。

表6-3　气流染色元明粉和碱的用量

染料深度（%，owf）	<0.1	0.1~0.3	0.3~1.0	1.0~2.0	2.0~4.0	4.0~6.0	>6.0
元明粉（%）	10	15	20	25	30	32	36
纯碱（%）	4	6	8	10	13	14	16

第四节　气流染色工艺操作

良好的染色工艺设计必须通过严谨的工艺操作去实施，其中包括设备的正确操作使用，以及与整个加工过程密切相关的工作。生产管理、技术水平和设备使用状况对染色过程产生很大影响，而工艺操作又是其中一个重要环节。从织物毛坯到生产出合格产品之间，每一项工艺流程都需通过严格的工艺操作去完成。否则，某一个工艺操作环节出现了问题，不仅会对本工序造成质量影响，而且还可能影响到下一道工序。越往后的工序所承担的质量损失责任越大，因为在所到工序之前的加工成本会随着工序的向后而不断增加。因此，工艺操作必须以严谨和科学的工艺流程为基础，通过强化管理和制度控制每一个操作环节，才能够达到产品加工的最后质量要求。

一、工艺操作的基本要求

选用性能良好的染色装备，严格执行染色工艺，并对染色工艺过程进行有效控制，是工艺操作的基本要求。染色机是完成染色过程的基本条件，也是正确执行染色工艺的硬件部分；染色工艺是完成染色过程的指导性文件，相当于软件部分；而工艺操作则是具体实施的过程。为了将染色工艺贯穿到整个染色过程中，对工艺操作应提出以下基本要求：

1. 操作程序　按照染色工艺所制订的路线或方法，在具体过程实施中，工艺人员须将工艺编为计算机控制程序并将其输入。为了保证工艺程序的正确性和顺利实施，对新工艺除了对已输入的程序请另外的工艺人员进行校核外，还应进行试验工艺操作。对出现的问题，应及时作出更正和调整。对试验获得成功并经过生产多次验证的工艺，应储存在计算机中，编成工艺序号，以便下一次调用。工艺程序的更改权限仅限于工艺人员，其他人员不得随意更改。一般计算机具有密码设置，一是防止非工艺人员更改，二是谨防工艺资料的泄密。

2. 操作方法　染色操作人员须经设备操作、安全和简单故障判断等方面知识培训。对一些简单的程序或阶段呼叫应能够及时理解和采取相应的操作。尤其是对一些目前还不能够完全由自动化取代的操作，如进布、出布、化料、故障排除等人工操作，操作人员必须按照所规定的要求进行。在没有特殊情况下（如在染色过程中出现程序故障），应采用全自动程序控制，以减少人为影响因素。

3. 操作规程　应制订严格的设备和工艺操作规程，避免设备和安全事故。制订设备操作基本程序，操作人员必须严格按照操作规程进行操作，严谨违规操作。当高温高压气流染色机用于98℃以上染色或前处理时，必须在工序结束后，且降温至85℃以下，确认主缸体内的表压为零时，才能够开启操作门。

二、染化料准备

目前绝大部分染厂还是采用人工配料和化料，受到的影响因素较多，经常容易出现配料不准，化料不匀的现象。在这种情况下，即使设备性能和染色工艺再好，也无法避免染色质量问题的发生。因此，就染色加工的全过程而言，染化料的准备工作是一项非常重要组成部分，必须引起高度重视。

1. 称料、领料　在实际生产中，应严格按照工艺要求进行染化料的配置，容易水解的染料一定要现用现配，粉状染料应注意天气回潮的影响。操作人员有责任协助开料员确认所用染料的正确性，化料员根据配料单进行化料，然后由送料员将染料、助剂送至染色机处。操作人员在使用前应根据待染织物的颜色深浅，检查送来的染料是否正确。目前一些技术先进的企业，已经采用了自动配料系统。这样既可保证称料、配料和化料的精确度，又有利于提高各机台染色的重现性。

2. 化料　在染色机加料桶里化料之前，操作人员必须按照工艺处方仔细核对所准备的染化料是否准确。化料要充分、均匀，分散染料一般可先用冷水打浆搅匀，使用时再用40～45℃温水进行稀释（可按10倍染料的水进行稀释）。注意分散染料化料的水温不能太高，否则，容易导致染料的聚集发生。分散剂、硫酸铵须用温水化开搅匀，做到用时即化。对分散红3B、分散红玉S－2GFL等较难化的染料，可用拉开粉溶液调成浆，用冷水打浆搅匀，再用温水稀释。加染化料时必须用筛网过滤，留在筛内的小颗粒应重新用水化开再过滤。

三、织物装载与进布

染色之前的织物装载和进布方式，对顺利实现染色过程也有很大影响。如容布量过载，容易引起织物运行不畅，出现压布和倒布现象；容布量过小，发挥不出设备的使用性能，生产效率低。如何达到一个比较合适的装载和进布状态，应根据具体设备的使用情况，采取一些相应措施。

1. 容布量　就某一台气流染色机而言，其最大容布量是有规定的。一般设备使用说明书中介绍的容布量是指单管相对中厚织物（克重为190~300g/m^2）的最大容布量。所以，在具体操作时，应根据织物的实际克重范围进行酌情增减。例如对于轻薄织物（克重小于190g/m^2），就应该减载（双股进布除外）。因为轻薄织物仍按照设备使用说明书中所介绍的容布量，就会出现单管布环过长，而在织物线速度一定的条件下，必然会延长单管织物循环周期，最终影响到织物的均匀上染，或者因织物在储布槽中滞留时间过长而产生折痕。因此，对容布量的计算，应该首先要根据织物的克重大小、所承受张力的大小，确定织物循环的线速度；然后再依据保证匀染的织物最佳循环周期（即1.5~2.5min/圈），确定织物的布环周长，最后通过周长和克重得到实际的容布量。

此外，一些高弹力针织物不仅克重较轻，而且还不能承受太大的张力，为减小张力而降低布速也需要减载。考虑到轻薄织物容量降低太多，影响生产效率，可采用双股进布，在不增加布环周长的前提下，提高容布量。与溢喷染色机相比，气流染色机采用双股进布，因储布槽中不储存自由染液，不容易产生缠布现象。双股进布应注意，两股布的周长要一致，仅将其中一股布缝成布环，而另一股将其中一端缝在布环上，另一端处于自由状态。

2. 进布 气流染色是以绳状进布，并且是通过气流可以自动吸上（传统罐式溢喷染色机一般需要一个导布带引进）。进布时要将织物理顺，避免织物绳状扭转或织物内夹带异物。进布速度不宜太快，要等到进布结束后，织物在机内运行一段时间，基本走顺并且被水浸透后，再提高到设定的运行速度。对于多管气流染色机应注意各管布长的均匀分配，相差太大对各管织物的循环周期有差异，容易引起管差。织物各段的接口应平整，用缝纫机接口，切忌手工扎结。对于筒状针织物的接口应留有出气口，避免织物在运行过程中出现过大的鼓胀现象。

四、机械运行

气流染色机在执行工艺的运行过程中，织物与染液的交换状态、染料对纤维的上染控制，都由设备的相应功能控制，其中机械的运行起着至关重要的作用。气流染色的机械运行主要表现在以下几方面：

1. 风机与提布辊 在机械运行程序中，应该先启动风机，然后再启动提布辊；停机时应先停提布辊，然后再停风机。在一般情况下，风量对织物产生的线速度应大于提布辊对织物产生的线速度。这样一方面对织物会产生扩展作用，减少织物产生折痕的可能；另一方面可以避免织物出现缠辊现象。由于气流染色机的织物循环主要是依靠气流牵引，提布辊仅起到辅助作用，所以织物的线速度控制主要是通过风量大小的控制，而提布辊仅仅需要保持基本同步即可。一般情况下，织物克重大，牵引力也相对较大，需要较大的风量；织物克重小，则所需牵引的风量小。但是，有些轻薄织物的表面，特别是针织物和容易纰纱的织物，对风量控制要求会更高一些。

2. 织物的线速度及张力 无论被染织物的品种和克重如何，首先是以织物的循环周期为依据，然后在根据织物的组织特性确定织物的运行线速度。一些比较娇嫩、含有弹力纤维以及编织较松弛的针织物，要求在染整的整个加工过程中处于最小张力状态。含有氨纶的针织物在加工中受到的张力过大，不仅会产生变形，而且还会对氨纶弹力造成疲劳损伤，甚至在高温条件下还有可能出现断裂。因此，对于弹力织物（尤其氨纶含量较高的），一定要保证在低张力条件下进行染色加工，并且张力的作用时间应尽可能短。气流染色机的储布槽内织物与主循环染液处于分离状态（结构特点），其运行中所含带的染液量较少，对织物产生的张力影响相对较小。但是，过快的织物线速度也会产生较大的织物张力。所以，对针织物，尤其是弹力针织物，应将织物线速度控制在一个合适的范围内，以减小对织物张力的影响。相比之下，机织物能够承受较大张力，可以提高织物运行线速度，特别是高支高密织物或者比表面积较大的超细纤维织物，考虑到染料对其上染速率较快，只要在一定的保证措施下（如设备内表面的加工精度、使用中加润滑剂）不产生擦伤，应尽量提高布速，以利于匀染。但对于缎面织物，其表面可能因速度过快会产生极光或擦伤，必须将织物的线速度控制在临界值以下。

3. 最低液位运行　对于气流染色来说，织物可以在无水状态下靠气流牵引循环。但为了保护主循环泵机械密封不被损坏，也要求入水达到最低液位状态时才能够启动。通常是由电气联锁控制来保证的。

4. 气垫加压　由于主循环泵在接近水的沸点下运行容易产生汽蚀现象，影响染液循环的流量和扬程，特别是在这个温度区域内，又是染料对纤维上染最快的阶段。所以为保证染料的均匀上染，需要在机器主缸内加入 0.007MPa 的洁净压缩空气，提高水的沸点，避免产生汽蚀现象。该部分控制一般由设备自动程序完成。

5. 安全联锁控制　高温高压气流染色机属于压力容器，在高于 100℃ 温度以上的染色工艺过程中，主缸内部具有一定的压力。为了保证安全，必须设置安全联锁控制，以避免错误操作而造成事故。通常在温度 85℃ 以上，除了加热或冷却控制阀门外，其余阀门一律处于自锁状态。当染色结束后，降温至 85℃ 以下排气泄压，主缸内表压力为零时才能打开操作孔。为了避免升温或气垫加压时可能出现超压（超过最高工作压力），设备一般都配有温度和压力保护装置。通过压力开关的检测，由程序中的安全联锁控制。

五、工艺运行

工艺运行主要是按照温度与时间的关系曲线进行，在不同的时间段内有不同的温度变化过程，其中还包括加料的区段。对于自动化程度较高的气流染色机，工艺操作时，主要是观察机械和控制系统的正常运行状态，并对出现故障采取应对措施。

1. 升温过程　该过程主要是根据不同染料的上染规律，从起染或某一温度向另一温度进行升温的一个过程。主要是控制升温过程段的温度变化率，即升温速率。由于实际升温过程中，一般会受到供汽、设备升温加热系统、温度检测以及实际温度的分布等影响，实际升温速率与工艺设计的升温速率总会存在差异。一般成熟的升温曲线都是根据相应的染料特性通过实验而获得的，所以在具体操作过程中不能随意更改。在染料上染较快的温度区域，升温速率的设定可按织物每运转一圈，温度差变化不超过 1 ~ 1.5℃ 为依据。例如分散染料染涤纶织物，分散染料在 90 ~ 110℃ 温度范围内上染率最高，就要控制这个温度区域的升温速率。一些对温度比较敏感的染料，控制低升温速率往往是控制均匀上染的关键。低升温速率控制是目前所有间歇式染色机的技术难点，包括气流染色机，这在很大程度上取决于设备的热交换系统的性能和控制的方式。

2. 保温过程　该过程主要是为固色而设置的，但对一些上染较快的染料，为了保证匀染性，会在升温阶段的某一温度增加一个很小的保温段。活性染料存在一个二次上染过程，并且是伴随固色而同时进行的。此外，一些匀染性较差的染料，一般还要通过固色阶段给予一个移染过程。因此，对于这一类染料的固色保温过程仍然是很重要，不能随意降低保温的温度和时间。

3. 降温过程 对于染色过程来说，主要是发生在上染升温和固色保温阶段，一旦完成这两个阶段后，染料就与被染织物结合完成。但是，必须经过降温过程才能够进入下一道工序，而降温过程不当，又会造成织物折痕（特别是化纤织物在玻璃化温度之上）的产生。所以降温过程主要是控制织物容易产生折痕的温度段，并降温速率不能过快。

4. 加料过程 除了温度是控制染料上染速率和上染率的主要参数之外，加料则是控制染料均匀上染的手段。一般在工艺曲线中，都给出了加料的时段和加入量，目前都是采用自动程序控制，人为的影响因素较少。在具体操作过程中，主要是观察加料自动控制系统运行状态，一旦出现报警或意外机械故障（如加料泵、比例控制阀、过滤网以及加料管路等堵塞），就应该采取紧急措施。如果是分段加料，每一种料加完后必须运行一段时间，以便整个织物获得均匀接触。对于活性染料染深色需要较多的盐，须分段加入到加料桶中，避免溶解困难。目前有许多气流染色机配有两个加料桶，可将染料和助剂进行分别溶解。这样非常有利于染料和助剂的化料及添加方式的选择。

5. 工艺输入或调出 对于新工艺的输入，应由主管工艺人员完成。有条件的还应请另一工艺人员，对已输入或更改的程序校核一遍，避免出现差错。工艺的修改或者查询，是根据工艺的变化或对已使用过的工艺产生疑问而经常进行的一项工作，工艺人员需要掌握一些操作技能。一些重要的工艺程序应留有拷贝，并且加密，以防丢失或泄密。

6. 工艺纪律的执行 制订合理的染色工艺是保证染色质量的基础，而严格执行工艺纪律又是顺利实现染色工艺的关键。染色过程的质量控制必须是建立在设备的高度自动化控制和严格的生产管理统一之上。因此，除主管工艺人员外，任何人不得随意更改已执行的工艺。非特殊情况（如设备出现故障）下，均应采用自动过程控制，而不要选用手动控制。因为设备上的手动控制的设置主要是为了染色过程中出现程序故障而无法继续进行时，通过手动控制继续完成剩下的工艺部分。实际上是一种应急措施，减少因意外故障所造成的损失。如果在正常情况下使用，难免又掺杂人为的影响因素。

六、取样及追加

染色过程中的取样是控制质量的一项中间检验方法，通常是在一个染色工艺执行完毕后而进行的。取样是通过局部检测对整机织物染色情况的判断，既要考虑模拟完成整个染整工艺的最终状态，也要兼顾过程检验的局限性。所以为了尽可能获得取样的真实性，应注意以下几个方面：

1. 取样方法 多管气流染色机应对每管织物同时进行取样。正常情况下每管织物的得色量应该是相同的，但也有可能因每管布长有较大差异，或者各管织物线速度不同而导致循环周期不同，最终出现管与管之间的色差。取样部位要距离织物匹段缝头接口 200mm 处，剪取布样尺寸为 50mm × 50mm。

2. 布样状态 取样对色必须是染色保温后降温至 85℃以下泄压后进行。取出的布样要用清水冲洗干净，再放入干净容器内沸煮 1 ~ 2min，然后洗净、均匀烘干。对有沾色和污脏布样，应从新取样。取样后在对色过程中，不能停止织物运行，否则，会出现织物折痕现象。

3. 追加染色 对样不合格的需执行追加工艺。例如 60℃的染料染色结束后，温度已降至 50℃，若深度达不到要求和色光稍有差异时，可排掉 1/3 的染液，再进水补充到所规定的浴比。一般颜色的加料时间可设定在 15min，对敏感色可控制在 20min 之内；保温时间，中、浅色可设定为 20min，中、深色可设定为 30min。对试皂洗样不合格的，需追加一定的染料量，一般颜色可追加 30%，敏感色可追加 20%。对于色差相差太大的，应重新由化验室打样调整染色处方和工艺条件。考虑到染色过程的时间对染色品质及织物纤维损伤影响，染色过程的总时间（包括追加时间）不应超过 20h。

七、程序控制

根据气流染色工艺的具体要求，采用程序化控制，可以减少人为影响因素，有效保证染色工艺的顺利实现和重现性。目前气流染色机都是采用 PLC 及部分参数在线检测进行程序控制，其中应用最多的是现场程序控制器。它是气流染色机实现自动控制的关键部分，整个染色工艺程序都是通过它来完成的，一般都是由专业厂家提供配套。其功能相当于一个微型计算机，对于气流染色机的间歇式加工形式，除采用中控时机台的较为简单外，通常都是每台染色机上配置一台。随着染色机自动化程度的不断提高，程序控制器的功能也越来越多了。一般主要包括：基本功能、程序控制器显示界面、染色程序编辑、运行模式、批次资讯和工具、警告等。具体程序控制的使用功能和要求可详见商家提供的使用说明书。

八、故障诊断及处理

在执行染色工艺过程中，随时可能会遇到各种机械或控制方面的故障和问题。无论是操作工还是保全工，应该对设备的常见故障有所了解，并采取相应的解决方法和预防措施加以预防。气流染色机在运行过程中常见的故障有以下几种：

1. 织物运行速度过慢 织物无法达到平时所能够达到的运行线速度，明显感觉到风机的风量突然变小，应检查风机皮带是否松动。如果风机的风量没有减小，但织物的运行速度上不去，有可能进布时织物没有绕过提布辊，而从提布辊下进入气流喷嘴。这时织物虽然也能运行，但运行速度很慢。为了避免这种现象出现，建议进布时，人工手动拉动一下织物，观察织物拉动时是否带动提布辊反转。若提布辊没有随拉动织物反转，则说明织物没有绕过提布辊，应重拉出织物后重新再进布。

2. 染液喷嘴压力下降 该现象容易出现在绒毛较多的织物染色过程中，一般是染液循环系统中的过滤网被碎短绒堵塞，严重时还会在主泵叶轮进口堵塞。对于没有自动清洗的过滤装置，加工绒毛多的织物应每缸清理一次（包括前处理），不容易掉毛的织物也应每个班清理一次。

3. 染液喷嘴流量降低 主要是染液喷嘴被堵塞。这种情况在新机器的试用阶段往往容易发生，主要原因是设备在制造或配焊外接管路，残留的焊渣或金属屑卡在染液喷嘴中所致。因此，新设备安装后一定要仔细清理管道内的异物，并且运行一段时间后要检查一下染液喷嘴。此外，在生产过程中，进布时一定要注意不能将异物带入机器内。

4. 压布或缠布 气流染色机在一般情况下，是很少出现堵布打结现象。但一些轻薄针织物，特别是黏胶类针织物，如果装载或进布不当，也会出现压布或缠布造成织物提升困难的现象。对于这种情况，一是要合理估算容布量，进布要走顺畅后再提高布速；二是要将储布槽后部具有调节弧板的将其调到一个合适的位置（对轻薄织物一般是将调节弧板变窄），保证织物不出现倒塌现象。

第五节 受控染色工艺

在织物的浸染工艺中，控制染色过程的主要方法是温度和加料。传统的间歇式浸染工艺虽然已基本实现的自动控制，但所有工艺参数都是通过人的经验，按照设定的程序进行控制。应用表明，这种工艺控制方式是不精确的，它完全依赖于人的经验和技术水平，所以具有一定的局限性，染色的“一次成功率”也很低。工艺人员更多的精力和能力主要表现在问题出现以后的处理方面，而缺乏对染色过程控制的全面认识，以及在预防和控制上的能力。这种染色工艺方法不仅返修率高、浪费能耗和资源，而且还严重阻碍了产品质量和生产效率的提高。为此，提高染色过程的控制，特别是对染色过程中的质量动态控制已成为现代染色技术的重要组成部分。而当今的科学技术水平发展，能够给予了工艺参数检测和控制的强大技术支持。许多影响染色过程的参数可以通过在线检测来监控，消除人为的影响因素，提高染色工艺的重现性。受控染色工艺就是在这种背景下发展起来的一种染色新技术。

受控染色实际上是根据染色工艺的要求和内容，对染色过程进行精确控制的一种手段。它的基本思想是：在合理选择染料以及良好染料配伍性的基础上，严格、精确地控制染色过程，以达到高生产效率、高正品率、低生产周期、低能耗和产生最少废水污染的生产目的。因此，它涉及生产组织、染色工艺、设备以及管理技术等许多方面，其中染色设备和工艺影响最大。

一、受控染色的基本要求

实施染色工艺就是对染色过程的控制，而染色的温度、浴比、电解质和碱剂的浓度对染色过程的影响最大。例如，温度升高，染料的上染速率、固色和水解速度加快，若温度控制不当，就会降低染料的固色效率；活性染料低浴比条件下，染液的浓度提高，表现出较高的直接性，如果浴比控制不准确，就有可能引起上染速率过快，造成上染不均匀。又如，含有湿蒸汽的循环气流在常温和高温下的密度和黏滞性发生了变化，对织物的牵引力产生影响；热塑性纤维在高温条件下收缩，也会影响到织物最初设定的循环频率。由于气流染色是依靠被染织物与染液的周期性接触交换，完成染料对被染织物的上染和固色过程，而这些状况的变化都有可能影响到织物的匀染性。因此，受控染色的基本要求是，在设备具备相应控制功能的基础上，根据染料的上染和固色规律，对染色过程的温度、pH 值、织物和染液的循环状态、浴比和助剂添加等，作为染色工艺参数并处于受控状态。

二、受控染色工艺内容

受控染色工艺作为染色过程的一种控制手段，比传统染色过程的工艺参数控制精度要高很多，特别是对染色过程影响很大的几个工艺参数更是如此。这里简单介绍一下几个主要工艺参数在受控染色过程的作用和控制方式。

1. 染色温度　温度是染色过程中一个非常重要的参数，在特定的温度区域内能够控制染料上染率和上染速率。温度程序控制主要有升温染色、高温移染和恒温染色三种方式。采用升温染色控制方式时，是在染色一开始就加入部分或全部染料和中性电解质。在低温和没有碱剂的条件下，染料可以缓慢而均匀的上染。当大部分染料已均匀上染到纤维上后，按一定量或批次加入碱剂，促使已均匀上染到纤维上的染料与纤维发生键合反应，逐步提高固色速率。整个染色过程经历了升温速率、一定的保温时间以及加料过程的控制。该工艺方式的升温速率很关键。一般情况下，随着升温速率的提高，染料的上染速率会提高，对匀染可能产生不利影响。例如，超细纤维因其比表面较大而具有很快的上染速率，所以必须将升温速率控制在较小的范围内，以防织物的染色不均匀。

高温移染主要是利用染料的移染性来达到匀染的目的。通常是在加碱之前，先将染色温度升至一定程度，然后保温一段时间，使染料在高温条件下获得较强的移染能力，对织物进行移染。考虑到染料在高温下可能产生过多的水解，必须在高温移染后将温度降到最佳固色温度时再加入固色碱剂。这种工艺控制条件，非常有利于那些直接性较高、反应性较强的活性染料染色过程。恒温染色的上染和固色是在一个恒定的温度条件下进行，中性电解质和碱剂是采用分批加入，并根据染料的直接性和染色温度进行加料速度的控制。通常，染色温度高宜采用缓慢或分批次加入，反之，可采用较快或减少加入次数。

在一定的工艺条件下，升高染色温度可以提高染料的上染率和固色率，但并非总是如此。有时过高的温度，反而会降低染料的上染率。其原因是，染料分子动能增加后又从纤维上解吸下来，并产生大量水解。因此，温度的高低与变化率必须根据染料特性、织物纤维品种的不同，设置在一个有效的控制范围内。在临界染色温度范围内，为了达到匀染效果，除调整织物运行速度外，更重要的是控制升温速率，保证染料对织物纤维的均匀上染和最高的上染率。

除此之外，在染色的升温过程中，由于染液经热交换器加热后首先进入喷嘴与织物进行交换（即温度、染液的交换），使刚经过喷嘴的织物温度要比储布槽中的织物温度高，即使是被染织物纤维吸附的染液与主循环染液之间，也存在一定的温度差（温度滞后现象），所以实际升温曲线与设定的工艺升温曲线并不完全重合。如果这种误差过大，就会对织物整体的匀染性产生很大影响。尽快缩小温度差的主要措施有：采用分步温度控制，在上染率较高的温度区域，适当增加一定的保温时间，给染料提供一个移染的过程；此外，还可提高织物与染液交换频率，或控制低升温速率。设备采用比例温度控制系统可以较好地控制低升温速率，尤其是温度波动的控制。

2. 染色时间　在织物间歇式染色过程中，染料吸附并固着在被染织物纤维上，并达到所需的颜色深度和牢度，需要染液与被染织物在一定的时间内经过若干次周期性的交换才能够完成。然而，在一定的条件下缩短染色工艺时间，不仅可以提高生产效率，而且还可以避免长时间加工对织物染色品质带来的不利影响。例如，活性染料在碱性长时间的作用下会产生大量的水解，降低了染料的上染率;弹力针织物加工过程时间过长,因张力的持续作用会导致弹力纤维(如氨纶)的疲劳损伤。除此之外,一些娇嫩织物表面也会因长时间的加工与设备内壁表面摩擦而出现起毛现象。这些染色质量问题的存在都需要染色工艺给出一个合理的加工过程时间控制。

实践证明,气流染色的低浴比,具有强烈的染液与织物交换程度,即使减少一定的交换次数,也能够完成整个上染和固色过程。利用气流染色的染液与织物的快速交换特点,对低温上染速率慢的分散染料,可在一定的温度区域内采用快速升温,以达到缩短升温时间的目的。此外,对于一些可承受较大张力的机织物,可适当提高织物的运行速度。这样不仅可以增强织物与染液每次交换的作用程度,而且还增加织物与染液的交换频率,使染色的总体时间进一步缩短。

值得注意的是,缩短染色过程时间,染色机必须是建立在技术上成熟、各项功能健全、自动化程度高的基础上,再通过严格和精确的染色工艺程序才能够实现的。否则,有可能又引发新的染色质量问题,如染色深度不够。对气流染色来说,受控染色对时间的要求是:既要考虑到在保证匀染性所需总循环次数的条件下,加快织物与染液的交换频率可缩短的总时间;同时,还要注意到织物与染液在每次交换时的作用程度剧烈,能够适当减少总交换次数。只有在兼顾两者的作用条件下,以完成染料上染织物所需总交换次数来确定时间,才是真正的染色时间,并且染色工艺总时间是缩短的。

3. 染色浴比 采用低浴比染色似乎成为当今间歇式染色机节能减排的一项重要标志,染色机制造商都将这一参数作为提高技术性能的目标。但是,低浴比也带来了一些工艺问题,对染色过程控制要求也随之提高。活性染料的直接性随着浴比的降低会提高,尤其是在低浴比条件下影响较大。活性染料直接性的提高,减少了对电解质的依存性,可提高上染率;同时也可降低固色碱的用量和染料的水解程度,提高了固色率。在达到相同平衡上染率的条件下,相同的染液浓度,高浴比的染料和助剂消耗远大于低浴比,并且利用率小于低浴比。所以低浴比对染化料的影响和作用是比较大的。

与传统溢喷染色的浴比相比,气流染色的低浴比对染液的浓度和温度变化、循环运动的激烈程度都会产生影响。正因为气流染色过程用水量很低,所以入水量的计量精度、溶解染化料的回液占总染液的比例、织物含带染液与主体循环染液的比例分配等方面在整个染色过程中必须进行精确控制。相同工艺的续缸,如果没有精确的浴比控制,就容易出现缸差。低浴比采用压差式模拟量控制可获得较好的控制精度,但应注意控制精度差的压差计会产生温漂现象,即设定的浴比可能因压差计受温度影响产生变动,改变了原来的设定值。

4. 计量加料 在传统的染色工艺中,固色中的加碱因控制精确不高,即使采用分批加入也会使染液的 pH 值往往偏高,在高温大浴比条件下造成染料的水解速度加快。在实际染色过程中,染液中的染料和碱性是在变化的,染液中的染料不断上染纤维,使之浓度不断下降;而染料在固色或水解后会不断释放出酸性物质,使染液的碱性浓度也不断下降。因此,为了保证染色过程的顺利进行,并达到良好的匀染效果,必须将这些变化维持在一定的范围内,采取分次计量加料方式,控制染料和助剂的浓度能够产生最佳作用的状态。

计量加料(染料和助剂)有多种控制曲线,有线性和非线性两种。每种曲线的变化都直接影响到染料的上染速率和固色速率，其中加碱控制曲线是控制固色速率，对染料的移染过程具有很大影响。加碱与时间的变化过程如图 6－2 所示。

每种活性染料都有对应的加碱控制曲线，一般可通过染料的固色反应动力学方程求得，然后从电脑中所提供的加料曲线中选取所需的曲线，由自动程序完成。图 6－3 是恒温染色法的计量加料控制曲线。盐是开始一次性加入，然后采用计量方式加入染料和碱剂。染料采用线性加入，运行 30min 后，采用先慢后快计量加入碱剂，逐步增加固色率。

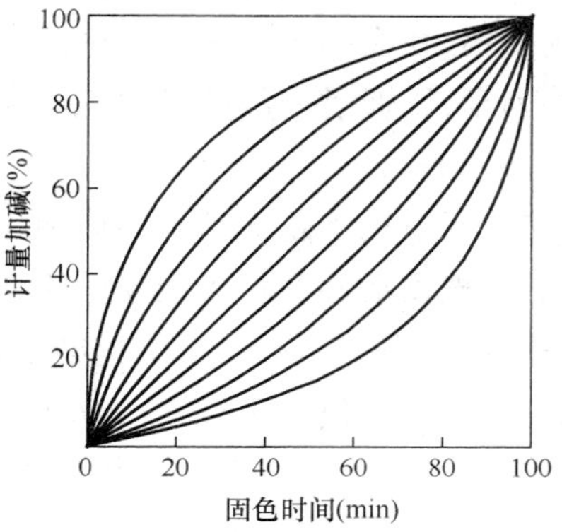

图 6－2　计量加碱与时间的关系

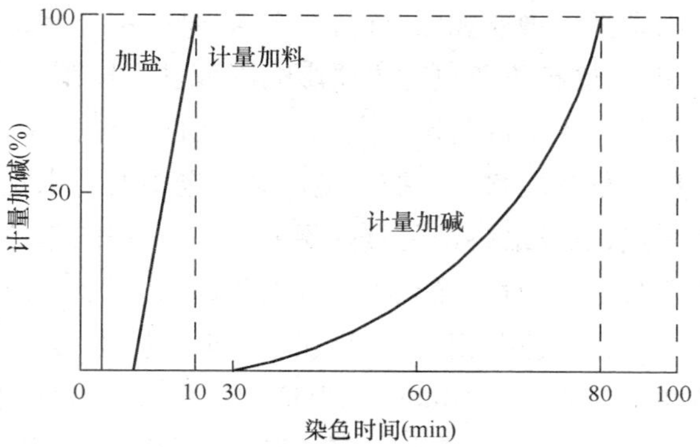

图 6－3　恒温法染色工艺计量加料曲线

选择适当的加料曲线，可以使染液的 pH 值呈直线形增加。加碱过程设定在 45～60min 即可获得 90% 的最终固色率，然后再运行 5～10min。

活性染料的上染和固色主要是通过温度、电解质和碱进行控制。对于浅色，活性染料第一次上染的上染量大于 60%，此时应计量控制电解质（如元明粉或盐）的加入；对中深色，活性染料第一次上染的上染量在 40%～60%，对电解质和碱都应进行计量控制；对深色，第一次上染的上染量小于 40%，主要是计量控制碱的加入，保证固色阶段的第二次上染的均匀性。根据活性染料上染和固色规律，对中性电解质和碱的加入进行过程控制已成为受控染色的重要组成部分。

5. 织物与染液的交换状态　气流染色过程中，被染织物与染液的交换主要是在喷嘴中进行。两者的交换条件和状态，与普通溢流和溢喷染色有所不同。首先是染液的浓度相对较高，其次是交换过程中伴随着染液、蒸汽和空气，再次是对织物的作用程度，无论是渗透性还是分布均匀性都比较好。相比之下，储布槽中织物与自由循环染液处于分离状态，没有像溢流或溢喷染色那样，储布槽内也有染液与织物的交换。正因为这种织物与染液交换条件的特殊性，使得气流染色过程中织物与染液的交换状态发生了变化，不仅作用的程度剧烈，而且交换的染液浓度也相对高，足以保证织物一个循环所需的染液上染量。所以，气流染色对织物的每一个循环的染料上染量，要严格控制，不能过高。为此，织物的循环周期应控制在较短的时间内，并且达到匀染的循环周期数量上要减少。

三、受控染色工艺设计

在设备具备染色工艺参数控制功能的基础上，根据染料的上染和固色规律，对染料的选用、染料和助剂计量加入，以及染色工艺条件进行过程控制，并由计算机程序自动完成整个染色过程，是受控染色工艺设计的基本要求和内容。染料的选用涉及直接性、配伍性、固色率和重现性等特性；染色工艺条件包括浴比、温度变化、时间和染液的 pH 值等；加料方式主要是染料和助剂的加入顺序、分次计量以及进料的量随时间的变化关系。事实上，影响染色过程的因素还有很多，如被染物纤维的染色性能以及染色用水质量等，也会影响到染色品质。但是，如果将所有的影响因素都等量齐观地对待，那么，将是一项非常复杂的系统工程，在实际生产中也是难以实施的。因此，受控染色只对主要影响因素进行控制，而次要影响因素，则通过一般的过程控制来减少或消除。为了说明这一点，这里以活性染料受控染色工艺设计为例作一简单介绍。

1. 染料的选用 受控染色对染料选用的要求是：首先要充分了解被染物的纤维性质和织物结构特点，以及最终染色质量要求，提出合理的染色工艺；然后再根据活性染料的主要性能和几个重要特征值，对所确定的染色工艺选用染色性能和配伍因子相适应的染料。对于配色染料，各只染料的特征值要相近，并且在中性电解质中的 *S* 值为 70% ~ 80%，*MI* 值大于 90%，*LDFI* 值大于 70%，T_{50}值大于 10min，以保证配色染料的重现性和工艺稳定性。如果染料的 *S* 值大于 80%，直接性过高，初始上染阶段容易发生染色不匀现象；而 *S* 值小于 70%，第二次上染率就会太高，给加碱固色后染料的移染造成困难，很难通过固色时的移染获得匀染。因此，对具有直接性高、第二次上染率低、*MI* 值低以及在一定范围的 *LDFI* 值的活性染料，应该严格精确地控制电解质的加入。与此相反的情况，应该对染液浴比、电解质浓度和碱剂的加入进行精确控制。

2. 中性电解质的控制方法 如果要提高活性染料在第一次上染过程中的上染速率和上染率，一般是通过加入元明粉或盐来进行促染。采用不同的加入方式，可能会产生不同的影响。一次性或分几次加入的方式虽然比较简单，但很难控制染浴浓度的变化。其原因是，染色初始阶段的染液浓度很高，在染液与纤维的浓度差作用下，染料对纤维的上染速率很快。如果此时又加入大量的电解质，就更加快了染料的上染速率；而在较短的时间内，织物与染液的交换次数不可能达到染料的均匀分配。所以，不仅容易造成染色不匀，而且还可能产生染料的聚集，严重时出现盐析现象。为了避免这种现象发生，应该采取自动计量加入，让染料的上染速率呈直线状态，即保证染料的第一次上染的速率恒定。图 6－4 反映出了不同染料浓度染色，元明粉的计量加入时间的关系。两种不同染料浓度中，染料浓度较低的染浴中，染料浓度降低比较快。为了维持染料上染速率恒定，必须快速加入电解质。这一过程目前都是通过染色机自动计量检测和控制系统来完成的。

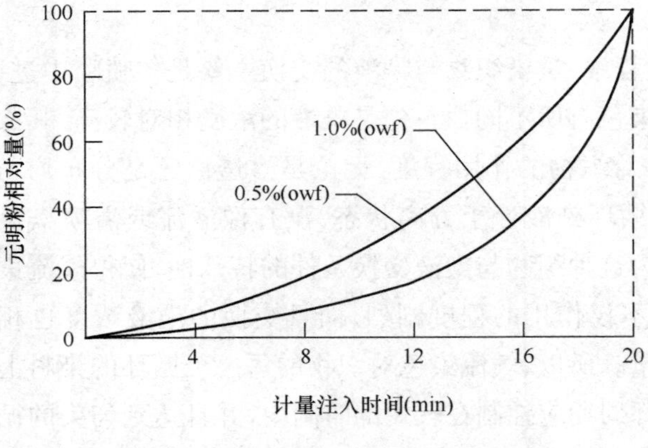

图 6－4 元明粉相对量与计量加入时间的关系

3. 碱剂的作用及控制方式　实际应用表明，对于染料的第二次上染和固色速率，通过升温是很难控制的。原因是升温对活性染料的固色率是很难产生作用的，而只有通过碱剂对染液的 pH 值控制，才能够控制固色速率和固色率。图 6－5 表明了染浴 pH 值对 Sumifix Supra 染料和乙烯砜类染料固色速率产生的影响。

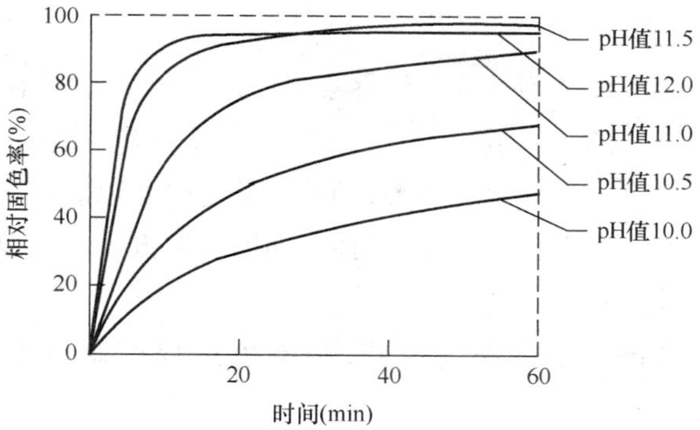

图 6－5　染浴 pH 值对染料固色率的影响

染料在第二次上染过程中，碱剂的一次性加入和计量加入所产生的固色效果是不相同的。碱剂对染料第二次上染的作用是：一方面使已上染到纤维上的染料固着，染液中的染料继续上染；另一方面使少部分染料产生水解反应，生成水解染料。作用的结果是碱被反应中所释放的酸逐渐中和，染浴的 pH 值不断下降，最终导致固色速率逐步下降。这种现象随着碱剂浓度的提高而更加明显。所以，一次性加碱会造成浓度过高，而染液 pH 值的迅速升高，不仅增加了水解染料，而且使大量还没有分布均匀的染料固着，很难发生移染，严重影响匀染性和透染性。为了减缓这种作用程度，应采用计量加入碱剂，始终保持固色速率恒定。这样就可以达到匀染和透染的目的，并减少染料的水解，提高固色率。

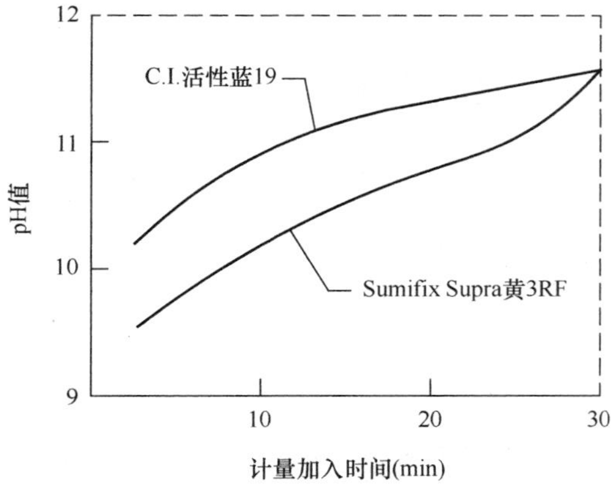

图 6－6　碱浓度与染液 pH 值的关系

计量加碱时应由低逐步向高，将染浴的 pH 值控制在一个临界范围内，使固色呈直线形。要使染液 pH 值控制在临界范围内，最好选用弱碱和强碱的混合碱。例如对双活性基的 Sumifix Supra 染料，选用碳酸氢钠（$NaHCO_3$）和氢氧化钠（NaOH）的混合碱，可将染液 pH 值控制在 9.5～11.5 的临界范围内。具体操作方法是：先加入弱碱形成一定的 pH 值溶液，然后逐步计量加入强碱来控制 pH 值。图 6－6 是不同碱浓度与染液 pH 值的关系，采用混合碱的控制方式，可以保持固色呈直线形。

对于染液的 pH 值控制，计量加料曲线仅仅表示出理论上的控制要求，而在实际应用中要真正实现计量加料的精确控制，设备上必须配置 pH 值检测和控制装置。目前一些先进的气流染色机配置了这种装置，可以将染液的 pH 值的波动范围控制在很小的范围内。一些对 pH 值比较敏感的染料，通过这种控制可以达到较好的匀染效果。例如，活性染料的最佳 pH 值范围是 10.5～10.8，而一般能够控制在 10.5～11.5 范围内，已经是非常精确了。如果采用 pH 值检测和控制装置，就可达到更精确地控制。这不仅是对活性染料的 pH 值，而且对酸性染料和分散染料的 pH 值，都能够达到精确控制，使染料在发挥最佳的上染和固色效果同时，还可减少助剂的使用量和污染。

4. 受控染色过程 活性染料的浸染工艺按照不同工艺参数的控制可分为这样几种：以染浴控制方式的有二浴法、一浴二步法、一浴一步法；按加料控制方式有线性和非线性控制；按温度控制方式有逐步升温和等温控制；按染色时间控制的有常规和快速工艺。在具体应用中，可按染色要求和染色设备的性能，选择不同的控制方式。这里列举选用 Sumifix Supra 染料 60℃ 等温染色的受控过程。

考虑到颜色深浅不同，对染色过程控制也不同，现分为浅色、中深色和深色三种情况讨论。

（1）浅色过程控制。图 6－7 是染浅色时上染和固色曲线，以及加料过程控制曲线。由于第一次上染率大于 60%，染料的均匀上染对匀染具有明显作用，所以为了保证染料能够均匀上染，必须对元明粉采用计量加入控制，使染料呈直线形上染（如上染程序 A）。如果元明粉在染色开始一次性全部加入，那么，上染曲线就不是呈直线形，而是出现先快后慢的现象，影响染料在织物上的均匀分配。要减少这种影响，只有在加碱固色之前，给予染料一个充分移染的过程（如程序 B），才能够获得匀染效果。总之，无论采用哪种程序，为了获得直线形的固色曲线，都应该在固色阶段采用计量加碱控制（弱碱可先一次性加入，然后逐步计量加入强碱）。

（2）中深色过程控制。对于中等深色来说，第一次上染率在 40%～60%，而第二次上染率比染浅色提高了，见图 6－8 所示，两次上染阶段对匀染都会产生很大影响。为了达到匀染效果，元明粉采用计量或分段加入控制，以保证上染曲线呈直线形（如上染程序 A）。若开始一次性加入元明粉，那就要加快染液与被染织物的交换频率，在较短的时间内通过移染的作用来保证匀染。对第二次上染过程，也应采用计量加碱控制，以确保固色曲线呈直线形。

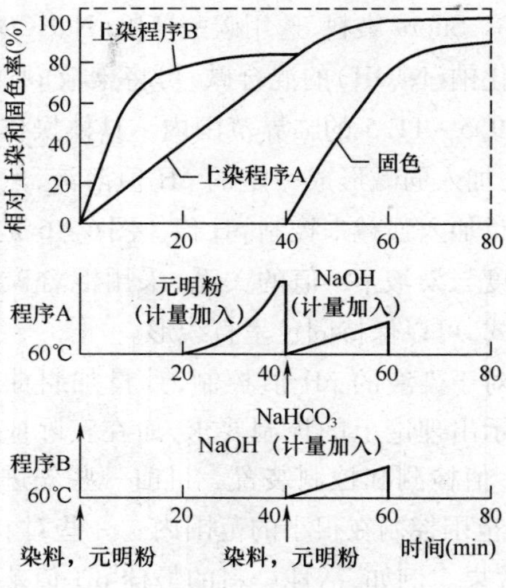

图 6－7 染浅色时上染和固色

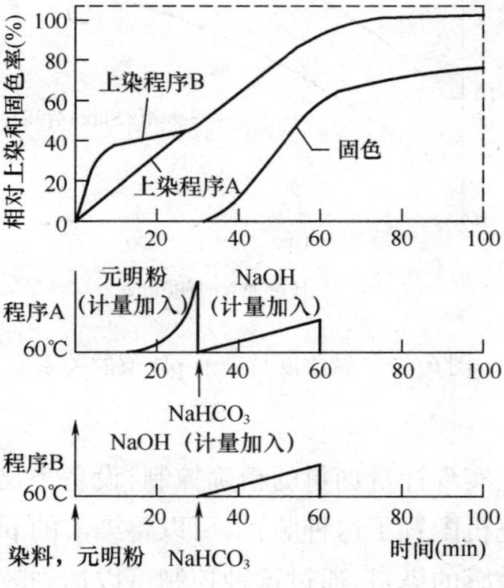

图 6－8 染中等深色时上染和固色

（3）深色过程控制。染深色的第一次上染率通常低于40%，见图6－9所示，表明有很大一部分染料还未上染到纤维上。如果在染色开始时将元明粉一次性加入到染液中，不仅对匀染不会产生影响，而且还能缩短上染时间。但是，第二次上染率很高，应计量控制加碱，确保均匀固色。

上述情况，仅仅是对活性染料中的一种染料进行分析讨论上染和固色规律，提出控制方法。不同染料固色的pH值并不相同，控制方式也不同。固色的pH值较宽的染料，相对容易控制，并且具有较好的匀染性和重现性。因此，在实际应用中，对不同的染料，应根据其特性通过试验找出基本规律后再确定过程控制方法。

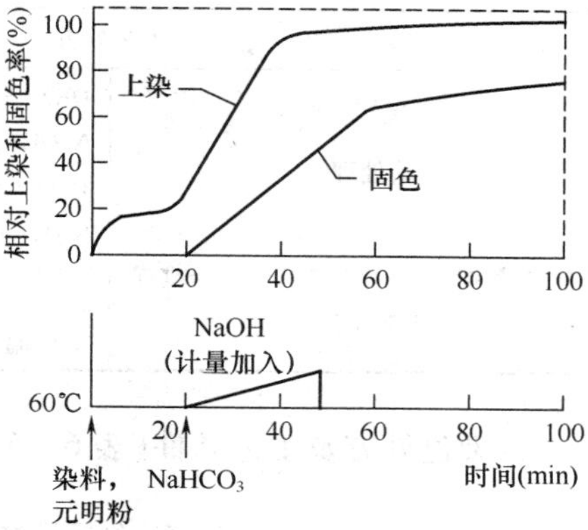

图6－9　染深色时上染和固色

第六节　常用气流染色应用实例

气流染色经过二十多年应用实践，从最早仅用于超细纤维织物的染色，到目前用于大部分常规纤维，特别是一些新型和多组分纤维，都获得了较好的效果。这其中既有染色机结构性能的不断改进和进步，也有染化料和工艺上的配合。通过实践应用，人们对气流染色有了更新的认识和了解，许多厂家还专门成立了气流染色工艺研发小组，不断尝试新的气流染色工艺，使得气流染色已经完全超出了当初设计者提出的适用范围。同时也为气流染色的进一步推广应用，解决目前间歇式溢喷染色机的高能耗和高污染起到了重要的作用。这里介绍一些气流染色应用实例，可为没有使用过气流染色机的企业提供参考。

由于各使用厂的具体条件以及加工织物品质要求的不同，故有些工艺不一定是最佳的，但可参照这些成功经验，再结合自身企业的加工条件，做进一步开发和调整，以达到举一反三的目的。

一、纤维素纤维织物

1. 纯棉织物　纯棉类织物，目前基本上都是采用活性染料进行染色。除了将退、煮、漂和染色在同一台机上进行分浴加工外，还有许多印染厂已经将前处理（煮、漂）和染色在同一台机上进行一浴法加工。目的主要是节能降耗，提高生产效率，当然也对设备和工艺提出了更高要求。

（1）工艺流程：

进布→染色→固色→水洗→皂煮→水洗→脱水→烘干

（2）前处理工艺处方及工艺条件（表6－4）。

表6-4 前处理工艺处方及工艺条件

工艺处方		用量及设定参数
前处理	DRN(g/L)	1.01
	NaOH(g/L)	4.54
	H_2O_2(g/L)	13.62
	S_2O_2(g/L)	0.95
工艺条件	浴比	1:3.5
	漂白温度(℃)	98

(3)染色处方及工艺条件(表6-5)。

表6-5 纯棉织物气流染色处方及工艺条件(一浴两步法)

染色处方及工艺条件		用量及设定参数
染色	活性染料(%,owf)	0.5~4
	元明粉(g/L)	10~50
	纯碱(g/L)	2~10
皂煮	工业皂粉(g/L)	1.5~2
工艺条件	浴比	1:(3.5~4)
	染色温度(℃)	由具体染料类别确定
	染色时间(min)	20~50
	升温速率(℃/min)	1.5~3
	固色温度(℃)	由具体染料类别确定
	固色时间(min)	30~120
	皂煮温度(℃)	90~95
	皂煮时间(min)	10~30

2. 黏胶纤维针织物 织物克重150g/m²,幅宽225cm,颜色为宝蓝色;容量400kg,风量80%,织物线速度310m/min,织物循环周期1.5~2min/圈。

(1)工艺流程:

进布→前处理→染色→水洗→皂煮→水洗→柔软→脱水→烘干

(2)工艺曲线:

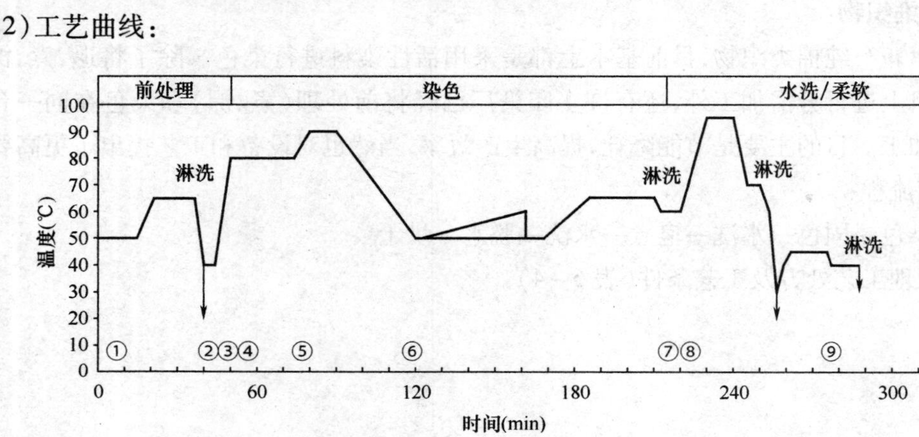

（3）染色处方及工艺条件（表6－6）。

表6－6　黏胶纤维织物气流染色处方及工艺条件

染色处方及工艺条件		用量及设定参数	加料顺序
染色	活性染料（%，owf）	3.8	④
	元明粉（g/L）	47	⑤
	单磷酸钠（%，owf）	0.4	③
固色	纯碱（g/L）	22	⑥
皂洗	肥皂（%，owf）	0.3	⑧
助剂	润湿剂（%，owf）	1.6	①
	抗皱剂（%，owf）	1.8	①
	分散剂（g/L）	0.5	②
	螯合剂（%，owf）	0.5	②
	乙酸（%，owf）	0.5	⑦
	柔软剂（%，owf）	4	⑨
工艺条件	浴比	1∶4	
	pH值	10.5～11.5	
	染色温度（℃）	40	
	染色时间（min）	40	
	固色温度（℃）	80～90	
	固色时间（min）	150～160	
	皂洗温度（℃）	95	
	皂洗时间（min）	30	

3. Tencel纤维织物　织物克重190g/m²，幅宽180cm，颜色为深色；容量360kg，风量80%，织物线速度350m/min，织物循环周期1.5～2min/圈。

（1）工艺流程：

进布→前处理→染色→水洗→皂煮→水洗→柔软→脱水→烘干

（2）工艺曲线：

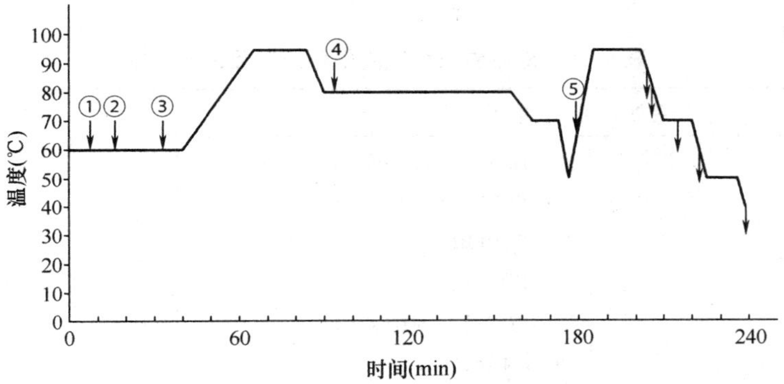

(3)染色处方及工艺条件(表6-7)。

表6-7 Tencel织物气流染色处方及工艺条件

染色处方及工艺条件		用量及设定参数	加料顺序
染色	活性染料(%,owf)	3	③
	元明粉(g/L)	40	②
固色	纯碱(g/L)	20	④
皂洗	肥皂(%,owf)	0.3	⑤
助剂	润滑剂(%,owf)	1.5	①、⑤
工艺条件	浴比	1:4	
	pH值	10.5~11.5	
	染色温度(℃)	60	
	染色时间(min)	60	
	固色温度(℃)	95	
	固色时间(min)	90	
	皂洗温度(℃)	95	
	皂洗时间(min)	30	

二、纯化纤类织物

纯化纤类织物中的涤纶织物染色主要是采用分散染料,需要在130℃高温条件下进行固色,故需用高温高压气流染色机进行染色。升温过程中,在涤纶玻璃化温度以上时,应注意升温速率不能过快,以避免上染速率过快而引起染色不匀。在涤纶玻璃化温度以上时,应采用较慢降温速率,以避免织物折痕产生。对于高支高密纯化纤机织物,为了控制染料均匀上染,并避免织物产生折痕,可采用较快的织物循环线速度,但同时应注意防止对织物表面产生擦伤或极光印。

例如涤纶春亚纺,其织物规格290T/320T,织物克重113g/m^2,颜色为深藏青;风量90%,织物线速度420m/min,织物循环周期1.5min/圈。

(1)工艺流程:

进布→染色→固色→水洗→还原清洗→水洗

(2)染色处方及工艺条件(表6-8)。

表6-8 涤纶春亚纺气流染色处方及工艺条件

染色处方及工艺条件		用量及设定参数
染色	分散深蓝H-GL(200%)(%,owf)	2.8
	分散黑EX-SF(300%)(%,owf)	0.4
	分散紫HFRL	0.3
	匀染剂(g/L)	0~1.0
	硫酸铵$(NH_4)_2SO_4$(g/L)	1.5
	98%冰醋酸(mL/L)	0.6

续表

染色处方及工艺条件		用量及设定参数
还原清洗	NaOH(g/L)	2~3
	$Na_2S_2O_4$(g/L)	1
	HAc(g/L)	0.5
工艺条件	浴比	1:(2.5~3)
	pH 值	5~5.5
	染色温度(℃)	130
	保温时间(min)	45~50
	升温速率(℃/min)	2

(3)染色工艺曲线:

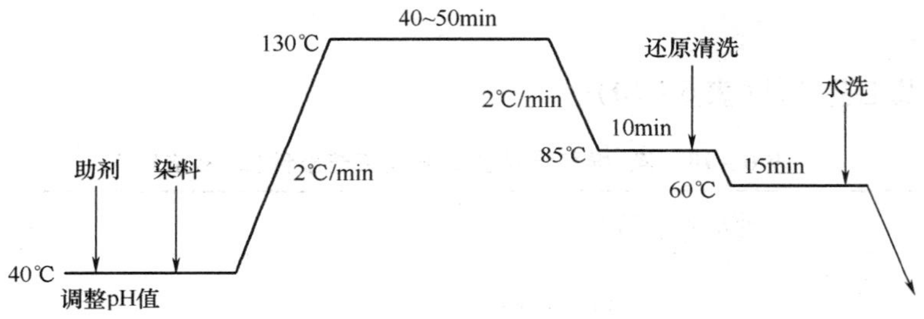

三、混纺或交织类织物

混纺或交织类织物一般由两种或两种以上不同纤维组分所构成,因每种组分纤维的特性和上染条件不同,需要采用不同的染料及工艺条件。传统的工艺大多采用分浴染色,可避免不同工艺的相互影响。随着节能减排形势发展的需要,现在也有许多采用一浴分步染色,但对工艺条件的要求更高了。

1. 涤棉混纺针织物　采用二浴法;织物克重 245g/m²,颜色为鲜红色;风量 89%,织物线速度 300m/min,织物循环周期 2min/圈。

(1)工艺流程:

进布→染色→固色→水洗→皂煮→水洗→脱水→烘干

(2)前处理。

①前处理工艺处方及工艺条件(表 6-9)。

表 6-9　前处理工艺处方及工艺条件

工艺处方		用量及设定参数
前处理	DRN(g/L)	1.01
	NaOH(g/L)	4.54
	H_2O_2(g/L)	13.62
	S_2O_2(g/L)	0.95

续表

工艺处方		用量及设定参数
工艺条件	浴比	1∶3.5
	漂白温度(℃)	98

②前处理工艺曲线：

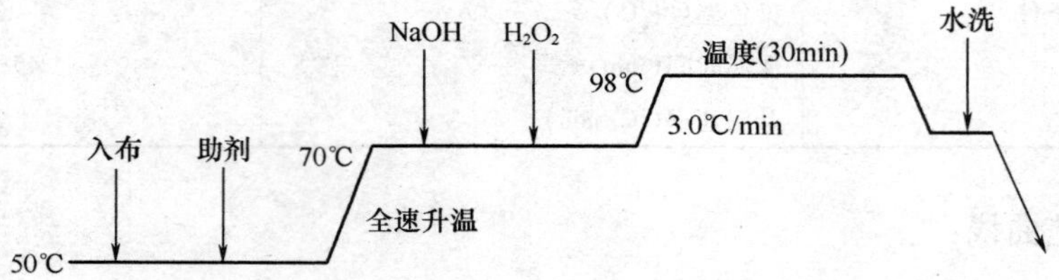

(3)染色。

①染色处方及工艺条件(表6-10)。

表6-10　涤/棉气流染色处方及工艺条件(二浴法)

染色处方及工艺条件		用量及设定参数
染色	活性染料(%,owf)	0.6
	分散染料(%,owf)	*y*
	匀染剂(g/L)	0~1
	醋酸钠(g/L)	0.1~0.5
	元明粉(g/L)	10~60
	碱剂(g/L)	5~10
	助剂HTN(g/L)	0.25
	助剂HAc(g/L)	1
	助剂SF(g/L)	0.38
还原清洗	NaOH(g/L)	2~3
	$Na_2S_2O_4$(g/L)	1
	HAc(g/L)	0.5
工艺条件	浴比	1∶(3~3.5)
	涤纶染色温度(℃)	132
	涤纶保温时间(min)	30
	升温速率(℃/min)	1~1.5
	棉染色温度(℃)	50
	棉固色温度(℃)	60
	棉染色及固色时间(min)	170

②染涤纶组分及还原清洗工艺曲线：

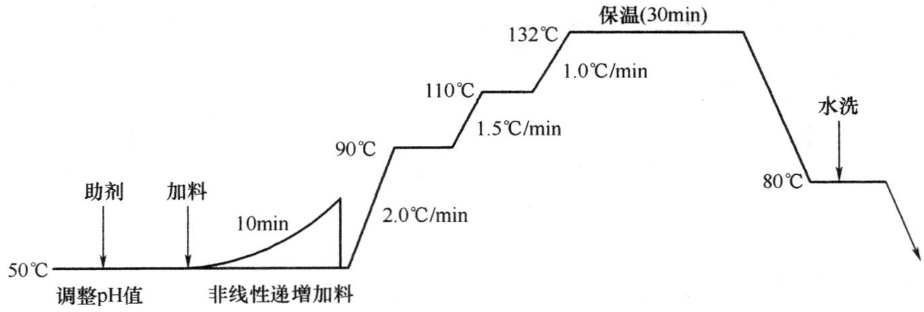

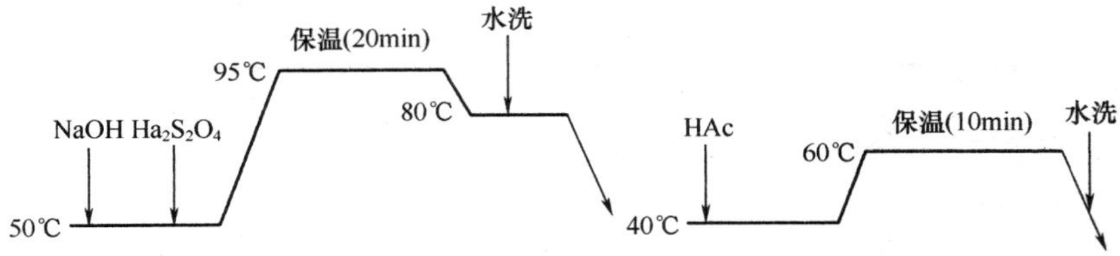

③染棉组分工艺曲线：

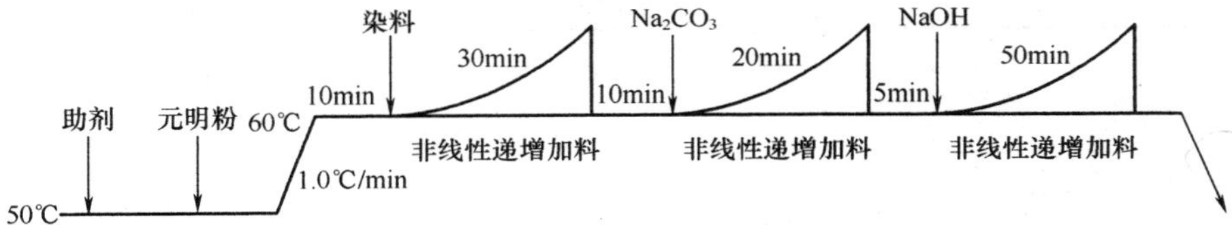

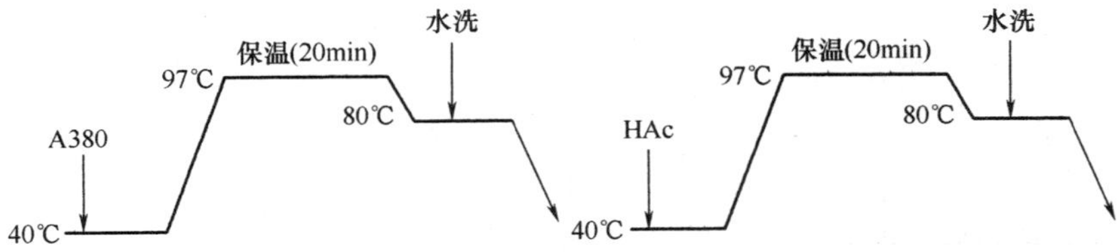

2. 棉锦交织物　颜色为大红；风量 90%，织物线速度 390m/min，织物循环周期 2min/圈。采用二浴法，锦纶染色采用酸性染料，棉染色采用活性染料。

（1）染色处方及工艺条件（表 6－11）。

表 6－11　酸性/活性染料气流染色处方及工艺条件（二浴法）

染色处方及工艺条件		用量及设定参数
染色	活性染料（%，owf）	x
	酸性染料（%，owf）	y
	中性染料（%，owf）	z
	匀染剂（g/L）	0～1
	六偏磷酸钠（g/L）	0.1～0.5
	元明粉（g/L）	10～60
	碱剂（g/L）	5～10

续表

染色处方及工艺条件		用量及设定参数
皂洗	洗涤剂(g/L)	1~2
工艺条件	浴比	1:(3~3.5)
	锦纶染色温度(℃)	102
	锦纶染色保温时间(min)	40
	升温速率(℃/min)	1~1.5
	棉染色温度(℃)	40
	棉固色温度(℃)	65
	棉染色时间(min)	100~120
	棉固色时间(min)	110

(2)染锦纶组分工艺曲线:

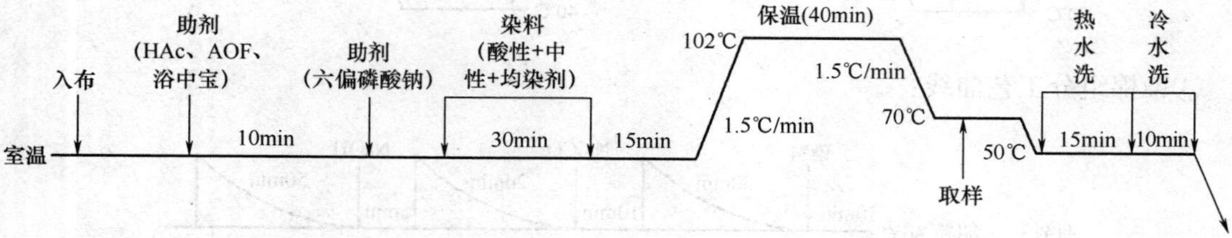

(3)染棉组分工艺曲线:

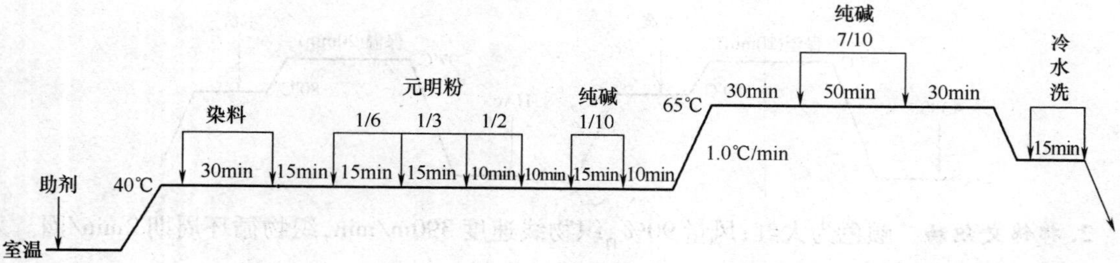

(4)水洗工艺曲线:

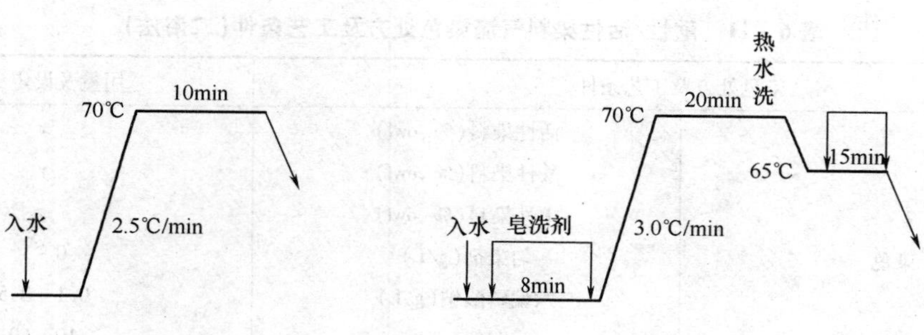

(a) (b)

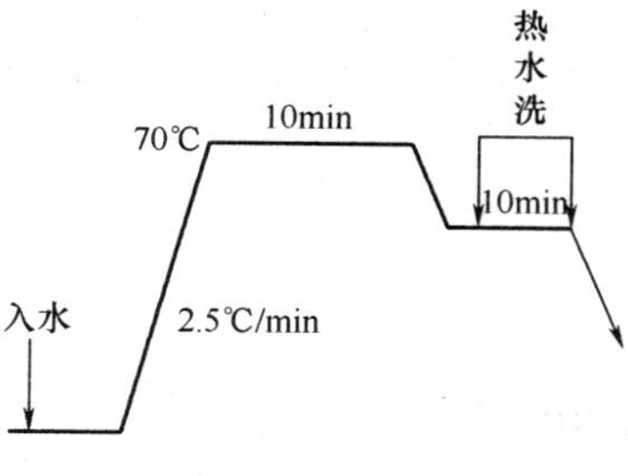

(c)

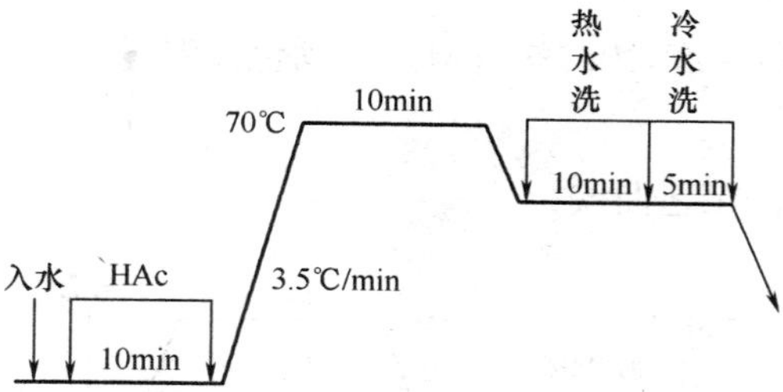

(d)

3. 棉/莫代尔针织物 织物克重 170 ~ 180g/m^2，颜色为红色；风量 86%，织物线速度 210m/min，织物循环周期 2.9min/圈。棉和莫代尔都属于纤维素纤维，采用活性染料染色。

（1）前处理工艺处曲线：

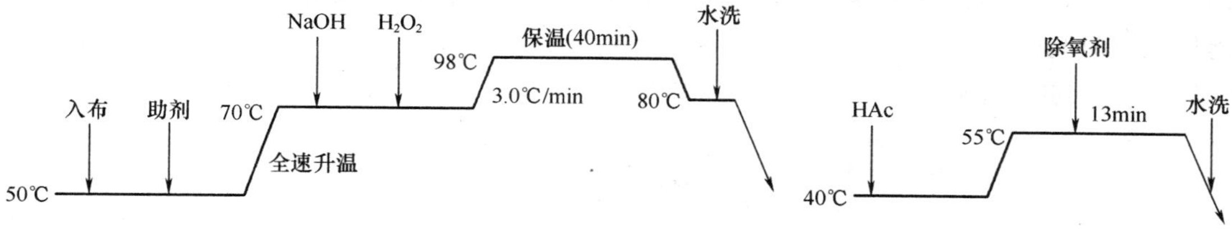

（2）染色。

①染色处方及工艺条件（表 6 – 12）。

表 6 – 12 棉/莫代尔织物气流染色处方及工艺条件

染色处方及工艺条件		用量及设定参数
染色	活性染料(%，owf)	0.6
	元明粉(g/L)	0.1 ~ 0.5
	碱剂(g/L)	10 ~ 60
	NaOH(g/L)	2 ~ 3
	$Na_2S_2O_4$(g/L)	1
	HAc(g/L)	0.5
工艺条件	浴比	1:(3 ~ 3.5)
	染色温度(℃)	50
	固色温度(℃)	60
	染色时间(min)	110
	固色时间(min)	80 ~ 100

②染色工艺曲线：

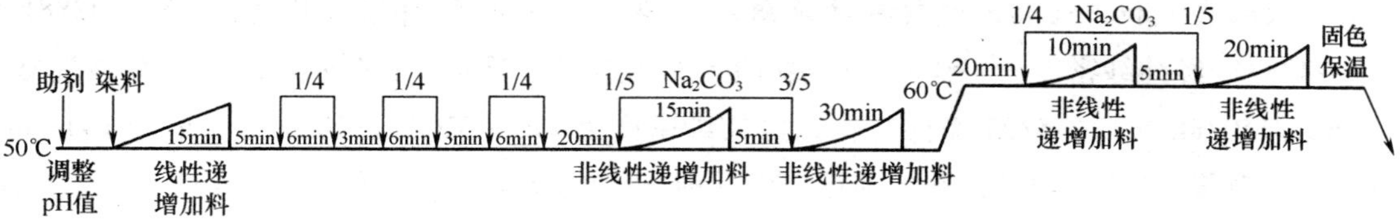

注：染色深度≤0.2%（owf）时，固色保温时间30min；染色深度≥0.2%（owf）时，固色保温时间50min。

（3）水洗工艺曲线：

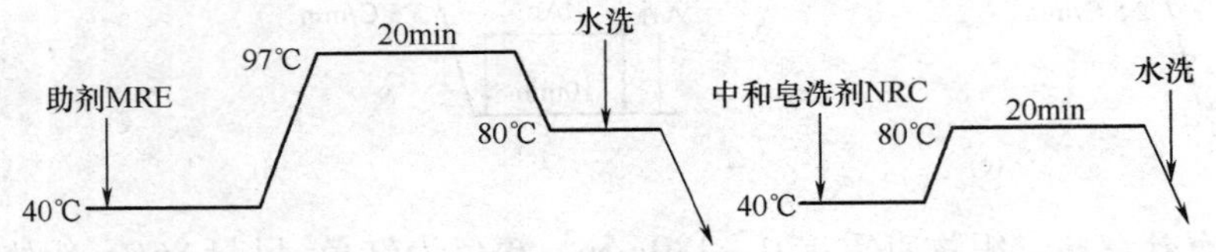

4. 棉/氨弹力针织物 织物克重205g/m^2；颜色为深粉红色；风量86%，织物线速度290m/min，织物循环周期2.5min/圈。氨纶不上色，用活性染料染棉纤维。由于氨纶在高温下长期受到张力作用，容易造成氨纶弹力损伤，故织物的线速度应控制在较低的范围内，并且尽量不要延长工艺时间。

（1）前处理工艺曲线：

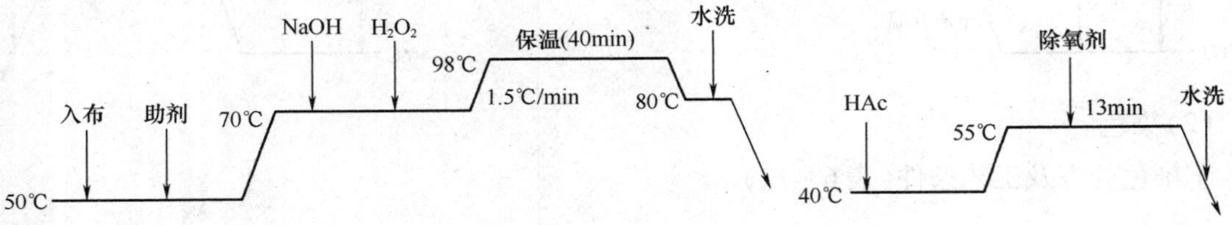

（2）染色工艺曲线：

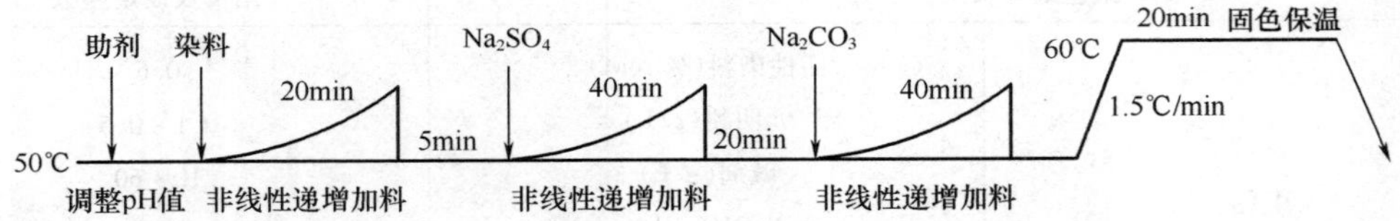

注：染色深度≤0.2%（owf）时，固色保温时间30min；染色深度≥0.2%（owf）时，固色保温时间45min。

（3）水洗工艺曲线：

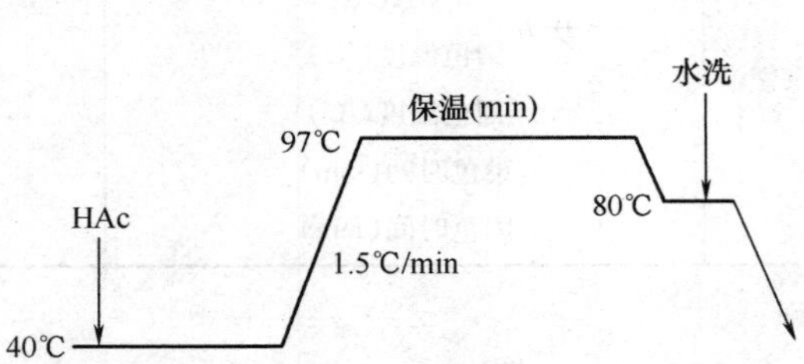

5. 斜纹桃皮绒和平纹桃皮绒超细纤维织物 斜纹桃皮绒经、纬纱规格为16.5tex/f288F×16.5tex/f288F，经纬纱密度为490×490（根/10cm），克重为233g/m^2；平纹桃皮绒经、纬纱规格为d75/f96×d150/f48×12（75/25涤锦复合），经纬纱密度为470×320（根/10cm），克重为160g/m^2。织物已经过退浆、煮练、碱减量、磨毛和预定形处理，染色处方及工艺条件见表6－13。

表 6-13　超细纤维织物分散染料气流染色处方及工艺条件

染色处方及工艺条件			用量及设定参数
染色	斜纹桃皮绒大红色	分散玉红 S-2GFL(%,owf)	1.6
		分散大红 S-BWFL(%,owf)	5.6
	平纹桃皮绒黑色	分散深蓝 HGL(%,owf)	6.4
		分散玉红 S-2GFL(%,owf)	1.6
		分散黄棕 H-2RFL(%,owf)	1.6
	匀染剂用量(g/L)		0.5
	渗透剂(g/L)		0.5
	80%醋酸(g/L)		1~1.5
	软水剂(g/L)		0.5
工艺条件	浴比		1:3
	pH 值		5
	染色温度(℃)		130
	保温时间(min)		30~60
	升温速率		60℃以下,1.5~2.0℃/min; 60℃以上,1℃/min

织物入缸后,先加入助剂在室温下运行 10min,并调节织物的 pH 值,确保助剂均匀地分布在织物上。在该温度下将加料桶已溶解后的染料在 5min 左右缓慢加入。由于超细纤维在 60℃以下的染料上染速率很慢,故可以采用 1.5~2.0℃/min 升温速率由室温升至 60℃,然后改为 1.0℃/min 升至 130℃。在 130℃温度下,可根据染色的深度,设定保温时间在 30~60min。完成固色保温后,以 1.0~1.5℃/min 的降温速率缓慢降温至低于纤维的玻璃化温度以下,然后可以加快降温速率。其目的是保证织物布面的平整和手感,同时避免产生织物折痕。

考虑到超细纤维织物的染料用量较高,为保证染色牢度,应进行充分水洗,以去除织物上的浮色。对于大红色可采用还原清洗,工艺处方和条件为保险粉 2g/L,烧碱(NaOH)1.5%,80℃还原清洗 10min;而黑色因采用分散深蓝 HGL,不耐保险粉,所以应改为皂洗处理(10min);最后都用 60℃的热水进行清洗 10min。

整个工艺过程必须采用全自动程序控制。

参考文献

[1]常向真. 水质变化对染色均匀性的影响[C].//第 21 届(2008 年)全国针织染整学术研讨会论文集. 天津:全国针织科技信息中心,2008:52-57.

[2]杜方尧,李昌华. 气雾染色技术的探讨[J]. 针织工业,2005(6):47-49.

[3]缪毓镇.活性染料棉针织物气流染色机染色[C].//全国印染行业应对危机与产业升级研讨会论文集.上海:全国印染科技信息中心,2009:199-203.

[4]宋心远,沈煜如.活性染料染色[M].北京:中国纺织出版社,2009.

[5]宋心远.新合纤染整[M].北京:中国纺织出版社,1997.

[6]董永春.织物前处理、染色一浴法加工[J].染料工业,1993(6):39-43.

[7]刘江坚.气流染色的过程受控[J].印染,2010(6):22-24.

第七章　气流染色机的受控水洗过程

提高水洗效率主要是依靠工艺和设备。气流染色机节水的真正含义应该是包括前处理、染色和后处理的全过程。目前气流染色机除了染色之外，还可兼作前、后处理工艺，其中水洗过程的耗水量所占比例最大。气流染色机如果采用稀释水洗，因织物残留的废液浓度相对较高，需要消耗更多的水量和时间才能达到水洗的要求，从而失去了小浴比节水的意义。因此，根据净洗基本原理，增大扩散系数和浓度梯度，缩短扩散路程能够加快净洗速度，也就提高了净洗效率。对这三个参数的控制方式是：扩散系数通过提高洗液温度来增大，扩散路程通过洗液水流速度的激烈程度来缩短，浓度梯度通过新鲜洗液与污浊液的快速分离来提高。

气流染色机由于自身结构的特点，织物在储布槽内与主体洗液分离，高温条件下可形成一个类似汽蒸的过程，而通过喷嘴时又有一个热洗的过程。织物在水洗的过程中，实际上是处于："汽蒸 - 热洗 - 汽蒸"的不断交替过程。汽蒸可提高织物纤维的膨化效果，加速纤维、纱线毛细管孔隙中污杂质向外表面的扩散速度；热洗可尽快打破洗液平衡的边界层，缩短扩散路程并提高浓度梯度。显然，这一过程为气流染色机提高净洗效率提供了有利条件。

第一节　气流染色机水洗的工艺条件

气流染色机采用连续式水洗，关键是具有一个特殊的水洗条件。一是小浴比能够使织物与洗液进行快速交换，提高扩散系数和浓度梯度；二是从织物上脱离下来的污物直接排出，不参与再次循环，避免了污物再次黏附到织物上；三是织物在喷嘴中受到洗液的强烈作用，可减薄纤维附近的动力边界层和扩散边界层的厚度，加快了纤维内部污物向纤维表面的扩散速度。

一、小浴比的快速交换

小浴比水洗的浴数要多，费时间。因为间歇式水洗完全是一个稀释交换过程，既可通过足够的水量来稀释，减少浴数或时间；也可改变稀释交换的状态（如入水量和排液量），增加浴数或时间。最终虽然都可达到同样的水洗效果，但所消耗的水和时间不同。所以，小浴比的水洗过程，更多的是考虑到如何提高扩散系数和浓度梯度来减少水洗时间。气流染色机采用连续式小浴比水洗，主要是通过水流量在喷嘴中与织物进行快速交换，以提高扩散系数和浓度梯度来达到提高水洗效率的目的。

二、清浊分流

气流染色机的主循环泵进口前部设置了一个截止阀，在连续式水洗过程中是处于关闭状态。

而在截止阀与主循环泵进口之间是进水阀，在连续式水洗过程中，进水阀与排液阀同时开启。由进水阀进入的新鲜水通过主循环泵、热交换器进入染液喷嘴，与织物进行强烈交换。与织物交换后污水在储布槽中与织物分离，从主回液管中的排液口直接排放。洗液主要是在喷嘴中对织物进行作用，交换之后的污物随污水排出，不会对织物产生再次黏附。因此，这种连续式水洗方式，主要是体现在加大水洗浓度梯度，以及提高扩散能力方面，而不是水洗的浴数。显然，气流染色机的小浴比在连续式水洗过程中，并不是依据每缸水量的多少，而是体现在每次作用在织物上流量的大小。也就是说，即使消耗较少的总耗水量，只要保证每次作用在织物上水流量，就可达到省水省时的目的。

三、水流的作用

气流染色机的水洗过程主要是发生在喷嘴中，水流量的大小以及对织物的作用程度，对水洗效果起着非常重要的作用。气流染色机主循环泵的流量比溢喷染色机低，虽然水洗时所有的流量都集中在喷嘴中，但气流雾化形式的喷嘴，却受到了结构形式的限制，洗液的流量还是比较小。为此，也有的气流染色机又增加了一套所谓的强力喷射，在一定程度上有所改变。相比之下，气压渗透式气流染色机有一套液流喷嘴，对加大水流具有较好的作用。

四、蒸汽与洗液的交替作用

在水洗过程中，除了水流作用外，可利用气流染色机所具有的汽蒸过程，对织物产生一个“汽蒸—液洗—汽蒸”交替作用，更加有利于去除织物的污物。气流染色机储布槽内织物与循环洗液不接触，在高温条件下织物实际上是受到类似于湿蒸汽的作用。因织物纤维热传递较慢，温度要低一些，湿蒸汽接触到纤维后会形成冷凝水，加快了织物的膨润，并使一些杂质迅速膨化，削弱了与纤维的结合力。当织物在喷嘴中与洗液强烈交换时，污物就更容易脱离织物。所以，这种交替作用在前处理的水洗中具有明显效果，气流染色机的高效前处理特点主要就是表现在这里。

第二节　水洗的阶段控制

染色结束后，一些未与织物纤维形成结合的染料、水解染料和电解质，总会存在纤维孔道中或纤维表面上，影响到织物的色牢度，故必须通过充分水洗加以去除。然而，在水洗过程中的水流和温度并不是在任何阶段对水洗效果都起到明显作用的，只有根据织物中污物在不同阶段的分布规律，采用对应的水流或温度进行控制，才能够达到高效、节水的净洗效果。

一、水流控制

水流对提高水洗效果的作用主要表现在增大扩散系数、减小扩散路程以及提高浓度梯度。但是，也同时讲到水流并非在整个水洗过程中都会起到不可替代的作用，相反一些织物总是在强烈的水流作用下，可能会造成织物纤维损伤，况且还要消耗更多的能耗（如电和水）。因此，根据织物上污物在同一水洗过程中的不同时段，在织物中分布状态不同，可以进行水流的分配控制。

活性染料染色后，织物纤维表面上主要是分布着未上染的染料、水解染料和电解质。只有采用强烈的水流冲刷，才能够加快它们与织物纤维的剥离速度。通常提高染液主循环泵的流量（主泵电机采用变频时可提高转速），关闭染液旁通，以足够大的水流量在喷嘴中对织物进行冲洗，织物连续循环 2 ~ 3 圈即可将织物纤维表面上的浮色去除。由于这一过程与染料上染纤维时恰恰相反，是一个解吸过程，所以加大水流可减薄纤维表面液体的动力边界层和扩散边界层，加快污物的解吸速度。此外，较大的水流也可加大水洗时洗液的浓度梯度，提高了水洗效率。

二、温度控制

染色过程中未上染的染料、水解染料和电解质，除了被吸附在织物纤维之间外，还会进入纤维孔道之中。虽然没有与纤维形成结合键，但从纤维内部向纤维表面扩散却有较大的阻力。仅仅通过水流是不足以完全去除，必须通过提高水洗温度，加快水分子动能才能够将它们从纤维孔道中转移出来。所以，水洗的第二个阶段应该提高水洗温度，扩大纤维内部孔隙，加大杂物分子向纤维外迁移的动能，并从纤维表面解吸下来。在强烈水流对织物表面污物作用后，第二阶段就是以温度的作用将纤维内部的水解染料去除。这种温度作用效应，也是提高水洗效率不可缺少的控制部分。

由于水解染料和碱剂对纤维具有一定的直接性，尤其是水解染料可分布在纤维表面、纤维内部孔道溶液中，必须经过类似于染料上染时相反过程才能够被去除。在这个扩散和稀释交换过程中，主要是从纤维内部向外扩散的速度决定整个去除的时间。因此，必须通过升高温度，扩大纤维孔道，提高水解染料和碱剂的扩散动能，并伴随一定的水流作用，才能够加快去除速度。

三、水流与温度的关系及控制

当完成前面两个控制阶段后，织物纤维内外的大部分污物已脱离，但还有一部分附在织物表面上，这时只要控制在一个较低的水流和温度条件下即可去除。这一过程控制实际上是一种节能方法，在传统的水洗过程中却忽略这一点。

在织物的净洗原理中，我们知道具有振荡作用的水洗过程能够提高织物的水洗效果。而水流的强力作用就相当于水流振荡。有测试表明：在 60℃ 水温时，增加振荡后可提高水洗效率 7.5 倍；在 80℃ 水温时，可提高 4.5 倍；而在 96℃ 水温时，即使再加振荡也只提高 0.65 倍。其原因是，高温条件下的水温效应已远远大于振荡作用。所以，从节能的角度考虑，高温条件下应降低水流量，而让温度发挥其主要作用。

四、各阶段的时间分配

三个阶段的时间分配应根据各自作用条件和效果来确定。时间长了，既浪费水和时间，同时对织物的损伤也大；时间短了，达不到预期的水洗效果。水洗时间的长短除了与设备的结构性能和控制方式有关外，还与染色中染料的固色率有很大关系。从理论上讲，对同一类活性染料来说，气流染色的固色率要比普通溢流或喷射染色机高。如果采用合理的染色工艺，气流染色后所残留的未上染染料、水解染料以及电解质相对要少很多，也就是说水洗所花费的时间要缩短。至于水洗的时间,与水洗的三个阶段分配有关。水流的作用主要是针对织物纤维表面的污物,相对容易去除,只要有足够的水量和一定的织物循环次数即可,并且需要的时间较短。织物纤维孔道中的污物,必须借助其加热后的动能向外扩散,这一过程相对较慢。最后一个阶段是扩散到织物纤维表面的污物,因量相对较少,故很快就容易去除。

染色后的水解染料具有一定的直接性,与织物纤维的脱离有一个解吸过程。与染料的上染过程类似,受到诸多的影响因素,因而从纤维内部向外的扩散速率很慢,并且也是经历先快后慢的过程。由于不同的染料或染料浓度的扩散存在差异,所以在确定具体水洗工艺条件时,应进行适当修正,以便获得最佳的水洗工艺时间。此外,对活性染料染色后的水洗,在一定程度上会出现与纤维已键合的染料水解断键,无法确定水洗的总时间或水洗浴数。这时只有通过不断检测织物的湿处理牢度来确定,并加以修正。

五、冷、热浴水洗控制

关于冷、热浴水洗的安排顺序,目前气流染色机主要是采用先热浴洗后冷浴洗,但应注意控制温度和洗浴中的 pH 值。因为染色后的织物 pH 值较高时,随着温度的升高,已键合的染料会加快水解断键反应,增加水解染料量。因此,热浴水洗之前,先进行一道冷水洗,去除电解质和碱剂,将织物的 pH 值维持在中性。

1. 冷浴水洗 这是一种传统方法。活性染料染色完毕,织物上还残留着大量的碱性和电解质染液,一般是通过稀释交换进行去除。此时,温度不但没有太大作用,反而还会使已与纤维键合的染料产生水解断键反应,增加了水解染料量。因此,只有在织物上电解质浓度低于 1 ~ 2g/L 时,再进行升温皂洗。之后进行逐渐降温水洗,最后再进行冷水洗,以防键合染料继续水解断键。通常,对活性染料染色后所含碱剂较高的织物,在高温皂洗之前,必须通过冷浴水洗充分去除织物上的碱剂,使其 pH 值呈现近似中性。

2. 热浴水洗 对于一氯均三嗪类活性染料,因耐碱性较好,在染液 pH 值较低情况下,热浴水洗不会产生太多的水解染料。此时,采用热浴水洗可以快速去除电解质和水解染料,并且还可避免织物突然遇冷所产生的收缩,使纤维内的水解染料、电解质和碱剂向纤维外扩散受到阻力。热浴水洗之前,必须将洗液的 pH 值控制在接近中性,温度一般在 60 ~ 70℃。热浴水洗克服了冷浴水洗时洗液中附着或沉淀在织物表面上的大量泡沫污物。EXCEL 水洗是热浴水洗的典型工艺。其工艺流程是:染色后排液→60 ~ 70℃ 热浴水洗(洗液的 pH 值维持在中性)。

气流染色机的连续式水洗具有较高的水洗浓度梯度,有利于充分水洗和提高效率。对连续式水洗进行过程控制,可以在提高水洗效果的同时缩短时间。气流染色机水洗受控可利用现有染色的程序功能,简便可靠,但效果显著。因此,气流染色机的高效、低能耗、小浴比连续式水洗,是实现真正意义的小浴比染色功效(前处理、染色和后处理)不可缺少的重要组成部分。

参考文献

刘江坚. 小浴比溢喷染色机的受控水洗[J]. 染整技术,2010(6):39 - 43.

第八章　气流染色的常见质量问题和解决方法

传统的织物绳状染色存在的质量问题较多，产生问题的原因很多，也比较复杂。其中有织物在染色之前加工所带来的某些缺陷，对染色产生的影响和染色过程中产生的问题，但最多的还是由染色工艺、设备和操作过程所造成的。由于影响织物染色质量的因素很多，不可能完全罗列出来，故本着抓住主要矛盾的原则，仅从设备和工艺的角度出发，列举出气流染色中一些常见的染色质量问题，并提出解决办法。对气流染色自身的一些染色质量问题，可能造成的因素很多，尤其在还没有得到普及应用的条件下，难免存在使用和设备所反映出来的许多假象。所以，这里对气流染色的质量问题，仅限于技术比较成熟设备和工艺情况下所出现的问题进行讨论，并且已有了解决问题的方法和预防措施。事实上，近几年的应用表明，成熟的气流染色机无论是染色的品质，还是产生的质量问题，都要比普通的溢流或溢喷机少得多。当然，不成熟的气流染色机比溢流或溢喷机更糟糕，只能另当别论了。

第一节　染色不均匀

染色不均匀实际上就是染料在被染织物上没有获得均匀地分布，出现深浅不一的状况。色花、色差、色点、色斑等都是染色不均匀的表现，其产生的原因比较复杂，主要有染料的选择、织物纤维的染色特性、织物染色前的物理状态（前处理的效果，是否需要预定形等）、染色工艺控制以及设备性能等。染深色或活性染料染色容易产生色差，其原因是两者在染浴中都残留有部分未上染的染料。活性染料温差在2℃以上时，会产生色差。中、浅色容易形成色花，因其染料用量少而且是吸尽的；对温度或pH值敏感的染料，如控制不当，均易产生色花。色点多半是有未溶解颗粒染料或凝聚染料而造成的，换色时缸未清洗干净也可能出现。色斑属于染料未充分溶解而形成的。总之，严格执行染色工艺，使用具有成熟技术性能的气流染色机，可以避免上述染色不均匀现象的出现。

一、色花

整个或局部布面的颜色深浅不均匀，俗称色花，是染料在织物中上染不均匀的表现。产生该问题的原因很多，如染料的配伍性、织物纤维的性能、前处理以及操作等都会从不同的程度上影响染料对织物的均匀上染和分布。气流染色机采用了比较先进的自动控制，只要严格按照工艺要求进行程序控制，一般出现色花的情况较少。从目前应用情况来看，气流染色中出现的色花，大多数还是由于染色过程以外的因素所造成的，如前处理带来的影响、染化料的选用以及染色工艺操作等。实践证明，前处理的好坏对织物后续的染色品质起到了至关重要的作用，但许多染整厂却往往容易忽视前处理的质量影响。这里既有工艺人员的技术水平问题,也有工厂的管理问题。

1. 产生原因

(1)前处理不充分及放置不当。织物前处理除了纤维杂质和油剂去除不彻底外,还有整个织物纤维处理得不均匀(尤其是毛细效应),使得染料对纤维的上染不均匀。前处理后的水洗是去除与纤维剥离后污物的重要工序,若前处理后的水洗不充分,织物在染色之前残留酸、碱或氯,就会破坏染色过程设定的染浴 pH 值条件,导致染料上染率的变化以及分配不均匀。通过前处理,去除纤维中影响染色的杂质,提高纤维的毛细效应,是前处理的一个重要目的。但是,处理后的纤维毛细效应过高,也会加快染料的上染速率;而此时一旦染色工艺的温度控制不当,就会出现上染不均匀。除此之外,前处理后的织物可能在储存或放置的环境中,接触到了碱剂、阳离子助剂或受到过局部风干,改变了设定的染色条件,影响到原来正常的上染规律,也是造成染料不均匀上染的一个重要原因。

(2)染料和助剂的影响。染料的特性及染色条件(如浴比、温度、染液 pH 值等),都可能影响到染料直接性。直接性高的染料,上染率高,不容易移染,尤其是染浅色进料过快,必然出现染色不均匀现象。以碱作为固色剂的染料,在固色过程中碱剂没有得到充分的溶解或稀释,并且添加速度过快,容易导致染料的固色不均匀。盐与碱剂的加入控制,对上染速率和固色速率起到了非常重要的作用。加入量和每次加入的速率控制不好,就无法保证染料的上染和固色曲线呈直线形状态。此外,多组分纤维织物染色时所选用不同染料,对上染色光和匀染性都会产生一定的影响。如果所选用的染料,容易聚集、溶解度差,配伍性不好和对 pH 值太敏感也都会造成色花或色差。助剂中的渗透剂、匀染剂和分散剂在一定程度上,尤其是对厚重织物的渗透和匀染作用,也会引起色花。匀染剂对染料具有分散、助溶、缓染、移染和对水中金属离子的络合作用,但是必须注意 pH 值的影响。分散剂在水质不好的情况下,对匀染可产生很大的影响。

(3)染色工艺操作的影响。染料、助剂以及工艺条件一旦确定后,染色过程实际上是一个动态过程。如何保证染料对织物纤维的均匀上染,达到所需的染色深度,就需要对染色过程的影响参数进行控制,也就是染色工艺操作所要求的内容。一般包括温度和时间的控制、织物与染液交换状态控制、染化料的溶解和稀释,以及加料过程。对不同的纤维和织物性能以及染料特性,通常对染色工艺操作的要求也不同。就工艺操作而言,上染过程中升温过快,染料上染过快,若没有较好的织物与染液的交换状态,就容易导致上染不匀。对于比表面积较大的超细纤维来说,染料的上染速率很快,如果没有足够快的染液与织物的交换频率,就容易产生上染不匀。对温度敏感的染料(如咖啡色、翠绿等),若无法满足低升温速率的控制要求,就容易染花。织物或染液循环周期长,在一定的上染时间内,没有充分的交换次数、单管织物总长过长、织物线速度太慢、织物循环周期过长和染液循环流量小等因素,都会影响到织物的匀染性。在低浴比染色条件下,染料或助剂没有得到充分溶解;并且加料过程中出现循环染液浓度梯度过高,没有稀释过程,容易引起织物局部地方上染过快而导致整个织物上染不匀。尤其是一些敏感色染黏胶类纤维更容易出现这种现象。此外,染色用水中的电导率过高,使染料与金属离子结合或染料与杂质凝聚,也会造成色花或色浅。

2. 预防和解决方法　分析织物染色不均匀的原因得知，主要还是前处理和工艺操作的问题，并且有许多在普通溢流或溢喷染色中也是存在的，具有一定的普遍性。所以，预防和解决的方法，许多也是借鉴普通溢流或溢喷染色的经验，并根据气流染色的工艺特点加以改进或拓展。

（1）重视前处理。织物在染色前应该进行严格的退、煮、漂处理，并且处理后要进行充分的水洗。染色前的织物必须去除残留在织物上的酸、碱和氯等，最好在染色之前再增加一道清洗工艺，以确保进入染色之前织物的 pH 值为中性。对于织物纤维毛细效应以满足染色要求为宜，过高的毛细效应也会导致染料的上染过快，引起整个织物均匀上染。前处理后的织物放置必须规范管理，防止破坏已处理后的织物状态。

（2）加强工艺控制。制订严格的工艺管理和工艺检查制度，织物的存储和放置要规范化，严禁与其他化学品接触。要注意活性染料只能与阴离子、非离子性渗透剂等助剂同用，而不能与阳离子助剂同用。采用自动计量加料控制，根据染料上染特性及颜色深浅上染规律，设计加料控制曲线。盐与碱剂采用计量加入控制，分时、分段和计量加入。用碱固色时，烧碱必须稀释后缓慢加入，而纯碱、磷酸三钠必须溶解后缓慢加入，最好采用比例控制加入，保证固色呈直线形进行。对于两类染料，须先分别试染小样，直到两只色光协调后再拼用。严格控制升温速率，尤其对上染速率快的织物，应控制低升温速率，可采用比例升温控制。在上染快的温度段内，可适当增加一个保温段，缩小实际温度比设定温度滞后的温差。对于气流染色机的小浴比条件，还须考虑到染料和助剂的溶解度。应增加一套主体染液的独立、快速短程循环系统，溶解后的染料或助剂先通过该循环系统进行稀释，然后再与被染织物接触。应控制单管织物容布长度，在不对织物产生过分张力的条件下提高布速和染液循环频率。对轻薄织物可采用双股循环，在保证循环周期的条件下，尽可能提高容布量。

二、锦纶的条花

锦纶织物染色由于纤维的物理和化学性能的特殊性，在所有的间歇式染色中都容易出现条花现象。其表现为沿纤维长度方向上的颜色深浅和色光不均匀，给人一种条花的视觉。纬编针织物的纬向会产生连续色带，经编织物产生经向条花，机织物出现经向或纬向条花。一部分酸性染料对锦纶长丝的物理性能和化学性能具有不同的敏感性，更容易发生染色条花现象。锦纶织物条花主要原因是其物理性能和化学性能在纤维纺丝和织物的加工中发生变化所致。

1. 产生原因　聚酰胺的分子结构中氨基分布不均匀，使得染料对纤维的上染率出现差异，导致染料的平衡吸附量不同。在高温条件（如纺丝或定形）下，聚酰胺发生缩聚或水解反应，会引起氨基含量的变化。此外，聚酰胺纤维的取向度和结晶度的不同变化，也会引起沿纤维长度方向染料上染速率的变化。聚酰胺纤维的纺丝拉伸、织物热定形以及绳状加工，在一定程度上都会造成纤维的受力不均匀，从而导致织物的上染不匀。有试验表明，聚酰胺纤维的物理变化会影响到染料对纤维的上染速率，而化学变化则影响到染料吸附平衡时的染色深度。

2. 预防和解决方法　对于聚酰胺纤维的物理变化会所引起的条花，可选用匀染性较好的酸性染料，在 100℃以上通过加强移染作用，并且可使用氧化剂（如硫脲）来保护末端氨基。还可用阴离子缓染剂在染色之前对织物先进行预处理。酸性染料染锦纶时的始染温度为 40～50℃，选用醋酸或醋酸铵调节染液的 pH 值和升温速率,可控制上染率。染液 pH 值可根据染料对锦纶亲和力的大小来确定。相对分子质量较小的酸性染料,染液的 pH 值为 6 ~7,可获得较好的匀染性。但为了保证较高的上染率,还需加入醋酸或甲酸。对于亲和力中等的酸性染料,染液的 pH 值为 3 ~5,可获得较高的上染率和水洗牢度。相对分子质量较大的酸性染料,即使在中性条件下对锦纶的亲和力也很高,通常需要选用醋酸铵,染液的 pH 值为 6.7 ~7.0。一般情况下,染色颜色越浅,染液初始阶段的 pH 值越高。许多相对分子质量较大的染料在临界染色温度(65 ~75℃)以上时的上染很快,应控制该温度范围的升温速率。在升温至最终温度之前,应在临界温度附近增加一段保温时间,进一步提高上染率。值得一提的是,与普通浴比较大的溢喷染色机相比,气流染色机的低浴比条件,染液的浓度相对较高,单位时间内上染到纤维上的染料占总染料的百分量也高,再加上染液与织物的快速交换,匀染性相对较好。

此外还有介绍,可先将锦纶放入不加染料的染液中,在温度 85 ~90℃(高于玻璃化温度)进行预处理,使聚酰胺纤维分子链段松动,在染色前给予纤维不同的化学、热力学和机械作用的平衡过程,以最大限度地减少条花的产生。基于这一原理,国外某公司推出一种所谓的“无限”加工法。染液初始阶段不加入染料,仅加入适当的弱酸,然后升温至 75 ~90℃保温一段时间后,采用计量加料方式,在 45min 内缓慢加入染料。这样就借助染料的瞬染作用,以至于在染色完成后,染液中的染料实际浓度几乎为零。这种方法实际上就是将纤维放入较高的恒温染浴中,让染料获得充分的吸附平衡。

三、色差

色差是指两种颜色给人产生色觉的差异。衡量两色之间的色差,必须以一种颜色作为基准,也称为标样。标样可以是实物,也可以是双方协定的色卡。常见的色差类型有:原样色差,指染色织物与合约来样或标准色卡样之间的差异;前后色差,指先后染出的同一色号织物之间的色差,包括缸差、批差、头尾差等;匀染度色差,是指混纺或交织物中不同纤维相所染得的色泽差异。

1. 产生原因 织物色差产生的原因比较多,情况也很复杂。原样色差主要原因是染色处方、工艺的制订及调整方面,与测色配色有很大关系,主要是因人为的因素所造成。前后色差主要原因是称料的准确性、工艺条件控制的一致性、操作的规范性及同一性、加工批量的大小等,涉及工厂的技术管理和加工装备等方面。匀染度色差主要原因是不同纤维相配色不均匀、亲和力不同、上染速率不一致等,与染化料的正确选配以及对多组分纤维性能的了解程度有关。

2. 预防和解决方法 有条件尽可能采用电脑测色配色仪,可准确判断出来样的颜色配方,消除人为的影响因素,并可与客户建立一个统一的确认标准。采用自动配料输送系统,加强工艺管理,对染色全过程实现自动控制,是目前先进印染厂质量控制的一项重要举措。此外,化验试样和工艺人员应熟悉和了解各种纤维的染色特性,尤其是多组分纤维的染色性能,以减少工艺处方和工艺条件设定的差错。

四、管差

各管布颜色深浅不一样,这在多管染色机中容易出现。它既有设备的结构和调整的问题,也有操作的问题。多管染色机各管的染液量分配是否均匀，设备结构上采取了哪些措施，都属于设备的结构性能问题。一旦这些条件形成，其他调整也好，操作也罢，都是无法改变的。所以，在其他条件正常的前提下，若还出现管差，显然是设备的结构性能问题。

1. 产生原因 对于同一织物品种，出现管差主要是设备和操作的原因。各管织物运行速度不一致，造成各管织物与染液的交换次数或周期出现差异，在相同的时间内，无法达到相同的上染率和固色率，最终导致各管织物颜色上的差异。如果各管织物长度相差太大，假设在相同的线速度条件下，布长的一管比布短的那一管的循环周期要长，染料的上染率就要低。在完成相同的染色时间后，布长的一管织物所得到的颜色要浅。所以，对各管的布长度应尽量保持一致。此外，各管喷嘴压力不一致，不仅各管布速不同，而且在同一时间内，各管经过喷嘴的织物与染液的作用程度也不同。在这种情况下，各管染料对织物的上染率和固色率就会产生差异；若这种差异直到染色过程结束还没有消除，则各管织物的最终颜色就仍然保留差异。

2. 预防和解决方法 调整气流喷嘴流量和提布辊速度，使各管织物的运行状态基本保持一致；各管布长分配尽量均匀，重量和织物长度相差不要超过5%；检查染液喷嘴压力分配是否均匀，保证每管织物在同一线速度或周期中，获得基本相同的染料上染量。对于多管气流染色机，考虑到各管染液的温度和浓度分布均匀需要一定的时间，应适当增加一段保温时间，以便通过全过程移染来保证各管上染的均匀性。相比整缸出现管差问题所造成的损失，耗费一点保温时间还是值得的。

五、色斑、色点和白点

布面局部颜色出现不均匀或有深色点，主要是在操作过程中所引起的。但近年来出现的前处理与染色一浴法，如针织物的去油和染色共浴进行，对低浴比染色机也会产生。这涉及设备如何满足工艺改进的问题，包括助剂的改良。色点产生的原因也很多，如白点，可能是非成熟棉染不上染料的原因，也可能是纯碱等固体沾在布上造成局部不上染等原因。

1. 产生原因 产生织物色斑、色点和白点的主要原因在于操作过程。染料未充分溶解、染料颗粒大或部分染料形成凝聚，在织物的局部地方浓度高，造成上染率高。染料没有完全溶解，有结块，会引起上染分配不均匀。沾有结块的染料，会形成深色斑或色点。在染色中加入的助剂过量，会造成染料凝集产生色点。助剂泡沫太多，泡沫与染料结合成有色泡沫，沾在织物上就形成色点；助剂析出与染料结合沾在织物或设备内壁上，凝集物在一定的条件下又会附着在织物上而造成色点。分散染料染色时，高温条件下升温速率过快或染液循环产生剧烈搅拌，更容易使分散染料凝聚，特别是染料颗粒偏大时，极易产生凝聚而成色点。

对于同一缸换色染色时，上一缸深色染完后，主缸体内和染液循环管路没有清洗干净，黏附在缸体内壁不易清洗掉的聚集染料，会在下一缸染色过程中沾到织物上而形成色斑。涤纶在烧毛中绒毛因过烧而熔融，会形成染色黑点。工艺改进后，如前处理去油与染色共浴，纤维油剂游离在染浴中，对分散染料产生凝聚而形成白色斑点。织物退浆不彻底，还残留着部分不均匀的浆料，退浆后又没有得到充分的水洗，染色时染料对白点处纤维上染量少或者不上色。这些主要是操作和管理方面的问题，与设备没有直接关系。

2. 预防和解决方法 增加染料研磨次数，适量增加分散剂。染料充分溶解后，还要经过细密网筛过滤再使用。高温条件下严格控制升温速率，在保证织物与染液交换频率所需染液循环量的条件下，控制染液的搅拌程度。染完深色后，一定要彻底清洗染缸内部；若有条件，染深色和浅色可分缸进行。织物的烧毛处理应控制烧毛火焰温度及布面与火口距离，刷毛清理布面。应考虑增加缸内喷淋控制，适量增加分散剂。加强工艺管理，严格执行工艺，织物退浆要匀净，水洗要充分，特别是 PVA 浆料一定注意去除干净。

第二节 织物损伤

仅从染色工艺过程对布面损伤来看，主要是染色机与被染织物接触的内表面粗糙度或尖锐部位所引起的，尤其是刚使用的新设备更容易出现这种现象。当然也不排开操作过程中，对织物有牵引作用的部件表面与织物产生相对滑动而产生的。对于一些娇嫩或毛圈织物，气流喷射力过大也会引起布面的损伤。由于气流染色的被染织物在运行中所含带的染液量相对较少，织物内部之间，以及织物与导布管之间的相对摩擦阻力增加，所以对一些表面易起毛的针织物会产生一定的擦伤，尤其是纯涤或纯锦纶长丝针织物更容易出现。织物的擦伤与折皱印似乎是一对矛盾，布速快不易产生折皱印，但容易擦伤或起毛；而布速慢虽不形成擦伤或起毛，但却容易产生折皱印。

如何解决这一矛盾？经验告诉我们：首先，织物高速通过的部位如喷嘴、导布管等，应采用摩擦系数较小的材料，对织物可能接触到的表面应提高粗糙度精度要求；其次，在染色过程中，根据不同克重和纤维织物，通过实践去摸索选择在一个合理的运行速度范围内，并加注适当的平滑剂，保证织物在较高的速度条件下不出现擦伤或起毛现象。

一、织物表面擦伤、极光印

织物表面出现局部毛糙、发亮现象，主要是发生在高支高密机织物上。主要原因是设备内表面与织物运动接触部分的加工粗糙度精度不够而引起的，如气流喷嘴和导布管内表面。因此，对于容易发生这一类问题的织物，如果没有设备内在质量和工艺控制经验的可靠保证，则应考虑采用平幅卷染或经轴染色机进行加工。

织物的擦伤实际上是织物局部受到支持面的严重磨损所致。织物的磨损一般是先从其表面突出的纱线屈曲波峰外层开始，然后再逐渐向内扩展。组成纱线的部分纤维一旦受到磨损而断裂后，纤维端就竖立起来，在织物表面产生起毛。根据纺织材料学的观点，织物的磨损程度与织物和磨料的实际接触面积，即织物支持面以及该接触面上的局部应力大小有关。在气流染色过程中，磨料的接触面积就是设备内壁表面。染色中要防止和解决织物擦伤和极光，首先要了解织物结构对摩擦的影响规律，然后再对设备和工艺采取相应的措施进行控制。

1. 产生原因

(1)纤维性能和织物结构。织物在染色过程中的擦伤，主要是表面摩擦损伤，与纤维的拉伸性能和织物的耐磨性有关。织物在受到磨损过程中，外界对纤维的反复作用，使纤维产生的应力比其断裂应力小得多。所以在反复拉伸中，具有较大变形能力的纤维，也同时具有较好的耐磨性。纤维受到反复拉伸的变形能力与其强度、伸长率和弹性能力有关，强度高、伸长率大的纤维，可储存较多拉伸变形能。纱线捻度较高的织物，在一定程度上可提高其耐磨性，但加捻过高反而会降低耐磨性。其原因是加捻过高的纱线刚性加强，不容易压扁，摩擦时的接触面积小，造成局部应力增加，加快纱线的磨损。织物的密度对磨损也有一定影响。织物密度大，在接触面上的局部应力就小，使织物磨损程度降低。此外，织物应保持一定柔软性，可减少织物的磨损。如果织物密度很高，而选择的织物组织不得当，就会使纱线的浮长较短，将支持点变为刚硬的结节点，一旦出现磨损，织物内纤维出现相互挤压影响到相对位移，从而造成局部应力过大而被损坏。

织物组织对磨损也有较大影响。一般情况下，经纬密度较低的疏松织物中，平纹组织织物的交点较多，纤维具有较牢固的附着力，耐磨性较好。而在紧密度较高、并具有相同经纬密度的织物中，以斜纹和缎纹组织织物的耐磨性为最好。因为这两种组织织物的纤维具有很强的附着能力，而平纹织物因纱线浮长较短，容易造成支持点上的应力集中。针织物中以纬平组织的耐磨性最好。与罗纹和半畦编组织相比，纬平组织表面较平滑，且支持面大，可承受较大的摩擦应力。

(2)设备结构与操作过程。染色加工中织物的运行速度及织物与缸内壁的相对滑动，都会对织物表面产生摩擦。反复和长时间的摩擦，必将对织物表面产生损伤。如果设备与织物接触的喷嘴内表面粗糙度达不到要求，就会加快织物局部的磨损速度。新设备的内表面虽然经过抛光处理，但仍然不能达到理想的效果，必须经过一定时间的磨合，特别是与织物的自然磨合，才能够逐步减少对织物表面的损伤。与普通溢流或溢喷染色机相比，气流染色机的织物带液量较低，并且在喷嘴和导布管内没有形成一个较好水环保护，所以织物与管壁产生的相对滑动摩擦力较大。

除此之外，织物循环的线速度过快，织物与提布辊会产生相对滑动，使织物表面受到磨损。通常气流染色机的提布辊是独立传动的，而且可变频调速。织物主要是依靠气流牵引循环，但两者的同步性是保证织物正常循环，不产生相对滑动的关键。经验告诉我们，在低速条件下容易保证两者的同步，但高速条件下就很难保证。因此，对织物的线速度总是控制在一定的范围内，而且需要通过一些控制手段来保证同步性。

2. 预防和解决方法　了解和掌握了织物产生磨损的规律和影响因素后，对染色加工来说，应从加工方式、设备和工艺控制进行预防。加工紧密度较高的机织物，应选用性能和制造质量较好的设备。对刚投入使用的新设备，开始不要将容易出现布面质量问题的织物放在里面加工，可以先加工一些布面不敏感的织物，经过一段自然磨合后再用于其他敏感织物。

在染色过程中，应将织物线速度控制在一定范围内，尽量避免织物与提布辊面产生相对滑动。气流染色机主要是依靠气流牵引织物循环，而提布辊牵引力仅起辅助作用，只要保持与气流牵引织物循环的线速度同步即可。对于高支高密的机织物，考虑到匀染性，需要适当提高织物运行速度，加快织物与染液的交换频率；但同时也要兼顾到织物快速运行可能带来的擦伤问题。为此，要寻找一个速度临界值，以保证织物的线速度控制在临界值以下。这样既可保证织物的匀染性，又可避免对织物表面产生擦伤或极光印。

二、织物起毛和起球

在染色加工中，织物与设备接触面的相对滑动以及气流对织物的牵引运行，都会对织物表面产生相对摩擦，使其表面的纤维端从织物中露出，形成绒毛。如果这些绒毛不及时去除，就会相互纠缠在一起，最终被揉成许多球形小粒，使整个布面毛糙，特别是针织物更为严重。研究表明，织物起毛和起球的影响因素主要有：织物的纤维品种、纺织工艺条件、染整加工以及服用条件。就染整加工中的气流染色而言，工艺过程时间过长、气流风量过大和多次工艺返修，都会使得织物表面长时间与设备内表面，以及织物之间产生一定的摩擦，导致织物表面的起毛或起球。因此，摩擦是引起织物起毛或起球的外界条件，与设备的结构特性和工艺操作有关；但织物的纤维性能和织造结构，在一定条件下也反映了其起毛或起球的难易程度。

1. 产生原因

(1)织物纤维和织造。一般情况下，除毛织物外，天然纤维织物不大容易产生起毛，黏胶纤维和醋酯纤维等织物很少起毛；而各种合成纤维的纯纺或混纺织物，却容易发生起毛、起球现象，其中以锦纶、涤纶和丙纶等织物的起毛、起球最为严重。其原因是这些纤维间的抱合力小、纤维强度高、伸长能力强、耐疲劳和耐磨性好，纤维端容易从织物表面滑出形成小球，而且还不容易脱落。相比之下，棉纤维和黏胶纤维织物的纤维强度低、耐磨性差，织物表面起毛的纤维容易被磨掉。有实验表明，降低合成纤维的弯曲疲劳耐久度和拉伸强度，可以明显降低毛球的产生。

织物的起毛和起球还与纤维的长度、细度和截面形态有关。短纤织物的起毛和起球现象要比长丝织物严重，主要原因是长丝露出纱线和织物表面的纤维头端数量少，并且纤维之间的抱合力和摩擦力大，纤维不容易滑到织物表面。纤维的粗细对起毛和起球的影响也是不同的，除了纤维的根数外，细纤维的起毛和起球程度要比粗纤维严重。其原因是纤维越粗，其刚性越好，在织物表面立起的纤维不容易纠缠成球。例如中长纤维比棉型化纤长且粗，织物的起毛和起球程度要小。对于羊毛与合纤的混纺织物，通常是将羊毛转移在纱的表面上，这样既赋予了织物的毛型感；同时对合纤具有一定的覆盖作用，减少了织物的起球现象。不同纤维截面形态中，以圆形纤维更容易起毛和起球，以扁平形、三角形和多边形等异性纤维的抗起球性较好。具有一定卷曲度纤维间的抱合力较大，纤维不容易滑到织物表面而形成毛球。

针织物结构的紧密程度对起毛和起球的影响程度不同，结构紧密的针织物要比松弛的抗起球性好。结构紧密的针织物在外界的作用下不容易产生绒毛，即使存在绒毛也会因纤维间的摩擦阻力大，而不容易滑到织物表面上来。细针距针织物的抗起球性要比粗针距织物好，平针织物要比提花织物好。

(2)设备及工艺。设备与织物接触的局部内表面，如喷嘴、导布管等表面粗糙度达不到要求，甚至可能因材质问题，经过一段时间的使用产生了粗糙的腐蚀点坑，都会对织物产生较大摩擦而起毛或起球。气流喷嘴压力过大，对织物纱线表面短纤维产生较大冲击，织物与织物表面之间会产生剧烈摩擦。织物染色过程太长，特别是几经修复，甚至剥色重染，增加了织物表面与设备内壁的摩擦次数。

2. 预防和解决方法 对于织物的起毛和起球现象，目前更多地从纤维性能、纺纱和织造和织物组织方面进行改善。但是，就染整加工而言，所面临的是已经成形的织物，无法改变纤维和织物组织结构。所以，只能根据织物的特性，从工艺和设备控制方面进行预防。

对设备而言，重要是提高设备制造精度，特别是与织物接触的表面粗糙度。选购染色机时应对设备的材质，尤其是与染液和织物接触部分的材质提出要求。使用过程中不能用于氯漂或亚漂工艺，主要是氯离子的影响。对于针织物的前处理和染色，在保证匀染所需的循环周期前提下，应降低织物运行速度和风量。根据气流染色机的结构特点和工艺条件，优化染色工艺，缩短加工过程时间。选用染色性能较好的气流染色机，可提高染色"一次成功率"，减少织物染色加工的返修率。

三、针织物的脆损与破洞

针织物的脆损与破洞实际上是由于织物纤维的强力下降所致。针织物除了烧毛、设备内壁勾丝产生的破洞外，前处理和染色过程控制不当也会造成破洞。过氧化氢已广泛应用于纤维素纤维织物的漂白，但由于控制不当也时有出现氧漂破洞现象。主要原因是双氧水的分解速率不同所致。影响双氧水分解的因素很多，如双氧水质量、浓度、温度、pH 值、含重金属离子及其他物质等。由织物的磨损过程得知，织物受到磨损后首先是起毛，然后在继续受到磨损后，有一部分纤维的碎屑就会从织物表面逐渐脱落，有些纤维从纱线内被抽出，使纱线局部变细、织物变薄，最终出现织物破洞。这种现象在前处理过程就有可能产生，在气流染色机染色后才发现，如果不加以分析，就可能归咎于染色机的问题。

1. 产生原因

（1）过氧化氢的分解。过氧化氢浓度较低时，分解速率慢，随着浓度的升高，分解速率也逐渐加快。如果过氧化氢浓度一定，温度升高也会加速分解速度，并且温度越高分解的速度也越快。过氧化氢在强酸性（$pH=3$）条件下稳定性较差，分解速度也比较快；而在弱酸性（$pH\approx4$）条件下比较稳定；当 pH 值达到 5 ~ 7 时，其分解速度加快。过氧化氢在碱性条件下不稳定，分解速度较快，而且容易形成 HO_2^-。HO_2^- 为亲核试剂，会引发 H_2O_2 分解，产生游离基。当 pH 值 > 11 时，H_2O_2 分子大部分以 HO_2^- 形式存在，稳定性很差。过氧化氢漂白浴中或布面上若存在 Fe^{3+}、Cu^{2+} 等金属离子，就会快速催化分解过氧化氢而造成纤维脆损，表现为纤维的强力下降。纱线或纤维某一部位聚集了较多的金属离子，也会因纤维或纱线的脆损而形成破洞。织物经过某种带酸或碱的处理后，而没有充分去除布面所带的碱或酸，并呈现一定的酸性或碱性，那么也会出现脆损。织物在高温带碱情况下，在含有空气的环境中也会产生脆损。

（2）染色过程影响。染色过程造成的脆损的原因一般有两种情况：一是染料的问题，如选用硫化黑类的染料，造成了光敏脆损，还原染料染色中强还原剂和强氧化剂对纤维的脆损；二是染色中用酸不妥，如中和用酸一般选用冰醋酸，若选用一些含有 H_2SO_4、HCl、H_3PO_4 等代用酸，织物经中和后所残留的酸性就会发生脆损，并且还会出现色光变化。

2. 预防和解决方法 针对过氧化氢分解速度的影响，需综合考虑各因素进行制订工艺，才能有效控制双氧水分解，避免织物脆损和破洞的产生。由分析得知，织物产生破洞的因素主要是重金属离子对过氧化氢的催化作用。所以，应要注意染色或前处理之前的织物质量，尽量避免坯布在织造和物流过程中受到铜、铁等重金属离子或油污渍污染。利用丝光回用碱进行漂白时，应保证碱中不能带有铁锈等杂质。在金属离子催化作用下，H_2O_2迅速分解成 HO·、HO_2^- 和 O_2等。织物在高温带碱的空气中(如在储布槽中)也会产生脆损，可加入 $NaHSO_3$类的弱还原剂进行预防。选择一些不含硫酸、盐酸和磷酸等强无机酸的缓冲酸，可改善冰醋酸存在的一些缺陷。

在满足前处理要求的前提下，可适当降低双氧水及烧碱的浓度，以避免织物破洞的产生和强力的下降。氧漂时要控制影响过氧化氢分解的敏感因素。考虑到漂白时织物上可能沾有铁锈渍，水中含有金属离子，以及漂白时与铜、铁器材接触等情况，应采纳更为适合的氧漂工艺(如酶—氧工艺等)及高性能助剂。在氧漂液中，应避免选用耐碱性较差的水玻璃作双氧水稳定剂，而应选用较好的氧漂螯合型稳定剂和络合型稳定剂，或两者同浴使用。所选用的稳定剂在高温浓碱条件下，能够络合和吸附织物和漂白浴中的金属离子，避免过氧化氢的过快分解。前处理宜采用退、煮—漂两浴法工艺，而尽量避免用退、煮、漂一浴法工艺。这样可以避免过氧化氢与浓碱同时存在，充分发挥吸附型稳定剂的作用，并可将织物上的铁锈通过前道工序去除。

四、织物的纰裂

织物的纰裂俗称纰纱，是织物局部经纱或纬纱发生移动的一种现象。一般发生在织造或编织较稀松的织物上，主要是由于织物局部受力不均匀而引起的。通常用织物密度和紧度来表征织物的松紧度，织物的实际填充紧度比较小，当受到外力作用后纱线在织物中容易发生滑移。机织物是由经、纬纱线相互屈曲交织而成的，当经、纬纱线受到外力作用时，就有可能产生纱线滑移。在纬向张力作用下，经纱沿着纬向滑移，称为纬纰裂；在经向张力作用下，纬纱沿着经向滑移，称为经纰裂。织物受到不同的施加外力，还会产生捏拉纰裂、缝迹纰裂、摩擦纰裂和钩裂等。织物产生纰裂的原因很多，这里主要从织物组织结构和染整加工上的影响进行分析。

1. 产生原因

(1)织物组织结构。当织物经向紧度较大时，则单位长度纬纱上受到的经纱阻力就大，若有外力作用，纬纱相对经纱就不容易滑移；反之，织物纬向紧度较大时，则单位长度经纱上受到的纬纱阻力就大，外力的作用就不容易使经纱滑移。一般情况下，织物的经向紧度要大于纬向紧度，即织物单位长度经纱受到纬纱的阻力要小于纬纱受到的经纱阻力，故织物沿纬向发生纰裂的现象较多。此外，由于织物紧度取决于经纬密度和线密度，所以在相同织物紧度条件下，经线密度高、经纬密度小的织物交织阻力小，织物容易纰裂；反之，则不易发生纰裂。

不同组织织物因交织次数不同，会影响到纱线的紧密程度。单位长度纱线交织次数少，纱线的屈曲次数相对较少，产生的阻力也小。若在其他条件相同的情况下，则更容易发生纰裂现象。在织物的三原组织中，按经纬阻力的大小排列是：平纹组织最大，其经纬纱在织物中最稳定，缎纹组织最差，斜纹组织居中。

(2)染整加工。在染色加工中，织物的循环总要受到外界牵引力作用，也就是经向张力作用。气流染色中织物以绳状运行时，所受到的经向受力总是不均匀的。如果织物在储布槽中堆积状态不好，出现压布或倒布现象，在提升的过程中就会出现经向受力不均匀，容易引起织物局部纬纱分离。染色之后柔软处理所加入的柔软剂，会提高纱线的柔软性和光滑，但会降低纱线表面的摩擦系数，容易导致织物出现纰裂，所以柔软处理的柔软剂应慎重考虑。织物的进、出布有可能受到不均匀的牵引力，也会产生织物纰裂。除此之外，工厂里一般习惯于拉幅定形之后，再对织物进行全面检查，而出现的织物纰裂往往归咎于染色过程。但事实上，织物在拉幅定形的过程中，也会因拉伸的影响改变织物内纱线的屈曲状态，导致织物纰裂的产生。如果经向拉伸过大，则易产生经纰裂；纬向拉伸过大，则易产生纬纰裂。此外，拉幅定形机的螺纹扩幅辊，如果扩幅量过大，或者螺旋片缠绕式扩幅辊，对织物也容易产生纬纰。

从染色设备方面而言，主缸内部过布处有夹布或卡布现象，也会导致织物的纰纱发生。此外，设备内部的多孔挡板以及局部结构设计有缺陷，织物经过这些部位有可能出现挂布现象。虽然不足以将织物拉破或勾丝，但瞬间牵引会造成织物局部受力过大或不均匀而产生纰纱。

2. 预防和解决方法　织物的纰裂目前无论是溢喷染色机还是气流染色机，还没有能够解决的根本办法，其原因是以绳状加工的方式，本身就存在织物经向受力不均匀的问题。但是，只要在染整加工之前，工艺人员对被加工织物的特性有所了解，对容易产生纰裂的织物，选用质量和性能较好的设备，严格控制加工中的张力，在一定程度上还是可以得到有效控制和避免的。气流染色过程中主要是风量的控制，可适当减小织物循环速度，特别应注意提布辊表面线速度与风速的匹配关系。提布辊表面线速度过慢，气流牵引织物在提布辊表面产生相对滑动，形成的张力较大且不均匀。适当减少容布量，可避免织物在运行中因挤压而产生过大张力。染色机内部过布部分（如提布辊表面、喷嘴和导布管等），应保持较高的表面光洁度，不得有夹布和卡布的现象。织物进、出时应避免强行牵引，以处于松弛自然状态为宜。

第三节　织物的折皱

织物间歇式绳状染色中，若控制不当，无论是传统的溢喷染色机，还是气流染色机都会产生折皱。但是，气流染色机产生织物折皱的现象相对较少，主要是织物在经过导布管后，气流对织物有一个纬向扩展作用，不断改变了织物的折叠位置。传统的溢喷染色机中，以线密度为27.8tex（21英支）纱，克重大于170g/m^{2}针织汗布；线密度为18tex（32英支），克重大于150g/m^{2}针织汗布；以及克重大于210g/m^{2}含氨纶的纯棉针织物容易产生折痕。影响的因素很多，尤其是在低浴比染色条件下，罐式染色机更容易产生。主要原因是该类织物的纱线密度较高，遇湿后相互产生挤压，没有松弛空间，并且在喷嘴中织物被水包覆着受到束状挤压所致。要解决织物的折痕问题，首先要了解和知道产生折痕的原因和条件，然后从设备和工艺条件上进行有效控制。

折皱在织物表面呈树枝状的条印，根据折皱形态的分布倾向状态，又可分为纵向折皱、横档条痕、分叉折皱（俗称鸡爪印）和细皱纹。按能否通过拉幅定形消除又可分为暂时性折皱和永久性折皱，两者产生的条件不同。暂时性折皱是织物绳状染色过程中因堆放状态所产生的，而且随织物的运行变化会不断改变。染色完成后，可以通过拉幅或定形处理来消除。这是绳状染色中是一种正常现象，也是无法避免的；永久性折痕的产生有两种可能，一种是染色之前就已经形成了，另一种是染色过程中形成的。永久性折痕通过拉幅或定形处理是无法消除的，影响到产品质量。这也是人们通常所指的织物折皱。

一、折皱的成因

织物折皱主要是受到外力作用，纤维发生弯曲变形，并在消除外力后变形未能完全恢复到原来状态的现象。从纤维的微观结构来讲，纤维大分子或基本结构单元间交联发生了相应的变形或断裂，在新的位置上重新建立所引起的。纤维素纤维的大分子链上有许多羟基，并在大分子链中间形成氢键交联，一旦受到外力作用时，纤维的变形必将拆散大分子间原来所建立的氢键，使得基本单元产生相对位移，在纤维分子新的位置上建立新的氢键。当去除外力后，新形成的氢键必然会阻止纤维素大分子回复到原状态，从而形成了织物折皱。当织物产生折皱时，纱线与纱线在织物的弯折处受到弯曲，处于一种应变状态。对单纱来说，纤维弯曲外侧被拉伸，内侧被压缩。一旦去除产生织物折皱的外部作用，处于应变状态的纤维就趋于恢复原来状态。织物产生折皱的外界因素很多，如纤维性质、纱线捻度、纤维混纺比例和织物紧度等，但就染色过程而言，主要还是经纬纱线密度受到不均匀的热收缩，使织物长时间处于不变堆置状态所致。

1. 纤维性质和纱线捻度　具有较高初始模量的纤维，因发生变形所需的外力较大，或者受到相同外力作用变形小，所以这类织物一般不易产生折皱。涤纶具有较高的初始模量，且在小变形状态下具有较高的拉伸回复能力，抗皱性较好。锦纶的拉伸回复能力虽然比涤纶大，但其初始模量很低，故抗皱性比涤纶差。根据纤维弹性变形状态的回复速度不同，可分为急弹性变形和缓弹性变形两部分。对于大多数合成纤维来说，在拉伸变形过程中，主要是弹性变形，具有较大的弹性恢复率，不过具有不同比例的急弹性变形。例如，涤纶在变形中主要是急弹性变形，而缓弹性变形较小，锦纶则相反。棉、麻和黏胶类纤维素纤维具有较高的初始模量，但它们的拉伸变形恢复能力较差，形成折皱后就很难得到恢复。为了克服这一缺陷，目前大多采用具有高拉伸变形恢复能力和高初始模量的涤纶与这些纤维进行混纺，以达到提高织物的折皱回复性能的目的。

织物的折皱与纤维的细度有比较密切的关系。应用表明，涤/棉等棉型化纤混纺织物，若混纺比例不变，选用线密度为3.3dtex（3旦）的纤维比2.2～2.75dtex（2～2.5旦）所获得的织物抗皱性要好许多。若在线密度为3.3dtex（3旦）纤维中适当混合5.5dtex（5旦）纤维，则可获得更好的织物抗皱性。

织物纱线的捻度对织物的折皱也有一定影响，其中以捻度适中的纱线，可使织物具有较好的抗皱性。若纱线的捻度过小，纱线中纤维松散，则在纤维之间容易产生难以恢复的位移而形成折皱；反之，如果纱线的捻度过大，纤维的变形大，并且弯曲时纤维之间的相对滑移小，使得纱线抗弯能力降低，也容易产生折皱。通常，纺织厂为了提高纱线织布后的布面起毛率，会提高纱线的捻度。如果采用捻度大的纱织造密度很高的织物，那么在染色过程中就极易产生各类折皱、细皱纹和永久性折痕。

2. 织物的密度和紧度　织物的经向或纬向密度，指的是沿织物纬向或经向单位长度内经纱或纬纱排列的根数；公制密度表示10cm长度内经纱或纬纱的根数；织物经向或纬向紧度，指的是经纱线或纬纱线的直径与两根经纱线或纬纱间的平均中心距离之比的百分率；而织物的总紧度指的是织物中经纬纱所盖复的面积与织物总面积之比的百分率。所以，密度相同的两种织物，纱线线密度高的织物较紧密，纱线线密度低的织物较稀松。

当纱线线密度一定时，通过调节线圈长度达到所需的克重和幅宽，就须将织物编织得紧密些，从而导致织物纬向产生很大的张力。处于这种状态下的针织物，一旦遇水浸润后就会自然收缩。如果在一定纵向张力作用下，织物的纬向收缩则加剧；而不规则的织物堆积，又会导致织物的收缩不均匀，最终产生折痕。这是纯棉针织汗布和毛圈针织物在绳状染色过程中容易出现的现象。

织物的紧度对织物的折皱回复性也会产生影响。当经向紧度接近时，纬向紧度的提高会增加织物纱线之间的摩擦力，而折皱回复角会趋于减小，这就意味着纤维之间的摩擦作用减弱了织物的折皱回复性。一般情况下，织物组织中联系点少的，其抗皱性较好；平纹组织织物的抗皱性较差，斜纹组织织物的抗皱性较好。对于容易产生折皱的黏胶纤维类织物，可以通过配置适当的线密度和组织结构来改善织物的抗皱性。

3. 合成纤维的热收缩 合成纤维在受热状态下，其形态及尺寸要发生变化和收缩，降温后无法再回复到初始状态的现象，称为纤维热收缩。为了获得良好的机械性能，合成纤维在纺丝过程中经过了多次拉伸，纤维的长度增加许多倍，在纤维中残留了内应力。在常温下因受到玻璃态的约束，纤维无法得到回缩。但是，当纤维受热超过玻璃化温度时，就会减弱纤维中的约束而出现收缩。在合成纤维加工中，长丝的牵伸倍数要比短纤大很多，所以热收缩率也大。涤纶和锦纶长丝在沸水中的收缩率一般为6% ~10%，而短纤的沸水收缩率为1%左右。纤维的热收缩还与其纤维结构、受热温度和时间有关，例如维纶在沸水中的收缩率为5%，氯纶在热空气中的收缩率为50%。此外，合成纤维的纯纺或混纺织物在织造和染整加工过程中，纤维要经过多次或长时间的拉伸作用，特别是在湿热条件下的拉伸，会使织物逐渐产生一定的塑性变形。当织物遇水后并处于绳状挤压堆积状态的时间过长，就会因各部位的收缩不同而产生折痕。

热收缩前与热收缩后的长度变化百分比称为热收缩率。一般是通过沸水收缩测试，在100℃沸水中，纤维长度收缩的百分率来表示；也可用热空气或蒸汽测试，即在高于100℃的热空气或蒸汽中测定其收缩的百分率。

二、折皱的类型及染色加工的影响

从以上纤维和织物性能分析来看，织物的折皱主要是由纤维和织物结构特性所决定的；但染整加工过程的外界条件，往往又是诱发织物产生折皱的主要原因。因此，在实际生产中，根据织物折皱形状的具体特征，更重要的是关注加工过程对织物折皱的影响。

1. 织物经向折皱 主要是在绳状加工中织物的纬向得不到充分扩展，染料在纬向分布不均匀所造成的。织物纱线的捻度和承受的经向张力过大，是产生经向折皱的内在因素。在气流染色过程中，由于织物经过气流喷嘴和导布管后，气流对织物有一定的纬向扩展作用，所以在正常情况下一般不会出现经向折皱。如果出现这种状况，主要还是因为工艺参数没有调整好所致。织物呈束状没有纬向扩展，尤其是通过气流喷嘴后仍然处于束状，位置长期处于一种状态，则有可能产生经向折皱。织物第一次遇水（如前处理）时，升、降温速率过快，织物出现不均匀的收缩，也会导致经向折皱产生。织物运行速度不能达到足够快，使织物的某个形状位置相对滞留时间过长，也容易产生经向折皱。此外，喷嘴口径过小，织物呈束状时间过长，未充分展开，也会产生经向折皱。

2. 织物纬向折皱 合成纤维长丝纬编针织物在储布槽的堆积过程中收缩不均匀，容易产生纬向条印。特别是在小浴比条件下，织物相互挤压，纤维遇热收缩时受到周围织物的约束，不能得到充分自由松弛回缩。锦纶长丝在纺丝过程中受到牵伸，横截面的粗细不均匀，染色后纤维表面反射光出现差异，在视觉上也会产生条印。织物在槽体内堆置积压严重，容布量过载，在一定程度上引起织物纬向折皱的产生。

3. 织物扭曲折皱 织物在气流喷嘴中处于扭曲状态，并且始终得不到退捻的机会。主要是气流喷嘴环缝隙间隙不均匀，导致喷射气流产生旋转。绳状织物始终处于扭曲状态下运行，并且织物没有纬向扩展的机会，最后造成染料在织物扭曲段上染不匀。

4. 织物鸡爪印 是一种呈树枝状的折痕，俗称鸡爪印，是织物在储布槽中滞留时间过长所致。主要有以下几种原因。

（1）保温后降温过快。织物经保温后仍处于高温状态，特别是聚酯类纤维处于玻璃化温度以上时突然遇冷，温度骤降至玻璃化温度以下，就容易将织物所处的形态固定下来，形成堆置时的不规则折痕。

（2）织物在槽体内滞留时间过长，堆置的状态改变很慢。织物折叠处与展开处染料的吸附和在纤维上的扩散速度不同，经固色后保留住原有的上染状态，最终在织物上产生颜色深浅的差异。这实际上是织物局部上染不均匀的表现。

（3）织物在染色之前已形成。织物在同一台机上先进行前处理，但前处理过程中经历了温度骤降，或者织物没有得到均匀的处理效果，造成染色时染料上染不均匀。此外，织物前处理高温出缸，长时间堆放也会形成折痕，一旦进入染色就会使染料出现上染不均匀的现象。

（4）一些聚酯长纤类针织物，因在纤维的纺丝过程中进行了多次强力拉伸，形成了较大内应力，并且编织过程也形成了一定的内应力。这种纤维内应力在第一次遇热后会产生强烈的回缩和应力释放，如果是在绳状堆积下，必然会因收缩不均匀而产生折痕。

三、预防折皱的措施

对于来料加工的染整厂来说，织物的密度和组织状态是无法改变的，只有从染色工艺及设备操作控制上加以防范。通常应从以下几个方面去控制。

1. 运行控制 织物经过喷嘴和导布管后横向摆动折叠，减少了经向或斜向起皱的机会。黏胶纤维类吸水较强的织物应采用热水进布，织物遇热后变软，不容易起皱。织物以干态进布时，因经过喷嘴时的带液量较少，且遇到的是热水，因而不会马上产生横向收缩（通常织物与水在喷嘴中交换 4 次以上才能够基本浸透），可减少因收缩不均引起的折皱。气流在牵引织物过程中，织物会被气流轻微吹鼓胀，不断改变原有的折叠位置，同一个折叠部位再次经过喷嘴时会发生变化，减少了织物产生永久性折痕的概率。通常织物承受的经向张力越大，就越容易起皱。所以，对容易起皱的织物，进布时应提高温度、降低织物运行速度，减少喷嘴的喷液量，并且进完布后再循环 10～15min，待织物完全浸透后再进入下一个程序。为了避免织物在储布槽中的滞留时间过长而引发的永久性折痕，织物的循环周期应不超过 2.5min，尤其是轻薄织物，在线速度一定的条件下，应控制单管布环的周长。

此外，调整喷嘴环缝间隙，保持均匀一致，避免喷射气流产生旋转，可消除织物扭曲折皱。对于织物纬向折皱，建议增加预定形或平幅松弛回缩前处理。对于织物经向折皱，可适当加大风量，有意识适当增加提布辊线速度与风速差，让提布辊对织物有一个牵制作用，使织物在气流中得到充分扩展。

2. 操作控制 织物在气流染色机中染色一般是以干态进布，经过喷嘴所吸附的液量较少(织物需要经过喷嘴 4 次左右才能够浸透)。如果是在一定温度下进布，那么织物受热所产生的瞬间横向收缩相对较小，并且因收缩不均而引起的折皱也相对较小。但是，对易起皱的织物，在进布时就应该提高布速和温度，并减少喷嘴液体喷射量。织物经过 10 ~ 15min 的顺畅运行，并完全浸透后再进入下一染色程序。

通常，容易产生折皱的织物相对比较硬挺，且布面不太容易起毛。对于这类筒状针织物可以选择正面朝外进行染色，织物经过气流喷嘴时可以被气流吹鼓胀起来，改变织物原有的折叠位置，减少折痕。对于特别容易产生折痕的织物，可以适当加入一些防皱剂，使织物在浴中尽快变软，同时液体密度增大后阻止或减慢织物收缩速度。如果先升温至 60℃ 左右再进布，织物遇高温后会很快变软，那么在一定程度上也可减少织物折痕的产生。此外，固色保温结束后，80℃ 以上时的降温速率应控制在 1 ~ 1.5℃/min，避免降温过快，尤其是高温下的织物不能直接与冷水相遇。所以目前许多气流染色机配置预热辅缸，可在保温后降到 85℃ 直接用 80 ~ 90℃ 的热浴对织物进行水洗，避免织物与冷水直接接触。

3. 前处理 严格控制织物的前处理工艺，包括前处理设备的选用和工艺设计。一些织物实际上在前处理过程中就已经产生了折皱，只是一般看不出来或者不去检查。前处理已形成的折皱，在后续的染色过程中会对染料的上染产生影响。有折皱部位的纤维发生变形，并且有残余应力，颜色的表观深度比其他部位显得要深一些。前面讲过，气流染色机的前处理，不仅效率高、效果好，而且还有一个优势，就是利用气流对织物的扩展作用，可以减少织物产生折痕的机会。因此，国内有许多染整厂，用气流染色机专门进行容易起皱织物的前处理。这充分说明气流染色机加工容易起皱织物比普通溢喷染色机更有优势。但必须在前处理过程加以控制，如风量、热水进布等。

4. 染色前预定形 容易产生折皱的织物在染色前最好进行一次预定形，尤其是含有氨纶的针织物必须进行预定形，以便消除前处理过程中产生的折皱及松弛退捻处理中形成的卷边。对于涤纶可稳定后续加工中的伸缩变化，改善涤纶大分子非结晶区分子结构排列的均匀度。预定形可以使织物横向获得足够的收缩，充分释放织物前面加工中所残留的内应力。织物进行开幅预定形时，一般可以适当浸轧一些渗透剂，以保证织物完全浸透后容易横向收缩。设定幅宽时要最大限度地缩小织物幅宽，以利于织物在定形过程中得到均衡收缩。预定形温度一般为 140 ~ 190℃。定形温度低，对织物手感有利，但湿热折皱增加。定形温度对织物减量速率和得色率有一定影响。在 170 ~ 180℃ 以下，减量速率和得色率随温度升高而降低；在 190 ~ 230℃，减量速率和得色率随温度升高而增加。因此，预定形温度应根据织物减量速率、得色率和风格要求进行设定。

预定形时间取决于纤维加热、热渗透、纤维大分子调整和织物冷却的时间，并且还与定形机的风量大小和烘房长短有关。一般情况下，定形温度高则时间短，但就产品质量而言，还是以低温长时间为宜。所以，若预定形温度选择140～190℃时，预定形时间可设定在20～30s。对于厚重和含湿率较大的织物，可适当延长时间。织物定形的张力仅设定在保持一定的平整度即可，以保证织物的丰满度和悬垂感。

第四节　织物的色牢度

从织物应用的角度来考虑，除了满足所需的颜色深度和均匀性外，还必须具有在后续加工、存放和使用过程抵抗各种作用而不掉色（或褪色）的能力。这就是所谓的织物色牢度要求。一般包括耐日晒、耐洗涤、耐摩擦、耐汗渍以及耐汗光等色牢度。对染色过程，最主要是对耐日晒、耐摩擦和耐汗渍等要求。曾有少数印染厂使用气流染色机，出现色牢度比传统溢流或溢喷染色机还差的现象。但就大部分使用气流染色机的印染厂而言，他们得出的结论是：经气流染色机染色后的织物色牢度要比传统溢流或溢喷染色机至少要高0.5～1.0级。笔者也曾经在南方某印染厂做过实验，检验的结果也是比传统溢流或溢喷染色机高。这足以说明气流染色机的染色色牢度本身具备了一些提高色牢度的工艺条件。而个别印染厂出现的这种情况，应该是工艺上的问题。为此，这里对气流染色机的色牢度问题作一简单讨论，以供新使用气流染色机的印染厂作参考。

一、气流染色工艺条件对色牢度的影响

影响织物色牢度的因素很多，如染料本身的结构和性能、被染织物纤维的结构和性能、染色工艺以及织物纤维上的残留物等，其中影响最大的是染料和织物纤维结构性能。但是，当所选用的染料已对其色牢度方面的影响作出了考虑，并且织物纤维结构性能一定时，染色设备性能和染色工艺的控制对色牢度也会产生一定影响。气流染色过程中对色牢度的影响可能有以下几方面。

1. 染色工艺　对于耐日晒和耐汗光牢度，染色工艺时间长，染料可获得充分的溶解、吸附和扩散，与纤维可形成更多的共价键；反之，织物纤维上未上染和水解的染料就多，造成水洗困难，从而影响纤维的耐日晒和耐汗光牢度。碱作为活性染料的固色剂，会影响到染料的固色程度和水解染料产生的多少。碱用量过少，固色的染料就少，而未固着的染料就降低耐日晒牢度。当碱用量过多时，就会增加染料的水解，如果水洗不充分，耐日晒牢度就会降低。

织物的耐摩擦牢度主要决定于纤维表面的浮色量。如果染料能够充分扩散到纤维内部并固着，那么未固着和水解染料就相对减少，可提高织物的耐摩擦牢度。染料要获得充分的固着，除了与染料性能有关外，很大程度也取决于染色工艺的控制。染色工艺时间和染液对织物的作用程度，对染料的上染条件起着重要的作用。

染料浓度对摩擦牢度和皂洗牢度的影响很大。高浓度染料在织物纤维中固着的分布状态更为复杂，既存在单分子层吸附键合的染料，也有多分子层或聚集的染料，尤其是纤维表面层的染料更明显。如果染料浓度超过某一程度后，就会急剧降低牢度。所以，应根据染料性能，再结合

气流染色的低浴比工艺条件，合理确定染料的用量。

2. 活性染料的结构性能　前面讲过，气流染色的低浴比工艺条件，提高了活性染料的直接性，有利于上染率和固色率的提高。但是，活性染料的直接性和扩散性与摩擦牢度有关。染料直接性的提高，扩散性变差，不容易进入扩散到纤维内部，大多浮在纤维表面。此外，直接性高的染料水解后更不容易去除，会出现沾色现象。

在目前应用最多的溢喷染色机中，为了提高活性染料在比较高的浴比中的直接性，很多都选用一些双活性基染料。由于这一类染料的分子结构较大，具有较高的直接性，染深色时的染料用量很大，严重影响到摩擦牢度，尤其是湿摩擦牢度。因此，鉴于气流染色的低浴比工艺条件对活性染料直接性的影响，应该选择直接性较低的活性染料，并减少染料用量和适当缩短工艺时间。

活性染料的耐摩擦牢度还与其染深性或提升性、配伍性和混合比例有关。染色深度或染料浓度越高，染料的固色率就越低。对于气流染色的低浴比工艺条件来说，染深色的影响比普通溢喷染色的高浴比更大。但是选择提升性较高的染料，可以提高染深色的固色率，减少未固着的染料，容易获得充分水洗。选用配伍性好的染料拼色，每只染料能够基本等同比例上染，且未固着染料减少，有利于提高耐摩擦牢度。对于一些双活性基活性染料，因分子结构较大，直接性高，再加上气流染色低浴比对染料直接性的提高，更容易造成摩擦牢度，尤其是湿摩擦牢度的降低。所以，选择这一类染料时，应更加认真仔细，并且要制订出合理的工艺加以控制。

3. 活性染料的断键现象　活性染料在洗涤时受到洗涤剂中过氧化物作用，会发生断键掉色。但是，在染色过程中，染料与纤维已形成的化学键有可能发生水解断键。染料与纤维形成的化学键主要有酯键、醚键，它们在一定的条件下会发生水解断裂，失去了与纤维的亲和力，且容易解吸。

4. 助剂　活性染料染色固色使用碱剂，一般是选用碳酸钠。碱剂在促使染料与纤维的结合的同时，也会对染料造成水解。其用量的多少会影响到染料的固色程度和水解染料的生成量。碱用量不足时，染料的固色程度降低，而未固着的染料会降低耐日晒牢度；碱用量过量时，导致染浴 pH 值过高，加快染料水解，如果水洗不充分，也会降低耐日晒牢度。只有选用足够的碱用量，才能够在保证染料充分固色的同时，减少未固着和水解染料，提高织物的耐日晒牢度。

5. 水洗　染色后的水洗不充分，织物纤维上还残留着水解染料或未固着染料，以及酸碱性物质，会降低皂洗牢度、湿摩擦牢度和耐日晒牢度。皂洗的温度、水量及表面活性剂用量要进行控制，应降低洗液中的电解质浓度，以充分洗去纤维内部和表面的水解染料和未固着染料。在水洗过程中，应注意避免湿热条件对已经键合的染料产生断键和解吸而降低耐日晒牢度。

由于水洗过程中纤维孔道内的染料，要经过解吸和扩散才能够到达纤维表面，所以必须通过一定的时间、升温速率、水洗流量和交换方式来完成，并且要按照一定的程序进行。首先是去除纤维表面的未固着染料、水解染料和助剂，可采用冷水或温水大流量快速冲洗和交换，然后通过升温加快纤维内部孔道中未固着和水解染料向纤维表面的扩散和解吸，最后再降温水洗。

为了加快未固着染料的解吸速度，减少染料的聚集，水洗过程中除了温度和水量控制外，在皂洗中还应尽量降低洗浴中电解质浓度。此外，在皂洗浴中可适当加入一些金属螯合剂或含有螯合剂的洗涤剂，控制水洗用水的硬度，降低钙、镁金属离子。水洗后的织物 pH 值应保持中性，以避免织物在存放中染料发生断键。

6. 固色处理 染色后固色处理的固色剂对耐日晒牢度也会产生一定的影响。一些含氮的阳离子固色剂由于参与了光褪色反应,会降低耐日晒牢度。如果选用引入铜金属离子的固色剂,能够增强染料的耐日晒牢度。其原因是铜离子会与染料发生络合反应,形成光稳定性高的染料金属螯合剂。但应注意染料分子中的金属会对染料产生一定的变色。

二、色牢度的控制

了解掌握气流染色对色牢度可能产生的影响因素后,就可根据染料和纤维的性能以及客户的指标要求,结合气流染色过程的特点,制订出合理工艺条件和控制。使染料尽可能牢固地与纤维结合起来,达到所需的各项牢度要求。

1. 正确选择染料和助剂 对染料的选择,应从三个方面来考虑。首先是被染织物的使用要求和纤维性质,对棉纤维应选用抗氧化性较好的染料,对蛋白质纤维应选用抗还原性较好的染料;其次是织物的染色深度和后整理要求,对浅色织物的染料,应选用耐日晒牢度较高的染料;最后是选用耐光稳定性、配伍性好的染料进行配色。对于助剂来说,一是选用好的匀染剂和促染剂,使染料缓慢、均匀、充分上染纤维;二是加入螯合剂,避免染料与水中金属离子络合而形成浮色,并减少活性等染料在水中的水解;三是选择良好的皂洗剂去净浮色,并防止浮色重新沾污织物;四是选择适当的固色剂,虽然对升华牢度、日晒牢度等目前还没有理想的固色剂,但针对皂洗牢度、汗渍牢度、摩擦牢度等各项指标,却可选择到较好的固色剂。

2. 工艺控制 染料在纤维上的聚集和结合状态,对织物的色牢度有一定影响。染料与纤维要获得充分和牢固的结合,除了选择良好性能的染料外,还应该采取合理的工艺条件和控制,包括前处理、染色和后处理。活性染料只有形成共价键,才能够将染料激化后的能量迅速转移到纤维分子上,抑制光褪色反应。因此,织物经过良好的前处理后,染色过程中必须保证足够的上染和固色时间,保证较高的固色率,以避免过多的染料聚集在纤维表面。这些表层染料能量转给纤维很困难,大面积与氧气和水分接触,容易发生光氧化褪色。

残留在纤维上的未固着染料和水解染料,没有与纤维形成化学键,对色牢度产生很大影响,必须通过提高固色率和减少水解程度来加以预防。由于染料在实际固色过程中,总是同时存在染料的水解现象,并且因时间短还可能存在未固着的染料;所以必须保证一定的固色时间,尤其是分子较大的双活性基染料,在纤维上的吸附和解吸的平衡时间较长,更要保证所需的时间。

此外,前处理、染色和后处理所用的水必须控制其硬度,尽量减少钙、镁和铁等金属离子。对染色用水除了严格控制水的硬度外,还要控制其电导率。

3. 水洗控制 水洗是作为染色后去除纤维上残留的未固着染料、水解染料以及助剂等,而采取的一道提高牢度的工序。水洗的时间和温度,对这些残留物的去除程度有很大影响。水洗时应采用充分的水量,并加入分散螯合剂,以降低金属离子和中性电解质的浓度。金属离子与染料可形成很难溶解的色淀,而且还催化染料的光褪色;中性电解质会增加染料的聚集,阻碍纤维孔道内未固着染料和水解染料向纤维外部扩散。经水洗后的织物应呈中性,并且不带有表面活性剂和分散螯合剂等。

参考文献

[1]《纺织材料学》编写组. 纺织材料学[M]. 北京:纺织工业出版社,1980.
[2]宋心远,沈煜如. 活性染料染色[M]. 北京:中国纺织出版社,2009.
[3]阿瑟·D. 布罗德贝特. 纺织品染色[M]. 马渝茳,陈英,等译. 北京:中国纺织出版社,2004.
[4]刘江坚. 气流染色机的现状与发展[J]. 纺织导报,2010(11):31-36.

第九章　气流染色机在其他湿加工上的应用

气流染色机除了主要用于织物染色外，还广泛用于织物的常规前处理、酶处理、碱减量处理等湿加工。近年来的应用表明，气流染色不仅可以满足绝大部分常规织物的染色和整理，而且在一些新型纤维织物上也得到了很好应用。

第一节　织物常规前处理

通常，织物的前处理工艺是根据织物前处理的基本要求，选择相应的处理剂（如碱、酶和双氧水等），再确定前处理的工艺方法和设备。专用的连续式前处理工艺流程较长，主要是由几个基本单元组成，完成织物浸渍处理液、堆置反应和水洗过程。其中堆置反应是决定织物最终处理效果的关键过程，水洗是完全分离织物杂物，保持织物处理效果的过程。气流染色机基本具备了织物前处理的三个主要处理过程，并通过一定的工艺条件来满足织物前处理过程。因此，充分利用好气流染色机的前处理功能，可以达到高效、低能耗和高品质的加工过程，对印染加工的节能减排具有更深层的意义。

一、设备工艺条件

气流染色机用于织物的前处理，具有传统溢喷染色机所不具备的条件，那就是织物在处理中伴随有汽蒸过程。这对加速织物纤维的膨润，以及助剂向纤维内部的渗透反应起到了很重要的作用。同时处理液与汽蒸对织物的交替作用，容易将纤维脱离下来的杂质迅速分离开。因此，无论是对织物的作用程度还是效率，为高效去除织物的杂质提供了有利条件。

1. 织物的汽蒸　织物在气流染色机的储布槽内，除了本身含带的染液外，与自由循环液体是处于分离状态。在一定的温度（如100℃以上）条件下，实际上是处于一个汽蒸过程。蒸汽对织物纤维可产生较快的温度传递，而蒸汽冷凝水加速织物纤维的膨润，并且可使整个织物获得均匀的受热和湿润。而这个过程就如同连续式汽蒸箱一样，为织物提供了一个较好的汽蒸环境，织物纤维中的杂物在助剂的作用下，加快脱离纤维，当进入喷嘴后再经过气流和处理液的振动拍打作用就可分离。

比较传统的织物退、煮、漂工艺的各种方法，要数汽蒸过程对织物的反应最佳。它不仅可以使织物纤维获得均匀的温度和膨润，而且还可加速处理剂的反应速度，缩短处理时间。气流染色机兼作织物前处理的最大优势，就是能够为织物提供一个松弛的汽蒸过程。这是目前其他溢喷染色机所不具有的，也是气流染色机的前处理效果好的关键所在。

2. 处理液对织物的作用　织物在经过周期性的汽蒸过程中，在喷嘴中又与循环处理液进行周期性的强烈交换，可以使处理剂（如酶、双氧水等）对织物产生强烈的反应。目前大部分退浆和煮练都是采用酶处理工艺，酶在强烈的织物运动下能够加快反应速度，提高处理效果。

气流染色机的浴比较低，并且织物在高速气流牵引下进行循环的同时，处理液与织物进行快速交换。而酶在低浴比条件下，可保持较高的浓度和强烈的活力。织物与处理液的相互作用，为酶提供快速反应的条件，可以在较短的时间内达到织物的处理要求。此外，织物采用双氧水（H_2O_2）漂白，在气流染色机中也可获得最佳效果。在100～110℃的汽蒸环境下，再加循环热浴的作用，双氧水可得到充分的分解。不仅处理的白度好，而且可以减少双氧水的浪费。

3. 对织物作用的柔和度　助剂对织物的作用，通常需要一定的机械作用，如酶处理过程，就需要通过对织物的机械揉搓，加速酶对纤维的反应速度。这种机械作用，必须是织物之间的作用，或者密度不大的流体（如空气）的振动拍击作用，而不是外界硬物的作用（如织物与金属壁接触摩擦）。所以，气流对织物的作用，既可以使织物之间产生较强的揉搓，又不会对织物造成任何损伤。

4. 水洗过程　提高水洗效率主要是依靠工艺和设备。气流染色小浴比节水的真正含义应该是包括前处理、染色和后处理的全过程。目前间歇式溢喷染色可兼作前、后处理工艺，其中水洗过程的耗水所占比例最大。这主要是传统大浴比水洗工艺都是采用溢流式水洗，以耗费大量水来不断稀释残留在织物中的废液而造成的。小浴比如果采用稀释水洗，由于织物残留的废液浓度相对较高，需要消耗更多的水量和时间才能达到水洗的要求，从而失去了小浴比节水的意义。因此，根据净洗基本原理，增大扩散系数和浓度梯度，缩短扩散路程能够加快净洗速度，也就是提高净洗效率。对这三个参数的控制是：扩散系数通过提高洗液温度来增大，扩散路程通过洗液水流速度的激烈程度来缩短，浓度梯度是通过新鲜洗液与污浊液的快速分离来提高。

气流染色机由于自身结构的特点，织物在储布槽内与主体洗液分离，高温条件下自然形成一个汽蒸过程，而通过喷嘴时又有一个热洗的过程。织物在水洗的过程中，实际上是处于汽蒸—热洗—汽蒸不断地交替过程。汽蒸可提高织物纤维的膨化效果，加速纤维、纱线毛细管孔隙中污杂质向外表面的扩散速度，热洗可尽快打破洗液平衡的边界层，缩短扩散路程并且提高浓度梯度。显然，这一过程为气流染色提高净洗效率提供了有利条件。

基于气流染色上述的结构特点和水洗过程，可实施阶段受控，以消耗最少的水和时间达到充分水洗效果。其受控方式是：根据水解染料、未上染的染料以及中性电解质在织物中的不同状况，分别以水流的速度和温度来控制水洗过程。

二、退浆、煮练和漂白

在各种退浆工艺中，温度、时间、pH值、浴比、织物与溶液的交换状态等工艺条件对工艺的顺利实现起着至关重要的作用。与传统溢流或溢喷染色机相比，气流染色机提供了较好的工艺条件，特别是低浴比以及织物处理液的交换状态，无论是交换的剧烈程度，还是均匀性和反应性都具有一定优势。

1. 退浆工艺条件及控制　在常用的酶退浆工艺中，温度、pH值、抑制剂和活化剂对酶的活力有影响。提高温度可加快酶的催化速度，但稳定性则下降。表9－1给出了酶的作用温度与时间的关系。pH 值对酶的催化作用也很大，只有在 pH 值 6 ~ 7 的范围内才表现出最佳状态；而强酸或强碱状态下，酶就失去了作用，并且是不可逆转的。图 9 – 1 为酶在不同 pH 值条件下所表现的作用状态。

表 9 – 1　酶的作用温度与时间的关系

作用温度(℃)	时间(s)
70	60
80	30
90	15
100	2 ~ 3

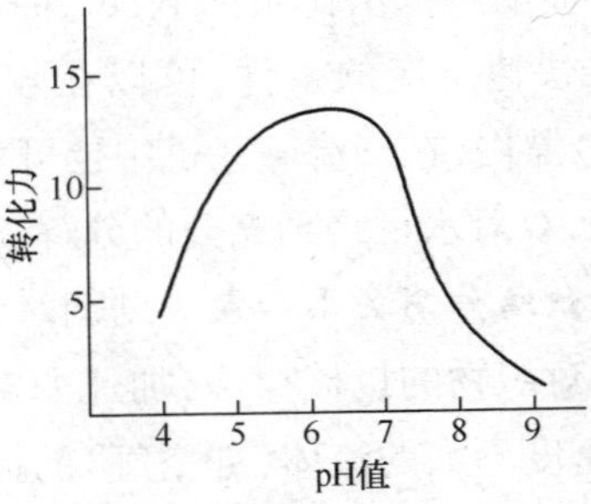

图 9 – 1　酶受 pH 值的影响状态

酶对淀粉的催化效果还与酶和淀粉的接触面积有很大关系。由于酶是一种胶状高分子物质，在织物纤维上的渗透性很差，在短时间内不容易渗透。而气流染色机通过气流雾化液对织物的强烈作用，可使酶与织物纤维获得充分的接触，并且分布均匀。因此，实践应用表明，用气流染色机进行织物的酶退浆，可获得比传统溢流或溢喷染色机更好的效果。

在气流染色机中进行织物退浆处理，要注意利用其储布槽中织物近似的汽蒸过程。选用酶退浆工艺时，气流染色机可提供织物与处理液的强烈交换条件，对加速酶的反应和处理效果起到了很重要的作用。对于针织物应控制其线速度不宜太快，避免对织物产生过大张力。温度和溶液的 pH 值应利用设备的控制功能进行精确控制。

2. 煮练工艺条件及控制　织物的煮练效果取决于工艺条件，包括煮练液的温度、煮练时间、浴比和煮练液的循环状态，织物的组织、纤维所含杂质以及质量要求是煮练液成分配置的依据。气流染色机的浴比小，碱浓度相对较高，在使用助练剂和表面活性剂时，更应该控制碱浓度。当浴比为 1∶(3 ~ 4)时，主练剂烧碱为 10 ~ 15g/L，助练剂通常不加或少加。温度可以加快化学反应速度，通常温度每提高 10℃，化学反应速度增加约 2 ~ 4 倍，其影响远大于其他因素。根据质量作用定律，化学反应速度与反应浓度的乘积成正比。在 100℃条件下，可去除大部分杂质，而再提高温度时，则有助于加快化学反应速度，对去除蜡质十分有利，并可改变纤维初生胞壁的状态，提高煮练效果。因此，一般在气流染色机中都是采用高温煮练，温度在 120 ~ 130℃。由于蜡的熔点为 70℃，故高于此温度，乳化可顺利进行。

延长煮练时间对化学反应来说，并不意味着煮练效果的进一步提高。因为随着作用时间的延长，参加反应的物质浓度会逐渐降低，并不会产生更多的反应结果。但是在气流染色机中进行煮练，最初几分钟内烧碱消耗约 20%，随着时间的进行，纤维会吸附碱，同时杂质也要消耗碱，使碱消耗量约 60%，如再延长时间 2 ~ 3h，碱浓度已没有太大变化了。因此，一般煮练时间控制 3 ~ 5h，基本可以保证煮练透彻。此外，气流染色机因储布槽内不存放主循环染液，实际上伴随着一个汽蒸过程，相当于汽蒸煮练，从测定耗碱率来看，作用时间 1 ~ 1.5h 也足以满足工艺要求了。

气流染色机的煮练浴比可控制在1∶3以下，相对浴比较高的溢喷染色机而言，可以提高碱浓度。这样既可以加快煮练化学反应速度，同时又可加快练液的循环频率，有利于织物煮练的均匀性。此外，织物在储布槽中具有一定的气蒸效果，既可加快主练剂的反应速度，同时会促进织物纤维的膨润。通过喷嘴对织物的强烈作用，纤维中的各种杂质容易迅速剥离。

3. 漂白工艺条件及控制　织物经过煮练之后，虽已去除了大部分杂质，但仍有部分杂质，尤其是棉籽壳、色素一类并未被完全去除。而这些少量残留物，对提高织物的白度或者染色和印花的鲜艳度有一定影响。所以必须通过漂白这道工序，进一步净化纤维。漂白的目的在于破坏色素，赋予织物必要和稳定的白度，同时保证纤维不受到明显的损伤。有应用表明，经漂白后织物上的蜡质、灰分去除程度和毛细效应，均比仅做煮练的织物有较大提高。

目前大部分都是采用双氧水漂白，不仅适用的纤维品种多，而且漂白之后的织物白度良好、色光纯正。在双氧水漂白工艺中，漂液的浓度、温度、酸碱度以及时间，是发生化学反应速度及漂白程度的主要条件。过氧化氢漂白的方式很多，可以高温汽蒸、高温高压处理，也可以冷漂(用于不适于高温处理的合成纤维的混纺织物)。就气流染色机而言，可以进行高温高压处理，同时伴有一定的汽蒸效果。

(1)漂白。工艺曲线如下：

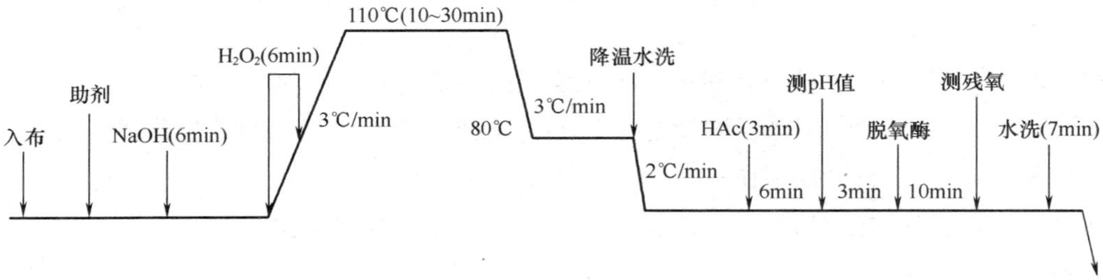

漂白处方及工艺条件见表9-2。

表9-2　漂白处方及工艺条件

漂白处方及工艺条件		用量及设定参数
漂白处方	H_2O_2(100%,g/L)	1.5~3
	硅酸钠(相对密度1.4,g/L)	2~4
	NaOH(g/L)	0~2
	润湿剂(g/L)	0.5~3
工艺条件	浴比	1∶(3.5~4)
	pH值	10.5
	漂白温度(℃)	90~110
	漂白时间(min)	10~30

(2)水洗。织物氧漂后须进行充分水洗,洗净残余的双氧水。否则,含有残余双氧水的织物进入染液中,就会氧化分解活性染料的活性基团,出现色浅、色斑及色相变化等问题。织物上残余双氧水的去除方法有以下几种:

①高温水洗法。具体工艺是:

氧漂后降温至80℃排液→注水升温至90~100℃,循环10~20min→排液→注水,加醋酸中和,40℃循环15min→排液→注水冷洗20min→排液→注水升温至80℃,循环30min→排液→水洗30min→出布

②还原剂法。氧漂结束前10min加入0.5g/L保险粉,可消除残余双氧水。

③生物除氧法。利用双氧水酶,如7erminox Ultra 50L双氧水酶(丹麦诺维信公司生产),对双氧水的专一分解作用,可将双氧水完全去除。具体工艺是:

氧漂后降温至80℃排液→注水→醋酸中和至pH值为7→加入Terminox Ultra 50L(0.07g/L)常温处理20min

织物上残留双氧水的去除程度,可用德国默克(Merck)公司生产的双氧水浓度测试纸检测,也可用高锰酸钾或重铬酸盐滴定检测。

以上水洗方法,高温水洗法能耗较大和污水较多,还原剂法对双氧水的去除程度难以控制,而双氧水酶去除残余双氧水较为理想。对染料和环境都不会产生破坏影响,是目前印染加工实现清洁生产的有效方法。

(3)工艺过程控制。气流染色机的过氧化氢漂白主要是对温度和时间的控制。

①对于一般纯棉织物,氧漂温度设定在110℃,这样有利于双氧水的充分分解。漂白时间可根据织物种类确定,一般可控制在10~30min,但最长不要超过30min。

②对于含有氨纶的弹力针织物,其氧漂温度应控制在96℃,温度可延长至50min以内。主要是考虑到高温长时间作用对氨纶的弹力损伤较大。

③氧漂的升温速率控制在3℃/min,降温速率可根据具体织物品种来确定。应避免织物骤然遇冷出现收缩不同,引起织物折痕的产生。

三、合成纤维针织物的精练和松弛

合成纤维本身比较洁净,所含杂质也比天然纤维少得多。但由于纤维的生产过程中须在其表面加注一些油剂,以减少摩擦阻力,同时针织物在编织过程中也要加注润滑油,所以合成纤维仍需进行精练处理。此外,合成纤维在纺丝过程中要经过多次牵伸,尤其是长丝的牵伸倍数较大,会残留较大的内应力。在后续的受热湿加工中,纤维的内应力会不断释放出来,一旦纤维回缩的受力不均匀,就会产生折痕。因此,为了去除纤维纺丝过程中所施加的油剂和抗静电剂等,并且消除织物内应力,使织物获得松弛收缩效果,一般还要进行精练松弛处理。此外,在染色之前需要定形的织物,也都需要进行前处理。其目的是避免在定形过程中,油污固着在纤维上造成染色疵病。

合成纤维针织物的前处理是织物在湿热状态下逐步形成产品的起点,会对织物染色性和产品最终手感造成影响,一般采用较为缓和的方法,具体工艺条件可由织物的含油情况以及纤维性

能来确定。松弛处理最好使织物完全处于无张力状态下，经湿热和干热作用，纤维间产生收缩差异，以提高织物的回弹性、平滑性和蓬松性。松弛处理的方式主要有：湿热、干热以及湿热和干热相结合。具体选用方式取决于织物品种和风格要求。精练与松弛一般以分开进行为宜，并且精练后再进行松弛处理。因为松弛会引起纤维卷缩膨化，一些浆料、油蜡等杂质会夹在纤维缝隙中，不容易洗净。

涤纶针织物前处理主要是精练和松弛，其工艺条件包括温度、时间和升温曲线等。织物在开始收缩时，应从低温开始缓慢升温，以便纤维获得充分收缩。如果部分纤维收缩不充分，就会在后续的染色加工中产生折皱。对一些热收缩率较低的织物（如梳毛型织物），在织造之前都要加强捻，应采用低温松弛处理，以利于织物的蓬松。

1. 精练　涤纶针织物一般采用非离子型净洗剂，在较温和的条件下进行精练。沾污严重的可加入少量纯碱（一般不用氢氧化钠，以免损伤纤维），促使污物乳化而除去；但精练后必须充分洗净残碱，以免影响染色。精练时，织物的线速度不要太快，避免产生张力过大。

涤纶针织物在气流染色机中的精练处方及工艺条件见表9－3。

表9－3　精练处方及工艺条件

精练处方及工艺条件		用量及设定参数
精练处方	净洗剂（%，owf）	0.3～0.6
	纯碱（%，owf）	0～0.2
工艺条件	浴比	1∶（2～2.5）
	温度（℃）	80～90
	时间（min）	30

2. 松弛　松弛是涤纶针织物特有的处理工艺，其实质是在松弛状态和适当的温度下使涤纶针织物回缩膨松，消除织物的内应力。松弛处理不仅可以提高涤纶针织物的尺寸稳定性、回弹性、蓬松性和柔软性，减轻卷边现象，还可减少染色中的折皱和染斑，也便于起毛和磨毛加工的进行。因此，涤纶针织物在染色前一般都要进行松弛处理。

松弛处理是以热水作为松弛介质和增塑剂。在水中加入适量的低泡高效洗涤剂，可以将精练和松弛处理同浴进行，缩短和简化前处理工艺。但同浴处理有时会因松弛加工引起纤维卷缩膨化，使杂质夹于纤维间隙中而不易洗净。采用何种工艺视具体情况而定。

涤纶针织物在绳状下进行松弛处理，容易产生褶皱。主要原因是织物在径向所受的张力不均匀，造成织物回缩不匀而造成的。在气流染色机中进行松弛处理，织物运行速度应缓慢，尽量减小织物纵向张力。对于容易起皱的织物，还需适当加入一些防皱剂，并且要控制升温速率。

四、无碱氧漂工艺

传统的纤维素纤维氧漂工艺，主要是在强碱、双氧水、稳定剂和渗透剂等助剂条件下进行。整个工艺过程耗时长、织物失重率高、纤维受损变脆、强力降低，并且能耗和污染大。对于涤棉混纺或交织物的煮漂，碱会对涤纶造成损伤。为此，出现了一种无碱氧漂工艺。

1. 碱对纤维的影响 首先是对织物纤维强力的损伤。棉纤维与强碱在高温含氧的条件下，强碱可使棉纤维发生氧化。其原因是纤维素剩基环上氧化所产生的基团（醛基），能使葡萄糖苷键对碱变得更敏感，引起聚合度下降，最终造成纤维脆损，强力下降。由于强碱具有较高的活化性，并始终伴随着氧漂的进行，使 H_2O_2转变成过氧化氢离子（HOO^-）。一旦碱浓度过高，就会引起更多的无效分解，产生 O_2和过氧化氢自由基（HOO·）。在这种条件下，H_2O_2失去了漂白作用，只能是处于更多的消耗之中。在高温碱性条件下，渗透到织物内部的 O_2会损伤纤维素。此外，氨纶、腈纶、大豆蛋白纤维和竹纤维的混纺织物，也不适于有碱氧漂工艺。

碱对纤维的另一影响是织物失重率高、手感差。由于棉纤维中所含的蜡质和油脂，会影响到纤维润湿性。传统工艺中须通过强碱的皂化将纤维表面的蜡质覆盖膜破坏掉，然后经水洗加以去除。但会造成织物的失重率高，并影响到织物手感。

此外，在碱－氧漂过程中，强碱与纤维素纤维会生成碱纤维素。它不稳定，容易发生水解。碱纤维素在化学结构上与原纤维相同，但含有化学结合水。碱纤维素经水洗后能够去除一部分碱，但仍也有一定量的碱黏附在纤维素上，氧漂后须经过多次水洗才能去除。若清洗不净，则会引起染色不匀。

2. 快速氧漂工艺 德国某公司新研制的一种复合型多功能固体氧漂助剂 BLG，不含烧碱，同时具备了渗透剂、稳定剂和螯合剂的一些功能，氧漂时只用氧漂助剂 BLG 和过氧化氢。该助剂为非离子型，呈白色粒状晶体，pH 值为 10.2～10.5，易溶于温水。

（1）工艺流程：

40℃升温至 110℃，保温 20min（若升温至 130℃，则保温 5min）→降温至 80℃排液→酸洗（60℃，加 0.4～0.5mL/L 冰醋酸，洗 15min）→排液→40℃酶脱氧，15min→染色

（2）工艺曲线：

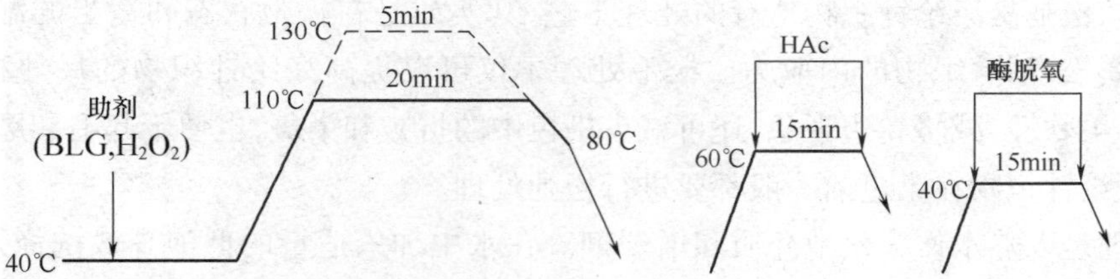

（3）氧漂处方及工艺条件（表 9－4）。

表 9－4　氧漂处方及工艺条件

氧漂处方及工艺条件		用量及设定参数
氧漂处方	助剂 BLG（g/L）	2.5～3.0
	27.5%～30%双氧水（mL/L）	6～8
工艺条件	浴比	1:（3～4）
	温度（℃）	110～130
	时间（min）	50

3. 无碱氧漂工艺特点　精确控制氧漂过程的 pH 值，可在避免织物纤维强力损伤的同时获得所需的白度。通常漂液的 pH 值 9～10 时白度最佳，而 pH＞11 时白度就会下降。无碱氧漂特效助剂具有渗透、螯合、稳定和乳化的综合功效，其主要特点有：

（1）无碱氧漂特效助剂 BLG（用量 2.3～3g/L）可将 pH 值控制在 10.3～10.5，且非常稳定。在高温氧漂过程中，不仅白度好，织物强力不下降，而且可以缩短漂白时间。

（2）在高温高压氧漂过程中，H_2O_2分解产物损失少，可加快分解速率；但分解产物达到一定浓度时，又可减缓分解速率，从而使得 H_2O_2 在整个漂白过程始终处于有效漂白状态。当温度在 120℃ 氧漂 15min 时，H_2O_2的分解率可达 90%。

（3）在高温高压条件下，H_2O_2的有效分解物与织物进行快速交换，可加快助剂向纤维内部扩散，进一步提高织物的漂白效果。

五、高效短流程前处理工艺

传统的织物前处理退浆、煮练和漂白是分别进行的，但三者之间有一定的互补性。例如退浆的过程中也伴随着去除部分天然杂质的作用，具有一定的煮练效果；而煮练又可进一步去除残留的浆料，提高织物的白度；漂白却也有着进一步去除色素及其他杂质的作用。传统前处理的三步法具有工艺相互干预小、重现性好和容易控制等优点，但工艺流程长、生产效率低、能耗高，并且因长时间的加工对织物纤维会产生较大损伤，特别是高能耗和排污大与当前节能减排的形势发展极为不相适应。因此，缩短工艺流程、降低能耗、提高织物品质和生产效率，已成为印染行业发展的趋势。高效短流程前处理工艺就是在这种背景下产生的。虽然高效短流程前处理工艺，目前主要是研究连续式生产线，但一些基本工艺条件和助剂完全可以引用到气流染色机中，并且有些工艺条件还非常近似，如气流染色机的储布槽中不存放水，具有一定的气蒸效果。而事实上，已经有许多印染厂在气流染色机上获得成功，甚至还有的用部分气流染色机专门用于织物的前处理。

1. 前处理工艺流程的合并　目前高效流程工艺按工序合并的方式不同，可分为一步法和两步法。二步法又可分为两种方式，一种是将退浆与煮练合并，然后漂白，简称为 DS—B；另一种是先退浆，然后将煮练和漂白合并，简称为 D—SB。D—SB 工艺要求退浆后须充分洗涤，最大限度地去除浆料和部分杂质，以提高碱—氧共浴时双氧水的稳定性。此外，该工艺还要求选用较强的碱性和较浓的过氧化氢，在充分除去织物上杂质的同时完成漂白。为此，要求严格控制工艺条件，并选择性能良好的耐强碱、耐高温的氧漂稳定剂和螯合分散剂，使纤维受到的损伤程度最小。由于该工艺的要求比较苛刻，而且也难以达到，所以应用较少。DS—B 工艺是退、煮共浴进行，助练剂的应用非常重要，应使用在强碱下具有良好稳定性的氧化退浆剂。该工艺的漂白采用的是常规工艺，对双氧水稳定性的要求不高。该工艺碱浓度较低，双氧水分解速度相对较慢，对纤维损伤也小。但退浆与煮练合一后，浆料在强碱浴中不易洗净，会影响到退浆和煮练效果。因此，退、煮后必须充分水洗。DS—B 工艺早期应用于涤棉混纺织物的加工，现已扩展到多种织物的加工，也是目前应用最多的一种。

一步法就是退、煮、漂一浴汽蒸法工艺。考虑到高浓度碱和高温情况下，很容易引起双氧水的快速分解，并加重织物的损伤程度，故必须通过降低烧碱或双氧水的浓度，或加入性能较好的耐碱稳定剂加以控制。但是，降低烧碱用量会影响退、煮效果，特别是对上浆率高或含杂量大的纯棉厚重织物影响更大，因此，该工艺仅适于涤棉混纺轻薄织物。如果采取适当的工艺措施，增加织物坯布的润湿和渗透性，并通过充分水洗，那么也可用于纯棉织物。在气流染色机中进行该工艺，温度为130℃，处理5min即可。

此外，将传统的前处理、染色的分浴或分步进行的加工过程放在同浴或同一时间内完成，以获得两种或两种以上的性能，已成为目前间歇式染色机的加工方式，即练漂、染色一浴法织物加工。这种加工方式克服了传统前处理和染色分浴或分步进行存在的缺点，但对染料、助剂以及设备控制提出了更高要求。

2. 针织物练漂一浴法 就是针织物在烧碱和双氧水共浴条件下，一步完成精练和漂白的一种工艺。由于该工艺缩短了针织物的前处理时间，提高了设备的利用率和生产效率，并节省能耗，所以在间歇式染色机中得到了广泛应用。

在这种工艺条件下，由于烧碱的浓度较高，而双氧水在强碱溶液中会发生剧烈的分解，所以既消耗双氧水，又会造成棉纤维损伤。为此，要经济有效地保证工艺的顺利进行，首先是选用在强碱条件下对双氧水具有稳定作用的助剂，控制双氧水的分解速度；其次是要选用具有渗透性好、耐碱和高温特性的高效精炼剂，如阴离子表面活性剂和非离子表面活性剂的复配物，以减少双氧水的分解和对织物纤维的损伤。

(1)漂白纯棉针织物。

a. 工艺流程：

练漂处理→排液→热水洗→冷水洗

b. 练漂处方及工艺条件见表9－5。

表9－5 练漂处方及工艺条件

练漂处方及工艺条件		用量及设定参数
练漂处方	H_2O_2(100%，g/L)	4
	N_aOH(30%，g/L)	2.5
	精练剂PD－820(g/L)	1
	稳定剂EM－88(g/L)	0.2
工艺条件	浴比	1:(3～3.5)
	漂白温度(℃)	98
	漂白时间(min)	90
	水洗温度(℃)	60～80
	水洗时间(min)	10～20

(2)染色织物前练漂。

a. 工艺流程：

练漂处理→排液→热水洗→冷水洗→染色

b. 练漂处方及工艺条件见表 9－6。

表 9－6　练漂处方及工艺条件

练漂处方及工艺条件		用量及设定参数
练漂处方	H_2O_2(100%,g/L)	1.8～2.4
	NaOH(30%,g/L)	2～2.5
	精练剂 PD－820(g/L)	1
	稳定剂 EM－88(g/L)	0.15
工艺条件	浴比	1:(3.5～4)
	漂白温度(℃)	98
	漂白时间(min)	90
	水洗温度(℃)	60～80
	水洗时间(min)	10～20

第二节　织物的酶处理

近年来,随着生物化学技术的发展,将生物酶应用在退浆、煮练、整理和净洗加工中,已成为节能降耗、减少环境污染、提高产品质量和生产效率的一种有效加工方式。实际应用表明,与传统工艺相比,利用生物酶代替部分化学品进行织物前处理,可缩短流程、节能节水、降低废水中的 COD 含量和污水排放量,并且对织物纤维强力损伤小。氧漂后的脱氧采用生物酶脱氧工艺,能将织物上残留的双氧水分解为氧气和水,并具有专一性。生物酶脱氧仅对双氧水产生作用,而不影响染料,并且脱氧后可不排液直接进入染色。

酶是由生物体产生并具有催化作用的蛋白质,能够通过降低反应的活化能加快反应速度,但不改变反应的平衡点。酶的特点主要表现在高效性和专一性。根据酶的催化作用性质,可分为氧化还原酶、转移酶、水解酶、裂解酶和生合酶。氧化还原酶主要是催化物质发生氧化还原反应,其中的过氧化氢酶在前处理中,可加快过氧化氢的分解,提高过氧化氢漂白后的水洗效果,有利于染液的稳定性。水解酶包括淀粉酶、纤维素酶、蛋白质酶、脂肪酶和果胶酶,是染整加工中应用最多的一类酶,如纤维素纤维的煮练、退浆,天然蛋白质纤维的脱胶等。

酶在染整加工中的应用,对缓解印染污染、提高纺织产品附加值将起到非常重要的作用。这里主要介绍酶用于气流染色机中的前处理和后整理工艺。

一、酶退浆工艺

该工艺是利用酶催化的专一性,将织物上的淀粉浆料催化水解变成可溶性状态,再通过水洗去除。与传统采用氧化剂、酸和碱的化学方法相比,酶退浆不仅退浆效率高,而且不损坏纤维素纤维。由于织物纤维素纤维是 $\beta-d-$葡萄糖以 1,4－苷键连接而成的高聚物,淀粉是 $\alpha-$葡萄糖的高聚物,两者的分子结构、微结构和形态上差异较大,故淀粉酶退浆具有很高的催化专一性。

1. 用于前处理的酶及作用 酶作为一种生物催化剂，具有高效性和专一性。它属于天然蛋白质，使用后容易完全生物降解，且对环境和织物不会造成污染。在染整加工中，目前实际上仅仅应用了具有水解和还原作用的酶。酶的前处理主要有酶退浆、酶煮练（或精练）、酶脱胶和酶漂白，其中酶退浆和酶脱胶应用较早，也是比较成熟的工艺。

酶在前处理中主要对纤维杂质产生作用，主要用于去除杂质和残留物。天然纤维素纤维中的杂质主要有棉、麻纤维中的果胶，可选用果胶酶进行精练处理；天然蛋白质纤维羊毛、蚕丝中的油脂，可选用脂肪酶进行精练；蚕丝中的丝胶可选用蛋白酶精练。织物中的残留物主要包括经纱的浆料、漂白处理后所残留的过氧化氢等。选用淀粉酶去除淀粉浆料，选用过氧化氢酶去除残留的过氧化氢。

2. 工艺过程 工艺过程主要包括三个过程，即织物对酶处理液的浸润吸附过程、酶与纤维上淀粉的分解过程和水洗过程。带有浆料的织物经充分吸附酶液后，促使织物上的淀粉糊化，削弱浆料对织物黏合力，降低浆料的黏度。浸润吸附的温度为60～70℃，加入适当非离子润湿剂，酶处理液呈弱酸性或中性（pH＝6～7）。为了加强酶的活化作用，可适量加入电解质或金属离子（如钠离子或钙离子）。对克重较大或织造密度较大的织物，可将温度升至80℃或更高温度的预先热浴处理，以加快织物浸润。

酶对淀粉的分解作用在接触到浆料就已经发生了，但是还需要达到一定的酶浓度和作用时间，才能够达到所需的效果。酶的浓度低时，可适当提高保温温度和延长时间；反之，就降低保温温度和缩短时间。

3. 工艺控制 酶处理液的温度、pH值、搅拌程度、金属离子或活化剂等，对酶的催化作用产生一定影响。温度的升高可加快酶的催化反应速度，但会降低酶的稳定性。因此，酶退浆的温度既要考虑酶的反应速度，又要兼顾其稳定性。根据酶的活力与温度的关系，酶的活力在40～85℃范围内最高，故一般退浆的温度设定在60～70℃。对于稳定性较差的胰酶，温度可设定在40～55℃；而一些耐热性较好的酶，可将温度设定在90℃以上。酶的活力和稳定性与pH值也有很密切的关系。淀粉酶在pH值6时的活力最强，而稳定性在pH值6～9.5时最好。兼顾两者利益，酶液的pH值宜控制在6.0～6.5，胰酶的pH值宜控制在6.8～7.0。酶退浆的用水可以不用软水或加入软水剂，因为一些金属离子如钙或钠离子，对胰酶会产生活化作用。酶处理液的搅拌程度，可以加快酶的反应速度，主要是通过织物与酶液的相对运动和接触的剧烈程度来实现。

二、酶煮练（或精练）工艺

酶对棉纤维主要是煮练，对麻纤维主要是脱胶，对蚕丝是精练和脱胶。棉纤维煮练是去除果胶质及其他天然杂质，其中果胶质的去除是采用果胶酶。果胶质的结构比较复杂，通常以不同的果胶酶处理。所以果胶酶不是单一酶，而是一个多组分体系。果胶酶主要有：原果胶酶、果胶酯酶和聚半乳糖醛酸酶。原果胶酶可将不溶性原果胶水解为水溶性果胶（多聚半乳糖醛酸的甲酯），并切断聚甲氧基半乳糖醛酸和阿拉伯糖之间的化学键。果胶酯酶能够分解水溶性果胶分子中的甲氧基和半乳糖醛酸之间的酯键，生成半乳糖醛酸和甲醇。聚半乳糖醛酸酶，俗称果胶酶，可切断果胶酸的α－1，4－糖苷键，生成游离的半乳糖醛酸。

麻类织物的果胶含量比棉纤维高，但与棉不同的是，脱胶时需要保留一部分果胶。麻类织物采用果胶酶脱胶，其作用原理与棉纤维相同。蚕丝的精练和脱胶目前采用酶处理的也越来越多，不仅可以在低温下处理，而且对丝素的损伤小。

1. 工艺过程　在实际应用中，考虑到棉纤维的杂质主要存在于初生胞壁中，而初生胞壁中还含有很高的纤维素（约54%），纤维表面所分布的果胶并非连续成膜。若仅用果胶酶处理，不仅时间长而且杂质去除不充分。因此，将果胶酶和纤维素酶混合使用，可以在分解果胶的同时，分解初生胞壁中的纤维素，去除棉纤维表层杂质。

蚕丝酶脱胶处理通常有三个过程：首先是用纯碱和表面活性剂进行前处理，将丝胶进行膨润并软化，为酶作用提供条件；其次是酶处理，利用酶催化的高度专一性分解（水解）并去除丝胶，同时保护丝素不受损伤；最后是水洗，充分去除水解产物。

2. 工艺控制　果胶酶处理棉织物的温度为40℃，pH值4～5。在该工艺条件下，果胶质的去除效果较好，还可提高毛细管效应，对棉纤维损伤也小。采用原果胶酶可以将棉纤维表面的不溶性果胶游离出来，并随着纤维表面其他杂质脱离，具有一定的精练效果。其工艺条件为：原果胶酶的用量12%（owf），酶液的温度为40℃，pH值为5，时间约8h。为了提高酶对织物纤维的渗透性，除了加入适当的表面活性剂外，还应加快织物与酶液的交换频率，通过织物与酶液的剧烈接触，提高酶的反应速度和处理效果。

麻类织物脱胶工艺条件是：室温升至35℃，时间为12～36h，浴比为1∶2。蚕丝精练脱胶的酶根据最佳作用的pH值可分为酸性蛋白质酶、中性蛋白质酶和碱性蛋白质酶，其中应用较多的是碱性蛋白质酶。碱性蛋白质酶的最佳工艺条件是：pH值为9～9.5，温度为55～60℃。

三、酶漂白工艺

酶在织物漂白中主要是去除织物漂白后残留的过氧化氢。织物经过过氧化氢漂白后，可能会残留一部分过氧化氢，在后续的染色和印花中，会破坏染料，造成上染不均匀。因此，漂白后的织物可用过氧化氢酶将残留的过氧化氢分解成氧和水，以改善染色性能。其工艺是：过氧化氢漂白后，在70℃温度下进行过氧化氢酶处理20min，水洗两次。

四、织物的酶整理

织物的生物酶处理除了前面介绍的前处理（退浆、煮练和漂白）外，还可利用纤维素酶对纤维素的催化水解作用，通过气流对织物产生的相互机械摩擦作用，达到改善织物纤维表面的物理性能，提高附加值的目的。酶处理的主要工艺有生化抛光、柔软滑爽、改善光泽和石磨水洗等，但所有处理的本质还是纤维素酶对纤维素纤维的水解减量作用。

1. 纤维素酶对棉纤维的减量　纤维素纤维织物经过纤维素酶作用后，会发生纤维的减量或失重，而且引发一些性能变化，如柔软性、吸湿或吸水性、悬垂性和光洁度等。而减量后的织物主要表现在柔软性、弹性和悬垂性的改善，但酶减量处理后可能会造成纤维机械性能的降低。所以应注意减量的控制，一般棉织物的失重率应控制在3%～5%之间。

在酶的减量处理过程中，对纤维素纤维织物失重率产生影响的主要有酶的种类、酶液浓度和

pH 值、温度以及酶液循环速度。即使来源相同的纤维素酶，对棉纤维的失重速率也会不同，其原因是纤维素酶的活力和浓度不同，产生的失重速率不同。棉纤维的失重率随纤维素酶的浓度增加而加快，纤维素酶的浓度不同，其活力也不同。

2. 纤维素酶的抛光 纤维素酶除了可以对纤维素纤维减量，提高其柔软性、弹性和悬垂性外，还可用于织物的抛光处理，减少纤维或织物表面的绒毛和毛球，提高织物表面的光洁度。织物的绒毛就是其表面的松散纤维或纤维端头，以及某些纤维分裂形成的原纤维，所以也称为毛羽。绒毛主要是纱线中的短纤维开裂所致。织物的毛球指的是附在织物表面松散绒毛发生缠结并形成的小球状。酶处理一般只能将纤维端头减弱，而不能使其从纱线本体上脱离下来，还必须在机械的作用下才能够与纤维脱离。所以，只有在酶的水解作用下，再伴随机械的摩擦作用，才能够完成对纤维或织物表面的抛光处理；而且两者之间存在着相互依托的关系，即机械作用的强度大小取决于纤维端头被水解削弱的程度。

生化抛光应控制失重率。在酶和机械的共同作用下，纤维绒毛、毛球和切断的碎头被去除的同时，还会有一定的失重。失重率过低，纤维端头去除不充分；反之，对纤维或织物的强力损伤严重。因此，失重率一般控制在 3% ~5% 为宜。酶生化抛光的酶液配方和工艺条件如表 9 -7 所示。

表 9 -7 酶生化抛光处方及工艺条件

处方及工艺条件		用量及设定参数
酶制剂处方	酸性纤维素酶(%,owf)	0.5 ~3.0
	中性纤维素酶(%,owf)	3.5 ~15
工艺条件	处理温度： 酸性纤维素酶(℃) 中性纤维素酶(℃)	 45 ~55 55 ~65
	处理液 pH 值： 酸性纤维素酶 中性纤维素酶	 4.5 ~5.5 5.5 ~8.0
	时间(min)	20 ~120
	浴比	1:3

五、酶处理过程控制

主要是对酶处理液的浓度、温度、pH 值，以及织物与酶液的机械作用的控制。采用气流染色机进行酶处理，具备了许多优越条件。如酶处理液的浓度在小浴比中要高一些，织物与酶液的相互机械作用，主要是借助气流的剧烈运动，加大酶的反应速度和均匀作用。温度和 pH 值利用在线检测以及程序控制，可以得到良好的监控。整个过程可采用前自动化控制，具有较好的工艺重现性。

1. 酶液 温度、pH 值和助剂对酶的活力和作用效果有很大影响，必须加以控制。酶液浓度较低时，酶分子可充分选择合适的结合位置切断纤维分子，机械强度会明显下降。在相同的失重率条件下，高浓度酶液中的纤维撕破强力最高。因此，为了保证纤维的机械强力，酶液的浓度应尽可能选择高一些。目前使用较多的酸性纤维素酶，其合适的 pH 值为 4.0 ~ 4.5，温度为 40 ~ 50℃。在酶处理过程中，酶液的 pH 值可通过加入适当的助剂进行控制。处理结束后可加入少量纯碱，将 pH 值调至大于 9，运行 10min，也可在 70 ~ 80℃ 下处理 10min，使酶失去活力，停止反应。

2. 织物与酶处理液的相互作用　织物与酶处理液的交换程度，对加快酶在纤维中渗透和均匀分布具有很大影响。两者剧烈的交换，可保证纱线内、外同时发生反应，否则，纱线内部的反应速度低于纱线的外表面，出现不均匀现象。

第三节　织物碱减量处理

利用气流染色机的小浴比特性以及织物与溶液的强烈交换功能，对聚酯纤维类织物进行碱减量加工，不仅能够充分满足织物的处理效果，而且还能够提高“一次成功率”和实现节能降耗和环保的加工过程。在织物新特性的开发领域里，将气流的功能特征与织物的碱减量处理要求相结合，可以更加有效地推动织物向高品质方向的发展，大大降低在传统溢流或溢喷染色机进行碱减量处理所带来环境污染。

一、设备工艺条件

对于涤纶仿真丝的轻薄绉类织物，在气流染色机的低浴比条件下，不仅织物受到的张力小，而且碱液与织物的快速交换，可使碱液获得充分反应，容易控制减量，并且加工时间短。碱减量工艺控制要素是温度、碱液浓度和时间。气流染色机以其自身独特的机械性能和功能，具备了以下一些工艺条件。

1. 被加工织物与溶液的快速交换　气流染色机主要以气流牵引织物作循环运动，并且独立设置了一套液体循环系统。经雾化后液体在气流作用下，与运动中的织物进行接触，落入储布槽内的织物与主体循环液体是处于分离状态。织物在循环过程中，因液体的总容积较小（即浴比很低），所以可以获得较高的交换频率。同时织物在高速气流的牵引下具有较高循环速度，织物在喷嘴中与液体的交换频率很高。这种交换过程不仅对织物纤维产生很强渗透力，能够不断迅速地打破纤维表面扩散边界层的动平衡状态，而且具有较高的浓度梯度，提高了反应速度和均匀程度。

2. 织物在动程中受到张力低　一些高弹力织物、娇嫩轻薄织物和编织较松弛的针织物，在干、湿加工过程中需要保持低张力状态，以避免过大张力对弹力纤维的损伤和织物的变形。此外，对以绳状形式加工的织物，过大张力容易引起织物经向受力不均匀，造成助剂吸附不均匀；同时还会产生纵向折痕，影响染色质量。因此，在织物绳状加工中，尽量减小织物经向张力的影响，特别是织物运行中所受到的张力，是十分重要的。

气流染色机的织物循环动程（指的是织物从储布槽前被提升经提布辊、喷嘴、导布管直至落入储布槽后部的运动过程段)始终含带较少的液体,即使在较高的布速(最快可达700m/min)条件下,对织物产生的张力也比较小。这对高弹力和经编、纬编针织物来说,意味着可在较快的速度下运行。

3.织物的抖动及布面揉搓 在气流染色机中,织物被高速气流所牵引,并且可以使织物在导布管中产生剧烈的抖动和布面之间的揉搓效果,其作用的程度可随着气流大小调节而改变。在织物的碱处理过程中,织物由气流牵动做循环运动,同时也伴随着织物在导布管中的抖动和布面之间的揉搓,而这种作用的结果能够使织物表面之间产生自然摩擦。它可以在不损伤织物表面的条件下,提高助剂对织物纤维表面的作用效果,以达到某些特殊风格。例如Lyocell(天丝)在这种织物之间揉搓和自然摩擦的条件下,可促进原纤化的产生,再通过生物酶的处理,就可以产生仿桃皮绒的效果。

4.储布槽中织物的汽蒸 在染整湿加工过程中,为了保证被加工织物纤维与助剂的充分反应,往往对织物采用一个汽蒸过程。这样可以使织物纤维充分膨润,加快助剂向织物纤维内部的扩散和反应速度。在气流染色机的储布槽内织物没有浸入染浴中,在处理过程中,织物经过喷嘴后在储布槽中实际上受到了一个类似于汽蒸的过程。这对提高织物纤维的膨润性,以及加速助剂向织物纤维的渗透和扩散起了很重要的作用,可在较短的时间内分解共生物,提高处理效果。处理时间的缩短,可减少织物表面损伤或拉伸变形。实际应用表明,气流染色机湿处理,不仅具有较高的"一次成功率",而且效率高、节省能耗。

5.碱剂反应的充分性和均匀性 在碱对织物反应性处理的过程中,精确控制碱剂用量、处理温度和时间是保证被加工织物质量品质的关键。而碱剂的反应性和对织物作用的均匀性,又是通过织物和碱剂的作用条件及设备的控制方式来实现。气流染色机不仅具备了连续式碱减量处理机的汽蒸特性,提供了织物纤维在短时间内充分膨润的条件,而且还提供了助剂的充分反应及对织物的均匀作用的过程。

无论是聚酯纤维的碱减量处理还是海岛型超细纤维的碱溶离开纤处理,实质上都是通过碱对纤维水解反应来实现,而碱剂与织物的作用条件关系到碱又对纤维反应的充分性和均匀性。充分反应可以利用较少碱剂达到处理的效果,而反应的均匀性可以使整个织物纤维达到预期风格。织物在气流染色机中进行碱减量处理,可获得非常好的作用条件。首先,低浴比可以使碱溶液的循环频率提高,加快织物与碱溶液的作用和交换次数,提高碱对纤维的水解速度;其次,织物在不携带更多水的情况下,受到高速气流的牵引及抖动作用,使得织物之间在气流中获得充分的揉搓和摩擦,不但均匀、柔和,而且不会损伤织物表面;最后,同样的碱溶液浓度,低浴比可以减少碱的消耗量。

二、碱减量处理工艺与控制参数

制定碱减量工艺主要是确定织物减量率(或失重率)、减量温度、保温时间、碱剂或其他助剂的用量,然后根据工艺的具体要求,对一些影响因素以参数的形式进行控制。气流染色机的碱减量处理工艺,应考虑到低浴比的碱浓度作用,以及织物与碱液的作用程度对减量率的影响和控制。

1. 碱减量工艺　按温度可分为：常温常压减量和高温高压减量。温度在98～100℃以下的减量称为常温常压碱减量工艺，温度在120～130℃之间称为为高温减量工艺。高温高压气流染色机既可高温减量工艺也可做常温常压工艺，但以高温高压减量工艺为主。这样可以提高生产效率。减量时间通常指的是达到保温温度后的保温时间，一般控制在20～40min。因为保温时间太短易造成控制上的困难，产生较大的偏差；反之时间太长，生产效率低。

从所用的助剂来区别，可分为促进剂工艺和单烧碱工艺。不管是常温常压减量还是高温减量，都可以采用减量促进剂，目前使用最普遍的是抗静电剂SN。使用减量促进剂可使碱的利用率大幅度提高，缩短减量时间，减少减量后的水洗压力。但使用促进剂会使纤维的强力明显下降，容易造成减量过度。另外，促进剂是强阳离子性，易吸附在织物表面而难以洗净，染色时容易出问题。

2. 控制参数　为了达到减减量的处理要求，除了设备的机械作用和工艺条件外，还应对相应的工艺参数进行控制，并且要采用全自动控制。这样可以减少人为的影响因素，保证工艺的重现性。气流染色机完全具备了这种要求，在实际应用中也得到了较好的验证。在气流染色机中进行碱减量处理，主要是对以下一些参数进行控制。

（1）碱浴浓度。在碱浴相同浓度下，浴比的降低可以减少碱剂的消耗量；碱剂用量的减少在低浴比条件下，仍然可以获得较高浓度的碱浴。在碱减量工艺中，碱浴的浓度对纤维的减量多少有很大影响。所以，传统的碱减量工艺都是以控制碱浴的浓度来达到纤维的减量要求。但在浴比较大的条件下，为了获得较高的碱浴浓度，往往需要使用大量的碱剂，如果没有强烈的减量织物与碱浴相互机械作用，那么也不容易达到所需的减量效果。但是，在气流染色机的低浴比条件下，即使用较少的碱剂也能够达到较高的碱浴浓度，再通过减量织物与碱浴中相互强烈的机械作用，也同样可以获得非常好的减量效果。

（2）温度。通常根据织物品种和湿处理工艺，需要给出一定的温度要求。为了保证整个织物的处理效果均匀一致，必须对织物、主缸内处理液的温度进行控制，保证各点的温度均匀性。织物在一定的温度条件下，可以加快纤维大分子链段的松弛，以及处理助剂对纤维反应速度。所以，温度是碱减量处理过程必须控制的参数。

（3）时间。控制碱减量处理过程的长短，处理液对织物的作用以及织物的周期性循环满足所需的机械作用都需要一定时间。在其他参数一定的条件下，碱处理过程进行的程度取决于时间的长短。时间短了，达不到处理要求；时间过长，碱水解反应程度过大，对织物造成强力过分下降或布面损伤。

（4）织物的运行状况。织物的运行状态主要体现在线速度，若织物长度一定，织物线速度高，则织物循环的频率高，高速气流对织物振动拍击和织物之间的揉搓作用次数多，处理的效果也就越充分。不同的织物品种和碱处理工艺有不同的要求，应根据最终产品要求来确定。

（5）循环风量。它是决定织物处理效果的重要参数，织物的线速度和高速气流对织物振动拍击的程度，可以通过风量的大小控制，尤其是与提布辊线速度的关系是保证处理过程的关键。风量大小应根据织物品种和处理工艺来确定，并由自动程序去完成。

第四节　织物气流整理

气流染色技术经过二十多年的发展,已经逐步应用于染色行业。人们在充分发挥它的环保、节能和降耗的作用同时,还在不断发现和尝试新的功能,尤其在新型纺织材料染整上开发了一些新的功能性技术,并且获得了成功。这些功能性技术的出现,实际上与气流染色机的一些固有特性是分不开的。例如气流在牵引织物循环的过程中,伴随着一种对织物的振动拍打作用,同时织物还受到气流的揉搓作用。织物在这种作用条件下,不仅对织物纤维表面产生轻微的摩擦效果,可使 Lyocell 纤维发生原纤化,而且还可加速酶对织物的作用效果,提高酶处理效率。因此,利用气流染色机的功能,对织物进行气流整理,已成为气流染色机的一项整理新功能。本章介绍几个气流染色机的整理功能,更多的潜在功能还有待于人们在实践中不断试验和开发。

一、Lyocell 织物的仿桃皮绒加工

在新型纤维中,Lyocell 纤维具有生产工艺简单,污染小,使用后废弃物可进行降解等特点;同时,Lyocell 织物还具有棉的舒适性、聚酯纤维的强度及蚕丝的悬垂性,适于用作各种服装面料。因此,Lyocell 织物已成为国内外纺织品生产商竞相开发的产品。对于普通型 Lyocell 织物来说,通过湿加工产生原纤化,并用纤维素酶对初次原纤化所产生的较长的原纤进行充分去除,然后再使 Lyocell 纤维发生次级原纤化,以获得桃皮绒效果,具有较高的商业价值。而获得均匀原纤化的重要工艺条件,就是让织物表面产生相互机械摩擦。气流染色机可以使织物在一定的温度和湿度条件下,产生这种效果,因而可以获得非常好的桃皮绒效果。

1. 纤维初级/次级原纤化工艺条件　普通型 Lyocell 纤维初级原纤化的产生需要强烈的织物表面之间的摩擦作用,因此,一般采用绳状加工最适合。有应用表明,综合初级原纤化效果、生产效率、加工产能和成本,采用气流染色机进行加工最好。Lyocell 织物在气流染色机中,织物受到气流的强烈揉搓作用,织物表面之间可以达到快速、充分的接触;既可获得均匀的初级原纤化效果,同时又可避免织物折痕的产生。温度和气流机械作用是构成初级/次级的基本工艺条件。

(1)温度。随着温度的升高,Lyocell 纤维初级原纤化效果越明显,所以一般都是采用高温进行初级原纤化处理。此外,Lyocell 纤维遇水后(尤其是冷水)织物发硬,为了防止产生折痕以及擦伤布面,应该在 60℃ 以上进布和加工。

(2)机械作用。织物表面之间的相互摩擦有利于初级原纤化的产生,而机械作用主要是指能够对织物产生相互摩擦的外界条件,如水流或气流对织物牵引过程中的揉搓。实际应用表明,气流染色机的气流作用,比水流更剧烈,织物产生的原纤化的效果更显著。产生机械作用主要是依靠低浴比条件下,织物以绳状高速运行,使织物表面之间产生的相互摩擦,而不是设备内壁对织物产生的摩擦。从加速原纤化速度的角度来考虑,织物以半湿状态,且不加入润滑剂的状态下进行最为有利。但考虑到防止或减少织物折痕的产生,可适当加入一

些助剂。

(3)初级原纤化工艺。Lyocell 纤维具有很强的膨润性,纯纺 Lyocell 织物膨润后的手感发硬,为了防止织物产生折痕和擦伤,必须在原纤化过程中加入一些润滑剂,如脂肪酸酯、聚酰胺衍生物、聚多元酯类衍生物等。

气流染色机的初级原纤化工艺流程为:

室温加入润滑剂,3g/L→升温至 60℃进布→升温至 80℃加入 NaOH,3g/L,循环若干圈→升温至 95 ~ 110℃,时间 60 ~ 90min→水洗→醋酸中和→水洗

Lyocell 织物初级原纤化后,可采用织物起毛起球性能评定法进行评价处理效果。评定后织物的起毛等级越低,表明初级原纤化的效果越好。

(4)次级原纤化工艺。普通型 Lyocell 织物如果以光洁表面作为产品的最终要求,那么经过原纤化和酶去除原纤化后,就可以进入染色及后整理加工。如果要求最终产品呈桃皮绒效果,Lyocell 织物还须经过次级原纤化处理。其处理过程是,织物在湿态或半湿态的松弛条件下,借助外界作用(如水流或气流)对织物产生相互摩擦揉搓,在织物表面易受摩擦的纱线交织点和织物表面末端处,产生细小、均匀和致密的原纤,使织物表面呈现出良好的桃皮绒外观。

在次级原纤化加工中,既要促进单根纤维的末端向纤维表面滑移,并赋予织物柔软的手感;同时也要避免湿态加工可能产生的折痕。为此,总要加入一些柔软剂,如氨基有机硅及其复配物。

2. Lyocell 桃皮绒织物加工工艺　利用 Lyocell 纤维的原纤化特性,可加工出具有仿天然桃皮绒的布面效果。普通型 Lyocell 织物加工桃皮绒的工艺较多,常用的加工方法有:半成品直接染色;初级原纤化→染色;初级原纤化→生物酶处理→染色;初级原纤化→生物酶处理→次级原纤化→染色。Lyocell 织物的染整加工工序包括前处理、初级原纤化、酶处理、染色、二次原纤化、柔软和树脂整理等,对染化料、工艺过程控制具有许多特殊要求,整个工艺流程长,质量不容易控制。为此,国外一些研发机构和相关公司,从加工设备、原纤化助剂、高活性纤维素酶助剂以及工艺流程等方面,进行了不断研究和开发。其中就有利用气流染色机染色过程中的碱性、高温和气流对 Lyocell 纤维的机械作用条件,同时完成原纤化的工艺。目前普通型 Lyocell 桃皮绒织物在气流染色机已获得成功应用的工艺有:染色/初级或次级原纤化一步法、初级原纤化/染色/酶处理/次级原纤化一浴法。

(1)染色/初级或次级原纤化一步法。该工艺是利用高温型活性染料的高温碱性条件,通过气流对织物的强烈机械作用,在染色的过程中同时完成初级原纤化。具有工艺流程短、处理效果好等特点。初级原纤化的工艺条件主要是温度、pH 值和机械作用。在高温强碱条件下给予织物强烈的机械作用,可加快织物纤维初始原纤化的生成速度。通常,初级原纤化的作用条件主要是温度和机械作用,而碱剂的影响并不显著。所以,Lyocell 织物经初级原纤化和酶去原纤化后,可直接在气流染色机中进行高温型活性染料染色,并能同时获得良好的次级原纤化效果。

普通型 Lyocell 桃皮绒织物染色工艺曲线如图 9 - 2 所示。

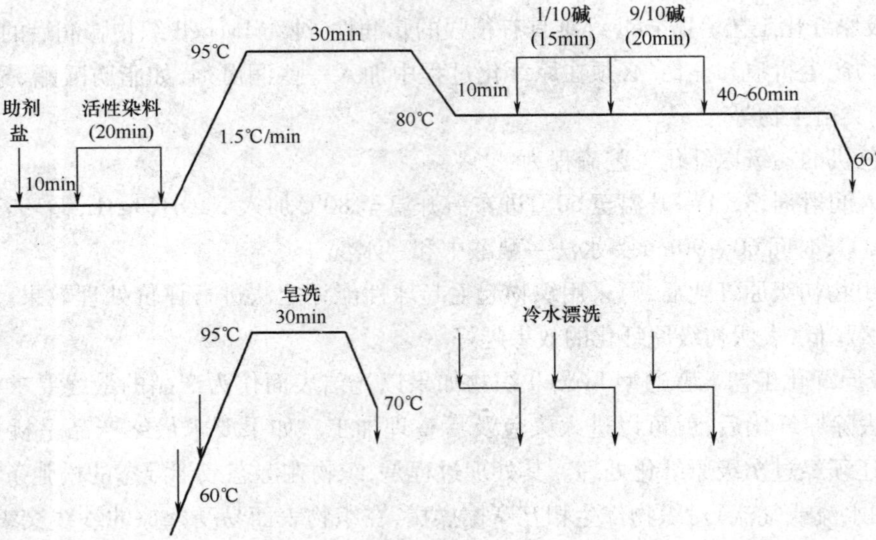

图 9-2　染色/初级或次级原纤化一步法工艺曲线

(2)初级原纤化/染色/酶处理/次级原纤化一浴法。国外有研究机构推出初级原纤化、染色、酶处理及次级原纤化同浴完成工艺。采用双一氯均三嗪活性染料 Procion H-E 染色,130℃保温 10~30min,可防止活性染料的水解。其高温条件大大增强了 Lyocell 纤维的初级原纤化效果。在酶去原纤化的过程中,借助纤维素酶与活性染料的相互特殊作用,可以去除一些未固着的活性染料。固色之后缓慢降温至 55℃进行酶处理,然后再升温至 80℃,加入纯碱使酶失去活性。染料在纤维上固着的同时,纤维可发生次级原纤化。

气流染色机的低浴比为该工艺提供了有利条件,每道工序后不需水洗,或仅作简单水洗即可。该工艺特别适于涤纶 Lyocell 混纺织物的加工。现列举一工艺实例。

织物:Lyocell 纤维机织物,克重 230g/m^2。

①染色处方及工艺条件(表 9-8)。

表 9-8　初级原纤化/染色/酶处理/次级原纤化一浴法处方及工艺条件

染色处方及工艺条件		用量及设定参数
染色	Procion 黄 H-EXL(%,owf)	1.8
	Procion 深红 H-EXL(%,owf)	0.22
	Procion 藏青 H-EXL(%,owf)	1.8
	元明粉(g/L)	40
	纯碱(g/L)	20
	醋酸/醋酸钠(g/L)	1
	低泡洗涤剂 DurakanCTI(g/L)	1
酶处理	纤维素酶 Primafast 100(g/L)	2

续表

染色处方及工艺条件		用量及设定参数
工艺条件	浴比	1∶3
	磷酸盐缓冲剂调节 pH 值	7.4
	醋酸/醋酸钠缓冲剂调节 pH 值	4.5 ~ 5.5
	染色温度(℃)	78
	固色时间(min)	60
	酶处理时间(min)	90

②染色工艺曲线：

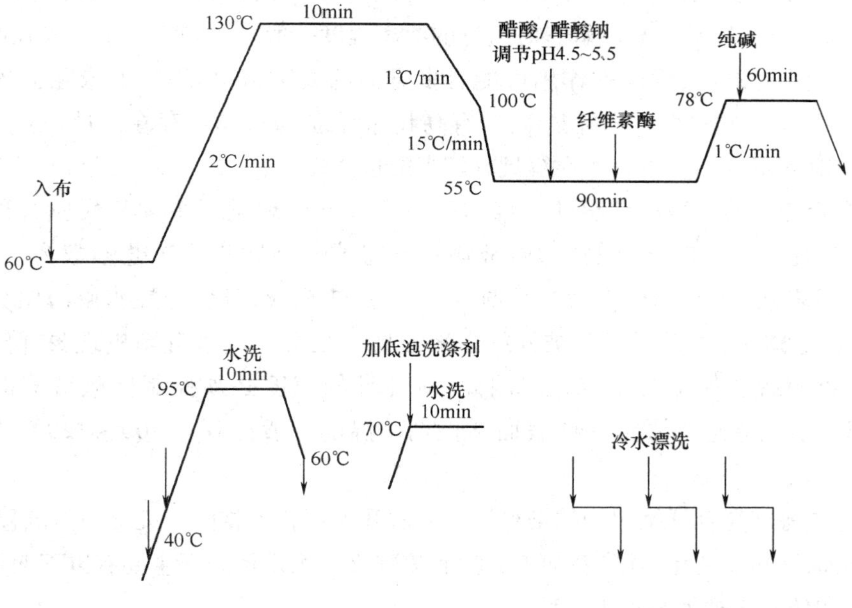

图 9 - 3　初级原纤化/染色/酶处理/次级原纤化一步法工艺曲线

二、海岛型超细纤维织物的碱溶离开纤

海岛型超细纤维可由聚酯海岛复合纤维经烧碱(NaOH)溶解海组分而获得，一般通过染色设备来完成。在进行过程中要求织物与处理液具有激烈的相对运动，目的是要加快反应速度和进行的程度，同时对反应过程中碱溶液浓度差变化的控制要求较高。通常采用浴比较大的喷射染色机，碱溶液的浓度差变化控制要求不高，且剥离的水解物容易脱离织物，但是，织物与处理液相对运动的激烈程度没有那么高；相反，若采用浴比较小的喷射染色机，织物与处理液相对运动的激烈程度比较高，但碱溶液的浓度差变化较难控制，影响到反应速度和进行的程度。因此，要兼顾两者要求，必须采用新的加工方法，其中采用气流染色机的前处理加工方法，可以较好地满足这一要求。

1. 碱溶离开纤的过程及控制 海组分(如COPET)在水中具有先溶胀后溶解的特点,它的组成、结构、分子量及外部条件均对溶解会产生一定影响。水溶性聚酯在95℃的热水中的溶解过程是先以溶胀为主,当达到一定溶解度后,再以溶解为主。有时溶胀较慢,溶解最后还有残留物,这可能是因为存在Na^+、OH^-离子,打破了高聚物的溶解平衡,减缓了溶解速度。此外,氢氧化钠(NaOH)也与聚合物中的一些成分发生反应,会产生沉淀。水溶性聚酯在95℃下含有氢氧化钠(NaOH)和一定促进剂的水溶液中溶解,由于表面活性剂的存在,水溶性聚酯在溶胀的同时也发生表面水解,形成小分子而促进水解,加快溶解速度。所以可根据不同情况调整氢氧化钠(NaOH)浓度来控制溶解速度。

海岛型超细纤维开纤工艺主要是在碱性(NaOH)溶液中将海组分(COPET)水解溶离掉,但对常规PET海岛纤维也会产生一定水解作用。所以,海岛型纤维要达到海组分完全溶解,其失重率比海组分的比例要稍高一些。例如海组分比例为20%时,海岛纤维的失重率一般控制在22%~26%,海组分才能够完全溶解。海组分的溶离程度一般采用测定失重率来控制,它是织物总重量的变化量。开纤时,因碱的作用可能有多方面的失重,包括织物上未除去的油剂(或浆料)、水解海组分和岛组分的水解剥皮等,若有高收缩纤维(如聚酯)存在,也容易水解失重。理想的开纤剂应对海组分和岛组分的水解具有较大的选择性。

2. 碱溶离开纤工艺 海岛型超细纤维的碱溶离开纤处理是一个多相反应过程,仍然是以控制碱浓度、浴比、温度、时间、织物与碱液循环状态或交换频率等工艺参数为主要内容。研究表明,仅用氢氧化钠(NaOH)作为开纤剂,虽可以加快反应速度,但在水解海组分的同时,还会使岛组分发生水解。尤其是已经被开纤出来的岛纤维会发生水解剥皮现象,降低纤维强力和弹性,以致影响后续加工的稳定性。因此,对开纤的速度必须控制好碱溶液的碱性强弱。建议选用多种碱剂,并适当添加一些表面活性剂。温度一般控制在100~120℃之间,时间为40~60min。

不同用途的海岛复合纤维织物的染整加工方法和流程各不相同。染整加工流程也随纤维种类和纺织品结构不同而变化,其染整加工方法和流程尚无固定模式。主要有以下两种:

(1)长丝型仿麂皮绒染整加工流程。

①机织物:坯布→清洗、碱减量(开纤)→预定形→磨绒(拉绒)→染色→还原清洗→后整理→后定形→成品

②经编织物:坯布→清洗、碱减量(开纤)→染色→还原清洗→定形→剪毛→后整理→成品

③纬编织物:坯布→清洗、碱减量(开纤)→染色→还原清洗→剖幅→预定形→刷毛磨绒→手整理→后定形→成品

(2)短纤型仿麂皮绒染整加工流程。

非织造基布→浸渍树脂(PVA/PU)→精练、松弛和碱减量(开纤)→染色→磨绒→后整理→成品

聚氨酯超细纤维合成革除了上述仿麂皮绒产品外,还可加工成绒面合成革、光面合成革及改进的光面革。

三、织物风格整理

气流染色机虽然在加工过程中自然伴随着对织物的柔软功效，但对含麻类的混纺或交织品，还可以通过设备增加辅助撞击栅栏装置，在高速少水条件下进行撞击拍打循环，达到最佳柔软效果。所以也有人认为气流染色机是气流染色与柔软整理机的结合。目前一些专用气流柔软机的工作原理与气流染色机非常相似，主要是气流对织物的振动拍打促使织物的柔软起到很重要的作用。充分利用气流染色机这一特点，拓展其使用功能，对提高纺织品附加值具有十分重要的意义。

1. 织物的柔软　织物的柔软整理可分为机械柔软整理法和化学整理法，两种整理方法对织物的作用机理不相同。机械柔软整理法注重改变织物纤维的刚性状态，不使用任何化学助剂。对于一般天然纤维素纤维，通常在一定的张力状态下通过织物的机械拍打作用，将织物多次揉搓以降低织物纤维的刚性，使之恢复到适当的柔软度。此外，一些在加工过程中因受拉伸而产生的内应力，也可经过机械拍打进行释放，使纤维和纱线本身柔顺、松弛，进而表现为织物柔顺、松软，从而获得柔软效果。化学整理法是设法降低织物纤维抵抗变形的阻力，通过助剂的润滑作用来减少纤维之间的移动摩擦力。传统的柔软整理大多采用化学柔软整理法，方法比较简单，一般是在染色之后或进入定形前增加一道柔软剂浸渍来完成。但化学助剂对人体或环境总归是有一定危害。因此，近年来更多的是采用具有环保性的机械柔软整理法。

利用气流染色机的高速气流在牵引绳状织物循环的同时，对织物纤维可产生周期性的振动和拍打作用，可使织物获得特殊的柔软整理效果。气流染色机的机械柔软整理，在织物的每个循环周期中实际上经历了三个过程：首先，在一定的区域（如气流喷嘴和导布管）内，高速气流对织物进行剧烈抖动、相对摩擦；其次，当完成一定区域内的气流与织物的相互作用后，织物从导布管出来后突然处于失压状态，在气流自由射流的作用下向四周扩散，使织物纤维产生急剧蓬松变化；最后，失压状态下的织物以一定速度撞击栅栏，将动能全部转换为织物纤维的变形能，然后自由落入储布槽。整个柔软过程就是通过这种周而复始的循环作用，在一定的循环次数下达到织物所需的柔软度。

值得一提的是，在织物的整个动程循环中，气流喷嘴前的提布辊并不起到牵引织物运行的主要作用，而是作为改变织物运行方向，减少阻力之用。织物在高速运行条件下，虽然提布辊可速度调节（变频调速），但很难做到与气流牵引织物的速度同步。这种速度差是客观存在的，只要控制在一定的范围内（通常提布辊的线速度应低于气流牵引织物的速度），对织物在气流导布管内与气流的相互作用（尤其是抖动效果）是有利的。气流染色机的柔软整理功能，是一种机械的整理过程，相对化学柔软剂的整理来说更具有环保性。

2. 毛绒类织物的膨松整理　动物毛绒具有天然保暖性和给人富丽华贵的感觉，生态及野生动物的保护意识已在人们的头脑及行动中形成，取而代之的是仿动物毛绒织物。对针织物起绒，割绒或磨绒加工，可以达到以假乱真的效果。如果织物先起绒再染色，那么在普通液流染色机上进行就会出现绒粘连，即使再抛绒也不容易使绒毛散开，无法达到毛绒效果。应用表明，起绒染色后的织物，放在气流染色机中，先进行喷湿进布，然后停止喷液。升温至50℃左右，仅由气流带动织物循环10min左右，让织物处于半湿状态进行循环拍打。经这样处理后再放入抛绒机进行整理，可以达到非常好的效果。据了解，仅通过这一项加工过程，就可以提高织物附加值30%。

此外，据了解，还有厂家对纯涤纶类毛巾类织物，通过气流染色机喷嘴（需在气流喷嘴中增设一套直接蒸汽加入装置）的直接蒸汽喷湿，然后让织物循环一定时间，可获得非常好的手感效果。实际上这是对涤纶进行了一次湿热定形，改善了织物在加工过程所产生的内应力状态。

长绒毛类织物是由经编织物经起毛而获得，具有防动物毛绒风格，一般都是在普通溢喷染色机中进行染色加工，且使用的浴比较大（在1:10以上）。曾有人在气流染色机上试验过，染色质量没有问题，只是长毛绒有些乱倒，但须在普通溢喷染色机中经过一次高浴比循环即可改观。为此，有厂家认为气流染色机加工长绒毛类织物还存在一定问题。对于气流染色机的低浴比条件是否能够加工长绒毛类织物，应该从工艺参数及流程上想办法。如在水洗结束之前，是否可增加一道不连续排液的过程，让织物在浴液中处于自由状态，同时减小风量对绒毛的作用。

3. 羊毛针织物的风格整理 针织物外穿时尚化，已成为现代服装的一种趋势，尤其是羊毛针织物更是显现出富贵、高档的特性。国内浙江嘉兴有一家羊毛针织染整厂，采用气流染色机进行风格整理，达到了许多工艺和设备达不到的效果，具有很高的附加值。

4. 织物松式烘干、抛松 在气流染色机上增加一套空气加热器，可以对织物进行松式烘干，特别是对针织物的松式烘干，可以使织物获得充分回缩，以保证所需的织物克重。该套装置属于设备的辅助功能，通常作为选用件配置。对于毛巾类、Lyocell桃皮绒类织物可通过气流抛松整理，赋予织物更为丰满的手感。

参考文献

[1]刘江坚.气流染色机的高效前处理功效[J].纺织导报，2010(3):74-76.

[2]杜方尧，李昌华.气雾染色技术的探讨[J].针织工业，2005(6):47-49.

[3]徐顺成，赵四海，何照兴.快速无碱氧漂工艺的应用[J].印染，2002(9):8-10.

[4]宋心远，沈煜如.新型染整技术[M].北京：中国纺织出版社，1999.

[5]范雪荣，王强等.针织物染整技术[M].北京：中国纺织出版社，2004.

[6]宋心远，沈煜如.活性染料染色[M].北京：中国纺织出版社，2009.10.

[7]刘江坚.气流染色机对针织物湿处理的功能[J].针织工业，2010(4):25-27.

[8]唐人成，赵建平，梅士英.Lyocell纺织品染整加工技术[M].北京：中国纺织出版社，2001.10.

中国国际贸易促进委员会纺织行业分会

中国国际贸易促进委员会纺织行业分会成立于1988年，成立以来，致力于促进中国和世界各国（地区）纺织服装业的贸易往来和经济技术合作，立足为纺织行业服务，为企业服务，以我们高质量的工作促进纺织行业的不断发展。

简况

每年举办（或参与）约20个国际展览会
涵盖纺织服装完整产业链，在中国北京、上海和美国、欧洲、俄罗斯、东南亚、日本等地举办
广泛的国际联络网
与全球近百家纺织服装界的协会和贸易商会保持联络
业内外会员单位2000多家
涵盖纺织服装全行业，以外向型企业为主
纺织贸促网 www. ccpittex. com
中英文，内容专业、全面，与几十家业内外网络链接
《纺织贸促》月刊
已创刊十八年，内容以经贸信息、协助企业开拓市场为主线
中国纺织法律服务网 www. cntextilelaw. com
专业、高质量的服务

业务项目概览

中国国际纺织机械展览会暨ITMA亚洲展览会（每两年一届）
中国国际纺织面料及辅料博览会（每年分春夏、秋冬两届，分别在北京、上海举办）
中国国际家用纺织品及辅料博览会（每年分春夏、秋冬两届，均在上海举办）
中国国际服装服饰博览会（每年举办一届）
中国国际产业用纺织品及非织造布展览会（每两年一届，逢双数年举办）
中国国际纺织纱线展览会（每年分春夏、秋冬两届，分别在北京、上海举办）
中国国际针织博览会（每年举办一届）
深圳国际纺织面料及辅料博览会（每年举办一届）
美国TEXWORLD服装面料展（TEXWORLD USA）暨中国纺织品服装贸易展览会（面料）（每年7月在美国纽约举办）
纽约国际服装采购展（APP）暨中国纺织品服装贸易展览会（服装）（每年7月在美国纽约举办）
纽约国际家纺展（HTFSE）暨中国纺织品服装贸易展览会（家纺）（每年7月在美国纽约举办）
中国纺织品服装贸易展览会（巴黎）（每年9月在巴黎举办）
组织中国服装企业到美国、日本、欧洲及亚洲等其他地区参加各种展览会
组织纺织服装行业的各种国际会议、研讨会
纺织服装业国际贸易和投资环境研究、信息咨询服务
纺织服装业法律服务